Franziska von Lienen, Natalie Stark

Pinterest-Marketing

Strategie, Umsetzung, Best Practices

Aus dem Lektorat

Liebe Leserin, lieber Leser,

Sie möchten mit Pinterest-Marketing Ihre Bloginhalte, Produkte oder Dienstleistungen bewerben, damit Sie eine möglichst große Reichweite erzielen und viel Traffic generieren? Dann haben Sie sich für das richtige Buch entschieden! Franziska von Lienen und Natalie Stark haben ihre enorme Erfahrung mit der visuellen Suchmaschine hier für Sie aufbereitet. Egal ob Sie Pinterest noch nie in der Praxis eingesetzt haben oder bereits ein eigenes Profil betreiben – hier erhalten Sie alles, was Sie für Ihren Erfolg benötigen: verständliche Schritt-für-Schritt-Anleitungen, Tool-Empfehlungen, Strategietipps, Praxiserfahrungen und viele Expertenhinweise.

Vom Erstellen eines Accounts über die Zielgruppenbestimmung bis zum strategischen Einsatz von Pinterest Analytics und Pinterest Ads finden Sie in diesem Praxisbuch alles, was Sie für den professionellen Einsatz von Pinterest wissen müssen. So erweitern Sie Ihre Zielgruppe, erhalten mehr Website-Traffic und gewinnen neue Kundinnen und Kunden.

Dieses Buch wurde mit größter Sorgfalt geschrieben und hergestellt. Sollten Sie dennoch Fragen, Kritik oder inhaltliche Anregungen haben, freue ich mich, wenn Sie mit mir in Kontakt treten.

Nun wünsche ich Ihnen aber viele Freude und Erfolg mit Pinterest!

Ihr Erik Lipperts
Lektorat Rheinwerk Computing

erik.lipperts@rheinwerk-verlag.de
www.rheinwerk-verlag.de
Rheinwerk Verlag · Rheinwerkallee 4 · 53227 Bonn

Auf einen Blick

1	Einführung in das Pinterest-Marketing	15
2	Über Pinterest	23
3	Mit strategischer Planung zum erfolgreichen Pinterest-Auftritt	45
4	Deine ersten Schritte auf Pinterest: die Profileinrichtung, Teil 1	71
5	SEO: Optimiere deine Inhalte für die visuelle Suchmaschine	87
6	Der perfekte Pin: Pin-Formate und Designtipps für klickstarke Pins	111
7	Deine ersten Schritte auf Pinterest: die Profileinrichtung, Teil 2	163
8	Pin-Strategie: So holst du das Bestmögliche aus deinen Inhalten heraus	191
9	Optimiere deine Website und deinen Blog für Pinterest	215
10	Pinterest Analytics: Werte deine Zahlen richtig aus	243
11	Werbeanzeigen	273
12	Community-Management und -Monitoring	323
13	Bonus: Hilfreiche Tipps und Tricks	335

Wir hoffen, dass Sie Freude an diesem Buch haben und sich Ihre Erwartungen erfüllen. Ihre Anregungen und Kommentare sind uns jederzeit willkommen. Bitte bewerten Sie doch das Buch auf unserer Website unter **www.rheinwerk-verlag.de/feedback**.

An diesem Buch haben viele mitgewirkt, insbesondere:

Lektorat Erik Lipperts
Korrektorat Isolde Kommer, Großerlach
Gutachter Stefanie Gärtner, Rabea Knippscheer
Herstellung Janina Brönner
Typografie und Layout Vera Brauner, Maxi Beithe
Einbandgestaltung Judith Herder, Silke Braun
Titelbild Adobe Stock: 296061080 © EnginKorkmaz
Satz III-satz, Husby
Druck mediaprint solutions, Paderborn

Dieses Buch wurde gesetzt aus der Linotype Syntax (9,25/13,25 pt) in FrameMaker. Gedruckt wurde es auf chlorfrei gebleichtem Offsetpapier (90 g/m²). Hergestellt in Deutschland.

Das vorliegende Werk ist in all seinen Teilen urheberrechtlich geschützt. Alle Rechte vorbehalten, insbesondere das Recht der Übersetzung, des Vortrags, der Reproduktion, der Vervielfältigung auf fotomechanischen oder anderen Wegen und der Speicherung in elektronischen Medien.

Ungeachtet der Sorgfalt, die auf die Erstellung von Text, Abbildungen und Programmen verwendet wurde, können weder Verlag noch Autor, Herausgeber oder Übersetzer für mögliche Fehler und deren Folgen eine juristische Verantwortung oder irgendeine Haftung übernehmen.

Die in diesem Werk wiedergegebenen Gebrauchsnamen, Handelsnamen, Warenbezeichnungen usw. können auch ohne besondere Kennzeichnung Marken sein und als solche den gesetzlichen Bestimmungen unterliegen.

Bibliografische Information der Deutschen Nationalbibliothek:
Die Deutsche Nationalbibliothek verzeichnet diese Publikation in der Deutschen Nationalbibliografie; detaillierte bibliografische Daten sind im Internet über *http://dnb.dnb.de* abrufbar.

ISBN 978-3-8362-7882-9

1. Auflage 2021
© Rheinwerk Verlag, Bonn 2021

Informationen zu unserem Verlag und Kontaktmöglichkeiten finden Sie auf unserer Verlagswebsite **www.rheinwerk-verlag.de**. Dort können Sie sich auch umfassend über unser aktuelles Programm informieren und unsere Bücher und E-Books bestellen.

Inhalt

Geleitwort 13

1 Einführung in das Pinterest-Marketing 15

2 Über Pinterest 23

2.1 Eine Reise durch die Benutzeroberfläche von Pinterest 24
    2.1.1 Warum Pinterest eine Plattform mit langlebigen Inhalten ist 26
2.2 Die Customer Journey auf Pinterest 27
    2.2.1 Discover – save – do 30
2.3 Warum Pinterest die ideale Plattform für Blogger, Unternehmerinnen und E-Commerce ist 32
    2.3.1 Wie kannst du Pinterest für dein Unternehmen nutzen? 32
    2.3.2 Stärke deine Marke 33
    2.3.3 Steigere deine Verkäufe: Pinterest ist das Schlaraffenland für Social Shopping 34
    2.3.4 Pinterest Ads: Erreiche deine spezifische Zielgruppe mit passgenauen Werbeanzeigen 37
2.4 Für welche Branchen ist Pinterest interessant? 38
2.5 Was du vor deinem Start über Pinterest wissen solltest 39

3 Mit strategischer Planung zum erfolgreichen Pinterest-Auftritt 45

3.1 Lerne die Zielgruppe auf Pinterest kennen 46
    3.1.1 Warum sind Menschen auf Pinterest unterwegs? 47
    3.1.2 Die Alters- und Geschlechterverteilung auf Pinterest 49
    3.1.3 Wo genau erreichst du die Menschen innerhalb der visuellen Suchmaschine? 51
    3.1.4 Lege deine Zielgruppe fest 54
3.2 Erstelle deine Persona 55
    3.2.1 Deine Käufer-Persona – eine Schritt-für-Schritt-Anleitung ... 58

3.3		Zieldefinition: Was möchtest du auf Pinterest erreichen?	60
	3.3.1	Praxisbeispiel: Die Pinterest-Erfolgsstory von Kitchen Stories	61
3.4		Finde die passende Themenwolke für dein Unternehmen und deine Zielgruppe	61
	3.4.1	Saisons auf Pinterest	63
	3.4.2	Pinterest-Trends	66
	3.4.3	Wo kannst du Saisons und Trends bei Pinterest einbinden?	68
	3.4.4	Die Wettbewerbsanalyse	69

4 Deine ersten Schritte auf Pinterest: die Profileinrichtung, Teil 1 ... 71

4.1		Unternehmenskonto einrichten	71
	4.1.1	Privates Konto in ein Unternehmenskonto umwandeln	72
	4.1.2	Richte dein Pinterest-Unternehmenskonto neu ein	73
4.2		Rich Pins	82
	4.2.1	Artikel-Rich-Pin	82
	4.2.2	Rezept-Rich-Pins	83
	4.2.3	Produkt-Rich-Pins	84
	4.2.4	So verifizierst du deine Rich Pins	84

5 SEO: Optimiere deine Inhalte für die visuelle Suchmaschine ... 87

5.1		Was sind die Ranking-Faktoren auf Pinterest?	87
5.2		So funktioniert die Keyword-Recherche auf Pinterest	89
	5.2.1	Keywords über die interne Suche recherchieren	89
	5.2.2	Keywords recherchieren mit externen Tools	92
	5.2.3	Relevante Keywords herausfinden und zentrale Keywords festlegen	94
5.3		Strategische Nutzung von Keywords auf Pinterest	95
	5.3.1	Profil- und Benutzername sowie Profilbeschreibung	95
	5.3.2	Pinnwand-Beschreibung und Pinnwand-Titel	97
	5.3.3	Fünf Tipps für deine Pinnwand-Beschreibung	98
	5.3.4	Pin-Beschreibung	99

5.4		**Formulierungstipps für klickstarke Pin-Überschriften**	101
	5.4.1	Knackige, klickstarke Pin-Überschriften texten	101
	5.4.2	So werden Signalwörter am besten eingesetzt	103
	5.4.3	Signalwörter für CTAs	106
	5.4.4	Arbeite mit Formulierungsbausteinen	107

6 Der perfekte Pin: Pin-Formate und Designtipps für klickstarke Pins 111

6.1		**Pin-Formate im Überblick: Standard-Pin, Karussell-Pin, Video-Pin, Idea-Pin**	113
	6.1.1	Welche Ziele erreichst du mit welchem Pin-Format?	115
	6.1.2	Wie bindest du die Pin-Formate am besten in deine Strategie ein?	119
6.2		**Wie fallen deine Pins im Feed auf?**	120
6.3		**Best Practice: Designregeln, die auf jedem deiner Pins umgesetzt werden sollten**	121
	6.3.1	Hochformat versus Querformat – wie groß sollte dein Pin sein?	123
	6.3.2	Wie wichtig ist dein Branding auf den Pins?	124
	6.3.3	Das ideale Bildmaterial – musst du wirklich einen riesigen Pool an qualitativen Bildern haben?	126
	6.3.4	Wichtige Designregeln zur Pin-Gestaltung mit Text	126
	6.3.5	Best-Practice-Beispiele – so sehen ideale Pins aus	130
	6.3.6	Die perfekten Pin-Vorlagen erstellen	132
	6.3.7	Checkliste: Erfüllen deine Standard-Pins die Best-Practice-Kriterien?	135
6.4		**Designregeln für weitere Pin-Formate**	136
	6.4.1	Bewegtbild mit Video-Pins	136
	6.4.2	Mehr Inspiration im Karussell-Pin	144
	6.4.3	Storytelling mit Idea-Pins	146
	6.4.4	Katalog-Pins für die E-Commerce-Branche	151
	6.4.5	Zitate-Pins	153
	6.4.6	Infografiken und Checklisten	154
	6.4.7	Geschenke-Pins	155
	6.4.8	Coverbilder	157
	6.4.9	Profil-Header	159
6.5		**85 % mobil: Optimiere für mobile Endgeräte**	160

7 Deine ersten Schritte auf Pinterest: die Profileinrichtung, Teil 2 163

7.1 Funktionen und Einrichtung von Pinnwänden 163
- 7.1.1 Welche Pinnwandarten gibt es? 164
- 7.1.2 Pinnwand erstellen 167
- 7.1.3 Pinnwand-Funktionen 170

7.2 So lädst du deine ersten Pins hoch 174
- 7.2.1 Standard-Pin hochladen 175
- 7.2.2 Karussell-Pin hochladen 176
- 7.2.3 Video-Pin hochladen 178
- 7.2.4 Idea-Pin hochladen 180
- 7.2.5 Verknüpfe deinen RSS-Feed 182
- 7.2.6 Die Nutzung von Gruppenpinnwänden 184
- 7.2.7 Die Bedeutung der Follower auf Pinterest 188
- 7.2.8 Nutze die Pinterest Creators Community 189

8 Pin-Strategie: So holst du das Bestmögliche aus deinen Inhalten heraus 191

8.1 Content Upcycling – erstelle zeitsparend viel Content auf einmal 191
- 8.1.1 Was ist »Fresh Content«? 192
- 8.1.2 Wie aus einem Blogartikel zehn Pins werden 195
- 8.1.3 E-Commerce: Bilder smart wiederverwenden 199
- 8.1.4 Karussell-Pin in einen Video-Pin verwandeln 200

8.2 Strategische Verteilung der Pins auf deine Pinnwände 202
- 8.2.1 Häufig gestellte Fragen zur Pin-Veröffentlichung 203
- 8.2.2 Ressourceneinsatz: Wie viel Zeit benötigst du zum Pinnen? 209
- 8.2.3 Wann siehst du Erfolge? 209

8.3 Scheduling auf Pinterest 210

8.4 Zeitsparend mit Planungstools: im Vergleich 212
- 8.4.1 Nutze Tools offizieller Pinterest-Partner 212
- 8.4.2 Die Vorteile des Planungstools Tailwind 212

9 Optimiere deine Website und deinen Blog für Pinterest ... 215

- 9.1 Pinterest-Nutzerinnen und -Nutzer da abholen, wo sie ankommen ... 216
  - 9.1.1 Die Relevanz von Blogartikeln ... 217
  - 9.1.2 So gewinnst du Leads über Pinterest ... 221
- 9.2 Optimiere deine Website, um auf Pinterest aufmerksam zu machen ... 226
  - 9.2.1 Pinterest-Widgets erlauben Interaktion ... 227
  - 9.2.2 Bild-Mouseover- und Alle-Bilder-Button ... 229
  - 9.2.3 Erstellen von Pinnwand-, Pin- und Profil-Widgets ... 231
  - 9.2.4 Optimierungen für das Pinnen von deiner Webseite ... 234
  - 9.2.5 Nutze das geheime Einbetten von Pin-Grafiken ... 235

10 Pinterest Analytics: Werte deine Zahlen richtig aus ... 243

- 10.1 Was ist Pinterest Analytics? ... 244
- 10.2 Einfach erklärt: die Analytics-Metriken ... 244
  - 10.2.1 Monatliche Aufrufe ... 244
  - 10.2.2 Follower ... 245
  - 10.2.3 Weitere Metriken ... 246
- 10.3 Rundgang: die Analytics-Navigation ... 247
  - 10.3.1 Übersicht: Hier findest du die wichtigsten Metriken ... 248
  - 10.3.2 Audience Insights ... 256
  - 10.3.3 Conversion-Insights ... 258
  - 10.3.4 Video Analytics ... 258
  - 10.3.5 Trends ... 260
- 10.4 Gewusst wie: So wertest du deine Pinterest-Analytics-Zahlen aus ... 262
  - 10.4.1 Interpretation einzelner Kennzahlen ... 263
  - 10.4.2 Audience Insights interpretieren ... 267
  - 10.4.3 Video Analytics auswerten ... 268
- 10.5 So erstellst du aus deinen Zahlen ein Reporting ... 269
- 10.6 Zusätzliche Erkenntnisse in Tailwind Insights ... 270

11 Werbeanzeigen ... 273

11.1 Kampagnen erstellen – eine Anleitung für den Ads Manager ... 276
    11.1.1 Warum du Pinterest-Anzeigen nutzen solltest ... 276
    11.1.2 Nötige Voraussetzungen für Werbeanzeigen auf Pinterest ... 278
    11.1.3 Planen mit dem Pinterest-Tag – wie und warum du ein Pinterest-Tag einsetzen solltest ... 281

11.2 Werbekampagnen planen ... 289
    11.2.1 Was macht eine gute Kampagnenplanung aus? ... 289
    11.2.2 Strategische Überlegungen für erfolgreiche Ads ... 290
    11.2.3 Zielgruppen erfolgreich erreichen ... 293

11.3 Pinterest Ads: So erstellst du zielführende Werbeanzeigen ... 294
    11.3.1 Kampagnenziele festlegen ... 295
    11.3.2 Anzeigengruppen erstellen ... 297
    11.3.3 Pins auswählen ... 305

11.4 Kampagnen verwalten und optimieren ... 309
    11.4.1 Anzeigen-Performance verfolgen ... 310
    11.4.2 Erfolg messen ... 314
    11.4.3 Optimiere deine Kampagnen ... 315

11.5 Praxistipps ... 318
    11.5.1 OBI ... 318
    11.5.2 erlich textil ... 320

12 Community-Management und -Monitoring ... 323

12.1 Die Entwicklungen im Community-Management ... 323

12.2 Community-Management ... 325
    12.2.1 Nachrichtenfunktion ... 325
    12.2.2 Kommentarfunktion ... 328
    12.2.3 Ausprobiert-Funktion ... 329
    12.2.4 Interaktionen auf Gruppenboards ... 329
    12.2.5 Interaktionen mit Followern ... 331

12.3 Community-Monitoring ... 333

13 Bonus: Hilfreiche Tipps und Tricks ... 335

13.1 Weitere Einsatzmöglichkeiten von Pinterest ... 335
    13.1.1 Cross-Marketing mit Instagram, YouTube und Etsy ... 336
    13.1.2 Pinterest in die Full-Funnel-Marketing-Strategie einbinden ... 339

13.2 Hilfreiche Tools und ihre Einsatzgebiete ... 342
    13.2.1 Pin-Gestaltung ... 342
    13.2.2 Videoschnitt ... 343
    13.2.3 Pin-Automatisierung ... 343
    13.2.4 Website-Verifizierung und Rich Pins ... 344
    13.2.5 Website-Optimierung ... 345
    13.2.6 Browser-Erweiterungen ... 345
    13.2.7 Projektmanagement ... 345
    13.2.8 Weitere Tool-Empfehlungen ... 346

13.3 Pinterest-Workflow – alle wichtigen Aufgaben auf einen Blick ... 347
    13.3.1 Profilaufbau ... 348
    13.3.2 Account-Management ... 349
    13.3.3 Workflow im Projektmanagement-Tool ... 351
    13.3.4 Projektübersicht in Excel ... 354

13.4 Pinterest und Recht – was sollte ich wissen? ... 357
    13.4.1 Privacy Shield: Was ist das, und was sollte beachtet werden? ... 357
    13.4.2 DSGVO – was muss ich beachten? ... 358
    13.4.3 Hat Pinterest eine Auftragsverarbeitung? ... 360
    13.4.4 Bildrechte – was darf ich verwenden? ... 360
    13.4.5 Kennzeichnung von Werbung auf Pinterest ... 362

13.5 E-Commerce auf Pinterest ... 362
    13.5.1 Diese Features hält Pinterest bereit ... 363
    13.5.2 Katalog-Pins ... 365
    13.5.3 Shopping-Tab: Mehr Sichtbarkeit für deine Produkte ... 367
    13.5.4 Das Besondere an den Shopping Ads ... 369
    13.5.5 Blauer Haken: das Verifizierte-Händler-Programm ... 370

Index ... 373

Geleitwort

Als die Anfrage kam, dieses Buch zu begutachten, haben wir sofort Ja gesagt. Denn wir können uns wohl als Pi(n)oniere bezeichnen! Pinterest war für unsere Unternehmensgründung die maßgebliche Ideenplattform. Privat haben wir schon seit dem Start von Pinterest in Deutschland immer viel gepinnt und uns auf der Plattform seit 2011 herumgetrieben. Eher zufällig haben wir den großen Hype und die tollen Ideen rund um IKEA-Hacks entdeckt. Wie viel Kreativität und Liebe in der Umgestaltung von IKEA-Möbeln steckt, hat uns inspiriert und war 2014 ein Grundstein für die Gründung von Limmaland.

Für uns war von Beginn an klar, dass wir Pinterest auch unternehmerisch für das Teilen unserer Bloginhalte und unserer Produkte nutzen würden. Anfangs bespielten wir Pinterest trotzdem eher nebenbei – bis einer unserer Pins plötzlich durch die Decke ging. Nach und nach etablierten wir Pinterest immer mehr in unsere Marketing-Strategie. Seither ist die visuelle Suchmaschine für uns ein wichtiges Instrument für Reichweite und Traffic – mittlerweile sowohl organisch als auch durch bezahlte Werbung.

Limmaland ist mit Pinterest gewachsen, und mittlerweile ist die Plattform nicht nur für uns eine Bereicherung. Wir merken, dass das Potenzial von Pinterest immer mehr in die Köpfe von Marketing-Strategen rückt. Als begeisterte Pinterest-Userinnen haben wir unsere Erfahrungen und unser angesammeltes Wissen schon in der Vergangenheit gerne auf Barcamps und im Unternehmernetzwerk geteilt. Wir merken selbst heute noch, wie schwer es ist, echte Pinterest-Expertinnen und -Experten zu finden.

Skana Media ist die Quelle, bei der wir uns regelmäßig über Tipps, Tricks und Neuheiten informieren können. Franziska von Lienen und Natalie Stark sind immer up to date, und wir schätzen ihre Fachkompetenz sehr. Deshalb freuen wir uns umso mehr, dass dieses umfangreiche Wissen nun gebündelt in einem Buch zusammengefasst ist. Wir hätten uns ein so wertvolles Buch zum Start nur wünschen können. Deshalb unsere Empfehlung: Wenn du mit Pinterest starten möchtest, dann beginne mit diesem Buch!

Die Schritt-für-Schritt-Anleitungen, Tool-Empfehlungen und Strategietipps sind extrem hilfreich und für alle Marketer eine enorme Zeitersparnis. Du wirst dir sehr viel Recherche ersparen und dir gleich von Beginn an im Klaren darüber sein, welche Ziele du mit Pinterest erreichen willst und wie du dort hinkommst. Besonders begeistert haben uns die hilfreichen Tipps und Anleitungen zu den eher komplexen Themen Pinterest Analytics und Pinterest Ads. Sie sind sehr verständlich erläutert und können allen Pinnerinnen und Pinnern als hilfreiches Nachschlagewerk dienen. Mit diesen Tipps an der Hand ist dir ein strategisch gut aufgebauter Start gewiss. Wir hoffen auf viele weitere begeisterte Pinnerinnen und Pinner und wünschen allen erfolgreiches Pinnen.

Stefanie Gärtner und **Rabea Knippscheer**

Gründerinnen und Geschäftsführerinnen Limmaland

www.limmaland.com

Kapitel 1
Einführung in das Pinterest-Marketing

Digitaler Ideenspeicher, visueller Online-Planer, Bild-Suchmaschine, Werbeplattform, Inspirationsgeber, Austauschforum. All das ist Pinterest! Lass uns diese virtuelle Welt gemeinsam entdecken.

»Und was machst du so?«

»Ich bin Pinterest-Expertin und habe eine Pinterest-Marketing-Agentur.«

»Ach, Pinterest, das ist doch die Plattform mit den Bildern, oder? Da suche ich auch öfters nach Rezepten oder Haushaltstipps.«

Das ist ein klassischer Auszug aus Gesprächen, die wir im Privaten häufiger führen. Und weißt du, mit wem wir da gesprochen haben? Vielleicht mit genau deinem Wunschkunden! Ja, echt jetzt, denn auf Pinterest bist du ganz nah an deinen Wunschkundinnen und -Kunden dran – und das Beste: Sie suchen hier aktiv nach Lösungen und Inspirationen für ihre Anliegen. Bietest du mit deinen Inhalten, Produkten und Dienstleistungen hilfreiche Antworten auf diese Fragen, baust du Vertrauen in deine Marke auf.

Und natürlich ist Pinterest nicht nur eine Plattform für schöne Bilder, Rezepte und Haushaltstipps. Mit der richtigen Strategie bringt dir Pinterest Hunderte oder sogar Tausende neue Website-Besucher täglich. Bei der Einrichtungsplattform *Wohnklamotte* hat Pinterest zum Beispiel einen Anteil von 25–30 % am Gesamt-Traffic. Die visuelle Suchmaschine ist auch extrem spannend für Nischenthemen. Natalie erzielt auf Pinterest für ihren Podcast »Lipödem Soulsisters« monatlich 90 % ihres Website-Traffics über Pinterest. Mit dem Nischenthema »Lipödem-Selbsthilfe« tritt sie hier nahezu konkurrenzlos auf, und ihr Fokus bezüglich Traffic-Gewinnung liegt zu 100 % auf Pinterest. Jedoch ist es immer gut, im Hinterkopf zu haben: Pinterest ist kein Sprint, sondern ein Marathon. Pinterest ist eine Suchmaschine, und wir zeigen dir, wie du deinen Account effizient aufbaust und durch nachhaltige Strategien erfolgreich weiterentwickelst, um deine Online-Sichtbarkeit zu erhöhen.

Wir unterstützen dich dabei, mit Freude und Leichtigkeit eine nachhaltige, organische Traffic-Quelle aufzubauen, um deine Zielgruppe zu erweitern, das Vertrauen in dich und deine Marke zu stärken und neue Kunden zu gewinnen. Wir möchten dir dabei helfen, dass der Mehrwert, den du der Welt zu bieten hast, auch die Sichtbarkeit bekommt, die er verdient. Ein super Bonus auf Pinterest: Die Inhalte, die du für Pinterest erstellst, sind langfristig auf der Plattform auffindbar und nicht nach wenigen Tagen im Social-Media-Dschungel verschwunden.

Was dich in diesem Buch erwartet und wie du es optimal nutzt

In diesem Buch geben wir dir unser gesamtes Know-how an die Hand, wie du deinen Pinterest-Account sinnvoll aufbaust – angefangen bei deiner Zielgruppe und Themenauswahl über die Platzierung der passenden Keywords bis hin zum Pin-Design und der Taktung deiner Pin-Veröffentlichungen. Du hältst hier kein Theoriebuch in der Hand, das sich gemütlich in der Hängematte lesen lässt. Sorry, not sorry – unser Buch *Pinterest-Marketing* ist ein umfassendes Praxishandbuch, das themenfremde Leserinnen und Leser an die visuelle Suchmaschine heranführt und das Wissen erfahrener Content-Creator auf Pinterest erweitert. Du erhältst hier Strategie- und Umsetzungstipps, gespickt mit Best-Practice-Beispielen. Um dir verschiedene Praxisbeispiele und Erfahrungen aus diversen Branchen zu geben, haben wir Interviews mit Expertinnen aus unterschiedlichen Unternehmen und mit Coaches durchgeführt. Die wertvollsten Interview-Passagen haben wir für dich in das Buch integriert. Die vollständigen Interviews kannst du dir auch in unserem *Pinsights-Podcast* anhören.

Also zücke Stift und Zettel, klappe deinen Laptop auf, und lass dich von uns Schritt für Schritt durch den Aufbau deiner Pinterest-Accounts führen. Lesen! Verstehen! Umsetzen!

> **Und welcher Pinterest-Typ bist du so?**
>
> Die **vorsichtige Beginnerin**: »Ich möchte gern auf Pinterest starten, aber ich weiß einfach nicht, wie ich anfangen soll, und ganz ehrlich … ich habe die Plattform insgesamt auch noch nicht so richtig verstanden.«
>
> Der **ratlose Macher**: »Ich habe gehört, über Pinterest lässt sich der Website-Traffic erhöhen. Also habe ich einfach mal alle meine Bilder auf Pinterest hochgeladen, aber irgendwie funktioniert es nicht.«
>
> Die **erfolgreiche Fortgeschrittene**: »Ich bin schon eine Zeit lang recht erfolgreich auf Pinterest unterwegs und nun auf der Suche nach Optimierungsmöglichkeiten.«
>
> Na, wo findest du dich wieder? In allen drei Fällen bist du hier genau richtig.

Möchtest du auf Pinterest starten, aber findest den Anfang nicht, oder hast du bereits losgelegt, aber noch keine relevanten Erfolge erzielen können? Dann empfehlen wir dir, wirklich Schritt für Schritt vorzugehen. Wir haben das Buch so aufgebaut, dass du deinen Pinterest-Account strukturiert und nachhaltig aufbauen kannst, ohne wichtige Schritte zu übersehen. Versuche nicht, ungeduldig durch das Buch zu springen, sondern vertraue unserer Expertise, dass wir den komfortabelsten und effizientesten Weg für dich hier aufgezeichnet haben. In Kapitel 2 bekommst du ein Grundverständnis für Pinterest. In Kapitel 3 beginnen wir mit strategischen Grundsätzen, wie deiner Zielgruppe, deiner Themenauswahl für Pinterest, und erklären dir im Detail, warum du auf Pinterest ganz nah an deiner Zielgruppe dran bist. Das ist die Basis für den Aufbau deines Pinterest-Accounts. In Kapitel 4 wirst du deinen Pinterest-Account anlegen oder den bereits erstellten Account optimieren. Dann geht es weiter mit dem Pinterest-Herzstück: der Erstellung deines Unternehmens-Accounts. Wir zeigen dir, wie du strategisch Pinnwände und Pins erstellst, welche Pin-Formate es gibt und was dabei zu beachten ist. Als Nächstes lernst du, wie du deine Inhalte effizient und zeitsparend veröffentlichst. Sobald dein Account aufgebaut ist, die ersten Pins erstellt sind und deine Strategie steht, kannst du dich ab Kapitel 9 den Next-Level-Themen Website-Optimierung für Pinterest, Pinterest Analytics und Pinterest-Werbeanzeigen widmen. Aber step by step. Wie bei einem Hausbau ist es ratsam, dass du dich erst mal um ein gutes Fundament kümmerst, bevor du die Stockwerke ausbaust und die Zimmer einrichtest und dekorierst. Also lies die Kapitel chronologisch, damit wir dich Schritt für Schritt durch unser gesammeltes Pinterest-Wissen führen können – ganz individuell und in deinem Tempo. Wenn du das Buch einmal durchgelesen hast, kannst du es natürlich wunderbar als Nachschlagwerk nutzen oder einfach, um dir Dinge noch einmal zu veranschaulichen und ins Gedächtnis zu rufen.

Du zählst dich eher zu den Fortgeschrittenen, bist schon recht erfolgreich auf Pinterest unterwegs und auf der Suche nach Tipps, die deinen Erfolg aufs nächste Level heben, dann springe gern durch die Kapitel. Dafür empfehlen wir dir folgende Themen: Kapitel 5, in dem es um SEO und das Keyword-optimierte Texten geht, oder auch Kapitel 6. Hier geht es um das Pin-Design, die unterschiedlichen Pin-Formate und darum, wann es Sinn macht, sie zu verwenden. In diesen beiden Kapiteln kannst du ganz sicher auch als erfahrene Pinnerin oder erfahrener Pinner noch ein paar Goldnuggets für dich finden. Wir legen dir auch das Kapitel 8 zur Website-Optimierung und das Kapitel 9 zu Pinterest Analytics ans Herz. Hier findest du viele Tipps, um deine Pinterest-Strategie weiter auszubauen und zu stärken. Wenn du das organische Potenzial von Pinterest schon gut ausgeschöpft hast, dann wirf auf jeden Fall auch einen Blick in das Kapitel 11 zu Werbeanzeigen, und schaue, welche Reichweiten und Möglichkeiten sich für dich eröffnen können.

Also, worauf wartest du? Lass uns gemeinsam herausfinden, was Pinterest für dich bereithält.

Für wen ist dieses Buch?

Bist du Coach, Bloggerin, Solopreneur oder Mitarbeiterin eines Unternehmens? Möchtest du ganz frisch mit Pinterest starten? Hast du dich schon ein wenig auf der Plattform ausprobiert oder sogar schon gute Erfolge erzielt, und bist du auf der Suche nach neuen Impulsen zur Weiterentwicklung deines Accounts?

Herzlich willkommen in der positiven Pinterest-Welt. Du hältst genau das richtige Praxisbuch in der Hand – und weißt du, für wen wir es geschrieben haben? Genau: für dich! Egal ob du Pinterest-Beauftragte in einem großen Unternehmen, Marketingleiter einer Firma, Bekleidungsherstellerin oder Schriftsteller bist – Pinterest bietet dir eine Plattform, um dich selbst, deine Produkte und dein Unternehmen darzustellen. Du findest auf den folgenden Seiten sehr viele Praxistipps, und das branchenübergreifend. Dieses Buch bietet dir die Möglichkeit, deine eigene Strategie für Pinterest herauszuarbeiten und Schritt für Schritt dein Unternehmensprofil zu entwerfen und zu optimieren.

Wir möchten mit diesem Buch erreichen, dass du dich nicht mehr fragen musst, was Pinterest eigentlich ist und warum du dort vertreten sein solltest. Wir möchten erreichen, dass du weißt, wie Pinterest funktioniert. Dass es Google ähnelt, der Fokus aber auf Bildern liegt. Dass Pinterest kein soziales Netzwerk wie Facebook oder Instagram ist, deshalb einfach etwas anders funktioniert und eigener Strategien bedarf. Dass Pinterest ein positiver Ort der Inspiration und Ideenfindung ist und du deinen Content dort direkt aus dem Netz als Pin auf deine Pinnwände heften kannst. Wir möchten erreichen, dass du dich mit deinen Produkten, ob physisch oder virtuell, authentisch und so darstellen kannst, dass du gefunden wirst und den Mehrwert, den du lieferst, auch ausspielen kannst. So musst du nicht als Person im Vordergrund stehen, sondern kannst deinen Mehrwert und dein Angebot in den Vordergrund stellen.

Hört sich gut an? Bevor du auf Pinterest loslegst, bleibt ja dann nur noch die Frage offen, wer hier eigentlich schreibt und dir die Tipps für dein erfolgreiches Pinterest-Marketing gibt.

Wer schreibt hier?

Wir sind Franziska von Lienen und Natalie Stark. Gemeinsam haben wir 2018 die Pinterest-Marketing-Agentur Skana Media gegründet. Unser Grundstein wurde bei einem Pinterest-Workshop auf Bali gelegt, und passend dazu ist unsere Agentur komplett ortsunabhängig aufgebaut. So arbeitet Franziska in der Regel von Berlin aus mit Blick auf die Spree. Wenn Natalie vom Laptop aufschaut, sieht sie die Berge des Salzkammerguts und den Mondsee in Österreich. Unsere Mitarbeiterinnen und Kunden sind in ganz Deutschland und Österreich verteilt.

Mit unserer Pinterest-Marketing-Agentur setzen wir erfolgreiche Strategien für Unternehmen, Start-ups und Einzelunternehmerinnen auf, unterstützen im Account-Management und geben Inhouse- und Online-Pinterest-Workshops. Außerdem befähigen wir mit unserem Blended-Learning-Konzept Mitarbeiter in Unternehmen und auch Solopreneurinnen, selbst Pinterest-Expertin oder -Experte zu werden. Dadurch werden nachhaltige fachliche und qualitative Ressourcen im Unternehmen geschaffen.

Anfang 2019 haben wir gemeinsam den ersten deutschen Pinterest-Podcast »Pinsights – Der Podcast für dein erfolgreiches Pinterest-Marketing« gestartet. 2020 haben wir den Skana Media Insider Club gegründet, unseren Mitgliederbereich, in dem du in Form von Videos und Worksheets Tipps zu zahlreichen weiterführenden Themen rund um Pinterest findest. Hier treffen sich auch viele Pinterest-Fortgeschrittene – genauso wie du es sein wirst, wenn du dieses Buch durchgearbeitet hast. Außerdem legen wir hier großen Wert auf persönlichen Support, den wir in den regelmäßigen Live-Calls bieten.

Wir arbeiten an unseren Projekten mit voller Leidenschaft und immer auf Augenhöhe, und genauso ist auch dieses Buch entstanden. Wir haben all unser Know-how in dieses Buch gepackt, damit du den größtmöglichen Erfolg für dich auf Pinterest erzielen kannst, und haben uns zum Ziel gesetzt, dir unser vollständiges Wissen an die Hand zu geben, wie du Pinterest für dein Business oder für das Unternehmen, in dem du arbeitest, nutzen kannst. Viel Erfolg und Freude damit!

Sei dir bitte bewusst, dass Online-Marketing und damit auch Pinterest stets im Wandel sind. Deshalb ist es wichtig, dass du dich parallel zu diesem Buch auch regelmäßig über Neuerungen informierst, um auf dem aktuellen Stand zu bleiben.

Vernetze dich also gern online mit uns. Du findest uns unter:

- www.skanamedia.de
- www.instagram.com/skanamedia/
- www.pinterest.de/skanamedia_pinterestmarketing/

Hier geht's zu unserem Pinsights-Podcast:

- https://skanamedia.de/pinsights-podcast/

Anmeldung zum Newsletter und unserer Free-Guides-Bibliothek:

- https://skanamedia.de/free-guides-bibliothek/

Danksagung

Ein ganz besonderer Dank geht an Steffi, Rabea, Svenja und Jana von Limmaland für all eure wunderbaren Impulse als Testleserinnen und den wertvollen Input zum

Thema E-Commerce. Wir freuen uns, dass die Verbindung auch über das Buch hinaus bestehen bleibt, und blicken freudig einem ersten Offline-Treffen entgegen.

Dr. Eva Mayer – wir kennen uns seit Kinderschuhen, und wie es der Zufall will, machst du dich als Lektorin selbstständig, als wir beginnen, ein Buch zu schreiben. Alles fing als freundschaftliche, mentale Unterstützung an. Doch dann haben wir dich mit ins Boot geholt, und du hast uns mit Kompetenz, Zuverlässigkeit, Struktur, einem immer offenen Ohr und stets ermutigenden Worten unterstützt.

Anita Vetter, Gabriele Thies, Ilona Peuker, Kerstin Müllejans, Lilli Koisser, Louisa Hahn, Melina Royer, Tanja Johanson, Dr. Thomas Schwenke, Tobias Hagemeister, Sina Dallmann, Yvonne Iwainski und Victoria Kux für die spannenden und bereichernden Experteninterviews mit euch.

Olga Weiss, dich durften wir ebenfalls für unser Buch interviewen, und du hast uns darüber hinaus mit deiner Technik-Expertise in Kapitel 9 zum Thema »Website-Optimierung für Pinterest« tatkräftig unterstützt. Ein ganz besonderer Dank dafür an dich!

Dem Rheinwerk Verlag für das große Vertrauen in uns und unser Pinterest-Wissen. Ein besonderer Dank geht an Simone Bechthold. Sie hat uns entdeckt und die Buchstruktur gemeinsam mit uns erarbeitet. Und natürlich geht ein großes Dankeschön an Herrn Erik Lipperts – Sie haben uns mit viel Verständnis, Geduld und immer freundlichen Worten durch die Kapitel begleitet. »Es sieht gut aus!« war übrigens unser Lieblingssatz! ;-)

Feli Hargarten und Marcus Meurer dafür, dass ihr 2014 die DNX gegründet und Zehntausende von Menschen inspiriert und ermutigt habt, den ortsunabhängigen Lebensstil auf der ganzen Welt zu leben. So haben wir uns 2018 auf Bali auf einer DNX-Workation kennengelernt und kurz darauf Skana Media gegründet. Wir beide haben über die letzten Jahre so viele Tools, Tipps und Tricks von euch an die Hand bekommen, dass wir nicht nur weltweit an den schönsten Orten arbeiten konnten, sondern auch online perfekt aufgestellt waren, als plötzlich Zeiten anbrachen, in denen zu Hause bleiben und von dort aus arbeiten angesagt war.

Allen, die uns erlaubt haben, einen Teil ihrer Erfolgsgeschichte zu erzählen und Screenshots der Webseiten und Pinterest-Accounts in diesem Buch zu verwenden.

Den sozialen Medien, insbesondere LinkedIn, für ihr Dasein, denn so ist der Rheinwerk Verlag auf uns aufmerksam geworden.

Freunden und Familie – für euer Verständnis und eure Geduld, wenn ihr wieder hören musstet: »Ich habe leider keine Zeit, ich schreibe am Buch.«

Meiner 99-jährigen Oma Pauli dafür, dass du immer so verständnisvoll warst, wenn ich nur wenig Zeit für dich hatte. Dann waren deine Worte: »Wenn du die

Druckfahne in der Hand hältst, dann ist es geschafft, das kenne ich noch von meinem Papa. Du kannst das!« (Anmerkung: Schulreformer und Schulbuchautor Ludwig Battista). Ich freu mich so, wenn du das Buch in den Händen hältst. In Liebe, Natalie.

Uns. Dass wir den Mut, die Motivation und das Durchhaltevermögen hatten, dieses Buch mit all unserem Pinterest-Wissen neben einem starken Tagesgeschäft entstehen zu lassen.

Dir. Weil du dieses Buch gerade in den Händen hältst – und für dein Vertrauen in unsere Expertise. Wir wünschen dir ganz viel Freude und Erfolg mit Pinterest.

Kapitel 2
Über Pinterest

»Stop advertising! Start inspiring!« So heißt es auf Pinterest. Deine Zielgruppe besonders früh in der Kundenreise erreichen, die Inspirationsquelle für neue Ideen deiner Adressaten sein und gleichzeitig potenzielle Käuferinnen und Käufer ansprechen – hört sich spannend für dich an? Dann lerne die Möglichkeiten von Pinterest in diesem Kapitel kennen.

Pinterest ist eine visuelle Suchmaschine, über die sich neue und impulsgebende Inhalte entdecken lassen. Hier finden sich relevante und nützliche Ideen, die zum Ausprobieren anregen. Pinterest leitet sich aus den englischen Wörtern *pin* und *interest* ab. »Pin« heißt übersetzt Pinnnadel oder Reißzwecke. Das englische Wort »interest« steht kurz und bündig für Interesse. Pinterest hat also nicht nur die Funktion einer Suchmaschine, sondern ist auch eine virtuelle Pinnwand, auf der interessante Inhalte aus dem Internet gesammelt werden. Wie einer der Pinterest-Gründer Ben Silbermann sagte, ist Pinterest ein »Katalog von Ideen«, der dazu inspirieren soll, »rauszugehen und Dinge zu verwirklichen«.[1] Die Menschen planen auf Pinterest ihre Zukunft, und genau diese zukunftsorientierte Nutzung macht aus der Suchmaschine auch eine wertvolle Werbeplattform. Pinterest-Nutzerinnen und -Nutzer möchten Ideen entdecken und diese in die Tat umsetzen.

> **Kapitelübersicht: Über Pinterest**
> In diesem Kapitel
> - lernst du, wie Pinterest funktioniert,
> - erfährst du, warum du mit deinen potenziellen Kundinnen und Kunden bei Pinterest auf Reisen gehst,
> - beginnt deine ganz persönliche Unternehmensreise auf Pinterest.

Die Erfolgsgeschichte von Pinterest begann im Jahr 2010, als Silbermann und zwei weitere Unternehmer mit dem Ziel zusammenkamen, ein Tool zu entwickeln, mit dem Menschen intuitiv und einfach Inhalte sammeln können, für die sie sich im

---

1 Nusca, Andrew: Pinterest CEO Ben Silbermann: We're not a social network. 13.07.2015. In: *https://fortune.com/2015/07/13/pinterest-ceo-ben-silbermann/*.

Internet begeistern. Wie sich jedoch herausstellte, entwickelte sich Pinterest weitaus dynamischer, da Menschen sich auch davon inspirieren lassen, was andere teilen, und hieraus Ideen für die Gestaltung des eigenen Lebens ziehen. So ist die Idee zur Inspirationsplattform und visuellen Suchmaschine Pinterest entstanden.

Heute suchen mehr als 416 Millionen Nutzerinnen und Nutzer weltweit auf der Plattform nach Ideen und Inspiration. Pinterest hat über 2000 Angestellte auf der ganzen Welt, von San Francisco über Tokio bis Berlin.[2] Pinterest selbst sagt: »Wenn diese positive Ecke des Internets, die Pinterest darstellt, ein Land wäre, dann wäre es das drittgrößte der Welt – sogar größer als die USA.«[3]

Lass uns diese »positive Ecke im Internet« mal gemeinsam anschauen. Es erwartet dich eine Welt voll langlebigem Content, qualitativem Website-Traffic und kaufbereiten Nutzerinnen und Nutzern. In diesem Kapitel lernst du zu verstehen, warum die visuelle Suchmaschine für Anbieter unterschiedlicher Branchen eine sinnvolle Marketing-Plattform ist. Wir geben dir einen Einblick, warum Pinterest ein Paradies für Social Shopping ist und wie die Kundenreise auf der Inspirationsplattform aussieht. Außerdem lernst du bereits einige charakteristische Eigenschaften der Plattform kennen. Die Kundenreise ist ein Begriff aus dem Marketing und wird auch als *Customer Journey* bezeichnet. Deine potenzielle Kundschaft erreicht hier über verschiedene Kontaktpunkte ihr Ziel, das beispielsweise der Kauf eines Produktes oder die Buchung einer Dienstleistung sein kann. Die Kontaktpunkte, mit denen sie auf ihrer Reise in Berührung kommt, können ein Produkt, eine Marke oder ein Unternehmen sein. In Abschnitt 2.1 erfährst du mehr über die Kundenreise auf Pinterest. Aber wie funktioniert Pinterest nun, und wie kannst du dein Unternehmen auf Pinterest repräsentieren, um deine Ziele zu erreichen?

2.1 Eine Reise durch die Benutzeroberfläche von Pinterest

Die Inhalte auf Pinterest, also der Content, werden von Bloggern, Unternehmerinnen und Dienstleistern in Form von Pins zur Verfügung gestellt. Hier gibt es unterschiedliche Pin-Formate, in denen sich ein oder mehrere Bilder sowie Videos platzieren lassen. Zu jedem Pin lässt sich noch eine Überschrift (Pin-Titel), ein kurzer Text (Pin-Beschreibung) und das Linkziel (in der Regel zur eigenen Website) hinzufügen. In Abbildung 2.1 ist ein klassischer Standard-Pin zu sehen, das beliebteste Pin-Format. Gleichzeitig möchten wir aber von Beginn an das Bewusstsein bei dir

---

2 Pinterest Newsroom vom 31.07.2020. In: *https://newsroom.pinterest.com/de/news*.
3 Ebenda.

schärfen, dass auch auf Pinterest der Content immer multimedialer wird und das Videoformat stark an Fahrt aufnimmt.

Abbildung 2.1 Aufbau eines Standard-Pins in der Desktop-Version

Doch lass uns mal gemeinsam die Pinterest-Benutzeroberfläche anschauen: Im linken Bereich der Abbildung 2.2 siehst du das klassische Pinterest-Profil, bestehend aus Profilbild (häufig das Logo), Titelbild, Profil-Beschreibung sowie den Links zur Website und zum Impressum. Im Weiteren ist hier öffentlich einsehbar, wie viele Follower und monatliche Aufrufe dein Profil hat. Darunter siehst du den Kontaktbutton. Du kannst ihn in den Einstellungen aktivieren und deine E-Mail-Adresse hinterlegen. Über den FOLGEN-Button können dir die Menschen auf Pinterest folgen, wie der Name schon verrät. Darunter siehst du eine kleine Navigation, bestehend aus SHOPPEN, ERSTELLT und GEMERKT.

Der SHOPPEN-Tab ist ein Shopping-Feed, der deine Produkte mit Preisangaben zeigt, wie du es im zweiten Screen in Abbildung 2.2 siehst. Dieser Tab wird von Onlineshop-Betreiberinnen genutzt, sofern sie diesen eingerichtet haben. Andere Profile haben diesen Bereich also nicht in ihrem Profil. Mehr dazu erfährst du in Abschnitt 13.5. Der ERSTELLT-Tab zeigt deine aktuellen Pins. Und hinter dem GEMERKT-Tab finden die Nutzer alle deine Pins sortiert auf deinen Pinnwänden. Das ist der Grundaufbau deines Profils. Die Nutzerinnen sind in unterschiedlichen Feeds unterwegs. Darauf gehen wir in Abschnitt 3.1.3, »Wo genau erreichst du die Menschen innerhalb der visuellen Suchmaschine?«, noch näher ein.

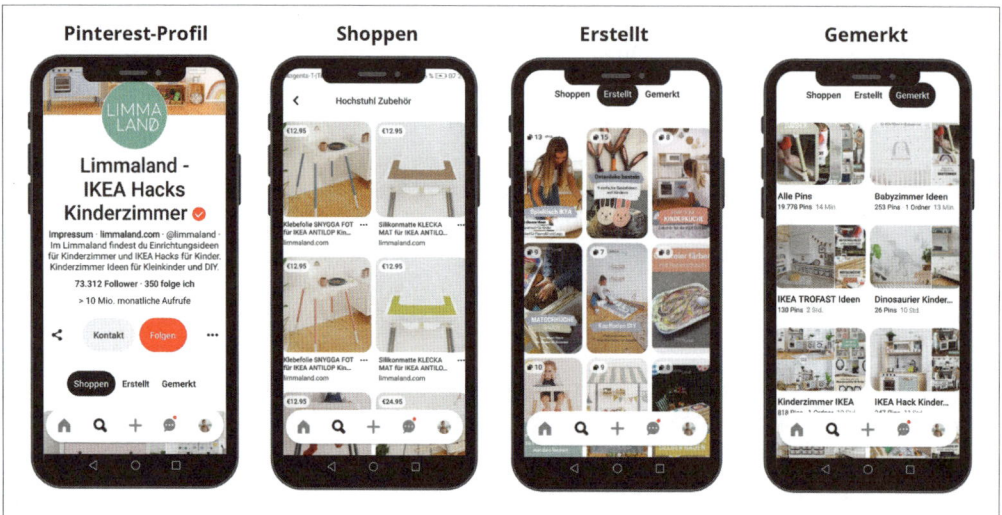

Abbildung 2.2 Die mobile Benutzeroberfläche von Pinterest

2.1.1 Warum Pinterest eine Plattform mit langlebigen Inhalten ist

Die gut 14,6 Millionen Menschen in Deutschland, die Pinterest jeden Monat nutzen, sind hungrig nach neuen Ideen und Inspirationen. Sie suchen meist nicht gezielt nach Marken, sind aber extrem offen für Produkte und Content von Marken, die ihnen Mehrwert stiften. Bis Dezember 2020 gab es insgesamt 240 Milliarden gemerkte Pins weltweit und mehr als 5 Milliarden erstellte Pinnwände.

Ein großes Plus von Pinterest ist es, dass die Pins mit einer Halbwertszeit von dreieinhalb Monaten wesentlich langlebiger sind als Beiträge in sozialen Netzwerken. Die Halbwertszeit einer Werbebotschaft – in Social Media eines Pins, Posts oder Tweets – ist jene Zeitspanne, in der etwa 50 % der Rückmeldungen auf eine Werbebotschaft mit direkter Antwortmöglichkeit erfolgen. In Abbildung 2.3 siehst du die Halbwertszeiten von Facebook, Twitter und Pinterest im Vergleich. Zu den Halbwertszeiten von Instagram haben wir keine Vergleichszahlen vorliegen. Die Instagram-Expertin Christine Thull von den *Piñatas* berichtet aus ihrem Erfahrungsschatz heraus, dass die Interaktion mit einem Instagram-Post in den ersten 12 Stunden am stärksten ist.

Du siehst, der Traffic-Effekt auf Pinterest ist deutlich nachhaltiger als der anderer Plattformen. Das liegt daran, dass Pinterest nicht nur zur Unterhaltung, sondern zur gezielten Suche nach Themen und als Inspirationsquelle genutzt wird. Wenn du die dazu passenden Lösungen oder Impulse in Form von Pins lieferst, ist die Wahrscheinlichkeit sehr hoch, dass deine Inhalte auch noch nach einem längeren Zeitraum geklickt werden. Wichtig ist, dass sich hinter dem Pin auch das versteckt, was er verspricht. Lässt sich auf deiner Webseite hochwertiger Content finden, der den Nutzerinnen und Nutzern einen Mehrwert bringt, dann hast du die besten Chancen, qualitativen Website-Traffic über Pinterest zu erhalten. Mit einer soliden Optimierung deiner Inhalte für die visuelle Suchmaschine können deine Pins dauerhaft in den Suchergebnissen auftauchen und die Menschen auf deine Website lenken. Wie das funktioniert, lernst du Schritt für Schritt in den folgenden Kapiteln.

Abbildung 2.3 Halbwertszeit eines Pins auf Pinterest im Vergleich zu einem Post auf Facebook und einem Tweet auf Twitter (Quelle: Pinterest)

Deine Beiträge können übrigens auch nach über einem Jahr noch im Such-Feed angezeigt werden. Zu Beginn müssen jedoch einige Ressourcen in den Aufbau investiert werden. Das zu verstehen, ist ein wichtiger Knackpunkt für deinen Erfolg auf Pinterest.

Warum sind die Pinterest-Nutzerinnen und -Nutzer eigentlich besonders kaufbereit? Das liegt daran, dass du sie mitten in ihrer Kundenreise abholst, die wir dir im Folgenden detailliert vorstellen möchten. Auf Pinterest musst du die Menschen nicht darauf aufmerksam machen, dass sie etwas brauchen. Sie sind hier selbst aktiv auf der Suche nach Lösungen für kleinere und größere Herausforderungen. Und deine Dienstleistung oder dein Produkt kann die passende Antwort darauf sein. Sei du die Inspiration für die nächste Idee deiner Zielgruppe! Aber lass uns die Kundenreise – im Marketing *Customer Journey* genannt – doch mal genauer ansehen.

2.2 Die Customer Journey auf Pinterest

Die *Customer Journey*, also die »Reise des Kunden« bezeichnet die einzelnen Zyklen, die eine Kundin durchläuft, bevor sie sich für den Kauf eines Produktes entscheidet. 93 % nutzen Pinterest, um direkt Käufe zu planen. Pinterest-Nutzer sind nicht nur nah an der Kaufentscheidung, sondern können vor allem ganz zu Beginn in der Customer Journey – der Inspirationsphase – abgeholt werden. So früh kannst du potenzielle Kundschaft auf keiner anderen Plattform erreichen.

Du musst die Pinterest-Nutzerinnen und -Nutzer nicht ausdrücklich motivieren, sich mit deinen Produkten und Inhalten zu beschäftigen, weil sie selbst nach Ideen und Vorschlägen suchen. Somit befinden sie sich bereits am Anfang eines klassischen *Sales Funnel*.

> **Was ist ein Sales Funnel?**
>
> Der Sales Funnel (Verkaufstrichter) beschreibt die einzelnen Stufen eines Verkaufsprozesses. An der Spitze dieses Verkaufstrichters – auch Top Funnel oder Upper Funnel genannt – steht eine sehr große, breit gefächerte Anzahl an potenziellen Kundinnen und Kunden. In dieser ersten Phase geht es darum, Bewusstsein zu schaffen und die Aufmerksamkeit eines breiten Publikums zu gewinnen. Aufmerksamkeit lässt sich zum Beispiel durch das Schreiben von Blogartikeln generieren. Gutes Content-Marketing hilft dir langfristig dabei, bei Google gefunden zu werden und durch die Erstellung ansprechender Pins natürlich auch auf Pinterest gefunden zu werden. Auch über das Veröffentlichen von Videos mit ansprechendem Mehrwert auf YouTube schaffst du Bewusstsein für deine Themen, deinen Expertenstatus oder deine Marke. Du hast Budget für Werbeanzeigen zur Verfügung? Dann ist auch das ein Weg, über Google, Pinterest, Instagram, Facebook oder LinkedIn Aufmerksamkeit zu generieren.
>
> In der zweiten Phase (Middle Funnel) liegt der Schwerpunkt darauf, das Interesse und das Vertrauen zu verstärken und echte Interessenten zu erreichen. Das ist die Phase, in der sich Interessentinnen zum Beispiel für deinen Newsletter eintragen. Somit wird ein regelmäßiger Kontaktpunkt geschaffen, und es lässt sich sehr gut Vertrauen aufbauen. Auch Abonnenten auf deinen Social-Media-Kanälen sind Teil der zweiten Phase, denn sie haben bereits entschieden, deine Themen interessant und deine Inhalte für relevant zu halten – deshalb folgen sie dir.
>
> In Phase drei (Bottom Funnel) verbleibt die Konsumentengruppe, die schlussendlich den Kauf auch wirklich tätigt. In dieser Phase werden Dienstleistungen, Beratungen, digitale oder physische Produkte gekauft.
>
> Du erkennst nun sicher schon, dass sich die Pinterest-Nutzerinnen und -Nutzer bereits automatisch in Phase 1–2 befinden, ohne dass du sie dazu animieren müsstest. Deine Kernaufgabe besteht also darin, die passenden Angebote und Inhalte für alle drei Phasen bereitzustellen.

Doch wen erreichst du eigentlich auf Pinterest? Wie du in Abbildung 2.4 siehst, zeigen die aktuellen Zahlen, dass 1 von 3 Müttern in Deutschland auf Pinterest unterwegs ist. 1 von 3 Millennials lässt sich auf Pinterest inspirieren, davon 46 % weiblich. 1 von 5 männlichen Millennials in Deutschland stöbert nach Ideen auf Pinterest. Tiefere Einblicke, welche Zielgruppe du auf der visuellen Suchmaschine erreichen kannst, findest du in Abschnitt 3.1, »Lerne die Zielgruppe auf Pinterest kennen«.

Abbildung 2.4 Die Zielgruppe auf Pinterest (Quelle: Pinterest GlobalWebIndex Q1-Q4 2019)

Das Marktforschungsunternehmen Millward-BrownDigital hat die Pinterest-Nutzerinnen und -Nutzer zu ihrem Kaufverhalten auf der Plattform befragt. 96 % geben an, Pinterest zu Recherchen, zur Planung von Ereignissen und alltäglichen Entscheidungen verwendet zu haben. 93 % verwenden Pinterest für ihre Kaufentscheidungen. Und 87 % der Befragten geben an, Dinge gekauft zu haben, weil sie sie bei Pinterest gefunden haben. Du siehst, somit sind auf Pinterest alle Phasen der Customer Journey und die Momente vor dem Kauf abgedeckt.

85 % der Pinterest-Nutzerinnen und -Nutzer geben sogar an, dass Pinterest bei einem neuen Projekt die erste digitale Anlaufstelle ist.

Die Bedürfnisse von Nutzern und Marken überschneiden sich auf Pinterest. Nutzerinnen möchten neue Ideen entdecken, Unternehmen möchten mit ihren Produkten und Services entdeckt werden, inspirieren und somit auch neue Kundschaft gewinnen.

Dass du die Möglichkeit hast, Menschen auf Pinterest in einer so frühen Phase der Customer Journey zu erreichen, bedeutet, dass du so auf Pinterest eine neue Zielgruppe erschließen kannst, die dir auf deinen Social-Media-Kanälen gegebenenfalls noch gar nicht folgt. Die Wahrscheinlichkeit, dass diese Menschen sich genau für deine Themenwelt interessieren, ist sehr hoch, wenn sie auf deine Pins stoßen, denn sie haben ja konkret danach gesucht.

> **Tipp: Spannendes Feature für die Beauty-Branche**
>
> Für die Beauty-Branche gibt es eine Funktion, mit deren Hilfe die eigenen Inhalte noch passgenauer auf die Zielgruppe zugeschnitten werden können: die Hautton-Auswahl, die es so bisher nur auf Pinterest gibt. Nutzer können ihre Suchanfrage zu Beauty-Themen auf der Grundlage von Hauttönen einschränken. Die Anwendung des Filters aktualisiert die Suchergebnisse und zeigt Inhalte, auf denen der ausgewählte Hautton und ähnliche Hauttöne zu sehen sind. Durch diese Erweiterung können noch mehr Nutzer von personalisierten Suchergebnissen profitieren und so die für sie relevantesten Beauty-Looks und -Produkte finden. Denn Inspiration funktioniert nicht, wenn die Suchergebnisse hauptsächlich Personen zeigen, die nicht wie wir aussehen. Probiere es selbst mal aus, und gib »Sommer-Make-up« in die Suchfunktion ein. Aktuell (Mai 2021) kannst du die Filter nur in der mobilen Version auswählen. Wir zeigen es dir in Abbildung 2.5.
>
>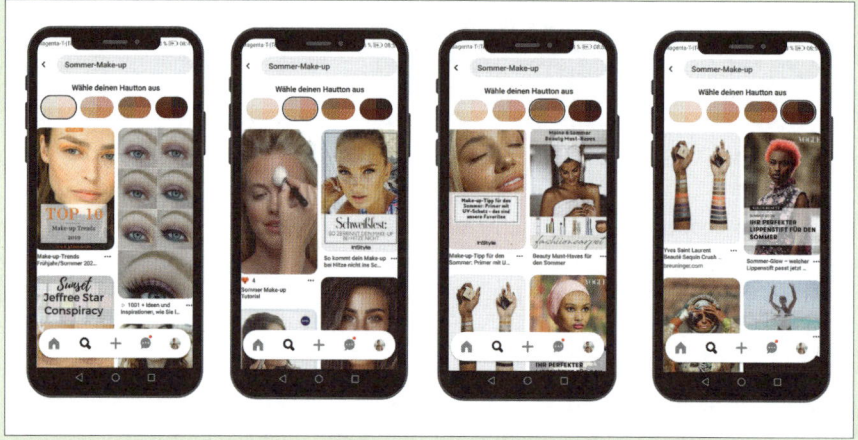
>
> **Abbildung 2.5** Hauttonfilter für Beautythemen: Für jede Filtereinstellung erscheinen Bilder in den passenden Hauttönen.

2.2.1 Discover – save – do

Die Pinnerinnen und Pinner sind also auf der Suche nach Inspiration für ihr Projekt oder nach einer Lösung für ihr Problem. Das ist sehr praktisch für dich – denn du musst sie nicht erst aktivieren, sondern sie »nur« noch abholen. Auf Pinterest bist du die Expertin, die unaufdringlich Lösungen und Beratung frei Haus liefert, während die Nutzer entspannt nach Inspiration stöbern.

Pinterest selbst bringt dies auf eine sehr einfache Formel und teilt die Customer Journey ein in Discover – save – do. Die Nutzerinnen und Nutzer entdecken Dinge (discover), speichern diese auf ihren Pinnwänden (save) und setzen sie schließlich um oder kommen zu einer Kaufentscheidung (do). *Social Shopping* (erklärt in Abschnitt 2.3.2) beginnt aber weit vor dem finalen Kaufabschluss, und genau da setzt Pinterest an. Bei Pinterest werden alle Phasen der Customer Journey abgedeckt, wie du in Abbildung 2.6 siehst.

Abbildung 2.6 Die Customer-Journey-Formel von Pinterest: Discover – Save – Do!

Auf Pinterest sind die Menschen grundsätzlich offen für hilfreiche Tipps und Markenbotschaften. Du kannst Pinterest also als Plattform betrachten, um dein Content-Marketing fortzuführen.

> **Content-Marketing kurz erklärt**
> Anders als im klassischen Marketing steht beim Content-Marketing nicht dein Produkt im Mittelpunkt, sondern deine potenzielle Kundschaft. Diese wird mithilfe von informierenden, unterhaltenden oder beratenden Inhalten erst zu Interessentinnen und Interessenten, die auf dein Produkt oder deine Dienstleistung aufmerksam werden (im Marketing *Leads* genannt), dann zu Kunden und im besten Fall zu zufriedenen Markenbotschafterinnen. Typischerweise zählt ein guter Blog mit informierenden Inhalten zum Content-Marketing. Dies ist die perfekte Basis für deine Erstellung von Pins.

Wenn du bisher noch nicht mit Content-Marketing begonnen hast, dann ist jetzt der ideale Zeitpunkt dafür, denn Mehrwert stiftender Content ist ein wichtiger Eckpfeiler für eine erfolgversprechende Pinterest-Strategie. Pinterest ist ein sehr spannender Kanal, um Vertrauen aufzubauen und dabei wertvolle organische Reichweite zu generieren.

Als *organischen Traffic* werden alle Klicks auf deine Website bezeichnet, die nicht durch bezahlte Suchergebnisse initiiert sind. Die so aufgebaute Kundenbeziehung kann dabei durchaus von Dauer sein. Schließlich hat deine Marke dabei geholfen, ein konkretes Problem zu lösen. Landest du mit deinem Content sogar auf einer thematisch passenden Pinnwand einer Nutzerin, bist du dort automatisch sehr lange präsent. So wirst du auch für andere Nutzer, die nicht zu deinen Followern gehören, besser sichtbar. Und über die Suche können deine Pins noch lange, nachdem sie gepinnt wurden, wiedergefunden werden.

2.3 Warum Pinterest die ideale Plattform für Blogger, Unternehmerinnen und E-Commerce ist

Lange war Pinterest der Underdog unter den Marketingkanälen, doch diese Zeiten sind längst vorbei. Deutsche Unternehmen wie *Kitchen Stories* erhalten bis zu 80 % ihres Social Traffic, also die Besucherbewegungen von sozialen Medien auf ihre Website, über Pinterest.

> **Praxiserfahrung von Gabriele Thies, Organisationscoach**
>
> »Seitdem ich Pinterest nutze, hat sich mein Google-Ranking extrem verbessert. Es finden mich nun wesentlich mehr Menschen über Google als vor meiner Pinterest-Präsenz.«
>
> *Tipps aus dem Interview mit Gabriele Thies im Pinsights-Podcast in Episode #77, »Effizienter Pinterest Workflow im Interview mit Gabriele Thies«*

> **Praxiserfahrung von Viktoria Kux, Marketing-Strategin**
>
> »Pinterest ist eine ideale Einstiegsplattform für Dienstleisterinnen, Onlineshops oder Unternehmen, die eine Webseite haben und dort kontinuierlich Informationen zu Verfügung stellen, wie zum Beispiel einen Blog oder Produkte. Pinterest ist ein enormer Traffic-Lieferant für Neu-Besucherinnen und -Besucher meiner Webseite.«
>
> *Tipps aus dem Interview mit Viktoria Kux im Pinsights-Podcast der Episode #58, »Wie findest du die richtige Marketing-Plattform für deine Ziele und Zielgruppe?«*

2.3.1 Wie kannst du Pinterest für dein Unternehmen nutzen?

Zusammengefasst: Indem du geeignete Pins erstellst (dazu in Kapitel 6 mehr), generierst du Inhalte, die, verglichen mit Inhalten in sozialen Netzwerken, lange und von einem breiten Nutzerspektrum abgerufen werden können. Einmal mit Sorgfalt erstellt, sind Pins also sehr wertvoll für deinen Social Traffic. Voraussetzung: Der Inhalt auf deiner Webseite, zu der der Link des Pins führt, erfüllt genau das, was auf dem Pin angekündigt wird. Es ist wichtig, dass die Erwartungshaltung der Nutzerinnen und Nutzer erfüllt wird, sonst kommt es zu hohen Absprungraten auf deiner Webseite. Die Absprungrate (englisch: *Bounce Rate*) ist ein Wert, der beschreibt, wie viele Nutzer eine Website betreten und diese wieder verlassen, ohne eine weitere Aktion auszuführen.

Praxisbeispiel: Die optimale Reise von Pinterest zu deiner Website

Luise arbeitet seit zwei Wochen im Homeoffice. Das ist für sie eine neue Situation. Es fällt ihr schwer, sich zu fokussieren, Arbeit und Privates voneinander zu trennen. Sie fühlt sich unorganisiert und unproduktiv. Sie braucht Rat und öffnet Pinterest. Luise gibt in die Suchmaske »Produktivität im Homeoffice« ein. Und schon erhält sie jede Menge Inspiration im Such-Feed (Bild 1 in Abbildung 2.7), um ihre Situation zu verbessern. Luise kann diese Pins nun direkt anklicken, um zu den verlinkten Artikeln zu gelangen oder sich die Pins auf einer Pinnwand merken. Ein Pin spricht sie besonders an, sie klickt ihn an. Daraufhin vergrößert sich der Pin (Close-up, Bild 2 in Abbildung 2.7). Luise möchte mehr Informationen, und mit einem weiteren Klick landet sie auf der Website von Business-Coach Lilli Koisser, die diesen Inhalt zur Verfügung gestellt hat (Bild 3 in Abbildung 2.7).

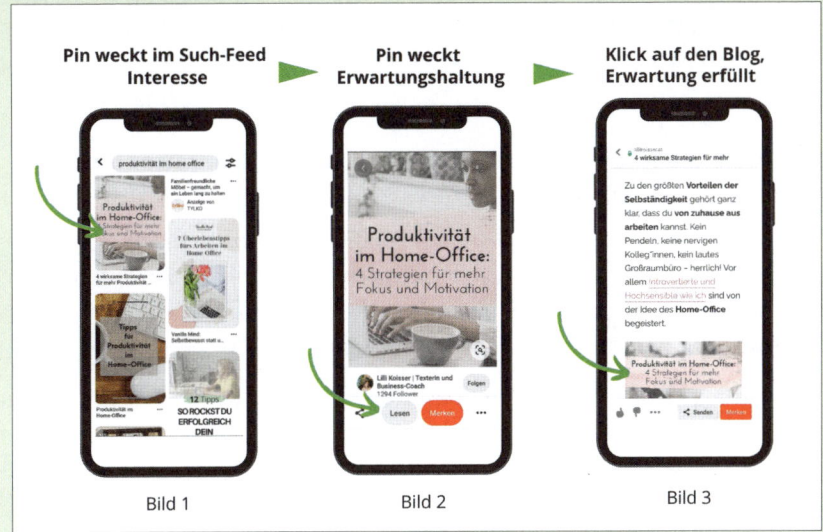

Abbildung 2.7 Die optimale Reise eines Pinterest-Nutzers von der Suche bis zum Website-Klick (Quelle: lillikoisser.at)

Auf dem Blog von Lilli findet Luise genau das, was sie gesucht hat: vier hilfreiche Strategien für mehr Fokus und Motivation im Homeoffice. Somit wurde ihre Erwartungshaltung voll erfüllt.

2.3.2 Stärke deine Marke

Wie Abbildung 2.7 zeigt, erreichst du mit ansprechend gestalteten Pins, die relevante Inhalte ankündigen, mögliche Kundschaft, die noch nie von dir gehört hat. Durch den Einsatz deines Logos oder deiner URL prägt sich deine Marke ein. Durch die »Merken«-Funktion werden deine Pins von Nutzern auf ihren Pinnwänden gemerkt und erreichen somit weitere potenzielle Kundinnen. Außerdem darfst du die Pinterest-Logos auf deiner Website und in deinen Social-Media-Kanälen platzieren. So machst du auf deinen Pinterest-Auftritt aufmerksam, und gleichzeitig strahlt das positive Pinterest-Image auch auf deine Marke ab. Achte auch darauf, dass dein Pin-Design einen Wiedererkennungswert hat. So kannst du dafür sorgen, dass die Menschen auf einen Blick deine Pins wiedererkennen, zu denen sie zuvor bereits Vertrauen aufgebaut haben, da sie eher auf ein bekanntes, vertrautes Design klicken werden. In Kapitel 6 tauchen wir gemeinsam richtig tief ein ins Thema Pin-Design.

> **Zeige deinen Expertenstatus**
> Auf Pinterest sind Menschen unterwegs, die nach Umsetzungstipps, Impulsen und Anregungen suchen. Du kannst dich hier mit deinem Thema sehr gut positionieren und deutlich zeigen, dass du dich mit diesem bestens auskennst und mit deinem Produkt, deiner Dienstleistung, deinem Blogartikel etc. wertvolle Lösungen lieferst. Je genauer du deine Nische definierst, diese auch inhaltlich bespielst, desto schneller wirst du auf Pinterest als vertrauenswürdige Expertin wahrgenommen.

2.3.3 Steigere deine Verkäufe: Pinterest ist das Schlaraffenland für Social Shopping

Die meisten sozialen Netzwerke legen ihren Fokus auf die Kommunikation und den Austausch mit der Community. Hier sollen Gespräche entstehen. Bei Pinterest hingegen suchen die Nutzerinnen und Nutzer gezielt nach Produktideen und Inspiration und sind auch bereit Kaufabschlüsse zu machen.

Laut Auswertungen des Marktforschungsinstituts Nielsen geben über 50 % der deutschen Pinterest-Nutzerinnen und -Nutzer an, dass Pinterest ihnen bei ihrer Kaufentscheidung geholfen hat. Zudem ist die Wahrscheinlichkeit, dass sie auf Pinterest eine kaufbezogene Aktion durchführen, laut Nielsen anderthalbmal höher als auf gängigen sozialen Plattformen. Diese und weitere Statistikzahlen zur Kaufbereitschaft auf Pinterest findest du in Abbildung 2.8.

Social Shopping – der digitale Einkaufsbummel auf Pinterest

Menschen nutzen Pinterest, um Ideen für große und kleine Lebensereignisse zu finden, von der Frage »Was möchte ich am Sonntag kochen?« über »Wie möchte ich meine erste eigene Wohnung einrichten?« bis zu »Wie dekoriere ich meine Hochzeit?«. Pinnerinnen sind Planerinnen! Sie kommen zu Pinterest und suchen gezielt nach neuen Ideen, die sie ausprobieren möchten. Sie haben meist einen konkreten Anlass. Und das Gute für dich ist, dass sie dabei auch offen sind, Produkte zu kaufen. Menschen kommen in der Regel mit einer Intention zu Pinterest.

2.3 Warum Pinterest die ideale Plattform für Blogger, Unternehmerinnen und E-Commerce ist

Pinterest-Statistiken zur Kaufbereitschaft der Nutzer auf Pinterest

416 Mio.
monatlich aktive Nutzerinnen und Nutzer weltweit

14,6 Mio.
monatlich aktive Nutzerinnen und Nutzer in Deutschland

Pinterest erreicht ca.
1 von 3
Kaufentscheidern in deutschen Haushalten

die Wahrscheinlichkeit, dass Nutzerinnen und Nutzer auf Pinterest eine kaufbezogene Aktion durchführen, ist
1,5 x
höher als bei Nutzerinnen und Nutzern anderer sozialer Plattformen

Pinterest erreicht
1 von 4
deutschen Haushalten mit einem Einkommen von +100.000 €

über
50 %
der deutschen Nutzerinnen und Nutzer geben an, dass Pinterest ihnen bei der Kaufentscheidung geholfen hat

Abbildung 2.8 Pinterest-Statistiken zur Kaufbereitschaft auf Pinterest[4]

Beim *Social Shopping* geht es darum, in den sozialen Netzwerken neue Unternehmen und Marken zu entdecken, direkt dort einzukaufen und sich über die Produkte auszutauschen – ein großer Pluspunkt in Sachen Nutzerfreundlichkeit und Einkaufserlebnis.

Social Shopping beginnt allerdings weit vor dem Kaufabschluss, und genau das ist eine Stärke von Pinterest. Hier werden alle Kaufphasen berücksichtigt und somit werden Nutzer bereits vor der eigentlichen Kaufentscheidung angesprochen. Generell sind Pinterest-Nutzer extrem offen dafür, Neues zu entdecken. Dadurch kannst du deine Zielgruppe genau in dem Moment erreichen, in dem sie eine Präferenz für ein Produkt oder einen Service entwickelt, und im Anschluss kann sie eine Kaufentscheidung treffen.

Ein weiterer Vorteil: Da Pinterest-Nutzerinnen und -Nutzer kaum nach Marken suchen, haben hier auch viele junge, kleinere oder unbekanntere Unternehmen eine gute Chance, entdeckt zu werden, auf Pinterest zu wachsen und Umsätze zu generieren.

---

4 Datenvergleiche: Pinterest, Global Analysis Mai 2020, Q2; ComScore, Multiplatform Unique Visitors, Dezember 2019. In: *www.comscore.com/Insights/Press-Releases/2019/12/Comscore-Releases-2019-Global-State-of-Mobile-Report*; GlobalWebIndex 2019 Q1-Q4. In: *www.globalwebindex.com/reports/trends-19*; Nielsen, Analysen zum Path to Purchase 2019/2020. In: *www.nielsen.com/us/en/insights/report/*.

> **Praxisbeispiel: Social Shopping**
>
> Hannah plant ihren Festivalbesuch im Sommer. Sie wünscht sich ein ausgefallenes Outfit, die trendigsten Festival-Accessoires und ganz viel Glitzer. Sie braucht Inspiration und öffnet Pinterest. Hier hat sie letzten Sommer auch schon tolle Inspirationen zum Thema »*Kleine Wohnungen einrichten*« gefunden, als sie Wohnideen für ihre erste Studentenwohnung gesucht hat. Hannah gibt in die Suchmaske »*Festival Outfits Glitzer*« ein. Und schon erhält sie jede Menge Ideen für ihre Outfit-Gestaltung. Ihr gefällt der Pailletten-Kaftan. Nun gibt es zwei Möglichkeiten. Hannah merkt sich den Pin für später auf einer ihrer Pinnwände, oder sie klickt den Pin an, gelangt zum verlinkten Artikel und sichert sich den Kaftan für ihren nächsten Festival-Besuch. In Abbildung 2.9 siehst du Hannahs Shopping-Reise visuell dargestellt.
>
>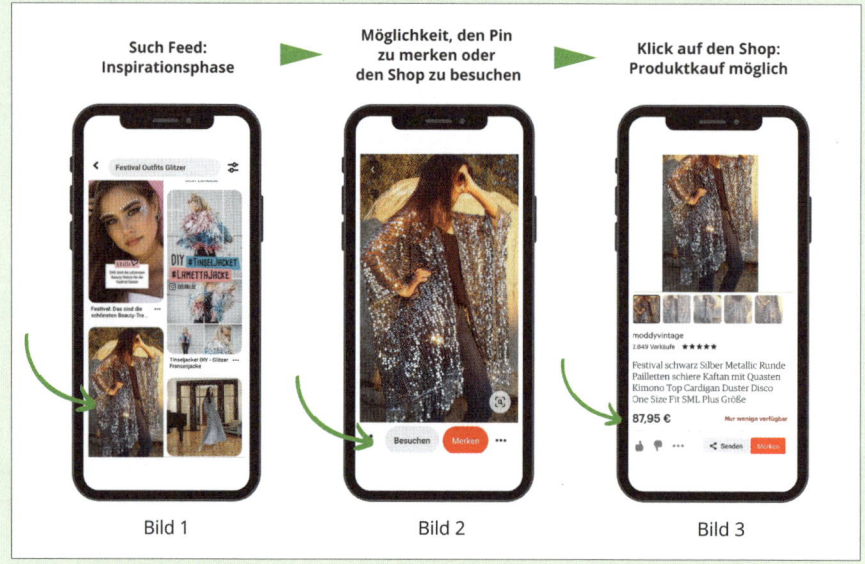
>
> **Abbildung 2.9** Die Shopping-Reise einer Pinterest-Nutzerin am Beispiel eines Standard-Pins

Interne Pinterest-Daten im April 2020 (ausgewertet aus Suchanfragen auf Englisch) haben ergeben, dass 97 % der Suchanfragen auf Pinterest ohne Markennennung stattfinden.[5] Das heißt: gleiche Chancen für alle! Egal ob du das Maggi-Kochstudio oder Katja Müller bist, du hast mit deinem wertvollen Content die gleiche Chance, auf Pinterest zu punkten und *organischen* Traffic zu erzielen. Das bietet jeder Marke, jedem Content-Creator (also den Menschen, die Medieninhalte erschaffen)

---

5 Pinterest Media Agency Advertising Guide. In: *www.mediabynature.de/lernen/pinterest-marketing/*.

die Möglichkeit, beim Entscheidungsprozess der potenziellen Kundinnen und Kunden von Anfang an dabei zu sein.

Zu dem ohnehin schon attraktiven Angebot, das Pinterest für dich bereit hält, arbeitet die Plattform ständig an neuen Tools, die das Shoppen über Pinterest erleichtern: von Produkt-Pins über Shopping-Kataloge bis hin zu Kooperationen mit *Shopify* und *Etsy*. Da das richtig spannend für die gesamte E-Commerce-Branche ist, haben wir diesem Themenblog einen eigenen Platz eingeräumt. Mehr zum Thema E-Commerce auf Pinterest erfährst du in Abschnitt 13.5, »E-Commerce auf Pinterest«.

2.3.4 Pinterest Ads: Erreiche deine spezifische Zielgruppe mit passgenauen Werbeanzeigen

Seit Februar 2019 kann die visuelle Suchmaschine auch in Deutschland als Werbeplattform genutzt werden, und das Schalten von Werbeanzeigen ist möglich. Somit spricht Pinterest zunehmend Unternehmen an. Das Format der Werbeanzeigen ist aber auch für Bloggerinnen, Start-ups und Dienstleister nicht zu unterschätzen und kann sehr gut in die Strategie integriert werden. Doch lass uns Schritt für Schritt vorgehen – in Kapitel 9 wirst du mehr über die Werbeanzeigen erfahren.

Mit dem *Pinterest Ads Manager* kannst du deine bezahlten Pinterest-Kampagnen erstellen, bearbeiten und verwalten. Ads ist die Abkürzung für Advertisement und bedeutet auf Deutsch Werbeanzeige. Der Pinterest Ads Manager ist somit der Werbeanzeigenmanager von Pinterest. Du findest ihn in deinem Pinterest-Business-Profil unter Anzeigen. Mithilfe von Pinterest Ads werden deine Produkte und Inhalte mehr Menschen angezeigt, während sie auf Pinterest suchen, stöbern und entdecken.

Hast du schon mal auf Instagram, Facebook oder Google Anzeigen geschaltet? Falls ja, wird dir auffallen, dass Pinterest Ads viele Parallelen zu den anderen Werbeplattformen aufweist, sodass dir einiges schon bekannt vorkommen wird. Pinterest Ads kannst du dir wie eine Mischung aus Facebook Ads und Google Ads vorstellen. Das heißt, du kannst nach Interessen und Zielgruppen sowie nach bestimmten Suchwörtern targetieren. Zu deinem Verständnis: *Targeting* (engl. target = Ziel) bezeichnet die genaue Zielgruppenansprache im Online-Marketing. Zusätzlich wirbst du auf Pinterest aber auch mit der im Fokus stehenden Grafik deines Pins. Die starke Visualität spricht insbesondere Emotionen an, sodass die Mischung aus bewusster Suchentscheidung und unbewusster Ansprache durch Bilder eine besondere Kombination ist, die sehr gute Erfolge bringen kann. Durch die vielfältigen Targeting- und Trackingmöglichkeiten sind deine Marketingziele sehr gut messbar. *Tracking* (engl. to track = folgen) bedeutet im Online-Marketing das Protokollieren des Nutzerverhaltens. Einen tieferen Einblick in das Thema Werbung auf Pinterest und wie sinnvoll sie für dein Unternehmensziel ist, bekommst du in Kapitel 11, »Werbeanzeigen«.

2.4 Für welche Branchen ist Pinterest interessant?

Pinterest eignet sich besonders gut für Unternehmen, die visuell ansprechende Produkte im Angebot haben. Unserer Erfahrung nach ist Pinterest allerdings für fast alle Branchen geeignet, wenn du die Plattform richtig einsetzt. Wie du sicher schon gemerkt hast, musst du nicht unbedingt ein physisches Produkt und jede Menge Bildmaterial haben, um auf Pinterest erfolgreich zu sein. Zwar eignet sich die Plattform sehr gut für Mode, Möbel, Lebensmittel, Fliesen oder Accessoires, aber auch digitale Produkte wie Onlinekurse oder E-Books lassen sich sehr gut über Pinterest präsentieren. Auch Dienstleisterinnen wie zum Beispiel Coaches sind auf Pinterest erfolgreich.

Die *Pinterest Ideas* (für die alten Hasen: das waren zuvor die Kategorien) spiegeln wider, für welche Branchen Pinterest spannend und sinnvoll ist. Die beliebtesten Kategorien sind DIY, Food und Rezepte sowie Wohndekoration. Doch auch in Nischenthemen lassen sich auf Pinterest große Erfolge erzielen. Wir haben einige Kategorien für dich aufgelistet. Diese sind unterteilt in klassische Pinterest-Ideenwelten, Nischenideen und Ideen speziell für Männer. Dies ist aber nur ein Auszug. Es gibt natürlich noch viele weitere Nischen, und gerade Nischenthemen bieten oft ein ganz besonderes Potenzial. Hier ist häufig die Konkurrenz nicht so groß, die Nachfrage aber stark. Unter dem Link *www.pinterest.de/ideas/* siehst du auf einen Blick, welche Themenbereiche auf Pinterest gerade besonders beliebt sind.

Ideenwelten auf Pinterest

Hier findest du eine Auswahl gefragter Themenbereiche auf Pinterest.

Die Klassiker:

- Do it yourself (Handwerk und Basteln)
- Garten
- Food und Rezepte
- Rund ums Kind/Erziehung
- Reisen
- Sport
- Beauty und Fashion
- Gesundheit und Fitness
- Einrichten und Wohnen
- Wohndekoration
- Hochzeiten
- Tiere

Die Nischen:

- Fotografie
- Finanzen
- Online-Marketing
- Persönlichkeitsentwicklung und Coaching
- Nachhaltigkeit
- Tattoos
- Geschenkartikel

Die Männerwelt:

- Technologie
- Kleidung
- Reisen
- Garten
- Autos und Motorräder
- Filme

Wir möchten noch einmal explizit einen der größten Mythen rund um Pinterest ausräumen. Nämlich, dass die Plattform nur für DIY-Blogger und Themen wie Food und Interieur interessant ist. An der Branchenvielfalt hast du nun aber gesehen, dass Pinterest für sehr viele Branchen Potenzial sowie die passende Zielgruppe bietet. Es geht hierbei auch stark um den Mehrwert, den du bietest, und nicht nur darum, in welcher Branche du tätig bist. Bist du zum Beispiel in dem auf Pinterest sehr beliebten Food-Bereich tätig, hast aber lediglich eine Landingpage mit nur einem Produkt und bietest sonst keinen Mehrwert auf der Seite, dann hast du kaum Chancen, auf Pinterest organisch erfolgreich zu werden, da dir schlicht die Inhalte fehlen, zu denen du Pins erstellen könntest. Dafür kann ein Nischenthema wie Finanzen mit einem sehr starken Blog sehr wohl eine hohe organische Reichweite auf dem Pinterest-Profil sowie auf dem Blog erzielen. Im folgenden Abschnitt 2.5, »Was du vor deinem Start über Pinterest wissen solltest«, klären wir noch einige Falschannahmen rund um die visuelle Suchmaschine auf.

Was bedeutet organisch?

Organisch bedeutet im Online-Marketing, das deine Inhalte ausgespielt oder geklickt werden, ohne dass du dafür in Werbeanzeigen investiert hast. Der Inhalt gewinnt aufgrund einer Mischung von Qualität, Relevanz und den passenden Keywords an Reichweite.

2.5 Was du vor deinem Start über Pinterest wissen solltest

Um auf Pinterest erfolgreich zu sein, musst du wissen, dass regelmäßiges Engagement und hochwertiger Content sehr wichtig sind, du damit aber auch langfristig erfolgreich sein kannst. Es ist wichtig, mit der richtigen Einstellung auf Pinterest zu starten, sonst kann schnell Frustration aufkommen. Dem möchten wir vorbeugen, weshalb wir für dich die größten Denkfehler in Bezug auf Pinterest aus dem Weg räumen möchten.

Es gibt diverse Mythen und falsche Annahmen rund um Pinterest, die deinen Erfolg auf der Plattform schmälern können. Außerdem werden uns gerade zu Beginn häufig Fragen zu bestimmten Themen gestellt, die wir nun für dich aufdröseln möchten.

Können nur Food-, Interior- und DIY-Blogger auf Pinterest erfolgreich werden?

Das ist natürlich nicht so. Du hast in Abschnitt 2.4 gelernt, dass Pinterest für sehr viele Branchen relevant ist, vom physischen bis hin zum digitalen Produkt. Es kommt auf die Strategie, die richtigen Inhalte und die passende Aufbereitung an. Deine ersten strategischen Schritte wirst du bereits in Kapitel 3 kennenlernen.

Ist Pinterest nicht genauso wie Instagram oder Facebook?

Du solltest erst gar nicht damit anfangen, Pinterest mit sozialen Netzwerken wie Instagram, Facebook oder Twitter zu vergleichen. Warum nicht? Wie du schon gelernt hast, ist Pinterest kein soziales Netzwerk, sondern eine visuelle Suchmaschine und Inspirationsplattform. Pinterest verbindet Menschen nicht mit Freunden oder Gleichgesinnten, sondern mit Ideen. Die Nutzerinnen und Nutzer schauen sich auf Pinterest ganz bewusst nach neuen kreativen Impulsen um. Sie gehen ihren eigenen Interessen nach oder suchen Rat für bestimmte Herausforderungen. Mit deinen Mehrwert-liefernden Inhalten bietest du ihnen genau die Lösungen, die sie suchen. Am häufigsten werden Vergleiche zu Instagram gezogen, da bei beiden Plattformen der Schwerpunkt auf Bildern liegt. Auf den ersten Blick verfolgen beide Plattformen den gleichen Ansatz: Die Nutzerinnen laden dort Bilder hoch, die andere registrierte Nutzer sich ansehen, teilen und kommentieren können. Sowohl Pinterest als auch Instagram eignen sich sehr gut für Influencer-Marketing, da hier User mit starker Präsenz und hohem Ansehen aktiv sind. Das können Künstler, Sportlerinnen, aber auch Bloggerinnen oder YouTuber sein. Wenn diese Influencerinnen und Influencer Neuigkeiten, Empfehlungen und Fotos teilen, steigern sie somit die Bekanntheit und Reputation der vorgestellten Produkte oder Dienstleistungen. Da Pinterest eine Suchmaschine ist, gibt es hier nicht die klassische Timeline oder einen News-Feed. Alles dreht sich um Ideen und Inspirationen, die in die Zukunft weisen. Die typische Pinterest-Nutzerin holt sich auf Pinterest Ideen und Anregungen und setzt diese um. Nur in den seltensten Fällen pinnt sie das vollendete Projekt auf Pinterest. Auf Instagram sieht das anders aus, hier teilen die Menschen sehr gerne, wie ihr Essen, ihre Yogaposen, ihre Ausflüge oder ihr Outfit aussehen. Da Instagram ein soziales Netzwerk ist, liegt hier der Fokus viel stärker auf der sozialen Interaktion – also auf dem Austausch mit der Community – und auch auf dem spontanen Austausch mit der Person hinter der Marke. Auf Instagram bekommen die Nutzerinnen und Nutzer häufig Schnappschüsse, Selfies und Blicke hinter die Kulissen zu sehen. Hier werden auch persönliche Kontakte gepflegt; hier darf Zeit eingeplant werden, um Nachrichten und Kommentare zu beantworten – also für das sogenannte Community-Management. Die Voraussetzungen, um Traffic für deine Website zu generieren, sind auf Pinterest sehr gut. Hier lässt sich im Profil ein Link zu deiner Webseite und zu deinem Impressum hinterlegen. Außerdem kannst du bei jedem deiner Pins einen klickbaren Link zu deiner Website oder deinem Onlineshop hinterlegen – nur der Idea-Pin (zuvor Story-Pin) bildet eine Ausnahme.

> **Merke: Wichtige Voraussetzung für ein positives Nutzererlebnis**
> Achte immer darauf, dass alle Pins ein Linkziel erhalten, das exakt zu dem angekündigten Inhalt passt (bei Idea-Pins ist es leider nicht möglich, diese zu verlinken). Es ist wich-

> tig, dass die Erwartungshaltung der Besucherin erfüllt wird, um hohe Absprungraten zu vermeiden. Alle Seiten, die nicht mehr erreichbar sind, sollten umgeleitet werden, damit sie nicht im Nirwana landet. Viele Nutzer und wir selbst haben es auch schon erfahren, sind frustriert, dass Links hinter den Pins häufig nicht richtig funktionieren oder nicht zum angekündigten Inhalt führen.

Der Vorteil, den Instagram Unternehmen bietet, liegt in der Präsentation der Marke (Brand Building), im Vertrauensaufbau und der Imagestärkung. Außerdem setzt Instagram inzwischen auch stark auf das Thema Social Shopping, Integration von Produkten und Katalogen sowie E-Commerce. Auf Pinterest liegt das Hauptaugenmerk auf ansprechenden Grafiken und Videos, die Lösungswege anteasern. Da Pinterest eine Suchmaschine ist, kommen die Nutzerinnen und Nutzer mit einer bestimmten Herausforderung zu Pinterest und geben ihr Anliegen konkret in das Suchfenster ein. Das bedeutet, du holst deine potenzielle Zielgruppe während ihrer Suche nach einer bestimmten Lösung zu ihrem Problem ab. Wie in Abschnitt 2.2 ausführlich beschrieben, ist das der perfekte Zeitpunkt in der Customer Journey für dein Unternehmen! Die meisten sozialen Netzwerke legen ihren Fokus auf die registrierten Nutzerinnen und regen Diskussionen und Gespräche an. Bei Pinterest hingegen suchen die Nutzer nach Inspirationen und Produktideen und sind bereit, auch direkt Kaufabschlüsse zu tätigen. Stell dir zusammengefasst vor, dass du bei Pinterest genau mit den Menschen in Kontakt trittst, die bereits zu Beginn ihrer Aktivität auf Pinterest ungefähr wissen, was sie finden wollen. Wenn sie dabei auf deinen überzeugenden und ansprechenden Pin stoßen, werden sie vermutlich zuschlagen. Wie du bereits weißt, nennt Pinterest diesen dreistufigen Vorgang »*Discover, Save, Do*« – übersetzt: Entdecke etwas, merke es dir und setze es dann um.

Die Anzahl der Betrachterinnen und Betrachter gehört zu den relevantesten Pinterest-Kennzahlen, oder?

Die Reaktionen und Interaktionen auf Pinterest unterscheiden sich von denen, die du in den sozialen Netzwerken wie Instagram oder Facebook gewohnt bist. Dort möchten Content-Creator meist möglichst viele Likes, Kommentare oder Sharing-Aktionen erzielen. Auf Pinterest wurde die Kommentarfunktion lange sehr wenig genutzt, und Reaktionsbuttons wie Daumen hoch, Herz usw. gab es nicht dauerhaft. Diese Funktion wurde von Pinterest hin und wieder getestet, aber oft nicht langfristig ausgerollt. Nach und nach werden aber auch auf Pinterest Formate geschaffen, die zur Interaktion einladen. So zum Beispiel der Idea-Pin, der häufig die Person hinter den Inhalten zeigt, oder auch der Video-Pin. Bei beiden Formaten ist es möglich, Herzchen zu verschenken, was wiederum bei dem gängigen Standard-Pin nicht möglich ist. Die Kommentarfunktion steht bei allen Pin-Formaten zur Verfügung. Auf die genannten Pin-Formate gehen wir in Kapitel 6 intensiv ein. Auf Pinterest spielen die Funktionen des Merken-Buttons und die Website-Klicks die größte Rolle, denn daran lässt sich der Erfolg messen. An diesen Kennzahlen kannst du ablesen, wie häufig deine Inhalte auf Pinterest verbreitet wurden (»Merken«-Aktion) und wie viele Besucherinnen und Besucher von Pinterest auf deine Website gefunden haben (Klicks).

Eine Zahl, die häufig zu Missverständnissen führt, ist die öffentlich einsehbare Zahl der monatlichen Aufrufe, zu sehen in Abbildung 2.10.

Abbildung 2.10 Die monatlichen Aufrufe sind in jedem Pinterest-Profil öffentlich einsehbar.

Wir möchten die größte Fehlinterpretation der monatlichen Aufrufe von Beginn an ausräumen: Es herrscht zu Anfang meist die Annahme, dass der Erfolg eines Pinterest-Profils an der Zahl der monatlichen Aufrufe gemessen wird. Du solltest deinen Erfolg jedoch, wie oben erwähnt, immer an den Website-Klicks messen; das ist deine wichtigste *KPI*.

Was bedeutet KPI?

KPI steht für *Key Performance Indicator*. Der Begriff bezeichnet Kennzahlen, mit denen die Leistungen der Aktivitäten von Unternehmen ermittelt werden können. Welche KPIs betrachtet werden sollten, um zu beurteilen, ob sich eine Aktivität erfolgreich oder weniger erfolgreich ausgewirkt hat, hängt von den gewählten Maßnahmen und den gesetzten Zielen ab. Im Content-Marketing werden häufig Metriken zur Lead-Generierung als Kennzahl gewählt, also zum Beispiel Newsletter- oder Webinar-Anmeldungen. Im Social-Media-Bereich sind eher die Sharing-Metriken von Bedeutung, also zum Beispiel Retweets auf Twitter oder Merken-Aktionen auf Pinterest. Welche Metriken du auf Pinterest im Auge haben solltest, erfährst du ausführlich in Kapitel 10, wenn es um das Thema Pinterest Analytics geht.

Eine hohe Anzahl monatlicher Aufrufe steht meist nicht im Verhältnis zum echten Traffic. Die monatlichen Aufrufe zeigen an, wie vielen Nutzerinnen und Nutzern deine Pins im Such-, Start- oder Follower-Feed angezeigt wurden. Die Zahl sagt aber nichts darüber aus, ob die sie deinen Pin auch wirklich wahrgenommen haben oder in Interaktion damit gegangen sind. Wir möchten es an einem Beispiel veranschaulichen: Stell dir vor, du bist ein Reiseblogger und eine Nutzerin hat in die Suchmaske »Road Trip Europa« eingegeben. Im Such-Feed erscheinen zahlreiche Pins zu diesem Thema. Angenommen, einer deiner Pins wurde hier ausgespielt, dann kann es durchaus sein, dass die Nutzerin ihn gar nicht bewusst registriert, sondern weitergescrollt oder auf einen anderen Pin klickt. Diese Nutzerin wurde trotzdem als Betrachterin gezählt, da der Pin in ihrem Such-Feed ausgespielt wurde.

Follower sind das A und O auf Pinterest! Wirklich?

Du hast ja bereits gelernt, dass Pinterest kein soziales Netzwerk ist, deshalb haben hier die Follower nicht den gleichen Stellenwert wie auf Instagram, Facebook und Co. Die Erklärung ist ganz einfach: Die Nutzerinnen und Nutzer sind nicht vorzugsweise auf den Follower-Feed fokussiert, so wie es in den anderen sozialen Netzwerken üblich ist. Ein Pinterest-Nutzer gibt aktiv Suchbegriffe in die Suchmaske ein, und somit haben deine Pins die Chance, angezeigt zu werden, unabhängig davon, ob diese Person dir folgt oder nicht. Es zählt die Reichweite deiner Pins, und diese erzielst du durch regelmäßiges Pinnen von qualitativem Content. Kurz: Pinterest ist eine (Bilder-) Suchmaschine, daher sind Follower für deinen Erfolg nicht zwingend notwendig.

Macht ein Pinterest-Auftritt ohne ausreichend eigenes Bildmaterial Sinn?

Ja, definitiv. Aber es ist nachvollziehbar, warum sich Branchen ohne eine Vielzahl an kreativem Bildmaterial auf Pinterest deplatziert fühlen: Wenn wir von Pinterest sprechen, dann ist die Rede von einer visuellen Suchmaschine. Nun die gute Nachricht: Selbst produziertes Bildmaterial ist nicht zwingend notwendig. Unbedingt sollten es aber Bilder sein, an denen du die Bildrechte hast. Es gibt tolle Plattformen auf den du dir kostenfrei Bilder herunterladen und für deine Pins verwenden kannst. Alternativ kannst du auch mit Illustrationen arbeiten. Wir zeigen dir in Abbildung 2.11 an drei Praxisbeispielen aus den Branchenfeldern Finanzen, Marketing und Selbstständigkeit, wie Pins aussehen können, ohne dass viel eigenes Bildmaterial vorliegt.

Achte darauf, dass du die Bilder von seriösen Plattformen nimmst und die Rechte zur Nutzung hast. Du siehst, wir arbeiten hier mit Bildern und so genannten Text-Overlays, die die Überschriften zeigen, die das Thema ankündigen. Ein Text-Overlay ist der Text, der auf dem Bild deines Pins angezeigt wird. Dadurch kannst du deine Pins von anderen abheben, lieferst Kontext und verstärkst deine Botschaft.

Eine Auswahl an Plattformen für kostenfreie Bilder

- Pexels, *www.pexels.com/de-de*
- Canva, *www.canva.com*
- Unsplash, *https://unsplash.com*
- Pixabay, *https://pixabay.com/de*

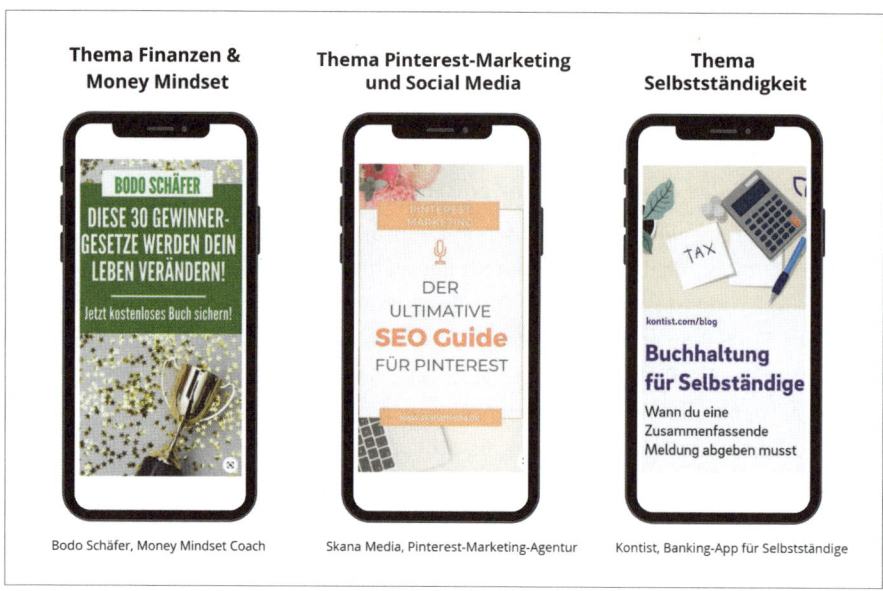

Abbildung 2.11 Vergleich zwischen selbst erstellten und mit Canva generierten Grafiken auf Pinterest

Die drei Erfolgsgaranten: Geduld, Regelmäßigkeit und Probierfreudigkeit

Bevor du nun mithilfe des nächsten Kapitels deine Pinterest-Strategie ausarbeitest, geben wir dir noch einen Tipp mit, der ab Tag eins deiner Pinterest-Aktivitäten Gültigkeit hat: Konsistenz und Regelmäßigkeit sind der Schlüssel zum Erfolg. Um Wachstum auf Pinterest zu erfahren, ist es wichtig, die visuelle Suchmaschine konsequent mit neuen Pins zu füttern. Regelmäßigkeit bedeutet mindestens drei Pins und maximal 30 Pins pro Tag. Gib deinem Account eine Chance von sechs Monaten, und ziehe erst dann ein erstes Resümee. Pinterest brennt nur langsam. Es wird eine Weile dauern, bis sich diese Flamme in ein Lagerfeuer verwandelt. Aber es lohnt sich, also bringe Geduld mit!

Kapitel 3

Mit strategischer Planung zum erfolgreichen Pinterest-Auftritt

Wie auf jeder anderen Marketing-Plattform gilt auch auf Pinterest: Vor jeder Umsetzung steht die Planung. Eine gut ausgearbeitete Strategie ist die Voraussetzung für deinen Erfolg mit der visuellen Suchmaschine. Warum du auf Pinterest bist, ist klar: Du möchtest Kunden gewinnen und deinen Umsatz steigern. Doch wie schaffst du das?

Wie du weißt, ist Pinterest eine erste Anlaufstelle für eine ganze Reihe von Suchanfragen. Wenn du also auf Pinterest Kundschaft gewinnen und deinen Umsatz steigern möchtest, ist es gut, eine besonders exakte Vorstellung von ihrem Suchverhalten zu haben.

Überspringe am Anfang auf keinen Fall die richtige strategische Planung, und überlege dir zunächst, welche Ziele du mit welchen Mitteln erreichen möchtest und kannst. Dieser Zeitaufwand ist gut investiert, damit du nicht an späterer Stelle Lehrgeld bezahlst, weil deine Kampagnen nicht wie gehofft funktionieren und du neu beginnen musst. Dies würde langfristig nicht nur deinen Erfolg schmälern, sondern auch wertvolle Zeit und Ressourcen kosten.

> **Kapitelüberblick: Mit strategischer Planung zum erfolgreichen Pinterest-Auftritt**
> In diesem Kapitel
> - besprechen wir, warum Menschen Pinterest nutzen,
> - definierst du deine Zielgruppe,
> - zeichnen wir ein Bild deiner Käufer-Persona,
> - definierst du deine Ziele,
> - legst du deine Themenwolke an,
> - starten wir mit deiner Wettbewerbsanalyse.

Betrachten wir zunächst das Fundament deines Erfolgs auf Pinterest: die strategische Planung. Wie du schon in Kapitel 2 erfahren hast, gelten bei Pinterest andere Spielregeln als bei den bekannten Social-Media-Plattformen Instagram und Facebook. Die Besonderheiten von Pinterest hast du dort bereits kennengelernt. Jetzt ist es wichtig, dass du noch verstehst, *wer* auf Pinterest unterwegs ist und *warum*.

> **Wer ist meine Zielgruppe?**
> Zu jeder Marketing- und Kommunikationsstrategie gehört auch die Definition von Zielgruppen. Um deine Zielgruppe auf Pinterest kennenzulernen, solltest du dir die folgenden Fragen stellen:
> - Wer nutzt Pinterest und warum? Lässt sich deine Zielgruppe hier erreichen oder kannst du gegebenenfalls eine neue Zielgruppe erschließen?
> - Wie sieht das Suchverhalten auf Pinterest aus? Wo und wie beginnt die Kundenreise für deine Zielgruppe?
> - Nach welchen spezifischen Themen suchen die Menschen auf Pinterest?
> - Wie sehen die Geschlechterverteilung und Altersstruktur auf Pinterest aus? Welche Gruppen sind hier für dich relevant?
> - Welche deiner Produkte/welcher Content passen am besten zu deiner Zielgruppe auf Pinterest?

In diesem Kapitel unterstützen wir dich dabei, diese Fragen für dich zu beantworten. Außerdem solltest du dich auch schon ganz zu Beginn deiner Arbeit fragen, ob du langfristig die nötigen Ressourcen für Pinterest hast.

> **Dein Ressourcen-Check**
> - Hast du Pinterest-Experten im Team?
> - Hast du Marketing-Expertinnen im Team, die Zeit haben, sich in Sachen Pinterest weiterzubilden?
> - Hast du das Budget, dir externe Unterstützung von Profis zu holen?
> - Oder hast du die zeitlichen Ressourcen, dich selbst weiterzubilden?

Es ist an dieser Stelle schwierig anzugeben, wie viele zeitliche Ressourcen für die Betreuung eines Pinterest-Accounts monatlich eingeplant werden sollten. Die Anzahl an Stunden, die du auf Pinterest-Marketing verwenden kannst oder solltest, kann stark variieren – zwischen fünf Stunden im Monat bis zur Vollzeitstelle. Um die Antwort auf die Frage formulieren zu können, beleuchten wir zunächst einmal die Fragen aus obigem Kasten, die dich deiner Zielgruppe näherbringen sollen.

3.1 Lerne die Zielgruppe auf Pinterest kennen

Im nächsten Abschnitt lernst du die Zielgruppe und das Nutzerverhalten auf Pinterest kennen. Es ist wichtig, die eigene Zielgruppe zu definieren, und gegebenenfalls hast du das bereits für dein Produkt, deine Marke oder deine Dienstleitung getan. Wir raten dir, dieses Kapitel dann trotzdem nicht zu überspringen, denn es macht Sinn, deine Zielgruppe auch plattformabhängig zu definieren. Deshalb zeigen wir dir jetzt, wie die Pinterest-Nutzerinnen und -Nutzer agieren, wodurch sie sich auszeichnen und mit welcher Intention sie auf Pinterest unterwegs sind, sodass du dann deine eigenen Rückschlüsse für deine Zielgruppe ziehen kannst.

> **Was ist eine Zielgruppe?**
> Grundsätzlich ist eine Zielgruppe ein Teilsegment des Gesamtmarktes. Bei der Zielgruppe handelt es sich um eine Gruppe von potenziell zukünftigen Käuferinnen und Käufern. Nun auf Pinterest bezogen: Die deutschsprachigen Pinterest-Nutzerinnen und -Nutzer insgesamt stellen bereits ein Teilsegment dar. Natürlich passen nicht alle zu deinem Angebot. Du definierst also deine eigene Zielgruppe, die du auf Pinterest erreichen möchtest, nach Merkmalen wie Alter, Geschlecht, Interessen und Bildungsgrad.

Hast du dich schon mal gefragt, warum Menschen überhaupt auf Pinterest unterwegs sind? Die Antwort darauf findest du jetzt.

3.1.1 Warum sind Menschen auf Pinterest unterwegs?

Wie du bereits weißt, stöbern Pinterest-Nutzerinnen und -Nutzer auf der Plattform, wenn sie noch unentschlossen sind und nach Inspiration suchen, die ihnen bei ihrer Entscheidungsfindung hilft. Sie befinden sich nämlich ganz häufig mitten in der Planung ihres nächsten Projekts. Wie du in Abbildung 3.1 siehst, können die Themen vielfältig sein: Alltagssituationen wie die Vorbereitung des Abendessens, Ereignisse wie Valentinstag und der erste Schultag oder lebensverändernde Momente wie ein Hauskauf oder eine Geburt. 85 % der wöchentlich aktiven Nutzerinnen und Nutzer haben basierend auf Pins schon einmal etwas gekauft. Laut Pinterest sind sie keine einmaligen Kundinnen oder Kunden, die nur an *einem* Kauf interessiert sind.[1]

Unter die täglichen Entscheidungen fallen alle Dinge, die in einem ganz normalen Alltag anfallen und stattfinden. Das sind zum Beispiel Themen, die durch Rezeptinspirationen, Sport- und Beautytipps, Reiseideen oder Haustiertipps abgedeckt werden. Die saisonalen Anlässe finden jedes Jahr wieder aufs Neue statt. Lebensmomente sind die Situationen, die nicht so häufig im Leben vorkommen – oft sogar nur ein einziges Mal. Im Folgenden ein paar Beispiele zum besseren Verständnis.

---

[1] GfK, USA, Pinterest Path to Purchase Study among Weekly Pinners who use Pinterest in the Category, November 2018.

Abbildung 3.1 Planung auf Pinterest zu unterschiedlichen Anlässen und Entscheidungen

Beispiele: Mögliche Beweggründe für die Suche auf Pinterest

Alltägliche Entscheidungen:

- Fred sucht eine schnelle Inspiration für das Abendessen mit Freunden am Wochenende.
- Katja möchte zu Hause mit Yoga starten und sucht Yogaübungen für Anfänger.
- Sabines Locken brauchen unbedingt mehr Glanz, sie sucht nach einer DIY-Möglichkeit oder natürlichen Hausmitteln für trockenes Haar.

Saisonale Anlässe:

- Auf Weihnachten freut sich Susi das ganze Jahr – sie sammelt im September schon fleißig tolle Ideen und Inspirationen für ihre Weihnachtsdekoration.
- Sommer bedeutet Festival, so zumindest bei Tini, und sie sammelt auf Pinterest mit Freude Ideen für ihr Festival-Outfit.
- Der nächste Valentinstag steht an. Sarah sucht nach einem personalisierten Valentinstaggeschenk für ihren Freund Jakob.

Lebensmomente:

- Susi und Timo heiraten. Die gesamte Hochzeitsplanung findet auf Pinterest statt. Es entstehen viele Pinnwände mit Inspirationen zu Hochzeitskleidern, dem Buffet, Gastgeschenken, Deko und dem Hochzeitsstrauß. Auch ihre Trauzeugin und ihr Hochzeitsplaner sind auf Pinterest unterwegs, um gemeinsam Ideen zu sammeln und umzusetzen.
- Sven und Sören bauen ein Haus. Von der Gestaltung über die Einrichtung bis hin zur Dekoration erstellen die beiden Inspirationspinnwände.

> Lara freut sich auf die Geburt ihres ersten Kindes und bereitet sich mithilfe von Pinterest auf die erste Phase als Mama vor. Ihre Themen sind Baby-Outfits, Taufe, Kinderzimmereinrichtung und Geburtsvorbereitung.

Nun hast du einen Überblick bekommen, warum sich Menschen auf Pinterest umschauen. Und es ist sicher schon deutlich für dich geworden, dass die Nutzerinnen und Nutzer in allen Stationen der Customer Journey, von der Inspiration bis zum Kauf, auf Pinterest unterwegs sind. Auch sind die Themen breit gefächert, und nicht nur Frauen, sondern auch Männer verbringen hier viel Zeit.

3.1.2 Die Alters- und Geschlechterverteilung auf Pinterest

Auf Pinterest sind doch nur Frauen unterwegs! Oder? Das ist eine häufige und falsche Annahme. In Kapitel 2 hast du vielleicht schon eine Vorahnung bekommen, dass Pinterest auch durchaus relevant für Branchen mit männlicher Zielgruppe ist. Denn Kategorien wie Technologie, Kleidung, Reisen, Garten, Filme, Autos und Motorräder sind auch auf Pinterest von Männern gefragt. Wie Abbildung 3.2 zeigt, gibt es 62 % Pinterest-Nutzerinnen und 38 % männliche Nutzer.

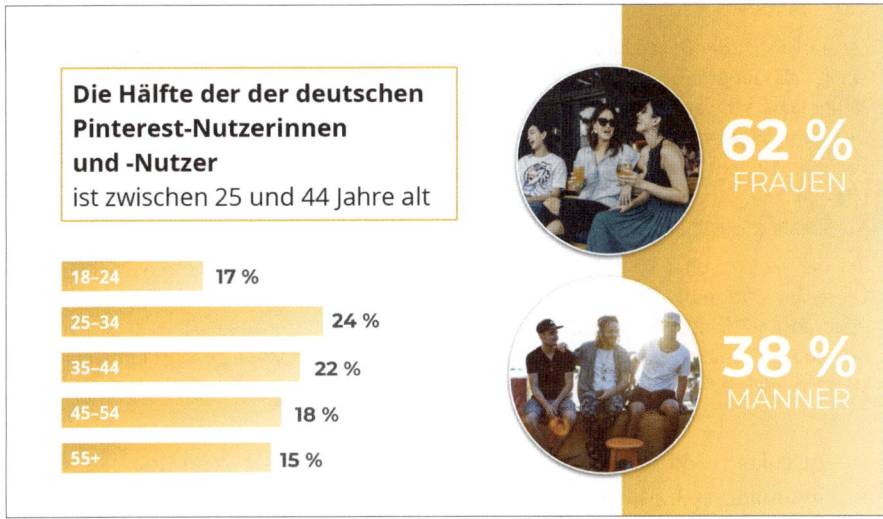

Abbildung 3.2 Altersstruktur und Geschlechterverteilung der Pinterest-Nutzerinnen und -Nutzer (Quelle: Pinterest Deutschland)

Weltweit machen Frauen noch heute einen Anteil von über 60 % der Nutzerinnen und Nutzer aus. Doch inzwischen erweitert sich die potenzielle Zielgruppe auf Pinterest, und somit wird die Plattform für weitaus mehr Branchen interessant. Dies zeigt eine Vergleichsstudie, die Pinterest im Sommer 2020 durchgeführt hat. Insbesondere die Gruppen Generation Z, Männer und Millennials nutzen Pinterest verstärkt.[2]

> **Zoom: Ein tieferer Einblick in die männliche Zielgruppe**
>
> Die Zahl der Männer auf Pinterest ist im Jahresvergleich (2019 zu 2020) um fast 50 %[3] gestiegen. Männliche Nutzer suchen auf Pinterest häufig nach Ideen rund um das Thema Haus – von Fliesenlegen über Modulküchen bis Brotbacken. Aber auch der Themenbereich »eigener Look« ist gefragt, zum Beispiel Streetwear-Mode für Männer oder sanfte Gesichtspflege. Ebenfalls wurde festgestellt, dass Männer im Vergleich zum Vorjahr fast sieben Mal häufiger nach »kreative Make-up-Looks« suchen. Auch das Thema Küche und Kochen ist für die männliche Zielgruppe relevant: Hier sind die Suchanfragen nach »One-Pot-Gerichte« um das Doppelte und nach »selbst gemachtes Brot« um das 5,5-Fache gestiegen. Solche Trends werden von Pinterest regelmäßig intern berechnet. In diesem Fall wurden Suchanfragen unter Männern während des vierwöchigen Zeitraums vom 22.6.2020 bis zum 19.7.2020 im Vergleich zum gleichen Zeitraum des Vorjahres gemessen.[4]

> **Kurz erklärt: Millennials und Generation Z**
>
> Im Marketing werden den verschiedenen Generationen unterschiedliche Vorlieben und Verhaltensweisen zugeschrieben.
>
> *Millennials* ist die Bezeichnung für die um die Jahrtausendwende geborene Generation – auch als Generation Y bekannt. Der Startpunkt der Zugehörigkeit zur Generation der Millennials schwankt zwischen 1976 und 1980, während das Ausschlussjahr in der Regel auf 2000 datiert ist. Charakteristisch für diese Generation ist eine Affinität zur Technik. Sie legt großen Wert auf Selbstverwirklichung und eine angemessene Work-Life-Balance. Auch die Themen Selbstfindung und stetiges Hinterfragen sind klare Merkmale der Millennials.
>
> Bei der *Generation Z* (GenZ) handelt es sich um die Folgegeneration der Millennials. Diese Generation bezeichnet junge Menschen, die zwischen den Jahren 2000 und 2019 geboren sind. Es ist die erste Generation, die mit Smartphone aufgewachsen ist. Zu den prägendsten Charakteristika gehören das hohe Wohlstandsniveau, gepaart mit einer verstärkten Wahrnehmung von Unsicherheit aufgrund der Globalisierung.

In Deutschland sind die klassischen Millennials die stärkste Zielgruppe auf Pinterest. In Abbildung 3.2 siehst du die genaue Altersverteilung. Wir zoomen mal in die einzelnen Zielgruppen rein, damit du ein Gefühl für die unterschiedlichen Bedürfnisse bekommst.

---

2 *https://newsroom.pinterest.com/de/post/pinterest-verzeichnet-ueber-400-millionen-monatlich-aktive-nutzerinnen-gen-z-maenner-und*.

3 Pinterest-interner Datenvergleich zwischen aktiven männlichen Nutzern von 02.03.2020–24.05.2020 im Vergleich zum 04.03.2019–26.05.2019, global.

4 Pinterest Newsroom vom 31.07.2020.

Die Millennials sind weiterhin stark auf Pinterest vertreten. Doch durch den Zuwachs der Generation Z und die geschlechterspezifische Gruppe der Männer wird Pinterest nun für noch mehr Branchen interessant. Die Generation Z sucht zum Beispiel neben persönlicher Zukunftsplanung, Beauty- und Modeinspiration auch verstärkt nach sozialen Themen wie zum Beispiel Geschlechtergerechtigkeit, mentale Gesundheit und *Body Positivity*. (Body Positivity ist eine Bewegung, die versucht, Menschen davon zu überzeugen, dass ihr Körper schön ist, auch wenn er nicht dem von der Gesellschaft diktierten Schönheitsideal entspricht.) Männliche Nutzer suchen verstärkt nach häuslichen Ideen – vom Fliesenlegen über Kaffeerösten, Bierbrauen und Gartenmöbel bis zum Brotbacken.

Um dir einen Überblick über die Erfolge unterschiedlichster Branchen auf Pinterest zu verschaffen, empfehlen wir dir, einen Blick in die Pinterest-Erfolgsstorys zu werfen. Diese findest du unter *https://business.pinterest.com/de/success-stories/*.

> **Zoom: Ein tieferer Einblick in die Generation Z**
>
> Wie interne Pinterest-Daten belegen, wuchs die Anzahl der Nutzerinnen und Nutzer **unter** 25 Jahren im zweiten Quartal von 2020 – der Zeit des ersten Covid-19-Lockdowns – doppelt so schnell wie die der Pinnerinnen und Pinner **ab** 25 Jahren.[5] Das bedeutet, dass die Generation Z aktuell (2020/2021) sehr schnell auf Pinterest wächst und somit besonders interessant für Branchen, die die Themenwelten Nachhaltigkeit, Umwelt, Klimaschutz, Mode & Beauty, Selbstverwirklichung und LGBTQ-Rechte abdecken, ist. Grundsätzlich schätzt die GenZ Marken mit Haltung.
>
> Verglichen wurden hierbei die globalen Pinterest-Daten zwischen den monatlich aktiven Nutzerinnen und Nutzer im Juni 2019 und Juni 2020 innerhalb der Generation-Z-Altersklasse.
>
> Eine sehr spannende Zielgruppe für alle, die sich mit ihrem Business im Bereich Persönlichkeitsentwicklung, Coaching, Achtsamkeit oder auch mentale Gesundheit bewegen.

3.1.3 Wo genau erreichst du die Menschen innerhalb der visuellen Suchmaschine?

Für die Ausarbeitung deiner Strategie ist es wichtig zu wissen, wo deiner Zielgruppe deine Pins überall angezeigt werden können. Wenn du weißt, wo du deine Nutzerinnen und Nutzer erreichen kannst, kannst du deine Pins gezielt daran orientiert ausrichten. Es gibt auf Pinterest mehrere Möglichkeiten, relevante Inhalte zu recherchieren und zu finden:

- im Home-Feed
- im Such-Feed

---

5 Pinterest Newsroom vom 31.07.2020.

- im Folge-Feed
- unter MEHR DAVON
- im Heute-Tab
- mit den Pinterest Lens

Du hast die Feeds jetzt nicht alle vor Augen? Kein Problem, wir zeigen dir die unterschiedlichen Ansichten in Abbildung 3.3 und Abbildung 3.4.

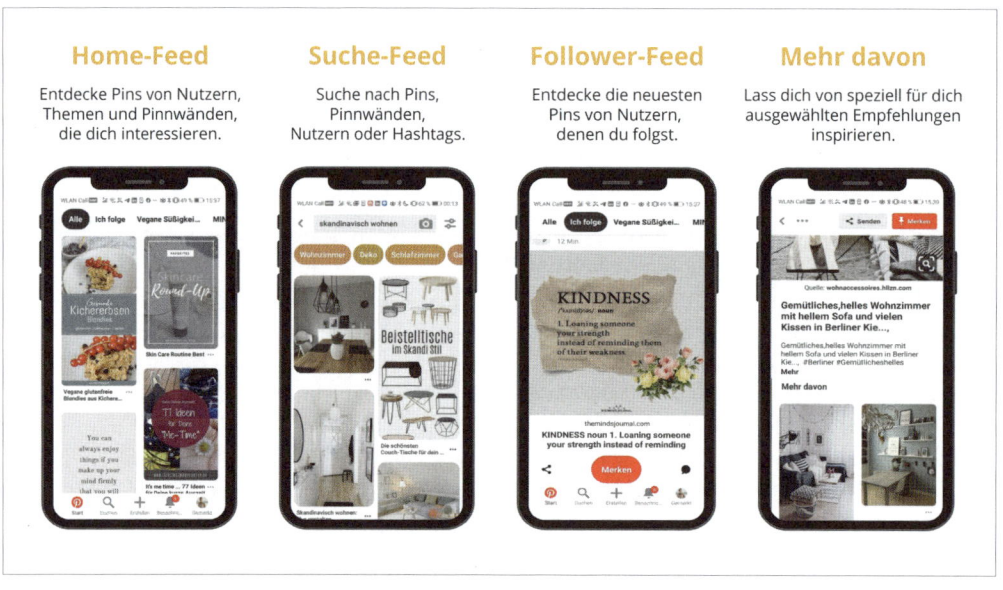

Abbildung 3.3 Darstellung der unterschiedlichen Pinterest-Feeds

Wer sich in Pinterest einloggt, bekommt automatisch den *Home-Feed* angezeigt. Ohne dass sie etwas Konkretes sucht, sieht die Nutzerin hier bereits Pins, die zu ihrem bisherigen Suchverhalten und den ausgewählten Kategorien passen. Wenn sie nun etwas Bestimmtes in das Suchfeld eingibt, wie zum Beispiel »skandinavisch wohnen«, dann erscheinen dazu passende Pins. Nun befindet sich die Pinterest-Nutzerin im *Such-Feed*. Dies ist der am häufigsten genutzte Feed. Hier werden die Pins nach Relevanz angezeigt und können somit bereits Wochen oder auch Jahre alt sein. Es sollte dein Ziel sein, mit deinen Pins in diesem Feed zu landen. Aber wie ist das möglich? Damit deine Pins im Such-Feed angezeigt werden, ist eine gute Suchmaschinenoptimierung (SEO) deiner Pins wichtig. SEO bezeichnet die Maßnahmen, die getroffen werden, damit deine Pins im organischen Pinterest-Ranking (Rangliste) auf den vorderen Plätzen im Such-Feed erscheinen. Dazu lernst du mehr in Kapitel 5, »SEO: Optimiere deine Inhalte für die visuelle Suchmaschine«.

Außerdem gibt es noch den *Folge-Feed*. In diesem Feed werden nur Pins von Profilen gezeigt, denen die Nutzerinnen und Nutzer aktiv folgen. Die Pins im Folge-Feed sind immer nach Aktualität sortiert: Die neusten Inhalte werden als Erstes angezeigt.

Wenn ein Nutzer einen interessanten Pin – egal in welchem Feed – anklickt (Closeup), dann hat er unter dem Feed noch die Option, sich im Bereich MEHR DAVON ähnliche Pins anzuschauen, wie du auf dem vierten dargestellten Smartphone in Abbildung 3.3 siehst.

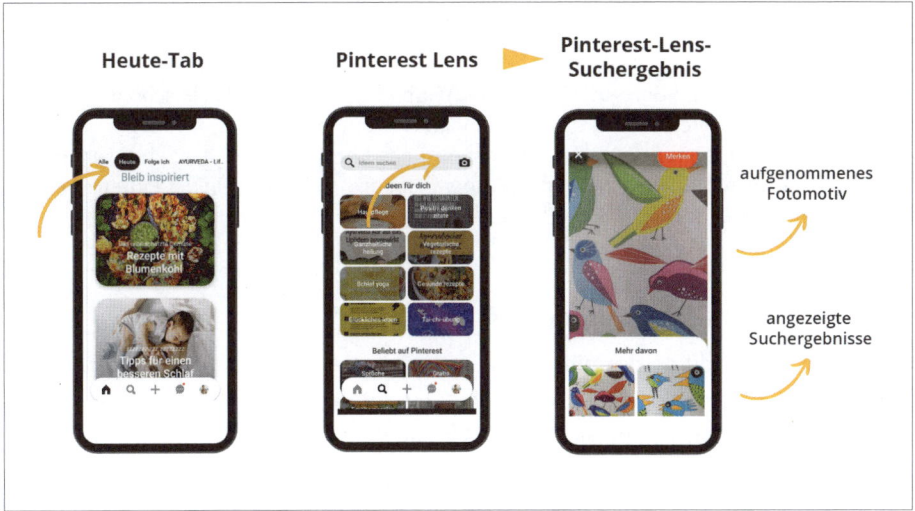

Abbildung 3.4 Heute-Tab und Pinterest-Lens-Funktion

Im Weiteren gibt es noch den HEUTE-TAB, der eine Besonderheit aufweist: Er ist nur mobil verfügbar. Hierbei handelt es sich um eine Quelle täglicher Inspirationen und aktueller Inhalte. Ausgewählte Themen und angesagte Pins geben den Zeitgeist wieder und wechseln täglich. Die Pins basieren auf aktuellen Ereignissen in der Welt und auf der Suche nach Trends. Außerdem können alle *Content-Creator* (alle Nutzerinnen und Nutzer mit einem Unternehmensaccount) monatlich Pins zu von Pinterest vorgegebenen Trend-Themen einreichen, die mit etwas Glück im Heute-Tab ausgespielt werden. Damit du keinen Themenaufruf verpasst, meldest du dich am besten jetzt direkt in der *Pinterest Creator's Community* an.[6]

Mit den PINTEREST LENS wird offline mit online verbunden. Hiermit können Nutzerinnen und Nutzer Ideen zu allem entdecken, worauf sie ihre Pinterest-Kamera richten. Auch Pinterest Lens ist nur mobil verfügbar. Unser Eindruck ist, dass die Nutzung allerdings nicht sehr weit verbreitet ist.

---

6 Die Creator's Community findest du unter *https://community.pinterest.biz* im Reiter »Creator Hubs«.

> **Mach mit! Wie funktionieren Pinterest Lens?**
>
> Pinterest Lens ist eine mobile Anwendung zur Bilderkennung, die du folgendermaßen nutzen kannst:
>
> 1. Öffne auf deinem Smartphone die Pinterest-App.
> 2. Klicke am unteren Bildschirmrand auf die Lupe.
> 3. Nun öffnet sich am oberen Bildschirmrand die Suchmaske. Am Ende dieses Suchfeldes siehst du das Kamerasymbol.
> 4. Tippe es an, und mache ein Foto von einem Gegenstand in deiner Nähe.
> 5. Dann werden dir automatisch Pins angezeigt, die deinem Fotomotiv optisch stark ähneln.
>
> Wofür ist diese Funktion gut? Du bist im Urlaub und siehst im Café ein schönes Möbelstück. Über Pinterest kannst du herausfinden, wo es ein ähnliches oder sogar das gleiche zu erwerben gibt. Du möchtest mehr grünes Gemüse essen, hast aber keine Ahnung, was du daraus kochen kannst? Fotografiere deinen Brokkoli in der Pinterest-App, und Pinterest Lens schlägt dir Brokkoli-Rezepte vor.

3.1.4 Lege deine Zielgruppe fest

Wie bekommst du es also hin, dass aus einem potenziellen Kunden auf Pinterest, der bisher noch nichts von dir gehört hat, ein Interessent wird, der dich kennt, dir vertraut und weiß, was du anbietest? Wir haben ein paar Fragen für dich vorbereitet, mit denen du die passende Zielgruppe speziell für die Plattform Pinterest ausarbeiten kannst. Damit legst du einen wichtigen Grundstein für einen Pinterest-Account, der die Menschen anspricht, die zu deiner Kundschaft werden. In Abbildung 3.5 siehst du drei Beispiele für vereinfachte Zielgruppen.

> **Aufgabe: Lege genaue Definitionen für die folgenden Merkmale deiner Zielgruppe fest**
>
> - Alter
> - Geschlecht
> - Bildung
> - Familienstand
> - Interessen
> - erstmalige Käuferin oder wiederkehrender Kunde
> - frühzeitiger Anwender neuer Produkte (= *Early Adopter*) oder Nachzüglerin (= *Late Adopter*)
> - Welche Inhalte sind relevant/hilfreich?
> - Wer sind deine aktuellen Kundinnen und Kunden?
> - Wer ist deine Zielgruppe speziell auf Pinterest?
> - Kannst du ggf. sogar eine neue Zielgruppe auf Pinterest erschließen?

Drei Beispiele für vereinfachte Zielgruppen

ZIELGRUPPE 1 | JUGEND

Geschlecht: beide
Familienstand: ledig
Alter: 18–25 Jahre
Bildungsniveau: Abitur, Bachelor
Interessen: Videos, Social Media, Festivals

ZIELGRUPPE 2 | MÜTTER

Geschlecht: Frauen
Familienstand: verheiratet
Alter: 25–45 Jahre
Bildungsniveau: Studium
Interessen: gesunde Ernährung, Erziehung, Schwangerschaft, Kinder

ZIELGRUPPE 3 | SINGLES

Geschlecht: Männer
Familienstand: ledig
Alter: 28–45 Jahre
Bildungsniveau: Ausbildung
Interessen: Sport, Dating, Reisen

Abbildung 3.5 Drei Beispiele für vereinfachte Zielgruppen

Wenn du dir alle Antworten notiert hast, lernst du jetzt, deine Persona zu erstellen. Du bekommst dadurch ein noch besseres Gefühl für die Bedürfnisse deiner Zielgruppe.

3.2 Erstelle deine Persona

Du kennst nun deine Zielgruppe auf Pinterest, deren Suchverhalten und die klassische Kundenreise. Du weißt: Für deinen Erfolg auf Pinterest ist es wichtig, deiner Zielgruppe die passenden Inspirationen und Lösungen für ihre Herausforderungen zu liefern. Um herauszufinden, was die konkreten Bedürfnisse sind, ist die Definition einer Käufer-Persona sehr hilfreich. Diese veranschaulicht die typischen Vertreter deiner Zielgruppe. Eine Persona steht vor Herausforderungen, hat Wünsche und Bedürfnisse. Sie ist die Personifizierung beziehungsweise der Prototyp einer Zielgruppe und hilft dabei, Annahmen über potenzielle Kundinnen und Kunden zu treffen. Hier definierst du also eine ganz spezifische Person aus deiner Zielgruppe. So ist es einfacher, noch konkretere Herausforderungen und Interessen zu identifizieren, zu denen du ideale Lösungen bieten kannst. Es macht keinen Sinn, einfach »alle« zu adressieren, dann fühlt sich nämlich keiner so richtig angesprochen. Fokus ist also wichtig.

Versetze dich also in deine Persona, und frage dich genau, was ihr wichtig ist, welches Alter, welche Interessen, Vorlieben, Probleme und Wünsche sie hat.

Somit verstehst du das Anliegen deiner idealen Kundinnen und Kunden noch tiefgreifender. Ideal, um dein Content-Marketing, also deine Inhalte, perfekt auf deine Käufer-Persona zuzuschneiden.

Ist dir der Unterschied zwischen der Zielgruppe und der Käufer-Persona klar? Hier noch einmal eine kurze Erklärung.

Unterschied zwischen Käufer-Persona und Zielgruppe

Zielgruppen sind in der Regel nach demografischen Merkmalen abgegrenzt. Eine Kampagne für hochwertige Naturkosmetik kann sich zum Beispiel an Frauen zwischen 35 und 55 Jahren richten, die gut verdienen, urban wohnen, Singles oder verheiratet sind und in ihrer Freizeit gern Yoga machen.

Die *Käufer-Persona*, im Marketing auch Buyer-Persona genannt, überträgt nun diese demografischen Merkmale auf eine fiktive Person, die einen Namen und ein Gesicht bekommt. Diese Person hat bestimmte Emotionen, Herausforderungen und Wünsche und befindet sich in einer ganz konkreten Situation. Durch diese exakte Bestimmung lässt sich die Zielkundin viel genauer ansprechen als durch die reine Festlegung der klassischen Zielgruppen.

Abbildung 3.6 Beispiel einer Persona im Collagen-Format

Die Erstellung von Personas ist hilfreich, um dein Content-Marketing zu optimieren. Mit einer konkreten Persona vor Augen findest du leichter die richtige Ansprache, und es gelingt dir, viel gezielter zu texten, da du ja für eine bestimmte Person schreibst. Außerdem fallen dir Entscheidungen leichter, wenn du dir die Frage »Was würde mein idealer Kunde tun oder wollen?« stellst – durch deine Persona weißt du die Antwort. Möglicherweise hast du für deine Produkte, deine Dienstleistung oder speziell für deine Website bereits eine Persona erstellt. Dann überspringe diesen Abschnitt jetzt bitte *nicht*. Du hast die Unterschiede zwischen der Zielgruppe und dem Nutzerverhalten von Pinterest kennengelernt. Genauso kann sich deine Persona für Pinterest auch ein wenig von deinen bisher ausgearbeiteten Personas unterscheiden.

Es gibt viele unterschiedliche Möglichkeiten und Vorlagen, um Personas zu erstellen. Wir lieben Bilder und haben mit Abbildung 3.6 eine Collage rund um die Persona Kathi erstellt. Stell dir vor, ein junges Unternehmen für nachhaltige Unterwäsche plant einen Pinterest-Auftritt. Hierfür wird zu Beginn die Persona Kathi erstellt. Kathi ist 36 Jahre alt und ein klassischer Millennial. Sie ist in einer Beziehung mit Fred. Die beiden planen gerade ihre Hochzeit und haben einen Kinderwunsch. Kathi beschäftigt sich auch bereits mit dem Thema Hausbau und sucht Inspiration zu aktuellen Wohn- und Dekotrends. Sie mag den skandinavischen Einrichtungsstil. Sie liebt es, Gartenpartys zu veranstalten, die sie liebevoll dekoriert. Es ist ihr auch wichtig, dafür Lob und Anerkennung zu bekommen. Markengeräte, die im Trend liegen, mögen die beiden. Sie haben einen Thermomix und einen Grill der Firma Weber. Aber auch das Thema Nachhaltigkeit wird immer relevanter für Kathi – sei es in der Mode, im Haushalt oder bei der Kosmetik. Sie ist sehr modebewusst und schätzt Kleidung von Qualität. Kathi liebt Städtetrips mit Fred oder Wellness-Wochenenden mit ihren Freundinnen. Sie plant gerne Fernreisen und liebt es, ihr Leben immer wieder neu zu gestalten. Fred und Kathi haben gemeinsam ein 6-stelliges Jahreseinkommen.

Die Persona Kathi lässt sich noch weiter ausschmücken mit Werten, Charaktereigenschaften, Gefühlen, Wünschen, Herausforderungen usw. Wenn du die Beschreibung von Kathi liest, dann hast du automatisch eine Person vor Augen, richtig? Du bekommst das Gefühl, sie zu kennen. Das junge Unternehmen für nachhaltige Unterwäsche hat nun ein genaues Bild vor Augen, um die Pinterest-Strategie genau auf Menschen wie Kathi auszurichten zu können.

Folgende Quellen kannst du für die Erstellung deiner Persona nutzen:

- **bereits vorhandene Nutzerdaten**: zum Beispiel Daten zum Suchverhalten aus Google Analytics oder deinen Social-Media-Kanälen, Daten aus dem Support oder Kundenbewertungen

- **Studien und Statistiken** zum Beispiel von Seiten wie Statista, dem Statistischen Bundesamt Deutschland, Google Keyword Planner, Pinterest Trends, Google Trends oder Branchen-Studien
- **Umfragen**: Interviews und Umfragen mit Kunden und Endanwenderinnen (findet eher in größeren Unternehmen und Konzernen statt)

> **Noch ein Hinweis zur Käufer-Persona**
> Wenn du deine Käufer-Persona erstellst, dann sei darauf vorbereitet, dass du das Gefühl bekommst, Randgruppen auszuschließen. Lass dich nicht verunsichern, und halte dir vor Augen, dass dir diese genaue Bestimmung dabei hilft, deinen Content noch qualitativer aufzubereiten und deine Wunschkundschaft zu erreichen. Fühle dich dadurch also nicht eingegrenzt, sondern sieh es als Chance, die Bedürfnisse deiner Zielgruppe noch besser befriedigen und die Herausforderungen noch besser verstehen zu können.

Bist du so weit? Dann geht es jetzt los mit der Erstellung deiner Käufer-Persona.

3.2.1 Deine Käufer-Persona – eine Schritt-für-Schritt-Anleitung

Mit unserer Anleitung erstellst du jetzt in fünf Schritten deine Käufer-Persona. Du weißt danach zum Beispiel, wie sie aussieht, was ihre Interessen sind, wovor sie Angst hat und wobei sie Hilfe benötigt. Das Erstellen einer Persona kann unterschiedlich intensiv und von Branche zu Branche ein wenig anders aussehen. Wir stellen dir hier die wichtigsten Punkte für die Erstellung deiner Persona im B2C-Bereich vor. *B2C* bedeutet Business-to-Customer und beschreibt die Geschäftsbeziehung zwischen einem Unternehmen und einer Privatperson (Konsumentin, Kunde). Eine Persona richtet sich immer nach deinem Angebot und sollte immer maßgeschneidert sein. Unsere Empfehlung: Nutze unsere Vorlage als Basis, aber ergänze die für dein Business relevanten Punkte. Frage dich, wie du dir deinen Wunschkunden vorstellst und mit wem du am liebsten zusammenarbeiten würdest. Gehe hierbei ins Detail, und überlege dir, wodurch sich diese Person und eure Zusammenarbeit auszeichnen. Mache nun den Realitycheck: Arbeitest du aktuell mit deiner Wunschkundin zusammen? Falls ja, perfekt. Falls nein, was fehlt?

> **Schritt für Schritt zu deiner Käufer-Persona**
> **Schritt 1**: Erstelle deinen Avatar, und wähle einen Namen aus.
>
> Ein Avatar ist eine grafische Darstellung, die eine echte Person repräsentiert. Es kann aber auch ein Foto einer dir bekannten oder unbekannten Person sein, die für deine Wunschkundin steht. Wenn deine Persona einen Avatar und einen Namen hat, dann fällt es dir leichter, sie dir als eine echte Person vorzustellen.
>
> - Gib deiner Persona einen Namen.
> - Wähle einen grafischen Avatar oder ein Foto aus.

Schritt 2: Bestimme die soziodemografischen Merkmale deiner Persona.

Du hast deiner Persona bereits einen Namen gegeben, stelle sie dir nun vor, und notiere, was dir zu den folgenden Stichpunkten zu deiner Persona einfällt:

- Welches Geschlecht hat sie?
- Wie alt ist sie?
- Welche Sprache(n) spricht sie?
- Wie ist ihr Familienstand?
- Wo wohnt sie und wie groß ist die Einwohnerzahl des Wohnorts?

Schritt 3: Bestimme die sozioökonomischen Merkmale deiner Persona.

Deine Persona ist nun schon etwas konkreter geworden, halte sie dir erneut vor Augen, und notiere dir, was dir zu den folgenden Punkten zu deiner Persona einfällt:

- Wie ist ihr Bildungsstand?
- Welchen Beruf übt sie aus?
- Welche Position hat sie im Unternehmen inne?
- Wie hoch ist ihr Einkommen?

Schritt 4: Lege die psychologischen Merkmale deiner Persona fest.

Tauche nun tiefer ein in die Persönlichkeit deine Persona, und beantworte folgende Fragen:

- Welche Interessen und Hobbys hat deine Persona?
- Für welche Werte steht sie ein?
- Welche Wünsche und Bedürfnisse hat sie?
- Was macht sie glücklich?
- Vor welchen Problemen und Herausforderungen steht sie?
- Wobei benötigt sie Hilfe?
- Wovor hat sie Angst?
- Wie fühlt sie sich in ihrem Alltag und im Berufsleben?
- Welche Medien und sozialen Netzwerke nutzt sie?
- Welchen Pinterest-Profilen folgt sie?

Schritt 5: Deine Persona und dein Angebot

Wie steht deine Persona zu deinem Angebot? Könnte es Einwände geben?

- Wie sieht das allgemeine Konsumverhalten aus? Wo geht sie gern einkaufen?
- Welche Motive hat deine Persona, dein Angebot zu nutzen?
- Welche Probleme und Hürden könnte es bei der Entscheidung für die Nutzung deines Angebots geben?

3.3 Zieldefinition: Was möchtest du auf Pinterest erreichen?

Du hast dir bis hierhin einen fundierten Wissensschatz aufgebaut, um nun gut einschätzen zu können, welche Zielsetzungen auf Pinterest für dich sinnvoll sind. Du weißt, welche Branchen auf Pinterest gefragt sind, wie die Customer Journey aussieht, wie sich eine Zielgruppe zusammensetzt und wie ihr entsprechendes Suchverhalten aussieht. Du hast dir Gedanken zu deiner eigenen Zielgruppe gemacht und eine Käufer-Persona für Pinterest erstellt. Jetzt ist genau der richtige Zeitpunkt, um deine Ziele zu definieren, die du mithilfe von Pinterest erreichen möchtest. Es macht Sinn, dass du dich zu Beginn für ein bis zwei konkrete Ziele entscheidest. So kannst du fokussiert darauf hinarbeiten und deine Pinterest-Strategie genau auf diese Zielsetzungen ausarbeiten. In diesem Abschnitt geht es darum, welche Ziele du *organisch* mit Pinterest erreichen kannst. In Kapitel 11, »Werbeanzeigen«, gehen wir auch auf die Ziele ein, die du mit Pinterest-Werbeanzeigen erreichen kannst. Wenn du die Werbeanzeigen von Beginn an mit in deine Pinterest-Strategie einbinden möchtest, dann findest du in Kapitel 11 eine ausführliche Anleitung.

> **Drei mögliche Ziele für deine organische Pinterest-Strategie**
>
> - **Website-Traffic steigern**: Traffic auf die eigene Website zu leiten, ist in der Regel eines der Hauptziele. Jeder einzelne Pin, den du bei Pinterest streust, beinhaltet deine URL, die zu deiner Website führt. Es ist wichtig, dass der Traffic, den du über Pinterest generierst, auch konvertiert. Die Konversion (meist wird der englische Begriff *Conversion* genutzt) bezeichnet im Marketing die Umwandlung einer Zielperson in einen neuen Status, zum Beispiel die Umwandlung von einer Blog-Leserin in eine Newsletter-Abonnentin. Konversionsziele können u. a. Newsletter-Abonnenten, Webinar-Anmeldungen oder Produktverkäufe sein.
>
> - **Reichweite ausbauen**: Das gelingt dir auf Pinterest mit relevanten und ansprechend gestalteten Inhalten (Pins), die sich die Menschen auf ihren Pinnwänden merken. Durch diese Weiterverbreitung bekommen deine Pins mehr Sichtbarkeit.
>
> - **Markenbekanntheit steigern** (*Brand Awareness*): Durch das Ankurbeln der Website-Besuche und vermehrte Merken-Aktionen bekommt dein Unternehmen automatisch mehr Sichtbarkeit, und die Markenbekanntheit wird gesteigert. Erinnerst du dich? 77 % der aktiven Nutzerinnen und Nutzer haben über Pinterest ein Produkt oder eine Marke entdeckt. 97 % der beliebtesten Suchanfragen haben keinen Markenbezug, das heißt, du hast die Chance, die Suchenden von *deiner* Marke zu überzeugen.[7]

---

7 Pinterest Media Agency Advertising Guide.

3.3.1 Praxisbeispiel: Die Pinterest-Erfolgsstory von Kitchen Stories

Um dir ein noch besseres Gefühl zu geben, welche Ziele du auf Pinterest erreichen kannst, möchten wir dir die Pinterest-Erfolgsstory eines deutschen Unternehmens vorstellen. Kitchen Stories ist eine deutsche Rezepte-App, die Pinterest als integralen Bestandteil ihrer Content-Strategie nutzt. Als das Unternehmen diesen Entschluss gefasst hatte, war die klare Zielsetzung, den Traffic mit Hilfe von Pinterest zu erhöhen, um neue Nutzerinnen und Nutzer zu gewinnen. Die Aktivitäten auf Pinterest sollten in erster Linie dazu dienen, Klicks zu generieren und langfristig die Anzahl der monatlich aktiven Nutzerinnen und Nutzer von Kitchen Stories zu steigern. Ausschlaggebende Leistungskennzahl (KPI) für die Bewertung des Erfolgs von Kitchen Stories auf Pinterest war somit der monatliche Traffic. Das heißt, es wurde über einen bestimmten Zeitraum in *Google Analytics* verglichen, wie viele Website-Klicks über Pinterest erzielt wurden. Durch die erfolgreichen Aktivitäten auf Pinterest kommen nun inzwischen 80 % des gesamten Social Traffics über die visuelle Suchmaschine. Die organische Reichweite ist pro Tag dreimal höher als über andere Marketing-Kanäle. Kitchen Stories beschäftigt eine Vollzeitkraft für Pinterest.

Abbildung 3.7 Die Pinterest-Erfolgsstory von Kitchen Stories (Quelle: Kitchen Stories, interne Daten 2019)

3.4 Finde die passende Themenwolke für dein Unternehmen und deine Zielgruppe

Damit du deinen Content passgenau auf deine Zielgruppe und Persona abstimmen kannst, empfehlen wir dir, eine Themenwolke zu erstellen. Eine Themenwolke für Pinterest besteht aus den Kernthemen deiner Website, den Hauptinteressen deiner Zielgruppe beziehungsweise deiner Persona und den für deine Branche relevanten

Trends und Saisons (siehe Abbildung 3.8). Die Analyse dieser Angaben dient als wichtige Grundlage für die Pinterest-Keyword-Recherche sowie die darauffolgende Erstellung deiner ersten Pinnwände.

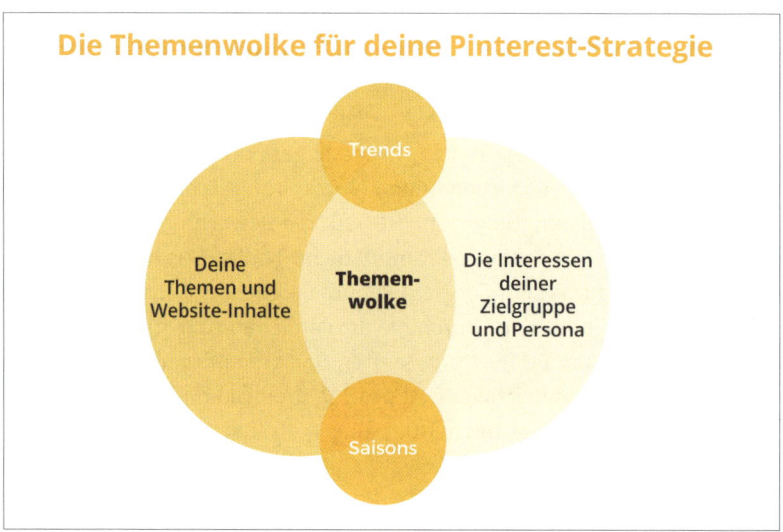

Abbildung 3.8 Die Themenwolke ergibt sich aus deinem Website-Content sowie den Interessen deiner Zielgruppe. Diese wird ergänzt um passende Saisons und Trends.

Schritt-für-Schritt-Anleitung: So erstellst du deine Themenwolke

Notiere dir die Antworten zu folgenden Fragen:

1. **Themen rund um dein Business**

   Was ist mein Kernthema?

   Zu welchen Themen habe ich Inhalte auf meiner Website?

2. **Relevante Themen für deine Persona**

   Für welche Themen interessiert sich meine Persona?

   Nach welchen Schlagworten sucht meine Persona, um ihre Herausforderungen zu lösen?

   Welchen Pinterest-Profilen folgt deine Persona?

3. **Saisons und aktuelle Pinterest-Trends**

   Welche Saisons sind für deine Branche relevant?

   Welche Saisons sind auf Pinterest besonders beliebt? Könntest du dazu Inhalte erstellen, die zu deinen Themen passen?

   Welche Trends gibt es gerade in deiner Branche?

   Welche Trends gibt es aktuell auf Pinterest, die zu deinen Themen passen?

Auf den nächsten Seiten findest du noch tiefer greifende Informationen zu den Saisons und Trends auf Pinterest. Lies diese Abschnitte, damit du deine Themenwolke um relevante Punkte ergänzen kannst. Hier kann eine recht lange Liste entstehen. Notiere alles, was dir einfällt, ohne zu bewerten. Das kann eine ganz simple Liste in Form eines Brainstormings sein, auf einem Zettel, in einem Worddokument oder in einer Excel-Liste. Mit dieser Liste kannst du in den folgenden Kapiteln dann weiterarbeiten.

3.4.1 Saisons auf Pinterest

Auf Pinterest spielen Saisons und Trends eine große Rolle, da hierzu die Suchanfragen sehr stark sind. Sie bieten eine tolle Chance, um Inhalte zu erstellen, die das Potenzial haben, sich viral zu entwickeln, da viele Menschen in der gleichen Zeitspanne danach suchen. Etwas »geht viral« sagt man, wenn sich ein Beitrag im Internet ohne größeres Zutuen des Erstellers explosionsartig verbreitet, weil extrem viele Menschen den Beitrag aufgreifen. Du weißt, eine Saison ist ein immer wiederkehrender Zeitabschnitt des Jahres. Es ist eine bestimmte Zeit im Jahr, in der der Fokus besonders auf einem Thema liegt. Das sind zum Beispiel die klassischen Jahreszeiten: Frühling, Sommer, Herbst und Winter. Und innerhalb dieser Jahreszeiten gibt es dann weitere saisonale Events wie Fasching, Valentinstag, Ostern oder Weihnachten. Saisons müssen sich aber auch nicht immer über einen längeren Zeitraum ziehen, sondern können auch immer wiederkehrende Feiertage oder Anlässe sein, etwa Schulanfang, Halloween, Muttertag, Vatertag oder Valentinstag. In Abbildung 3.9 siehst du, wie der klassische Pinterest-Saisonkalender aussieht.

In Abbildung 3.9 siehst du saisonale Themen, zu denen die Menschen auf Pinterest gerne Inspiration suchen. Hierbei ist es für dich wichtig, dass du immer im Hinterkopf hast: Pinner*innen sind Planer*innen, und Pinterest ist eine Suchmaschine. Das heißt: Zum einen wird schon gerne drei bis vier Monate vor einer Saison auf Pinterest recherchiert, und zum anderen braucht es auch seine Zeit, bis die Pins in Umlauf kommen und Sichtbarkeit auf Pinterest erzielen. Deshalb empfehlen wir, den saisonalen Content vier bis fünf Monate vorher zu planen und zu erstellen, um ihn dann drei bis vier Monate vor der Saison in Pinterest einzuplanen und nach und nach zu veröffentlichen. Hierbei ist es sehr hilfreich, mit einem Saisonkalender zu arbeiten. Wenn du für deinen Social-Media-Content einen Redaktionsplan nutzt, dann kannst du die saisonalen Inhalte auch dort miteinbauen. Das Tolle ist, dass eine Saison jedes Jahr wiederkommt und somit dein Content jedes Jahr wieder relevant ist. Somit kannst du die Pins im nächsten Jahr auf ein bis zwei weiteren, passenden Boards repinnen. Es kann auch durchaus sein, dass deine Pins vom letzten Jahr automatisch wieder Traffic auf deine Website lenken, da der Algorithmus die Inhalte als sehr relevant für die Zielgruppe eingestuft hat. Dies geschieht aufgrund von erhöhter Nachfrage und starkem Merken- und Klickverhalten. Wenn du einen saisonalen Trend vorgestellt hast, kann es natürlich sein, dass er im nächsten Jahr nicht mehr relevant ist. Wenn dein Pin aber beispielsweise »*Die ultimative Packliste* *für dein Festival-Wochenende«* beinhaltet, dann ist der Pin auch in der Festival-Saison im nächsten Sommer wieder gefragt.

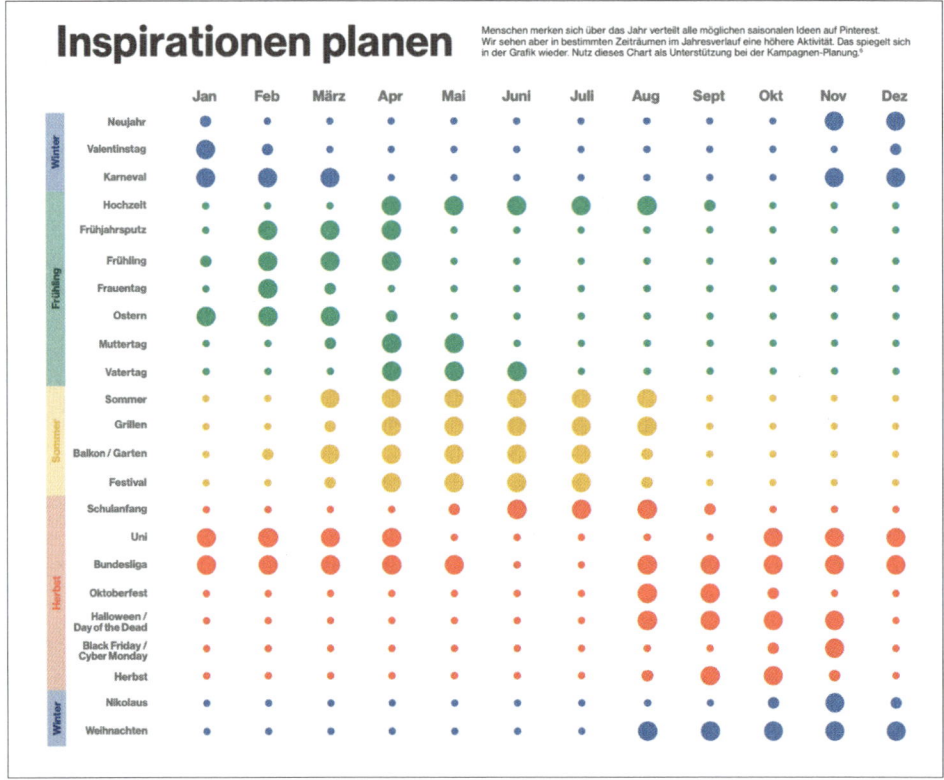

Abbildung 3.9 Der Saisonkalender von Pinterest (Quelle: Pinterest)

> **Aufgabe: Plane deine Saisons**
>
> Schaue dir noch mal den Saisonkalender in Abbildung 3.9 an, und erstelle dir Listen zu folgenden Fragen:
> - Welche Saisons passen zu deinen Themen?
> - Hast du bereits Content zu diesen saisonalen Themen? Notiere dir deine Linkziele.
> - Welche Inhalte könntest du passend zu den ausgewählten Saisons erstellen?

In Abbildung 3.9 hast du einen Überblick über die auf Pinterest relevanten Saisons bekommen. Nun stellt sich natürlich die Frage, welchen Content du für die jeweilige Saison erstellen könntest. Das hängt von deiner Nische, Zielgruppe sowie deinem Angebot ab. Deshalb ist es auch so wichtig, deine Zielgruppe genau zu kennen und zu wissen, wonach sie auf Pinterest sucht! Hier eine kurze Übersicht zu saisonalen Themen für dich zur Inspiration (siehe Tabelle 3.1).

3.4 Finde die passende Themenwolke für dein Unternehmen und deine Zielgruppe

Q1	Q2	Q3	Q4
- Abnehmen	- Gartenarbeit	- Grillen	- Kürbis
- gesunde Rezepte	- Reisen	- Gartenparty	- Dekoration
- Fitness-Übungen	- Städtetrip/ Kurzurlaub	- Hochzeit	- Inneneinrichtung
- Routinen aufbauen	- Sommergetränke	- Sommerrezepte	- Einmachen
- Geld sparen	- Sommercocktails	- Sommerhochzeit	- Wintermode
- Buchführung, Steuererklärung	- Grillparty & Rezepte	- Einschulung & Schulmaterial	- Weihnachtsdeko
- Zeitmanagement & Produktivität	- Motto-Kinderparty	- Herbstmode: Stiefel, Mäntel, Schals etc.	- Weihnachtsgeschenke
- Frühjahrsputz	- Camping	- Organisation	- Black Friday
- Valentinstag	- Urlaub	- Camping	- Weihnachtsrezepte
- gesunde Rezepte	- Packliste	- Halloween	- Silvester-Outfit
- Ideen für den Redaktionsplan	- Draußen-Aktivitäten mit Kindern	- Inneneinrichtung	- Silvester Party
- Date-Ideen	- Abschlussball	- Kürbis	- Vorsätze
- Karneval	- Abschlussreden	- Suppen & Eintöpfe	- Raunächte
- Ostern	- Hochzeiten	- Oktoberfest	
- Muttertag	- Bademode	- Haushalt	
- Vatertag	- Sommerrezepte/ Salate		
- Frühlingsmode	- Babyparty/ Babygeschenke		
- Gartenarbeit	- Fitness		
- Hochzeiten			
- Urlaubsplanung/ Brückentage			
- Jahresplanung/ Bullet Journal			

Tabelle 3.1 Auswahl an Themen für die unterschiedlichen Saisons in Quartal 1–4

Die generell wohl wichtigsten Saisons sind: Valentinstag, Ostern, Muttertag, Einschulung, Halloween, Weihnachten und die jeweiligen Jahreszeiten.

Dass es sinnvoll ist, Inhalte saisonal auszurichten, bestätigt ein Blick in *Pinterest Analytics*. Das ist das Analysetool von Pinterest, mit dem du den Erfolg deiner Aktivitäten auf Pinterest auswerten kannst. Wir haben dir ein Beispiel des Unternehmens *Sag's mit Schoki* rausgesucht. Das Unternehmen stellt personalisierte Schokolade her. Wichtige Saisons sind hier zum Beispiel Weihnachten, Muttertag, Schulanfang, Ostern oder Valentinstag. Zu Letzterem hat *Sag's mit Schoki* mehrere Pinnwände erstellt, wie zum Beispiel *Geschenke Valentinstag*, *Süße Überraschungen zum Valentinstag* oder *Geschenke für Ihn zum Valentinstag*. Natürlich wurden hierzu ausreichend Inhalte und Pins erstellt und ab Anfang Januar auf Pinterest verteilt. In Abbildung 3.10 kannst du sehen, dass die Interaktionskurve rund um den Valentinstag deutlich ausschlägt. Du merkst, Pinterest-User*innen sind zwar Planer*innen, aber häufig auch auf den letzten Drücker unterwegs.

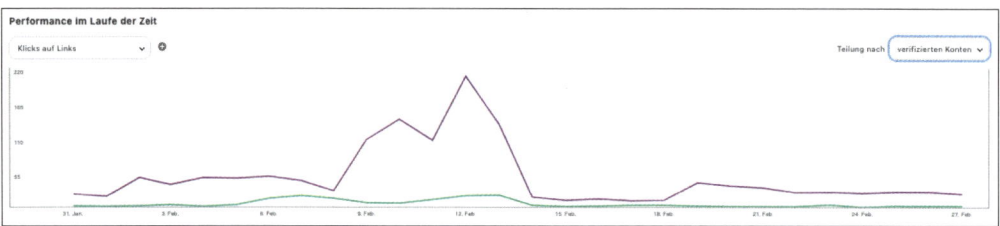

Abbildung 3.10 Anstieg der Nachfrage zum Valentinstag – Auszug aus Pinterest Analytics von Sag's mit Schoki

3.4.2 Pinterest-Trends

Stell dir vor: Gut 416 Millionen Menschen suchen nach Inspiration auf Pinterest.[8] Das ist die Realität und die Anzahl der Menschen, die Pinterest auf der ganzen Welt nutzen. Dadurch erhält Pinterest wertvolle Erkenntnisse neuer Trends. Jedes Jahr veröffentlicht Pinterest einen neuen Trendreport, der die unterschiedlichsten Kategorien umfasst, wie zum Beispiel Food, Wohnen, Mode, Beauty und Familie. Seit 2021 heißt dieser jährliche Trendreport *Pinterest Predicts*. »Predict« bedeutet voraussagen, und Pinterest schreibt sich auf die Fahne, anhand der Suchanfragen nicht nur die aktuellen, sondern auch die kommenden Trends zu kennen. Und tatsächlich haben sich zumindest für das Jahr 2020 acht von zehn Trendvorhersagen für das Jahr 2020 bewahrheitet. Lass uns einmal anschauen, wie diese Trends ausgewählt werden. Nehmen wir die Trends aus dem Jahr 2021 als Beispiel. Pinterest vergleicht zunächst die globalen Suchanfragen von August 2018 bis Juli 2019 mit denen von August 2019 bis Juli 2020. Somit lassen sich die Themen mit dem höchsten Suchvolumen und konsistentem Wachstum identifizieren, die dann in mehrere Kategorien unterteilt werden. Du kannst die Trends 2021 nach Kategorien wie Beauty, Feierlichkeiten, Mode, Finanzwesen, Essen und Getränke, Hobbys und Interessen, Zuhause, Erziehung, Wohlbefinden und Reisen filtern. Es ist auch möglich, nach Zielgruppe zu filtern. Hierbei stehen Generation Z, Millennials, Generation X und die Boomer zur Auswahl. Klickst du in einen Trend hinein, findest du die relevantesten Suchbegriffe zu diesem Trend, die Steigerung des Suchvolumens und in welchen Ländern dieses Thema trendet.

Im Newsroom von Pinterest kannst du dir unter *https://business.pinterest.com/de/content/pinterest-predicts/* alle Trends 2021 im Detail anschauen.

---

8 *https://newsroom.pinterest.com/de/post/pinterest-100-diese-inspirierenden-trends-muesst-ihr-2020-ausprobieren*.

3.4 Finde die passende Themenwolke für dein Unternehmen und deine Zielgruppe

Wo findest du aktuelle Pinterest-Trends?

Anders als die Saisons ändern sich Trends häufig, und deshalb möchten wir dir hier keine konkreten Trends auflisten. Wir werden dir aber Tipps geben, wie du selbst aktuelle Pinterest-Trends finden kannst.

- Schaue in den aktuellen Report von Pinterest Predicts. Diesen findest du in der Regel im Pinterest-Newsroom (siehe oben), und er wird meist im Dezember für das Folgejahr zur Verfügung gestellt.
- Wirf auch regelmäßig einen Blick in den Pinterest HEUTE-Tab. Wir haben diese Funktion in Abschnitt 3.1.3 näher erläutert. Aus den hier vorgestellten Pins kannst du aktuelle Trends ableiten.
- Schaue in deine Pinterest Analytics. Auch hier lassen sich Trends ablesen. Wir erklären dies im Detail in Kapitel 9, »Optimiere deine Website und deinen Blog für Pinterest«. Dies ist aber nur sinnvoll, wenn du bereits längere Zeit (mindestens ein Jahr) regelmäßig aktiv auf Pinterest bist.
- Schaue in die Rubrik BELIEBT AUF PINTEREST. Wo du diese findest, siehst du in Abbildung 3.11.
- Nutze das Trendanalysetool PINTEREST TRENDS. Du kannst hier leider noch keine Analysen speziell für Deutschland abrufen (Stand 2021), aber auch Trends aus den USA können Tendenzen für Deutschland aufweisen. Du kannst dir die Trends der Woche, aber auch die Trends unterteilt in Kategorien anschauen. Logge dich hierfür in deinen Business-Account ein, wähle in der Navigation ANALYTICS aus und im Dropdown-Menü TRENDS oder besuche *https://trends.pinterest.com*.
- Schaue dich generell regelmäßig bewusst auf Pinterest um, und sei in der Pinterest-Community unterwegs. So erfährst du automatisch immer wieder was Neues.

Sei auch außerhalb von Pinterest aufmerksam, was in deiner Branche gerade angesagt ist.

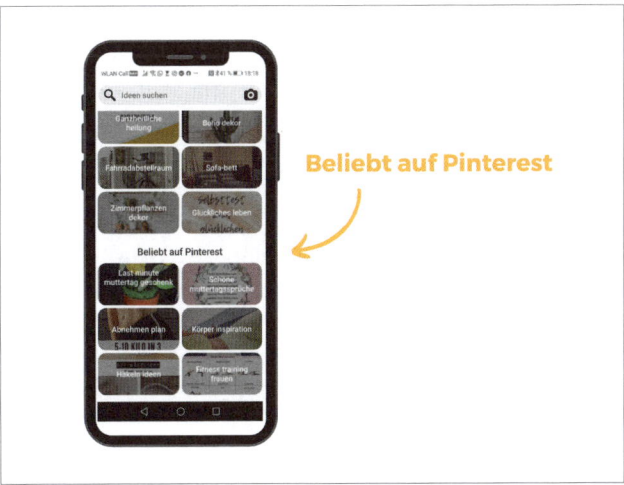

Abbildung 3.11 Die Pinterest-Funktion »Beliebt auf Pinterest«

Wenn du auf die Pinterest-Lupe klickst, öffnet sich automatisch die Suchmaske, in die du deine Suchbegriffe eingeben kannst. Mit einem Klick in die Suchmaske öffnet sich das in Abbildung 3.11 gezeigte Dropdown-Menü. Hier siehst du die Rubrik IDEEN FÜR DICH, das sind Vorschläge, die basierend auf deinem Suchverhalten angezeigt werden. Darunter wird dir die Rubrik BELIEBT AUF PINTEREST angezeigt, eine Sammlung von aktuell stark gefragten Themen auf Pinterest, die du in deine Trend-Recherchen mit einbeziehen kannst. Diese Ansicht ist in der mobilen sowie in der Desktop-Version von Pinterest verfügbar.

3.4.3 Wo kannst du Saisons und Trends bei Pinterest einbinden?

Wenn du die für dich relevanten Saisons und Trends herausgefunden hast, dann nimm diese in deine Content-Planung auf, und erstelle rechtzeitig Mehrwert liefernde Inhalte auf deiner Website, zu denen du Pins erstellst.

Fassen wir noch einmal zusammen: Wenn bestimmte Saisons und Trends eine wichtige Rolle in deiner Nische spielen, ist dies ein sehr relevanter Bestandteil deiner erfolgreichen Pinterest-Strategie und sollte somit unbedingt im Redaktionsplan und im Content-Management (also im strategischen Planen und Erstellen deiner Inhalte auf Pinterest) eingebunden werden. So hast du eine große Chance, virale Pins zu erstellen und dadurch das zeitweise hohe Suchvolumen für dich zu nutzen.

> **Mach mit!**
> 1. Überlege und recherchiere jetzt ausführlich, welche Saisons und Trends zu deiner Nische, deinen Produkten sowie deiner Zielgruppe passen. Ergänze dies in deiner Themenwolke, die du zuvor in der Strategieentwicklung bereits erarbeitet hast. Die Themenwolke ist besonders wichtig, um in den nächsten Schritten dein Profil aufzubauen und die richtigen Keywords zu analysieren.
> 2. Trage zukünftig relevante Themen in deinen Redaktionsplan ein. Beachte hierbei, dass du mit dem Pinnen immer sechs bis acht Wochen vor dem Start von Saisons oder Trends beginnen solltest.
> 3. Sind Saisons oder Trends bereits jetzt und innerhalb der nächsten drei Monate für dich relevant? Dann erstelle gegebenenfalls passenden Content in Form von Blogartikeln, Freebies etc.
> 4. Solltest du noch keine passenden Blogartikel für deine Pinterest-Strategie haben, dann springe kurz vor in Abschnitt 9.1, »Pinterest-Nutzerinnen und -Nutzer da abholen, wo sie ankommen«. Hier zeigen wir an einem Praxisbeispiel, wie du Themen für deine Blogartikel finden kannst, die deine Website-Besucherinnen und -Besucher in Leads umwandeln. Ein Lead bezeichnet den Kontakt mit einer Interessentin, die dem Unternehmen ihren Kontakt überlässt, z. B. durch eine Newsletter-Eintragung.

3.4.4 Die Wettbewerbsanalyse

Lass dich zum Ende deiner Themenrecherche auch von deiner Konkurrenz inspirieren. Bekomme ein Gefühl dafür, wen es aus deiner Nische auf Pinterest schon gibt. Wer sind deine Mitbewerberinnen und Mitbewerber? Was machen sie auf Pinterest?

Tipp: Recherchiere relevante Mitbewerber auf Pinterest, indem du den Suchfilter nutzt. Bist du Rezeptbloggerin, dann gib in die Suchleiste beispielsweise »Rezepte« ein. Wähle nun rechts im Filter NUTZER aus. Nun werden dir Profile angezeigt, die Rezepte auf Pinterest teilen. Daran siehst du auch schon einmal, wie wichtig die Keyword-Optimierung deines Profilnamens ist. Denn hier werden dir nur Profile angezeigt, die »Rezepte« in ihren Namen oder der Profilbeschreibung aufweisen.

Es macht auch Sinn, wenn du dir die Profile von erfolgreichen Pinnerinnen und Pinnern anschaust, die nicht aus deiner Branche kommen, ggf. lassen sich hier Ideen auch auf deine Zielgruppe übertragen.

Mitbewerberanalyse

Schau dir deine Konkurrenz unter folgenden Aspekten an, und mache dir Notizen für deine Themenwolke. Hier gilt natürlich: Inspirieren statt kopieren! Mache die Wettbewerbsanalyse also erst im letzten Schritt, nachdem du dir selbst Gedanken zu deiner Positionierung gemacht hast.

- Was bieten Mitbewerberinnen an (Kernthemen, Produkte, Content)?
- Wer ist in deiner Themenwelt im deutschsprachigen Raum erfolgreich auf Pinterest?
- Zu welchen Themen haben Mitbewerber Pinnwände auf ihrem Profil?
- Wer ist in deiner Themenwelt im englischsprachigen Raum erfolgreich auf Pinterest? Welche Pinnwände haben diese Profile? Wie gestalten sie ihre Pins, und was kannst du davon lernen?
- Gibt es Pinterest-Erfolgsstorys aus deiner Nische? Schau hier nach: *https://business.pinterest.com/de/success-stories*.

Wir möchten dir noch einen wichtigen Gedanken mit auf den Weg geben: Betrachte andere Unternehmen, Dienstleister und Bloggerinnen aus deiner Branche auf Pinterest nicht als Konkurrenz, sondern als Mitbewerberinnen oder Kollegen. Denn auf Pinterest herrscht vor allem durch das gegenseitige Repinnen ein Miteinander statt ein Gegeneinander!

Wir haben dir zum Abschluss des Kapitels einen ausführlichen Praxistipp von Lilli Koisser mitgebracht. Sie ist Coach für Texten im Online-Marketing und Expertin, wenn es darum geht, magnetische Texte zu formulieren, die deinen Wunschkunden anziehen. Sie hat einen sehr erfolgreichen Blog und Pinterest-Account. Du findest im Buch einige Tipps von ihr.

Praxistipp von Lilli Koisser: So findest du die Bedürfnisse deiner Zielgruppe heraus

Zu Beginn stellst du dir grundlegende Fragen:

Was biete ich an und für wen? Was ist die Lebensrealität meiner Zielgruppe oder meiner Persona? Welche Fragen hat sie in Bezug auf mein Thema im Kopf? Was will sie erreichen?

Es gibt unterschiedliche Wege um herauszufinden, welche Bedürfnisse deine Zielgruppe hat:

- Starte eine Keyword-Recherche bei Google, Pinterest, dem KWFinder und *UberSuggest*, um häufige Suchanfragen herauszufinden.
- Sichte die Inhalte deiner Mitbewerber*innen: Worüber schreiben andere aus deiner Nische? Lies dir auch die Kommentare unter den Artikeln durch, um herauszufinden, welche Fragen offengeblieben sind. Wen findest du für bestimmte Suchanfragen auf Seite 1 bei Google? Es gibt ja einen Grund, warum diese Inhalte so gut ranken – weil sie die beste Antwort auf die gestellte Frage bereitstellen.
- Amazon-Bücher: Welche Bücher könnte deine Zielgruppe lesen, die zu deiner Themenwelt passen? Lies die Bewertungen: Womit waren die Leser*innen zufrieden oder unzufrieden? Welche Fragen haben sie noch? Tauche in die Welt dieser Personen ein und versuche, sie zu verstehen.
- Starte selbst Umfragen, um die Bedürfnisse deiner Zielgruppe abzufragen, zum Beispiel mit Typeform, auf Facebook, in Instagram-Storys oder in anderen Communitys, in denen deine Zielgruppe unterwegs ist.
- Wenn du mit Kund*innen in Erstgesprächen redest, dann höre ganz genau zu, welche Fragen sie haben. Wie drücken sie ihre Probleme aus? Wichtig: Achte auf die exakten Formulierungen, das sind deine Keywords.
- Erstelle ein Dokument, in dem du alle Bedürfnisse und Fragen deiner Zielgruppe und Persona sammelst. Nutze diese Informationen als Basis für deine Content-Erstellung. Tipp: Verwende auch genau diese Formulierungen in deinen Texten (setze die Kundenbrille auf), und verwende klassische Expertenformulierungen nur sehr reduziert.

Tipps aus dem Interview mit Lilli Koisser im Pinsights-Podcast in Episode #60, »Lilli Koissers beste Strategien, um klickstarke Überschriften und Blogartikel zu formulieren, die deine Wunschkunden magisch anziehen«

Lass uns die Learnings aus diesem Kapitel noch einmal gebündelt betrachten: Du weißt nun, wie wichtig es ist, deine Zielgruppe genau zu kennen und auch deine Käufer-Persona zu spezifizieren. Nur so kannst du zielgruppengenauen Mehrwert auf Pinterest stiften und die Menschen dort abholen, wo sie mit ihrer Suche (beispielsweise nach Lösungen für ein Problem oder nach Produkten) stehen. Indem du Pinterest Predicts aufmerksam verfolgst, kannst du deine Inhalte noch besser auf das Suchverhalten der Nutzer und Nutzerinnen anpassen, und durch das Beachten von Saisontrends kannst du auch zeitlich begrenzte Suchanfragen zu bestimmten Themen auffangen.

Kapitel 4

Deine ersten Schritte auf Pinterest: die Profileinrichtung, Teil 1

Das Herzstück deines Pinterest-Auftritts ist dein Profil. Wir schauen uns an, wie du ein authentisches und zielführendes Unternehmenskonto in wenigen Schritten einrichten kannst.

Nachdem du nun deine Ziele inklusive deiner Zielgruppe und Käufer-Persona definiert und auch ein Bild deiner Themenwolke gezeichnet hast, schauen wir uns nun an, wie du dein Unternehmensprofil anlegst.

> **Kapitelübersicht: Deine ersten Schritte auf Pinterest**
> In diesem Kapitel
> - richtest du dein Unternehmenskonto ein,
> - schauen wir uns die Benutzeroberfläche von Pinterest an,
> - legst du deine Profilbeschreibung, dein Profilbild, deinen Header und dein Impressum fest,
> - erstellst du erste Pinnwände,
> - besprechen wir die Website-Verifizierung,
> - erfährst du, was Rich Pins sind und wie du diese einrichten kannst.
>
> Das ist noch nicht alles, was wir dir zum Thema Profileinrichtung deines Pinterest-Kontos an die Hand geben möchten. Allerdings haben wir die Profileinrichtung bewusst in zwei Kapitel unterteilt, damit du unsere Tipps parallel zum Lesen in sinnvoller Reihenfolge umsetzen kannst. In diesem Kapitel zeigen wir dir alle Schritte, die du für die Grundeinrichtung brauchst. In Kapitel 7 folgt dann der zweite Teil der Profileinrichtung, in dem wir erklären, wie du Pinnwände und Pins erstellst. Erst dann hast du nämlich das nötige Wissen zu SEO und Design parat.

4.1 Unternehmenskonto einrichten

Auf Pinterest kannst du ein privates Konto und ein Unternehmenskonto einrichten. Beides ist kostenfrei. Mit dem Unternehmenskonto stehen dir wichtige Funktionen zur Verfügung, um deine Markenbekanntheit und deine Reichweite zu stärken und um deine Aktivitäten auf Pinterest zu analysieren. Wenn du auf Pinterest erfolgreich sein möchtest, ist das Unternehmenskonto ein absolutes Must-have. Hier ein Auszug an Möglichkeiten, die dir durch ein Business-Konto zur Verfügung stehen. Du kannst damit

- Anzeigen schalten (Basiswissen zu den Werbeanzeigen bekommst du in Kapitel 11),
- Rich Pins verwenden (alles zu den Rich Pins erfährst du in Abschnitt 4.2),
- auf Pinterest Analytics zugreifen (darum geht es ausführlich in Kapitel 10),
- Shoppingformate wie Katalog-Pins verwenden (darüber erfährst du mehr in Kapitel 6),
- Pincodes für dein Profil und deine Pinnwände erstellen (hierzu erfährst du mehr in Abschnitt 7.1.3),
- Pins im Voraus planen (wird umfassend in Kapitel 8, Abschnitt 8.3, erklärt),
- potenziell im Heute-Tab gefeaturet werden (diesen hast du bereits in Abschnitt 3.1.3 kennengelernt).

Ein Unternehmenskonto hilft dir also, deine Unternehmensziele zu verwirklichen.

Es gibt zwei Wege, dein Unternehmenskonto zu erstellen. Entweder du richtest das Konto ganz neu ein, oder du wandelst dein persönliches Konto in ein Unternehmenskonto um.

4.1.1 Privates Konto in ein Unternehmenskonto umwandeln

Dein persönliches Pinterest-Konto in ein Unternehmenskonto umzuwandeln, ist dann sinnvoll, wenn du hier bereits zahlreiche, zu deinem Unternehmensziel passende Pins gesammelt hast. Ist dies nicht der Fall, ist es meist zielführender, ein Unternehmenskonto neu zu erstellen, damit du es gleich zu Beginn strukturiert aufbauen kannst. Dieses wird sich dann in dein privates Konto einhängen. Wenn du mit einem Team in Pinterest arbeitest, wäre es sinnvoll, dich für das Unternehmenskonto mit einer neuen E-Mail-Adresse anzumelden, damit das Konto separat von deinem privaten Konto geführt werden kann. Denn anders, als du es zum Beispiel von Facebook kennst, kannst du auf Pinterest keine Admins hinzufügen, sondern teilst deine originalen Login-Daten mit den Menschen, die dich bei deinem Account-Management unterstützen.

Wenn du dein privates Pinterest-Konto in ein Unternehmenskonto umwandeln möchtest, klicke nach dem Einloggen in der Desktop-Version oben rechts auf die drei Punkte, woraufhin ein Menü ausklappt. Klicke im Anschluss UPGRADE AUF EIN UNTERNEHMENSKONTO an.

4.1.2 Richte dein Pinterest-Unternehmenskonto neu ein

Alternativ kannst du auf *www.pinterest.de* ein Unternehmenskonto in nur wenigen Schritten einrichten. Diese Variante empfehlen wir in den meisten Fällen. Wir zeigen dir Schritt für Schritt, wie das funktioniert.

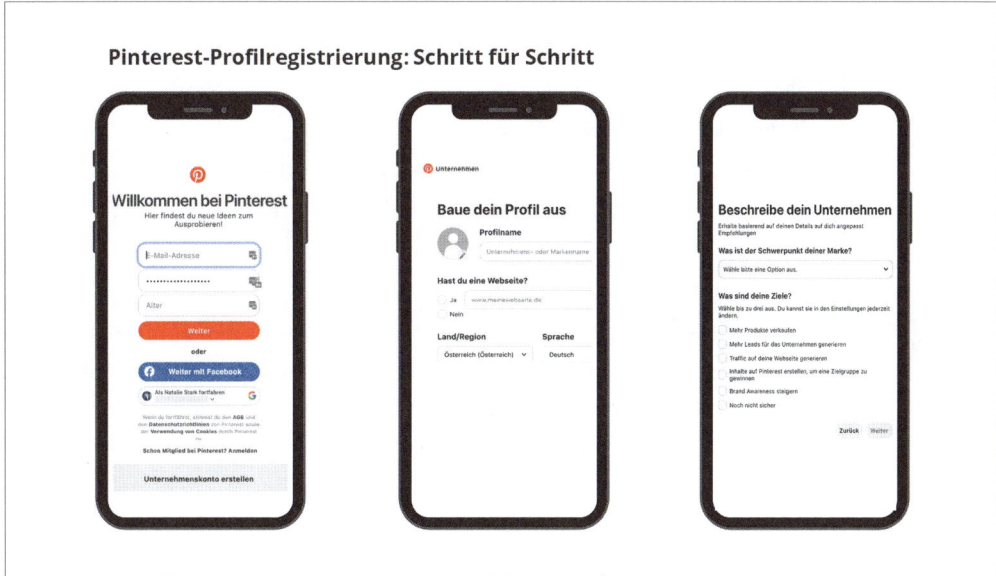

Abbildung 4.1 Die ersten Schritte deiner Registrierung auf Pinterest

1. **Registrierung auf Pinterest**

   Zuerst musst du deine E-Mail-Adresse eingeben und ein Passwort festlegen. Diese beiden Daten sind ab jetzt für dein Pinterest-Login notwendig. Außerdem wird auch noch dein Alter abgefragt.

2. **Sprache und Land auswählen**

   Dieser Schritt ist fast selbsterklärend. Hier gibst du deine Sprache und dein Land ein. Dann klickst du auf WEITER.

3. **Unternehmensname und Branche**

   Jetzt gibst du den Namen deines Unternehmens ein. Dieser erscheint später in deinem Profil. Wir empfehlen dir auch, direkt ein paar wichtige Keywords einzufügen; diese sollten deine Haupttätigkeit zusammenfassen. Also zum Beispiel »Skana Media – Online-Marketing-Agentur« oder »Katja Behrens – Coach für Gründer und Selbstständige«. Du hast zwischen drei und 30 Zeichen Platz für deinen Unternehmensnamen. Im Anschluss wählst du noch die passende Branche aus (für Schritt 1 bis 3 siehe Abbildung 4.1).

4. **Deine Website**

   An dieser Stelle gibst du die URL deiner Website ein.

5. **Andere Konten mit Pinterest verknüpfen**

   Du kannst dein Pinterest-Konto auch mit anderen Konten verknüpfen. Zur Auswahl stehen Instagram, Etsy und YouTube. Du kannst die Verifizierung an dieser Stelle auch überspringen, da du sie nachher in den Einstellungen noch nachholen kannst.

6. **Umfrage zu den Pinterest-Anzeigen**

   An dieser Stelle kannst du angeben, ob du dich für das Schalten von Pinterest-Anzeigen interessierst. Es handelt sich hierbei um eine kurze Umfrage von Pinterest.

7. **Themenauswahl**

   In diesem Schritt wählst du die Themen aus, die am besten zu deinem Unternehmen passen. Du musst mindestens ein Thema auswählen, kannst dich aber auch für mehrere entscheiden. Durch diese Auswahl weiß Pinterest, wo dein zukünftiger Content einzuordnen ist und aus welchen Themenbereichen Inspirationen in deinem Feed ausgespielt werden.

8. **Dein erster Pin**

   Glückwunsch! Du hast die wichtigsten Schritte deiner Profileinrichtung geschafft. Pinterest bietet dir nun an, direkt deinen ersten Pin zu erstellen. Wir empfehlen dir, zuerst die Kapitel 5 und 6 durchzuarbeiten. Hier lernst du, wie du SEO-optimierte Pin-Titel und Pin-Beschreibungen verfasst, welche Pin-Formate es gibt und wie du diese ansprechend gestaltest. In Abschnitt 7.2 zeigen wir dir dann, wie du die unterschiedlichen Pin-Formate in Pinterest hochladen kannst. Also überspringe jetzt den Schritt PIN ERSTELLEN am besten. Nachdem du mithilfe von Kapitel 6 deine ersten Pins erstellt hast, erklären wir dir in Kapitel 7, wie du deine ersten Pins hochlädst.

9. **Einstellungen**

   Wichtig ist es, zunächst die restlichen Daten in deinen Pinterest-Einstellungen zu ergänzen. Unter dem Punkt PROFIL BEARBEITEN lädst du dein Profilbild hoch, füllst deine Profilbeschreibung (ÜBER DEIN PROFIL) aus, ergänzt deinen Ort und gibst die URL deines Impressums ein. Hierbei wählst du einfach den Link deines Website-Impressums aus. Im Infokasten direkt nach Abbildung 4.2 geben wir dir noch weitere Tipps zu deinem Profilbild und deiner Profilbeschreibung.

   Du kannst an dieser Stelle auch deinen Namen und deinen Benutzernamen ändern. Dein Name wird im Profil angezeigt, dein Benutzername in der URL deines Pinterest-Profils. Wenn du möchtest, kannst du hier auch deine Firmenanschrift und die Telefonnummer hinterlegen. Hinterlegst du auch deine E-Mail-Adresse, wird in der mobilen Version in deinem Profil der Button KONTAKT angezeigt. Darüber können Pinterest-Nutzerinnen und -Nutzer dir direkt eine E-Mail senden.

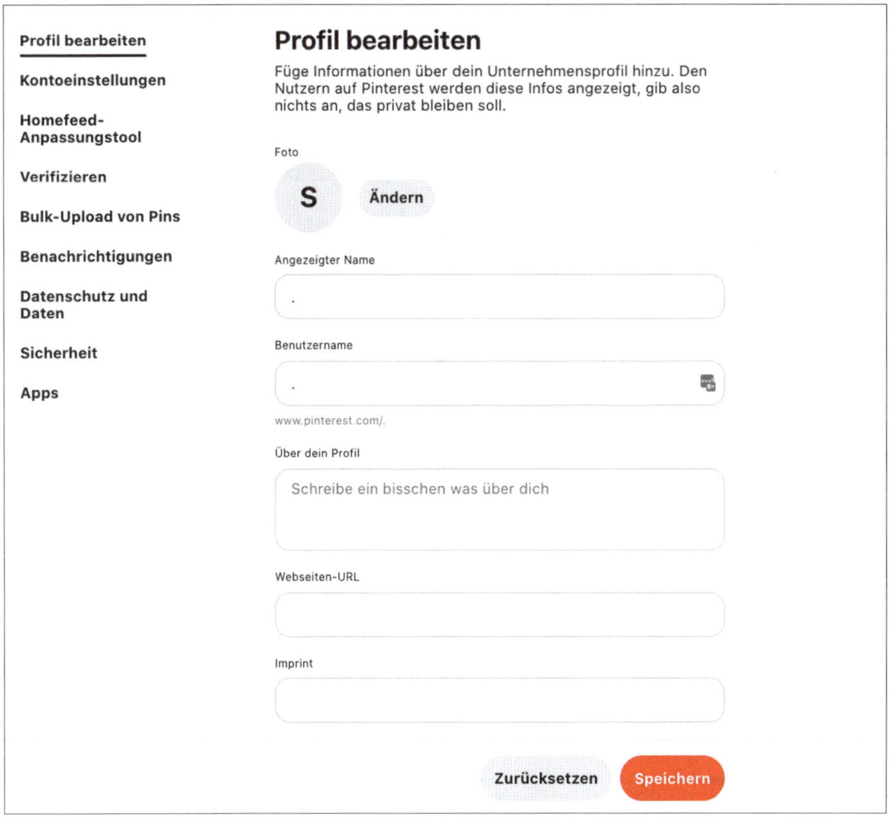

Abbildung 4.2 Ergänzung weiterer Pinterest-Einstellungen

> **Tipp: Profilbild und Profilbeschreibung**
>
> Dein Profilbild: Richtest du das Pinterest-Profil für eine Marke oder ein größeres Unternehmen ein, dann wähle hier das Firmenlogo aus. Das ist auch bei kleineren Unternehmen sinnvoll, wenn sie produktorientiert arbeiten. Bist du selbst die Marke oder ist deine Tätigkeit sehr auf deine Person bezogen, dann sollte dein Profilbild dich selbst zeigen, das wirkt persönlicher. Bringe dein Profilbild in ein quadratisches Format, denn Pinterest stellt es in einem Kreis dar, wie du in Abbildung 4.2 schon gesehen hast.
>
> Deine Profilbeschreibung: Platziere in der Profilbeschreibung bereits jetzt die Begriffe, die dein Tätigkeitsfeld am besten beschreiben und für die du gefunden werden möchtest. Hierfür hast du bis zu 160 Zeichen Platz. In Abschnitt 5.3.1 gehen wir noch mal

genauer auf die Profilbeschreibung ein, nachdem die Keywords recherchiert wurden. Du kannst deine Profilbeschreibung dann noch mal überprüfen und ggf. nachbearbeiten. Achte am besten bereits in der Profileinrichtung darauf: Überall, wo du Text einsetzen kannst, solltest du Keyword-optimiert schreiben, also im Profilnamen, im Benutzernamen (daraus entsteht deine Profil-URL) und in der Profilbeschreibung.

Wenn du auf die Schaltfläche KONTOEINSTELLUNGEN klickst, siehst du einige der Angaben, die du im Rahmen der Profileinrichtung bereits angegeben hast: deine E-Mail-Adresse, dein Land und deine Sprache, deinen Unternehmenstyp. Diese Angaben kannst du hier bei Bedarf ändern, ebenso dein Passwort.

Im Weiteren hinterlegst du in diesem Bereich optional noch dein Geschlecht, das Ziel deines Unternehmenskontos und stellst deine Nachrichtenoptionen ein. Hier ist auch die Deaktivierung oder Löschung deines Unternehmenskontos möglich.

Unter BULK-UPLOAD kannst du einstellen, dass zu den auf deiner Website neu erstellten Inhalten automatisch Pins auf Pinterest veröffentlicht werden. Wie das genau funktioniert, erfährst du jetzt.

Erstelle eine Excel-Tabelle, die Metadaten – also die Beschreibung mit den wichtigsten Keywords deiner Videos – enthält (ein Beispiel dazu siehst du in Abbildung 4.3).

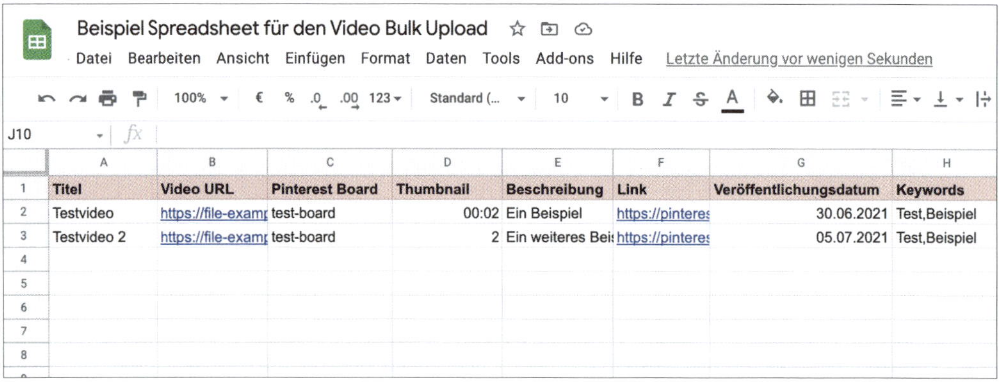

	A	B	C	D	E	F	G	H
1	Titel	Video URL	Pinterest Board	Thumbnail	Beschreibung	Link	Veröffentlichungsdatum	Keywords
2	Testvideo	https://file-examp	test-board	00:02	Ein Beispiel	https://pinteres	30.06.2021	Test,Beispiel
3	Testvideo 2	https://file-examp	test-board	2	Ein weiteres Bei	https://pinteres	05.07.2021	Test,Beispiel

Abbildung 4.3 Excel-Tabelle für den Bulk-Upload von Videos

Du kannst so bis zu 200 Videos auf einmal hochladen. Schaue dir die folgende Anleitung zum Bulk-Upload an. Diese Funktion ist vor allem für Unternehmen mit bereits großen Bildmaterialien gedacht. Wir haben diese Funktion noch für keinen Kunden genutzt, sondern pinnen die Materialien kontinuierlich, wie du es in Kapitel 8, »Pin-Strategie: So holst du das Bestmögliche aus deinen Inhalten heraus«, lernen wirst.

Schritt-für-Schritt-Anleitung: Bulk-Upload

1. Exportiere die ausgefüllte Tabelle als CSV-Datei.
2. Klicke in Pinterest oben rechts auf den kleinen Pfeil neben deinem Profilbild, und wähle EINSTELLUNGEN aus.
3. Wähle links in der Navigation den Bereich BULK-UPLOAD VON PINS aus (Abbildung 4.4).
4. Ziehe die CSV-Datei in das Feld DEINE CSV-DATEI HIER ABLEGEN ODER ZUM HOCHLADEN KLICKEN. Du bekommst eine Benachrichtigung per E-Mail, sobald deine Videos erfolgreich hochgeladen sind.

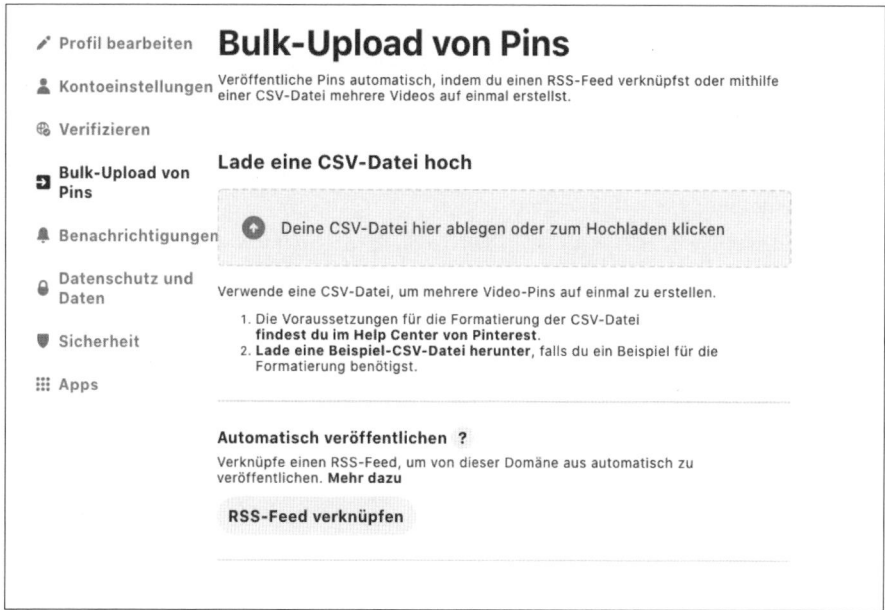

Abbildung 4.4 Bulk-Upload von Videos

Weitere Einstellungen

Welche Einstellungen kannst du außerdem in deinem Pinterest-Unternehmenskonto vornehmen? Im Bereich BENACHRICHTIGUNGEN kannst du festlegen, welche Benachrichtigungen du auf Pinterest, per E-Mail oder als Push-Benachrichtigung bekommen möchtest. Unter DATENSCHUTZ UND DATEN legst du fest, ob dein Pinterest-Profil vor Suchmaschinen wie Google, Bing oder Yahoo versteckt, also nicht in den Suchergebnissen dieser Suchmaschinen angezeigt werden soll. Das Verstecken solltest du nur in Ausnahmefällen aktivieren. Da es für dich Vorteile bringen kann, wenn deine Pins und Pinnwände über andere Suchmaschinen auffindbar sind. Im Weiteren kannst du auswählen, welche Daten verwendet werden sollen, um die Relevanz der dir angezeigten Empfehlungen oder Anzeigen zu optimieren. Pinterest möchte dir die für dich relevanten und interessanten Inhalte bieten. Manchmal nutzt Pinterest dafür die Informationen von Features der Pinterest-Website wie dem MERKEN-Button. Das heißt, es werden dir passende Inhalte zu den Themen ausgespielt, die du dir zuvor gemerkt hast. Außerdem werden den Pinterest-Werbekunden auch Informationen zu deinen Aktivitäten abseits von Pinterest zur Verfügung gestellt, um dir auf dich zugeschnittene Werbeanzeigen zu bieten. Im Bereich DATENSCHUTZ UND DATEN kannst du einstellen, ob deine Daten für die Zwecke genutzt werden dürfen oder nicht.

Unter SICHERHEIT kannst du die Zwei-Faktor-Authentifizierung festlegen. Hierbei wird die Sicherheit deines Kontos erhöht, indem du neben deinem Passwort auch noch einen Geheimcode eingibst, der dir von Pinterest bei jeder Anmeldung auf dein Mobiltelefon geschickt wird. Im Reiter APPS behältst du den Überblick, in welchen Tools du dich überall mit deinem Pinterest-Profil angemeldet hast. Das kann zum Beispiel das Designtool *Canva* sein oder das Content-Management-Tool *Tailwind*.

> **Unsere Einstellungsempfehlungen**
> **Das Impressum**: Hinterlege auf jeden Fall den Link zu dem Impressum auf deiner Website, denn in Deutschland gilt die Impressumspflicht für gewerbliche Anbieter.
> **Benachrichtigungen per E-Mail**: Hier kannst du auswählen, zu welchen Pinterest-Aktivitäten du eine Benachrichtigung in dein Postfach bekommen möchtest. Wir empfehlen dir, die E-Mails für persönliche Nachrichten zu aktivieren sowie Ankündigungen und Aktualisierungen von Pinterest.
> **Von Pinterest Business**: Hier empfehlen wir dir, zu Beginn die Haken bei allen Benachrichtigungen zu setzen, wenn du Pinterest Ads schalten möchtest und diese selbst betreust.

Website verifizieren

Für dein Unternehmenskonto bei Pinterest ist es enorm wichtig, deine Website zu verifizieren. Diesen Schritt solltest du nicht auf einen späteren Zeitpunkt verlegen. Aus eigener Erfahrung wissen wir, dass die Website-Verifizierung einen großen Einfluss auf die organische Ausspielung der Pins hat. Wartest du mit der Verifizierung, werden deine ersten Pins mit großer Wahrscheinlichkeit keine so große Reichweite erzielen. Die Verifizierung bestätigt die Echtheit deiner Website. Außerdem erhältst du dadurch in deinen *Pinterest Analytics* auch Zugriff auf die Website-Analytics und kannst sehen, wie die Interaktion rund um die Pins, die zu deiner Website führen, aussieht. Im Weiteren werden dein Profilbild und ein FOLGEN-Button für dein Pinterest-Konto neben den Pins deiner Webseite angezeigt, wie du in Abbildung 4.5 sehen kannst. Das bedeutet, dass Nutzerinnen und Nutzer, die dein Profil über einen deiner Pins entdecken, dir leichter folgen können. Und mehr Follower bedeuten mehr Reichweite.

4.1 Unternehmenskonto einrichten

Abbildung 4.5 Bei verifizierter Webseite werden dein Profilbild und der Folgen-Button neben den Pins, die zu deiner Webseite führen, angezeigt (Quelle: Pinterest-Pin von textvergoldung.de).

Wenn du in den Einstellungen im Bereich VERIFIZIEREN auf den roten VERIFIZIEREN-Button klickst, öffnet sich das Fenster, das du in Abbildung 4.6 siehst.

Auf *https://help.pinterest.com/de/business/article/claim-your-website* hat Pinterest für alle drei Verifizierungsmöglichkeiten (HTML-Tag hinzufügen, HTML-Datei hochladen, TXT-Datensatz hinzufügen) ausführliche Anleitungen zur Verfügung gestellt. Dass die Verifizierung erfolgreich war, siehst du daran, dass auf deinem Pinterest-Profil vor deiner URL eine kleine Weltkugel als Symbol angezeigt wird. Hast du Subdomains, kannst du diese zusätzlich verifizieren.

> **Kurz erklärt: Mehrere Webseiten pro Pinterest-Konto verifizieren**
>
> Seit Ende 2020 lassen sich auch mehrere Webseiten pro Pinterest-Konto verifizieren. Die Voraussetzungen: Jede Webseite muss sich auf einer Second-Level-Domain (wie *deinewebseite.com*), einer Subdomain (wie *anzeigen.deinewebseite.com*) oder einer Sub-Path-Domain (wie *deinewebsite.com/de*) befinden. Führt die Subdomain nicht zur selben Seite wie die Second-Level-Domain, wird sie von Pinterest wie eine separate Domain behandelt und kann nicht im selben Pinterest-Konto verifiziert werden.

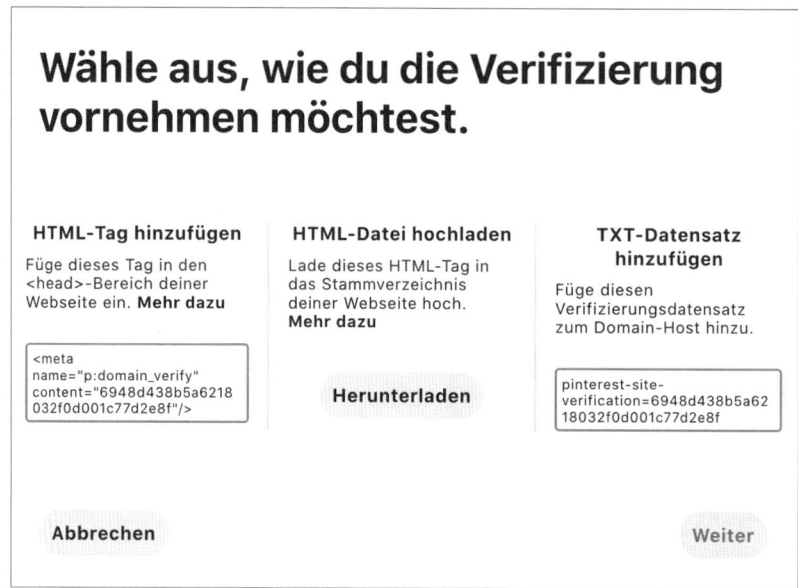

Abbildung 4.6 Möglichkeiten zur Verifizierung deiner Website auf Pinterest

Weitere Verifizierungen

Im Bereich VERIFIZIERUNG hast du auch noch Möglichkeiten, weitere Accounts mit Pinterest zu verknüpfen. Zur Auswahl stehen:

- Instagram, eine Social-Media-Plattform zum Teilen von Fotos und Videos
- Etsy, eine E-Commerce-Website für den Kauf und Verkauf von handgemachten Produkten, Vintage und Künstlerbedarf
- YouTube, ein Videoportal von Google

In nur wenigen Schritten kannst du diese Accounts verifizieren. Das Vorgehen wird im Prozess von Pinterest genau vorgegeben, dauert keine fünf Minuten und bedarf keiner gesonderten Erklärung. Was allerdings einer Erklärung bedarf, ist die Sinnhaftigkeit dieser Verknüpfungen.

Was für alle drei Verknüpfungen gilt: Du erhältst in den Pinterest Analytics Einblick in die Statistiken der verknüpften Accounts. Du siehst also die Interaktionen zu deinen Pins, die zu YouTube, Etsy oder Instagram führen.

Pinterest mit Etsy verknüpfen

Wenn du deine Produkte über Etsy verkaufst, ist dir sicher schon aufgefallen, das Etsy dir bei jedem Produkt automatisch die Möglichkeit gibt, es zu pinnen. Diese Pins sind dann auch automatisch Rich Pins – also Pins, die mit relevanten Informationen angereichert sind. Mehr dazu erfährst du in Abschnitt 4.2. Wenn du keine eigene Website mit Onlineshop hast und deine Produkte nur über Etsy verkaufst, empfehlen wir dir unbedingt, die Verifizierung vorzunehmen.

Pinterest mit Instagram verknüpfen

Durch die Verknüpfung zu Instagram kannst du deine Instagram-Posts auch auf Pinterest pinnen (aber nicht umgekehrt). Dies geschieht allerdings nicht automatisiert.

Soll ich meine Instagram- und Pinterest-Accounts verknüpfen?

Wann wir eine Verknüpfung zwischen Instagram mit Pinterest empfehlen:

- wenn du deine Priorität auf Instagram gesetzt hast, also zum Beispiel als Influencerin auf Instagram tätig bist
- wenn du eigene, sehr hochwertige Bilder auf Instagram hast, zum Beispiel aus den Bereichen Food, Lifestyle, Kosmetik oder Mode, die auch sehr gut zu Pinterest passen
- wenn du mehr Instagram-Follower gewinnen willst; denn jeder gepinnte Instapost führt direkt zu deinem Instagram-Account

Wann wir von einer Verknüpfung zwischen Instagram und Pinterest abraten:

- Du bist auf Instagram kaum aktiv.
- Du nutzt Instagram nur privat.
- Du postest nur Selfies. Dies bietet für Pinterest-Nutzerinnen und -Nutzer kaum Mehrwert, es sei denn, du bist im Beauty- oder Fashion-Bereich unterwegs.
- Du nutzt ausschließlich das Puzzle-Feed-Design für Instagram. Dieses ergibt in deinem Instagram-Feed ein schönes Gesamtbild. Auf Pinterest jedoch sehen die Fotos als einzelne Pins meist wenig ansprechend aus und bieten meist keinen Mehrwert.

Pinterest mit YouTube verknüpfen

Zuletzt hast du noch die Möglichkeit, Pinterest mit YouTube zu verknüpfen. Auch dies ist besonders dann sinnvoll, wenn du als Influencer auf YouTube unterwegs bist oder wenn du als Unternehmerin hilfreiche Inhalte per Video teilst. Hier ist allerdings zu beachten, dass Pinterest inzwischen ein eigenes Videoformat hat. Unsere Erfahrung zeigt, dass die eigenen Videoformate, die extra für Pinterest erstellt wurden, besser ausgespielt werden als Formate, die zu einer anderen Plattform wie YouTube führen. Hier heißt es also testen und ausprobieren, was für dich funktioniert. In Abschnitt 13.1.1 erfährst du, wie du smartes Cross-Marketing für Pinterest und die Plattformen Instagram, Etsy und YouTube einsetzen kannst. Cross-Marketing bezeichnet die Vermarktung eines bestimmten Produkts oder einer Dienstleistung über mehrere Kanäle.

> **Tipp für deinen Video-Content**
>
> Da Pinterest keine Video-Plattform ist, besuchen Pinterest-Nutzerinnen und -Nutzer die Plattform auch nicht, um lange Videos anzuschauen, sondern um Ideen kompakt präsentiert zu bekommen. Somit eignen sich hier Videos mit einer Länge von 10–30 Sekunden. Wir empfehlen dir, deine Videostrategie genau auf die Pinterest-Zielgruppe anzupassen.

4.2 Rich Pins

Wir empfehlen dir, direkt zu Beginn auch deine *Rich Pins* zu aktivieren. Aber lass uns vorne anfangen. Was sind Rich Pins überhaupt? Rich Pins sind Pins mit zusätzlichen Informationen und stellen mehr Details auf dem Pin dar. Diese Informationen werden aus den *Metadaten* deiner Website gezogen. Metadaten sind die Informationen deiner Website, die für den Anwender selbst nicht sichtbar sind und Daten zum Inhalt deiner Homepage enthalten. Diese sind zum Beispiel für Suchmaschinen relevant.

Die Voraussetzung, dass diese Pins funktionieren, ist die ausgefüllte Verwendung von Metadaten auf deiner Website. Metadaten haben nicht nur für Pinterest Vorteile, sondern sind auch für dein Google-Ranking relevant. Hast du die Rich Pins einmal verifiziert, werden deine bisher bestehenden Pins und deine zukünftigen Pins zu Rich Pins und automatisch um die zusätzlichen Informationen deiner Metadaten ergänzt. Wenn du deine Metadaten nicht ausgefüllt hast, dann zieht sich der Pin die Einleitung deines Blogartikels oder deiner Produkt-Beschreibung. Deine Pins bleiben also bestehen und bekommen nur zusätzliche Informationen, die Vorteile für die visuelle Suchmaschine bieten.

Es gibt drei verschiedene Arten von Rich Pins, die den Pinterest-Nutzerinnen und -Nutzern kostenlos zur Verfügung stehen: Artikel-Rich-Pins, Produkt-Rich-Pins und Rezept-Rich-Pins.

4.2.1 Artikel-Rich-Pin

Die Artikel-Rich-Pins helfen den Pinterest-Nutzerinnen und -Nutzern, sich Blogartikel zu merken, die für sie relevant sind. Jeder Artikel-Rich-Pin zeigt den Titel, die Meta-Beschreibung oder einen Ausschnitt davon, das Datum der Veröffentlichung und manchmal auch den Namen der Autorin an. Zusätzlich wird deine von Pinterest optimierte Pin-Beschreibung angezeigt. Du profitierst also von noch mehr Keywords in deiner Pin-Beschreibung. Wie ein Artikel-Rich-Pin aussieht, zeigt Abbildung 4.7.

Abbildung 4.7 Beispiel für einen Artikel-Rich-Pin (Quelle: Pinterest, »Geh Mal Reisen«)

4.2.2 Rezept-Rich-Pins

Die Rezept-Rich-Pins sind, wie der Name verrät, auf Rezepte ausgelegt. Sie verraten dir Informationen wie Zutaten, Zubereitungszeit und Portionsgröße. Wie diese Informationen nun genau neben oder unter deinem Pin angezeigt werden, hängt von den Plug-ins deiner Website ab. Um diese Metadaten auf deiner Website zu hinterlegen, empfiehlt sich das WordPress-Plug-in *Tasty Recipes*. Tasty Recipes ist ein sehr beliebtes SEO-Plug-in in der Food-Blogging-Community. Weitere Plug-ins findest du in unseren Tool-Empfehlungen in Abschnitt 13.2.4. Abbildung 4.8 zeigt hier ein gutes Beispiel.

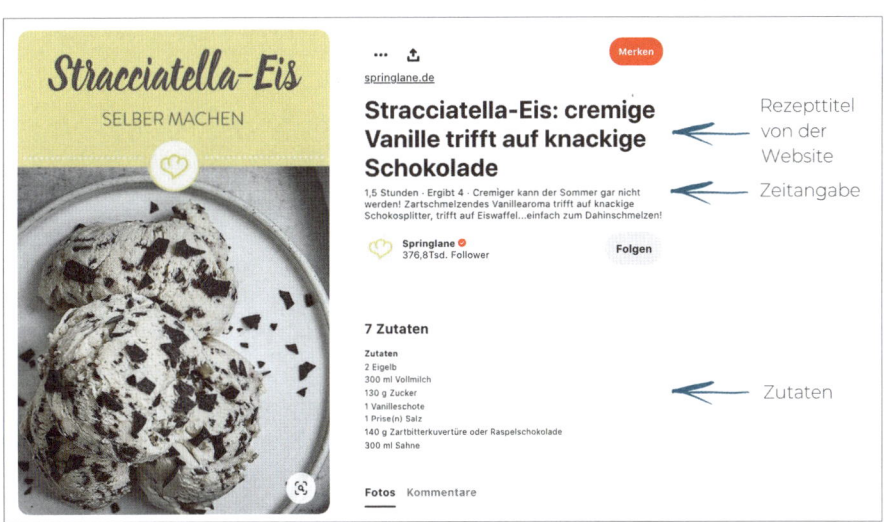

Abbildung 4.8 Beispiel Rezept-Rich-Pin (Quelle: Pinterest, Springlane)

4.2.3 Produkt-Rich-Pins

Produkt-Rich-Pins erleichtern deiner (potenziellen) Kundschaft den Einkauf. Sie zeigen die Preise in Echtzeit und die Verfügbarkeit auf der Website. Der Preis, der neben dem Pin zu sehen ist, aktualisiert sich automatisch, wenn er auf der Website geändert wird. Die entsprechenden Metadaten werden in dem System deines Onlineshops eingetragen. Schau mal in Abbildung 4.9, wie ein Produkt-Rich-Pin aussieht.

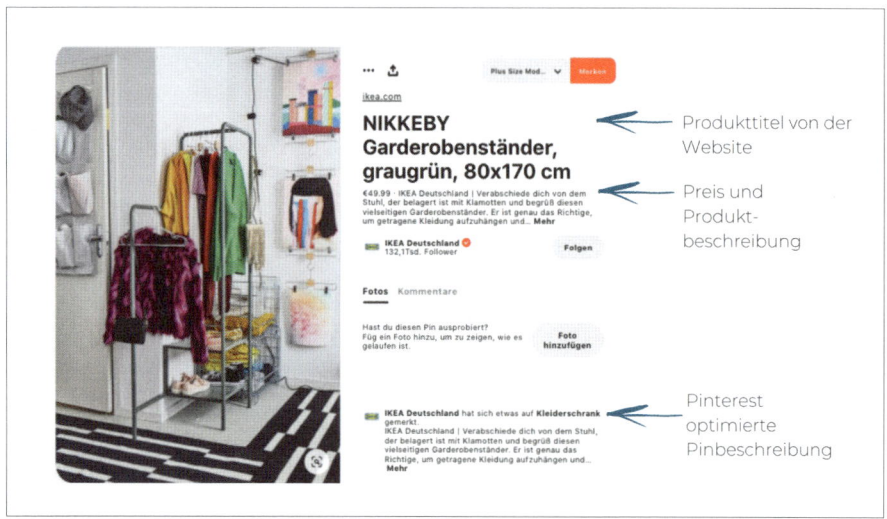

Abbildung 4.9 Beispiel Produkt-Pin (Quelle: Pinterest, IKEA)

Jetzt weißt du, welche Rich-Pin-Arten es gibt. Je nachdem, was du hauptsächlich auf deiner Website anbietest, kannst du dich für eine oder auch mehrere Varianten entscheiden. Wie du Rich Pins in nur zwei Minuten verifizieren kannst, zeigen wir dir jetzt.

4.2.4 So verifizierst du deine Rich Pins

Die Rich-Pin-Verifizierung ist eine einmalige Sache. Das heißt, es ist nicht notwendig, jeden einzelnen Blogartikel, jedes Produkt oder jedes Rezept einzeln zu verifizieren. Nach der Verifizierung übernimmt Pinterest das automatisch für jeden deiner bereits vorhandenen oder auch künftigen Blogartikel, Produkte oder Rezepte. Grundsätzlich empfehlen wir dir, ein gutes SEO für deine Website zu machen. Es gibt verschiede Plug-ins, also Software-Komponenten, um die du deine Website optional erweitern kannst. Die bekanntesten sind wohl *Yoast SEO*, *Schema.org*, *rank math* und *All in One SEO*. Wir möchten dir die Verifizierung von Rich Pins anhand des Yoast-Plug-ins für WordPress-Seiten erklären, da dies das gängigste ist.

1. Installiere das Yoast-SEO-Plug-in.

2. Suche im Dashboard das Yoast-Symbol, und klicke auf SOCIAL, den dritten Begriff von oben. In dem Tag FACEBOOK stellst du sicher, dass der Schalter bei OPEN GRAPH META DATA HINZUFÜGEN auf AKTIVIERT steht (siehe Abbildung 4.10).

Abbildung 4.10 Rich-Pin-Verifizierung, Anleitungsschritt 2

3. Suche dir einen Blogartikel, ein Rezept oder ein Produkt von deiner Website aus, und kopiere die URL. Hierbei ist es egal, welchen Link du genau auswählst. Wichtig ist nur, dass der Link zu dem von dir forcierten Rich Pin passt (beispielsweise ein Link zu einem Blogartikel für einen Artikel-Rich-Pin).
4. Öffne den Rich-Pin-Validator über *https://developers.pinterest.com/tools/url-debugger/*.
5. Füge dort den ausgewählten Link ein, und klicke auf VALIDATE.
6. Nun erscheint – bestenfalls schon nach wenigen Sekunden – die Bestätigung CONGRATULATIONS! YOUR RICH PINS ARE APPROVED ON PINTEREST. Das bedeutet, du hast deine Rich Pins erfolgreich verifiziert (siehe Abbildung 4.11).

Hier siehst du, dass es sich in diesem Fall um einen Artikel-Rich-Pin handelt:

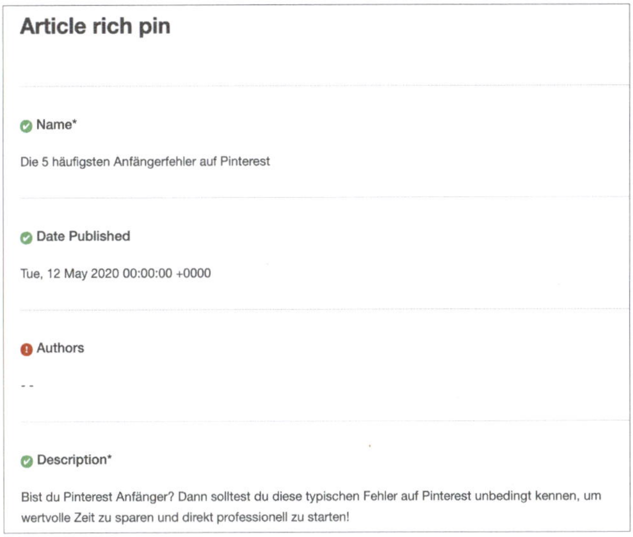

Article rich pin

✅ Name*
Die 5 häufigsten Anfängerfehler auf Pinterest

✅ Date Published
Tue, 12 May 2020 00:00:00 +0000

❗ Authors
- -

✅ Description*
Bist du Pinterest Anfänger? Dann solltest du diese typischen Fehler auf Pinterest unbedingt kennen, um wertvolle Zeit zu sparen und direkt professionell zu starten!

Abbildung 4.11 Rich-Pin-Verifizierung, Anleitungsschritt 6

Es ist allerdings möglich, dass die Verifizierung deiner Pins etwas Zeit, ggf. mehrere Tage, in Anspruch nimmt. Solltest du nach zwei bis drei Wochen immer noch keine Verifizierung erhalten haben, kontaktiere bitte den Pinterest-Support unter *https://help.pinterest.com/de/contact*.

> **Aufgabenbox: Checkliste Profileinrichtung**
>
> Prüfe, ob du nach der Registrierung auf Pinterest die wichtigsten Schritte deiner Profileinrichtung erledigt hast:
>
> - Webseite verifiziert
> - gegebenenfalls weitere Webseiten verifiziert (Second-Level-Domain oder Subdomains)
> - Profilbild und Profilbeschreibung integriert
> - Benutzernamen festgelegt
> - Impressum hinzugefügt
> - Rich Pins verifiziert
> - bei Bedarf Instagram, YouTube und Etsy verifziert

Wir haben nun also besprochen, wie du dein Unternehmenskonto einrichtest und welche Funktionen du hier gezielt nutzen kannst, um dein volles Potenzial auf Pinterest ausschöpfen zu können. Du weißt nun, wie du Pins als Bulk-Upload hochladen und wie du dein Konto verifizieren kannst. Außerdem haben wir besprochen, was Rich Pins sind, dass es von diesen drei unterschiedliche Arten gibt (Artikel-Rich-Pins, Rezept-Rich-Pins und Produkt-Rich-Pins) und welchen Mehrwert dir Rich Pins in den unterschiedlichen Formaten bieten können.

Im folgenden Kapitel beschäftigen wir uns damit, wie du deine Inhalte optimal für die visuelle Suchmaschine aufbereitest. So erzielst du eine große Reichweite. Das Zauberwort heißt »SEO«.

Kapitel 5

SEO: Optimiere deine Inhalte für die visuelle Suchmaschine

»Finden und gefunden werden« ist auf Pinterest oberstes Gebot. In diesem Kapitel lernst du, wie deine Inhalte auf Pinterest sichtbar werden.

Was genau ist eigentlich SEO, und warum spielt es auf Pinterest so eine große Rolle? SEO steht für *Search Engine Optimization* und heißt auf Deutsch Suchmaschinen-Optimierung. Hierbei geht es um Techniken und Strategien, damit die Sichtbarkeit deiner Website in den organischen Suchergebnissen von Google, Bing, Ecosia usw. angezeigt wird. Das Ziel einer Suchmaschinen-Optimierung ist immer eine gute Platzierung der Website in den Suchergebnissen – idealerweise auf Seite 1.

Kapitelüberblick: Optimiere deine Inhalte für die visuelle Suchmaschine
In diesem Kapitel
- schauen wir uns an, wie du deine Keywords auf Pinterest recherchierst und wo du sie dann am besten platzieren kannst,
- besprechen wir, wie du SEO-Texte für deine Pin-Beschreibung schreibst,
- lernst du, SEO-Überschriften zu formulieren,
- erstellst du Textbausteine für deine Pin-Titel,
- formulierst du Calls-to-Action.

5.1 Was sind die Ranking-Faktoren auf Pinterest?

Du kennst es sicher bereits von Google, und so ist es auch auf Pinterest: Dein Ranking, also wo deine Inhalte im Feed und in den Suchergebnissen auftauchen, ist von zentraler Bedeutung für deine Reichweite. Dein Ranking wird in erster Linie von drei Faktoren beeinflusst:

- **Quantität**: Achte darauf, regelmäßig zu pinnen. Pinne nicht 50 Pins an einem Tag, wenn du danach eine vierwöchige Pause einlegst. Besser ist es, wenn du

- **Qualität**: Wie Pinterest-Nutzerinnen und -Nutzer deine Pins wahrnehmen, hat einen großen Einfluss auf dein Ranking. Von besonderer Relevanz ist hierbei die Reaktion auf deine Pins. Merken-Aktion, Close-ups und Klicks ergeben zusammen das Engagement auf Pinterest. Aber auch wie lange die Menschen sich auf deiner Seite aufhalten, ist wichtig. Wenn jemand nach drei Sekunden weiterklickt, spricht das nicht für gute Qualität und sendet kein positives Signal an den Algorithmus.

- **Relevanz**: Allerdings reichen eine gute Qualität und eine quantitative Regelmäßigkeit noch nicht aus, damit dein Content im Feed der Nutzerinnen und Nutzer auftaucht. Natürlich müssen die Inhalte auch gefragt sein und gesucht werden. Der Pinterest-Algorithmus muss zu dem Schluss kommen, dass dein Content für die Nutzerinnen und Nutzer interessant ist. Und hier kommen jetzt deine Keywords ins Spiel.

kontinuierlich drei bis zehn Pins pro Tag veröffentlichst. Zu der Pinterest-Strategie, die am besten zu dir passt, erfährst du mehr in Kapitel 8.

Wenn du deine Inhalte so optimierst, dass sie ein perfektes Match mit den Suchanfragen deiner Zielgruppe bilden, steigen die Chancen enorm, dass deine Pins im Such-Feed angezeigt werden. Warum? Erinnere dich, dass Pinterest eine visuelle Suchmaschine ist! Außerdem ist Pinterest auch auf Google indexiert, somit können deine Pins auch hier gefunden werden. Also: Los geht's, ran an die Keywords!

Kurz erklärt: Was kann der Algorithmus auslesen?

Der Pinterest-Algorithmus verfolgt das Ziel, dass die virtuelle Suchmaschine den Nutzerinnen und Nutzern relevante Inhalte anzeigt. Gleichzeitig geht es auch um das Ausspielen von aktuellen Inhalten, denn es soll nicht der Eindruck entstehen, dass zwar thematisch passende Inhalte angezeigt werden, diese aber nicht mehr aktuell sind. Für das Gestalten und Texten der Pins sowie das Texten der Pin-Beschreibungen und Pin-Titel ist es wichtig zu wissen, was der Algorithmus alles auslesen kann. Wir haben dir alle uns bekannten Punkte aufgelistet:

- Es spielt keine Rolle, ob du einen Begriff im Plural oder Singular verwendest, der Algorithmus erkennt dies und spielt deinen Pin beispielsweise zu »DIY-Projekt« genauso aus wie zu »DIY-Projekte«.
- Der Algorithmus kann übersetzen und Synonyme auslesen.
- Pins, die von der Suchanfrage her den Keywords am nächsten kommen und gute Interaktionsraten haben, werden bevorzugt ausgespielt.
- Der Text auf dem Pin wird ausgelesen. Der Text auf dem Pin ist wichtig, um das Thema des Linkziels anzuteasern und auf den Inhalt neugierig zu machen, aber auch

für den Algorithmus, denn dieser kann Bilder und Texte auslesen. Pinnst du zum Beispiel ein Bild von Audrey Hepburn, wird dieses automatisch klassifiziert in »Audrey Hepburn Style« und in »1950s fashion«.

- Achte darauf, dass deine Schrift nicht zu verschnörkelt ist, denn möglicherweise können dann einzelne Buchstaben vom Algorithmus nicht ausgelesen werden.[1]

5.2 So funktioniert die Keyword-Recherche auf Pinterest

Keywords sind Schlüsselwörter oder aber auch eine Kombination aus Suchbegriffen, nach denen zum Beispiel eine Nutzerin innerhalb einer Suchmaschine sucht. Dabei möchte die Nutzerin zu ganz bestimmten Lösungen oder Informationen gelangen. Deshalb ist es beim Texten deiner Pin-Beschreibungen und deines Pin-Titels immer wichtig, aus der Sicht der Suchenden zu denken. Wir geben dir nun eine detaillierte Anleitung, wie du deine Keywords recherchieren kannst.

Mach mit: Vorbereitungen deiner Pinterest-Keyword-Recherche

1. Nimm jetzt deine strategischen Ausarbeitungen aus Kapitel 3 zur Hand:
   - die Interessen und Bedürfnisse deiner Zielgruppe
   - deine Themenwolke
   - die Trends und Saisons, die zu deinem Thema passen
2. Öffne ein Excel-Sheet, und nenne es *Pinterest-Keywords*. Oder lege dir eine praktische Projektübersicht in Excel an. Mehr dazu lernst du in Abschnitt 13.3.
3. Öffne den Pinterest-Such-Feed.

5.2.1 Keywords über die interne Suche recherchieren

Als Erstes trägst du alle Begriffe aus deiner Themenwolke und die Suchworte deiner Zielgruppenbedürfnisse in die Excel-Tabelle ein. Jeder Begriff bekommt eine Spalte, wie du in Abbildung 5.1 sehen kannst.

Die interne Suche in Pinterest ist das Suchfeld oben in der Navigationsleiste der Desktop-Ansicht. Hier gibt es zwei Suchvarianten:

- die Type-ahead-Funktion (auch *Autosuggest* genannt)
- die führende Suche (auch *Guided Search* genannt)

---

[1] Pinterest Engineering Blog. In: *https://medium.com/pinterest-engineering/building-pin-cohesion-229c19fc617e*.

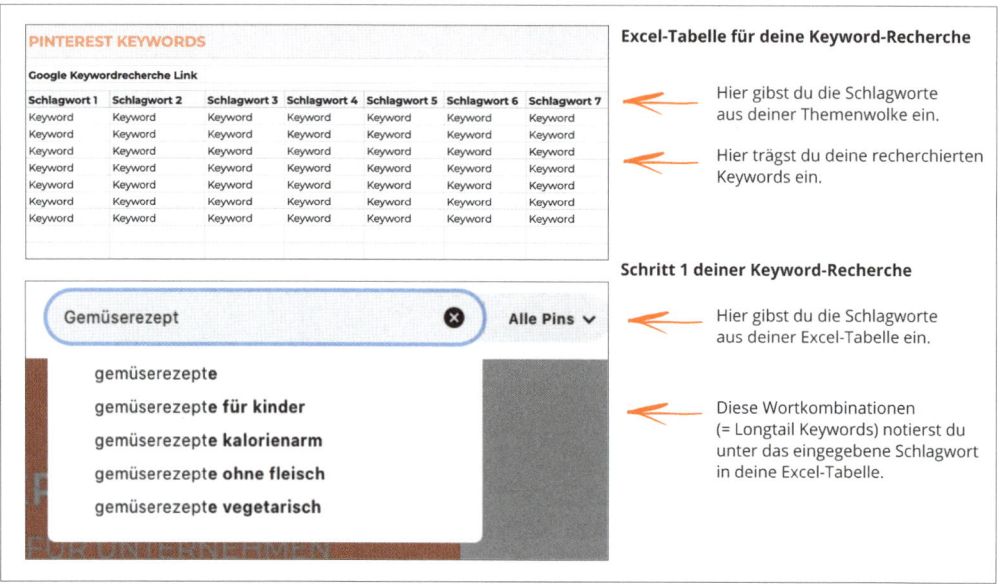

Abbildung 5.1 Excel-Tabelle für die Ergebnisse der Keyword-Recherche und Suchfeld für die interne Keyword-Recherche

Keywords finden über die Type-ahead-Variante

Diese Funktion kennst du sicher schon von Google. Du wählst hierbei eines deiner Suchworte aus, in Abbildung 5.1 zum Beispiel »Gemüserezept«, und gibst dieses in die Suchmaske ein. Daraufhin klappt ein Drop-down-Fenster mit Suchbegriffen aus, die in Kombination mit deinem Keyword gesucht werden. Diese Suchbegriff-Kombinationen heißen *Longtail-Keywords*. Die Begriffe, die in diesem Drop-down-Fenster erscheinen, sind die häufigsten Suchanfragen zu diesem Suchwort. Das exakte Suchvolumen in Zahlen wird leider nicht angezeigt.

Drücke nun nicht ⏎, wie du es wahrscheinlich gewohnt bist, sondern notiere dir die angezeigten Begriffe in deiner Keyword-Tabelle, wie in Abbildung 5.1 veranschaulicht. Tipp: Gibst du ein Leerzeichen ein, können sich die Ergebnisse etwas ändern. Erscheinen hier noch weitere relevante Keywords, dann notiere sie ebenfalls.

In unserem Beispiel setzt sich das Suchwort aus zwei potenziellen Keywords zusammen: »Gemüse« und »Rezept«. Du kannst also zusätzlich auch nur nach »Rezept« oder nur nach »Gemüse« suchen. Gehe also mehrschrittig vor – mit allgemeineren und spezifischeren Suchbegriffen aus deiner Themenwolke. Halte dich nicht nur starr an die Begriffe aus deiner Themenwolke. Im Prozess ergeben sich häufig noch weitere Ideen, die du dann auch aufgreifen kannst.

Keywords finden über die Guided-Search-Variante

Weitere Keywords findest du, wenn du nach Eingabe deines Suchwortes auf ⏎ drückst. Jetzt erscheint bereits der Such-Feed mit den Pins. In der Regel siehst du direkt unter der Suchmaske farbige Boxen mit weiteren Suchbegriffen (siehe Abbildung 5.2). Notiere auch diese in deiner Excel-Tabelle. Beachte: Notiere nicht alles, sondern nur die Begriffe, die für dich auch sinnvoll sind.

Abbildung 5.2 Keywords finden über die Guided-Search-Variante

Bei oft gesuchten Keywords erscheinen jede Menge dieser Boxen, die nach der Häufigkeit des Suchvolumens von links nach rechts sortiert sind. Links stehen die Begriffe, die am häufigsten gesucht wurden. Die Farben sagen hierbei nichts über die Relevanz der Keywords aus, geben dir aber einen Überblick über die am häufigsten verwendeten Farben in den Pins zu diesem Thema.

Diese beiden Varianten wendest du nun bei jedem einzelnen Suchbegriff aus deiner Excel-Tabelle an und notierst dir die Longtail-Keywords.

Die ABC-Suche

Du kannst deine Keyword-Recherche auch noch vertiefen, und zwar mit der *ABC-Suche*, wie wir sie nennen. Dafür gibst du dein Suchwort erneut in die Suchmaske ein und klickst im Anschluss das gesamte ABC durch (»Gemüserezept a«, »Gemüserezept b« usw.) Dadurch findest du noch weitere relevante Longtail-Keywords, also eine Kombination aus Suchbegriffen, die deine Zielgruppe auf Pinterest in die Suchmaske eingibt. So lassen sich auch gut Keywords für Nischenthemen finden, wie z. B. »Gemüserezept Frühling Detox«.

Pinterest Ideas

Wie du in Kapitel 2 schon gelernt hast, waren die Pinterest Ideas zuvor die Pinterest-Kategorien. Unter dem Link *www.pinterest.de/ideas/* siehst du auf einen Blick, welche Themenbereiche auf Pinterest gerade besonders beliebt sind. Wir haben den Bereich in Abbildung 5.3 für dich aufgezeigt. Wenn du auf eine dieser Themenwelten klickst, z. B. auf Tiere, dann siehst du, welche Artikel, Aktivitäten und Ideen gerade besonders gefragt sind. Außerdem werden dir die Top-Suchbegriffe auf Pinterest nach Tieren angezeigt – Also ein wichtiger Bereich für deine Keyword- und auch für deine Trend-Recherchen. Wir empfehlen dir, es zu deiner monatlichen Routine zu machen, hier reinzuschauen.

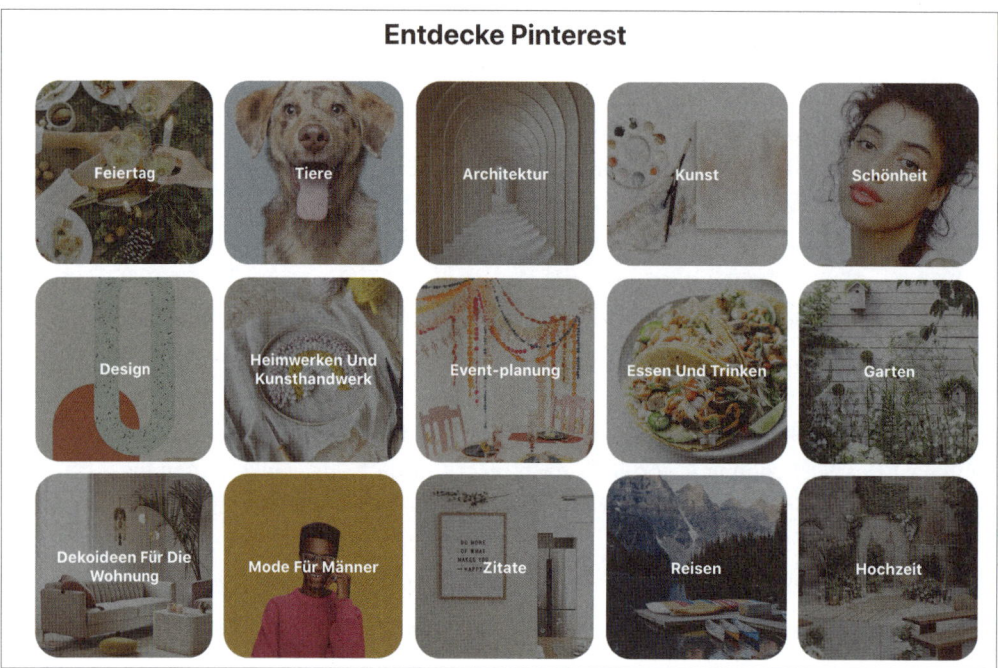

Abbildung 5.3 Pinterest Ideas, zu finden unter www.pinterest.de/ideas/

Pinterest-Keyword-Tool

Es gibt für Pinterest noch kein Keyword-Tool, bei dem du das genaue Suchvolumen angezeigt bekommst (Stand Frühjahr 2021). Es gibt jedoch ein Tool, dass dir Keywords zu bestimmten Schlagworten herausgibt. Es nennt sich Pinterest Keyword Tool, du findest es leicht über die Google-Suche. Wir persönlich nutzen es nicht, aber schaue es dir gerne an. Es ist für den amerikanischen Markt optimiert, weshalb du zu deinem Suchwort zusätzlich noch »deutsch« angeben musst, damit dir Keywords angezeigt werden. In der Regel sind es allerdings keine anderen Suchbegriffe als die, die du über die manuelle Suche in Pinterest finden kannst.

5.2.2 Keywords recherchieren mit externen Tools

In Abschnitt 3.4, »Finde die passende Themenwolke für dein Unternehmen und deine Zielgruppe«, haben wir dir bereits weitere Tools vorgestellt, um die Liste deiner Suchbegriffe für deine Themenwolke zu erweitern. Wenn du damit deine Themenwolke ausführlich erstellt hast, dann hast du bereits alle relevanten Keywords gesammelt, die du dann über die interne Suche noch einmal erweitern konntest. Falls du die vorgeschlagenen Tools noch nicht genutzt hast, dann mache es jetzt. Wir fassen noch mal alles für dich in Kürze zusammen.

Tipp zur Keyword-Recherche

Nutze die folgenden Möglichkeiten, um deine Keyword-Recherche zu erweitern.

- Schaue in die Rubrik ENTDECKE PINTEREST. Du findest sie hier: *www.pinterest.de/ideas/*.
- Nutze das Trend-Analysetool *Pinterest Trends*. Du kannst hier leider noch keine Analysen speziell für Deutschland abrufen (Stand Frühjahr 2021), aber auch Trends aus den USA können Tendenzen für Deutschland aufweisen. Du kannst dir die Trends der Woche, aber auch die Trends unterteilt in Kategorien anschauen. Du bekommst hier Aufschluss über das Suchvolumen, und gleichzeitig werden dir auch ähnliche gesuchte Begriffe angezeigt. Du findest es unter *https://trends.pinterest.com/?country=US*.
- Sei auch außerhalb von Pinterest aufmerksam, wonach genau deine Zielgruppe sucht: Notiere dir die Fragen, die du per Mail bekommst. Achte bei der Kommunikation in Gruppen (z. B. auf Facebook, Xing oder LinkedIn) sowie in den Kommentaren und Nachrichten deiner Follower auf Instagram genau auf die Wortwahl und die Fragestellung, hier können sich auch wichtige Keywords oder Themen für Blogartikel verbergen.
- Auch die Funktionen Google Suggest und Google Trends können dir Aufschluss über relevante Keywords beziehungsweise über die Interessen der Zielgruppe geben. Google Suggest (deutsch: Google-Vorschläge) ist die Funktion bei der Eingabe von Suchbegriffen in die Suchmaske von Google. Hierbei werden dem Nutzer automatisch Vorschläge zum Vervollständigen der Suchanfrage gemacht. Das sieht genauso aus wie die Guided-Search-Variante von Pinterest, die du in Abbildung 5.2. kennengelernt hast. Google Trends zeigt die relative Beliebtheit für einen Suchbegriff an. Diese setzt sich aus dem Verhältnis des Suchvolumens eines Begriffs zur Summe des Suchvolumens aller möglichen Begriffe zusammen. Da Pinterest auf Google indexiert ist, ist dies durchaus auch eine spannende Funktion für deine Keyword-Recherche.

FAQ: Stimmen Google-Keywords mit Pinterest-Keywords überein?

Wir haben diese Frage an Tanja Johanson, Social-Media-Managerin von Wohnklamotte, gestellt. Wohnklamotte ist einer der First Mover, die Pinterest strategisch als Traffic-Booster für sich erkannt und genutzt haben. Sie haben in den letzten Jahren die Erfahrung gemacht, dass Google Trends und Pinterest Suggest in den meisten Fällen mit den Google-indexierten Pinterest-Suchanfragen übereinstimmen. Die Journey ist ähnlich, nur auf Pinterest werden eben Bilder als Antwort auf Suchanfragen herausgegeben. Es lohnt sich aber trotzdem, auch auf Pinterest immer separate Keyword-Recherchen durchzuführen.

Diese Erfahrung von Wohnklamotte deckt sich auch mit unseren Erfahrungen, wobei wir den Fokus auf die Pinterest-Keyword-Recherche setzen.

Tipps aus dem Interview mit Tanja Johanson, Social-Media-Managerin bei Wohnklamotte im Pinsights-Podcast der Episode #62, »30 Mio. monatliche Betrachter – wie hat Wohnklamotte das geschafft?«

5.2.3 Relevante Keywords herausfinden und zentrale Keywords festlegen

Je nachdem, was dein Themenbereich ist, mit dem du arbeitest, wirst du nun eine ganze Menge an Keywords recherchiert haben. Doch welche werden nun genutzt? Dein Fokus sollte immer auf den Keywords liegen,

- die am besten zu deinen Kernthemen passen,
- zu denen du Content hast (Dauerbrenner sowie saisonale Themen),
- zu denen du zeitnah Content erstellen möchtest,
- zu denen du Pinnwände erstellt hast,
- die beim Eingeben des Obersuchbegriffs im Drop-down-Menü erschienen sind.

Diese Keyword-Gruppen solltest du gleich von Beginn an verwenden. Drucke sie dir am besten noch einmal auf einem separaten Blatt aus, oder öffne sie in einem Dokument auf deinem Computer, wenn du textest.

Und was passiert mit den ganzen anderen recherchierten Keywords? Diese können dir zum Beispiel zur Inspiration für neue Inhalte dienen. Du kannst daraus auch Nischenthemen oder Trends erschließen. Warum du mit Nischenthemen arbeiten solltest? Zu deinem Thema gibt es wahrscheinlich mehrere Anbieter. Wenn du aber ein Nischenthema hinzufügst, kannst du dich von anderen abheben und so deinen Kundenkreis erweitern. Das Suchvolumen ist hier zwar geringer, dafür hast du ein großes Potenzial, die Nische für dich zu besetzen. Tipp: Gib hier mal ein für dich potenziell spannendes Nischen-Keyword ein, das du bei der Recherche entdeckt hast, und schau dir dazu den Feed an. Wie sehen die Pins aus? Gibt es zu der Suchanfrage viele gute und passende Pins? Oft ist dies nicht der Fall. Und genau das bedeutet dann für dich, dass hier Potenzial für dich schlummert.

Hier ein Beispiel: Angenommen, dein Kernthema sind Lampen und Leuchten. Wenn du »Lampen« in die Suchmaske eingibst, erscheinen in den farbigen Boxen Begriffe wie »Boho«, »orientalische«, »shabby chic«, »skandinavische«. Somit kannst du ablesen, in welcher Richtung sich der Trend gerade bewegt und welche Stilrichtungen angesagt sind.

Dann hast du wahrscheinlich auch Keywords zu unterschiedlichen Saisons gesammelt. Diese hebst du dir natürlich auf für den Zeitpunkt, zu dem du für diese Saison beginnst zu pinnen.

Hast du spezielle Nischenpinnwände, die ein wenig von deinen Kernthemen abweichen und zu denen du nur gelegentlich Content hast? Dann greife im passenden Moment auf die passenden Keywords aus deiner Liste zurück. Verwende nicht pauschal immer die stärksten Keywords, sondern achte darauf, dass dein Text genau auf den Inhalt des Pins abgestimmt ist.

5.3 Strategische Nutzung von Keywords auf Pinterest

Nun hast du eine ausführliche Keyword-Analyse gemacht und deine Keyword-Liste gut befüllt. Jetzt geht es ans aktive Verwenden deiner zusammengetragenen Suchbegriffe. Dass die Keywords in der Pin-Beschreibung genutzt werden, ist nun schon häufiger gesagt worden, doch sie werden auch noch an anderen Stellen eingesetzt.

> **Kurz erklärt: Wo werden Keywords auf Pinterest eingebunden?**
>
> Die Einbindung der von dir recherchierten Keywords sollte überall dort vorgenommen werden, wo du selbst Text eingeben kannst. Praktisch bedeutet das:
> - im Benutzernamen
> - im Profilnamen
> - in der Profilbeschreibung
> - im Pinnwand-Titel
> - in der Pinnwand-Beschreibung
> - in der Pin-Beschreibung
> - im Pin-Titel
> - auf dem Pin (Text-Overlay)

5.3.1 Profil- und Benutzername sowie Profilbeschreibung

Zu Beginn solltest du deinen *Profilnamen* mit Keywords optimieren. Du kannst ihn in den Einstellungen unter ANGEZEIGTER NAME ändern. Hier sollte natürlich in erste Linie dein Personen- oder Firmenname stehen. Du kannst ihn aber auch direkt mit einem relevanten Stichwort ergänzen, das deine Haupttätigkeit beschreibt. Dein Profilname darf bis zu 65 Zeichen lang sein. In Abbildung 5.4 siehst du ein Beispiel. Das Unternehmen heißt *Wodewa GmbH*, und im Profilnamen wurde noch die Beschreibung »Erstklassige Echtholzprodukte« ergänzt. Dies ist das Kerngeschäft der Firma.

Dein BENUTZERNAME ist der Name, der in deiner Pinterest-Profil-URL erscheint. Das sieht dann so aus: *www.pinterest.de/deinbenutzername/*. Das kann theoretisch der gleiche Name wie dein Profilname sein. Praktisch empfehlen wir dir, die URL kurz zu halten, da dies einprägsamer und nutzerfreundlich ist. In unserem Wodewa-Beispiel wäre das *www.pinterest.de/wodewa/*. Dein Benutzername darf 3–20 Zeichen lang sein und keine Leerstellen, Symbole oder Satzzeichen enthalten.

Abbildung 5.4 Keywords im Profilnamen und in der Profilbeschreibung (Quelle: Pinterest-Profil von Wodewa GmbH)

Deine PROFIL-BESCHREIBUNG ist in der Regel das, was sich deine Profilbesucherinnen und -besucher zuerst ansehen, denn hier steht kurz zusammengefasst, welche Inhalte auf einem Pinterest-Profil zu erwarten sind – ein idealer Platz, um die relevantesten Keywords zu platzieren. Um hier die wichtigsten Begriffe zu finden, stelle dir zwei Fragen:

- Für welches Produkt, welche Dienstleistung, welches Thema möchte ich in erster Linie wahrgenommen werden?
- Was ist die größte Herausforderung meiner Zielgruppe, und welche Lösung biete ich dafür?

Als Beispiel kannst du dir die Profilbeschreibung von Wodewa in Abbildung 5.4 anschauen. Hier werden wieder die »erstklassigen Holzprodukte« erwähnt, diese Formulierung steht für qualitativ hochwertige Produkte aus Holz. Dann wird es detaillierter: Welche Holzprodukte erwarten dich? Wandverkleidungen und Lampen aus Holz, und dazu bekomme ich noch Einrichtungsideen für die individuelle Gestaltung meiner Räume. Deine Profilbeschreibung darf maximal 160 Zeichen umfassen. Die Pin-Beschreibung ist jedoch nicht nur dafür da, damit deine Besucherinnen und Besucher auf einen Blick wissen, worum es geht. Sie dient auch der Auffindbarkeit deines Profils. Auf Pinterest kann in der Suche nach Pins, Pinnwänden und Nutzern gefiltert werden. Außerdem ist es ein positives Zeichen für den Algorithmus, wenn deine Keywords in der Profilbeschreibung sowie in den Pin- und Pinnwand-Beschreibungen thematisch gut zusammenpassen. Verfasse also keine besonders kreativ klingende Profil-Beschreibung, sondern vor allem eine Beschreibung, die genau die Keywords enthält, zu denen du gefunden werden möchtest.

5.3.2 Pinnwand-Beschreibung und Pinnwand-Titel

Deine Pinnwände (auch Boards genannt) stellen das Grundgerüst deines Profils dar. Eine Pinnwand besteht aus folgenden Elementen:

- Pinnwand-Cover
- Pinnwand-Name
- Pinnwand-Beschreibung
- Pins

Zum Pinnwand-Cover und den Pins kommen wir in Kapitel 7, wenn es um den zweiten Teil deiner Profileinrichtung geht. Hier befassen wir uns mit dem Pinnwand-Titel und der Pinnwand-Beschreibung. Platziere im Pinnwand-Titel ein starkes Keyword, das gleichzeitig aussagt, was die Nutzerinnen und Nutzer auf dieser Pinnwand erwarten dürfen. Ein Beispiel siehst du in Abbildung 5.5. In der linken Abbildung siehst du die Pinnwände in deiner Profilübersicht. In der rechten Grafik siehst du, wie eine Pinnwand aussieht, wenn diese geöffnet ist.

Abbildung 5.5 Pinnwände Keyword-optimieren

5.3.3 Fünf Tipps für deine Pinnwand-Beschreibung

Deine Pinnwand-Beschreibungen sind sehr wichtig. Aus diesem Grund befassen wir uns nun in fünf kompakten Schritten mit der Erstellung deiner Pinnwand-Texte.

1. **Beschreibung statt Keyword-Reihung**: Schreibe einen zusammenhängenden Text, und vermeide es, nur Keywords aneinanderzureihen. Also verfasse eine Beschreibung, wie du sie in Abbildung 5.5 auf der rechten Seite siehst: »wodewa GmbH – Erstklassige Echtholz-Produkte • Nachhaltige Wandverkleidungen aus Holz von Wodewa: DIY Holz Idee – Die Wandverkleidung ist kinderleicht aufzubauen und lässt dein Zuhause sofort gemütlich und warm wirken. Hol dir die Wodewa-Holzwandverkleidung ins Wohnzimmer, die Küche oder in dein Schlafzimmer!« Vermeide eine Auflistung nach der Machart »Holzwandverkleidung | Eiche | Buche | Zirbe | Holzwandverkleidung Wohnzimmer | Holzwandverkleidung Küche« usw.

   Das kommt weder beim Pinterest-Algorithmus noch bei den Nutzerinnen und Nutzern gut an. Bei allem, was du auf Pinterest tust, solltest du stets deine Zielgruppe im Auge haben, sodass deren Bedürfnisse bestmöglich befriedigt werden. Verfasse also eine konkrete und hilfreiche Beschreibung als Fließtext, anstatt sogenanntes *Keyword-Stuffing* zu betreiben. Du kannst aber natürlich Aufzählungen einbinden, wie z. B. »Tolle Deko für dein Wohnzimmer, Schlafzimmer, Arbeitszimmer und deine Küche«.

2. **Nutze relevante Keywords**: Du hast eine ausführliche Keyword-Recherche, abgestimmt auf deine Zielgruppe auf Pinterest, durchgeführt. Nutze diese Suchbegriffe nun in deiner Boardbeschreibung.

3. **Deutsche Keywords, keine Hashtags**: Wenn deine Zielgruppe deutschsprachig ist, dann verwende auch nur deutsche Keywords. Hashtags solltest du in deiner Pinnwand-Beschreibung nicht nutzen, da es keine Hashtag-Suche für Pinnwände gibt.

4. **Zielgruppenansprache**: Sprich die Besucher deiner Pinterest-Seite direkt an. Wen genau möchtest du erreichen? Selbstständige, Modebegeisterte, Mamas? Starte mit einer aktivierenden Frage wie »Bist du auf der Suche nach …?« Wenn die Leserin innerlich mit »ja« antworten kann, fühlt sie sich direkt abgeholt.

5. **Call-to-Action**: Setze ans Ende deiner Boardbeschreibung eine Handlungsaufforderung (Call-to-Action), die zum Stöbern auf dem Board oder zu einem Besuch auf der Website einlädt. »Entdecke hier die besten Tipps rund um … Viel Spaß beim Stöbern« oder »Besuche uns auch unter www…«.

5.3.4 Pin-Beschreibung

Bei der Pin-Beschreibung solltest du auf ganz ähnliche Aspekte achten wie bei der Board-Beschreibung. Sie ist sogar noch relevanter, da die Nutzer viel stärker nach Pins als nach Pinnwänden suchen.

Ein Pin besteht aus folgenden Elementen:

- Grafik oder Video
- Pin-Titel
- Pin-Beschreibung
- Linkziel

Außerdem kannst du auswählen, auf welcher Pinnwand und in welchem Ordner der Pin gepinnt werden soll. Jetzt geht es aber um die Pin-Beschreibung und den Pin-Titel, wie du in Abbildung 5.6 siehst.

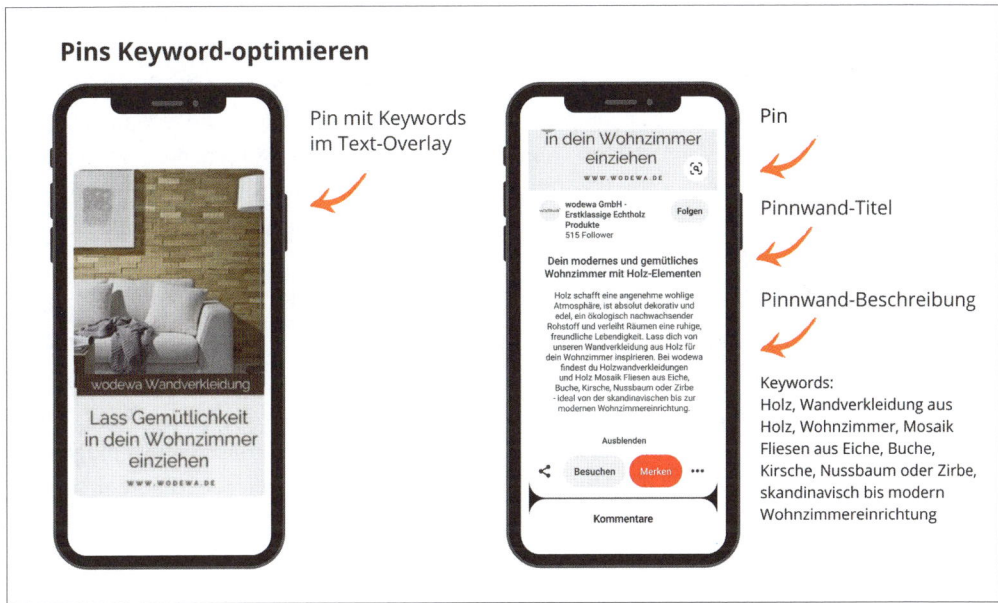

Abbildung 5.6 Keyword-optimierter Pin-Titel und Pin-Beschreibung

Pin-Titel

Wie optimierst du nun deinen Pin-Titel mit SEO? Zunächst sollte er ein bis zwei der Keywords enthalten, die den gezeigten Pins möglichst treffend beschreiben. Diese beiden Keywords sollten am besten innerhalb der ersten 40 Zeichen platziert sein, denn diese sind von den insgesamt 100 möglichen Zeichen sichtbar. Es funktioniert auch sehr gut, Keywords mit Signalwörtern zu kombinieren. Ein Signalwort ist ein

Begriff, der eine reflexartige Reaktion hervorruft, wie zum Beispiel geheim, neu, sparen, einfach, kostenlos etc. Solche Begriffe wecken bei den Lesern häufig eine hohe Neugierde und regen zum Klicken an. In Abschnitt 5.4 erfährst du noch mehr über das Verfassen von klickstarken Überschriften und Texten von Keyword-optimierten Texten.

Drei Tipps für deine Pin-Beschreibung

Bei der Erstellung deiner Pin-Beschreibung gehst du ähnlich vor wie bei der Erstellung der Beschreibung für deine Pinnwände. Allerdings musst du hier noch detaillierter werden und präzise arbeiten.

1. **Keywords**

    Auch hier solltest du, ebenso wie bei der Boardbeschreibung, auf Keyword-Stuffing verzichten und stattdessen ganze Sätze bilden. Denk daran: Aufzählungen sind in Ordnung! Du hast bis zu 500 Zeichen Platz, variiere hier gerne zwischen langen und kurzen Pin-Beschreibungen. Fokussiere dich mal nur auf ein bis zwei Suchbegriffe, dann verwende Aufzählungen. Wichtig ist, dass du nicht alle möglichen Keywords verwendest, die du recherchiert hast. Beschreibe lieber ganz genau, was inhaltlich zu deinem Pin passt. Wenn dieser dann auf eine oder auch zwei bis drei Pinnwände gepinnt wird, sollten die verwendeten Keywords (zumindest ein Teil davon) auch in der Boardbeschreibung vorkommen. Das ist wichtig für den Algorithmus, da dieser so erkennt, dass für die Pinnwand relevante Inhalte gepinnt wurden.

2. **Lege den Fokus auf den ersten Satz.**

    In der Pinterest-App auf dem Handy sowie auch im Webbrowser werden im Feed nur die ersten 100 Zeichen einer Pin-Beschreibung angezeigt. Der weitere Text ist lediglich in der Großansicht sichtbar, wenn der Nutzer auf MEHR klickt. Versuche deshalb, die ersten Wörter so interessant und relevant wie möglich zu gestalten, sodass die Nutzerinnen und Nutzer zum Klicken angeregt werden und mehr erfahren möchten.

3. **Setze eine Handlungsaufforderung.**

    Wie wir zuvor schon in den Erläuterungen zu den Pinnwand-Beschreibungen festgehalten haben, ist es auch für die Pin-Beschreibung sinnvoll, eine Handlungsaufforderung (Call-to-Action) zu formulieren, die zum Klicken motiviert, beispielsweise »Erfahre jetzt mehr …«, »Entdecke die 5 Tipps zu …« oder »Besuche uns unter www…«.

Zur Orientierung haben wir für dich noch eine Übersicht zum Zeichenvolumen der einzelnen Komponenten deines Accounts auf Pinterest erstellt (siehe Tabelle 5.1).

Nutzername	3–30 Zeichen
	(keine Leerstellen, Symbole oder Satzzeichen)
Profilname	max. 65 Zeichen
Pinnwand-Titel	max. 50 Zeichen
Pinnwand-Beschreibung	max. 500 Zeichen
Pin-Titel	max. 100 Zeichen
	(die ersten 30 werden angezeigt)
Pin-Beschreibung	max. 500 Zeichen

Tabelle 5.1 Textlängen und Zeichenanzahl auf Pinterest

5.4 Formulierungstipps für klickstarke Pin-Überschriften

Du weißt inzwischen, dass es sehr wichtig für die Auffindbarkeit deiner Pins ist, Keywords in der Pin-Beschreibung und im Pin-Titel zu platzieren. Ein ansprechendes Pin-Design mit einer Headline, die Neugierde weckt, ist auch wichtig, damit deine Pins geklickt oder gemerkt werden.

Du hast nun deine relevantesten Keywords recherchiert, und in diesem Abschnitt lernst du, wie du sie am besten einsetzen kannst.

- Wie formulierst du knackige Pin-Überschriften?
- Welche Signalwörter gibt es, und wie setzt du sie ein?
- Wie formulierst du wirklich ansprechende Calls-to-Action?

5.4.1 Knackige, klickstarke Pin-Überschriften texten

Wie du bereits weißt, hat ein Pin zwei Überschriften: eine in der Pin-Beschreibung (in Form des Pin-Titels) und eine auf dem Pin selbst. Der Pin-Titel ist insbesondere für die SEO wichtig, also dafür, dass dein Pin ausgespielt und gefunden wird. Der Titel wird vom Nutzer zwar auch gesehen und gelesen, aber die Headline auf dem Pin selbst, also auf der Pin-Grafik, sticht natürlich zuerst ins Auge. Für den Pin-Titel hast du 100 Zeichen zur Verfügung, die ersten 30 sind im Feed sichtbar. Hier solltest du auf jeden Fall ein relevantes Keyword, eine aktivierende Frage oder eine Formulierung, die Neugierde weckt, platzieren. Vermeide es, für den Pin-Titel und die Überschrift auf deinem Pin dieselbe Formulierung zu verwenden. Warum? Es wäre einfach Platzverschwendung. Nutze den verfügbaren Platz, um deine unterschiedlichen relevanten Keywords zu platzieren. Spiele auch mit unterschiedlichen Ansprachen, stelle auch mal Fragen.

Wenn du anfängst, deine Überschriften zu texten, solltest du immer die folgenden drei Punkte im Hinterkopf haben:

1. Versetze dich in deine Zielperson hinein. In welcher Situation befindet sie sich, bevor sie Pinterest aufruft, um nach ihrem Pin zu suchen? Was gibt sie in die Suchmaske ein? Für welche Herausforderung ist dein Pin die Lösung?
2. Formuliere den Pin-Titel so, dass er zu dem passt, was auf deinem Pin abgebildet ist, und natürlich zu der folgenden Pin-Beschreibung. Schaue auch, dass der Pin thematisch wirklich gut in das Board hineinpasst, in dem du den Pin pinnen möchtest.
3. Achte immer darauf, dass das Angekündigte zu finden ist. Dein Pin-Titel sollte neugierig auf deinen Content oder deine Produkte machen. Wenn die Nutzerinnen und Nutzer aber nach dem Klick nicht die angekündigten Inhalte finden, sind sie schnell wieder weg, und keiner hat etwas gewonnen. Eine hohe Absprungrate wird auch von Google registriert, und deine Seite wird mit geringerer Auffindbarkeit abgestraft.

Die folgenden Tipps kannst du für den Pin-Titel sowie für die Headline auf deinem Pin nutzen – im Grunde auch für die Überschriften deiner Blogartikel:

- Nutze ein relevantes Keyword in der Überschrift.
- Verwende Signalwörter.
- Baue Calls-to-Action (= Handlungsaufforderungen, kurz: CTAs) ein.

> **Kurz erklärt: Was sind Signalwörter?**
>
> Signalwörter sind Wörter, die die Aufmerksamkeit des Lesers auf sich ziehen. Diese Wörter sind emotionsgeladen und sorgen dafür, dass die Leser handeln. Bereits eines dieser Wörter kann die Chance erhöhen, dass dein Pin eher angeklickt wird. Kann ein einziges Wort einen gravierenden Unterschied machen? Wir haben dir zwei Beispiele mitgebracht.
>
> Beispiel 1:
> - 7 Tipps, um abzunehmen
> - 7 einfache Tipps, um abzunehmen
>
> Beispiel 2:
> - 15 Signalwörter, die deine Überschriften verbessern
> - 15 Signalwörter, die deine Überschriften sofort verbessern

Mit großer Wahrscheinlichkeit werden die Menschen die jeweils zweite Überschrift eher klicken. Wieso? Weil die meisten gerne eine einfache oder sofortige Lösung für ihr Anliegen haben möchten. Diese Signalwörter reizen die Leserinnen und Leser und ziehen somit die Aufmerksamkeit auf sich.

5.4.2 So werden Signalwörter am besten eingesetzt

Du kannst Signalwörter in jeder Art von Text einsetzen. Besonders effektiv sind sie in Überschriften oder Zwischenüberschriften (z. B. in Zeitungsartikeln oder Blogartikeln). Auch in Pin-Überschriften und Pin-Titeln haben Signalwörter eine starke Wirkung und sorgen dafür, dass die Aufmerksamkeit der Nutzerinnen und Nutzer hier hängen bleibt und sie zum Klicken angeregt werden. Wichtig ist dabei, dass die Signalwörter gezielt eingesetzt werden. Wir empfehlen, maximal zwei Signalwörter pro Pin zu verwenden. Es gibt Signalwörter mit unterschiedlichsten Zielsetzungen, z. B., um Einfachheit oder Sicherheit zu vermitteln oder um Neugierde zu wecken. In Abbildung 5.7 findest du drei Beispiele.

Abbildung 5.7 Beispiele für die Nutzung von Signalwörtern in Pin-Überschriften

Wir haben die Signalwörter in 10 Kategorien unterteilt. Du lernst hier einen Auszug davon kennen. Das gesamte Dokument kannst du dir auf *www.rheinwerk-verlag.de/pinterest-marketing/* unter MATERIALIEN runterladen. Hier geben wir dir einen Überblick, wann du welche Kategorie einsetzen kannst.

Universell einsetzbar: Dies sind Signalwörter, die in unterschiedlichen Kontexten und auf vielfältige Art und Weise eingesetzt werden können.

Mit Einfachheit zum Erfolg: Mit diesen Signalwörtern kannst du schnelle Erfolge, einfache Lösungen, gut umsetzbare Anleitungen, spannende Ideen, hilfreiche Vorlagen und Ähnliches anteasern.

Mit Sicherheit & Vertrauen: Diese Schlagworte kannst du verwenden, um Sicherheit, Vertrauen und Kompetenz zu signalisieren. Sie eignen sich beispielsweise für die Bereiche Wissenschaft oder Finanzplanung.

Die Besonderheiten hervorheben: Mit diesen Signalwörtern kannst du charakteristische Eigenschaften, Alleinstellungsmerkmale und Besonderheiten deiner Produkte oder Dienstleistungen hervorheben.

Das Verlangen nach Luxus wecken: Diese Signalwörter sind vor allem für Menschen, die es luxuriös, extravagant und exklusiv mögen, der ideale Anreiz, mit deinem Pin zu interagieren.

Die Sparfüchse ansprechen: »Geiz ist geil« – wer kennt den Werbeslogan nicht? Auch wenn der Slogan umstritten war (beispielsweise aus moralischen Gründen), war er dennoch äußerst erfolgreich, wie der Konzern selbst feststellte.[2] Menschen springen gerne auf Rabatte, Sonderangebote und sonstige Möglichkeiten, die ihnen das Gefühl geben, etwas sparen zu können, an.

Die Neugier wecken: Diese Wörter rufen das Gefühl hervor, mehr erfahren zu wollen und sprechen gleichzeitig das Bedürfnis an, die geweckte Neugierde stillen zu wollen. Außerdem sind diese Signalwörter auch dazu geeignet, Menschen anzusprechen, die Wissenslücken schließen möchten.

Wut oder Angst ansprechen: Neben rationalen Beweggründen (Preis, Notwendigkeit, Qualität etc.) spielen auch emotionale Faktoren in dem Prozess, ein Produkt zu kaufen oder eine Dienstleitung in Anspruch zu nehmen, eine Rolle. Bei vielen Kaufentscheidungen sind es sogar überwiegend oder ausschließlich emotionale Beweggründe, die letztendlich zum Kauf oder Vertragsabschluss führen. Es gibt eine Emotion, die Menschen weitaus stärker zum Handeln motiviert als Wünsche und Verlangen: die Angst. Dahinter steht der Mechanismus, dass Verluste höher gewichtet werden als Gewinne. Allerdings funktioniert dieser Mechanismus auf Pinterest nur bedingt, da die Menschen dort gezielt nach etwas suchen und somit lösungsorientiert eingestellt sind. Dennoch haben wir einige Signalwörter gesammelt, mit denen du zeigen kannst, dass du die Leserinnen und Leser mit deinem Produkt, deiner Dienstleitung oder deinem Blogartikel vor drohenden Szenarien bewahren oder helfen kannst, die Angstsituationen zu überstehen oder zu beenden.

Eine Gemeinschaft schaffen: Der Aufbau einer (Online-)Community ist eines der Dinge, die viele Blogger, Influencer und Solopreneure zum Erfolg geführt hat. Dafür ist es wichtig, ein Gemeinschaftsgefühl zu schaffen. In dieser Rubrik sind alle Schlagwörter gelistet, die dir helfen, ein solches zu schaffen.

---

2 *www.faz.net/aktuell/feuilleton/debatten/ende-eines-slogans-warum-geiz-voellig-ungeil-ist-1489508.html*

5.4 Formulierungstipps für klickstarke Pin-Überschriften

Um dir nun auch Beispiele für die einzelnen Kategorien an die Hand zu geben, haben wir für dich Tabelle 5.2 erstellt. Hier kannst du Signalwörter der Kategorien sehen und diese auch direkt für deine Formulierungen auf Pinterest übernehmen.

Einsatzzweck	Signalwörter
Universell einsetzbar	außergewöhnlich, einfach, erstaunlich, exklusiv, Experte, Fehler, garantiert, Geheimnis, großartig, inklusive, jetzt, kostenlos, perfekt, schnell, sicher, ultimativ, überraschend
Mit Einfachheit zum Erfolg	ausführlich, automatisch, Cheatsheet, erklären, beliebt, unkompliziert, clever, direkt, in kurzer Zeit, effektiv, in weniger als ..., Formel, einfach, leicht, X Gründe, Hacks, How-to, gratis, wirkungsvoll
Besonderheiten hervorheben	Booster, außergewöhnlich, bemerkenswert, erfüllen, brillant, einzigartig, exzellent, hilfreich, unterstützend, großartig, magisch, ultimativ, Wunder wirken
Sicherheit und Vertrauen	echt, ehrlich, ohne Risiko, Case Study, garantieren, erprobt, garantiert/Garantie, Erfahrungsbericht, risikofrei, sicher, verifiziert, Studie, wissenschaftlich, offiziell, bewährt
Wut/Angst ansprechen	Fehler/Falle, Abzocke/Bullshit/Lüge, ungerecht, Täuschung/Fälschung, fatal, gefährden, Burn-out, langweilen, irrtümlich, katastrophal, Pleite/Pech/Problem, negativ, vermeiden, Gefahr, Sorge/Stress
Gemeinschaft schaffen	Austausch, begleiten, beteiligen, auf Augenhöhe, füreinander, helfen, gemeinsam, Unterstützung, Gruppe, Club, Community, mitmachen, teilnehmen, unterstützen, zusammen
Neugierde wecken	entdecken, hinter den Kulissen, Geheimnis/geheim, erstaunlich, im Vertrauen, Insider, Magie/magisch, Rätsel, unerwartet/verblüffend, unwiderstehlich, geheimnisvoll, verraten, Trick, mysteriös/merkwürdig, unbekannt
Verlangen nach Luxus wecken	finanziell unabhängig sein, am besten, Premium, profitieren, edel, einzigartig/selten, elegant/luxuriös, verdreifachen, wertvoll, exklusiv
Sparfüchse ansprechen	Bonus, ermäßigt, Geld sparen, günstig/kostengünstig, inklusive, Geschenk/Gutschein/gratis, Rabatt/Rabatt-Code, Sonderpreis/Tiefpreis, reduzieren, Schnäppchen/zum halben Preis

Tabelle 5.2 Thematische Unterteilung der Signalwörter

5.4.3 Signalwörter für CTAs

CTA steht für *Call-to-Action* oder auch Handlungsaufforderung. Diese kannst du ideal für Werbeanzeigen oder den Download von kostenfreien Inhalten verwenden. Bei der Formulierung deiner CTA solltest du dir immer diese Fragen stellen:

- Wo befindet sich die Interessentin gerade? Welche Herausforderung soll gelöst werden?
- Wohin möchtest du den Interessenten führen? Womit kannst du konkret weiterhelfen?

Wenn du eine Handlungsaufforderung formulierst, um sie auf deinem Pin oder in der Pin-Beschreibung zu platzieren, dann achte darauf, aktive Verben zu nutzen. Vermeide also das Passiv (»Willst du informiert werden?«), und nutze das Aktiv (»Willst du dich informieren«), oder – noch besser – formuliere gleich eine Handlungsaufforderung, indem du den Imperativ verwendest (»Informiere dich!«). Außerdem solltest du auf eine aktive Sprache achten. Aktive Verben sind beispielsweise abonnieren, kaufen, planen, informieren, lesen, planen, zugreifen, buchen, finden, kontaktieren, vergleichen, holen, inspirieren und entdecken, um nur einige Beispiele zu nennen.

> **Beispiele: CTAs**
> - Sei dabei!
> - Her damit!
> - Schnapp dir …
> - Probier's aus!
> - Jetzt ausprobieren!
> - Kostenlos/gratis downloaden!
> - Kostenlos/gratis sichern!
> - Erfahre mehr!
> - Leg jetzt los!
> - Starte direkt!
> - Heute zum Sparpreis sichern!
> - Jetzt mehr entdecken!

Achte darauf, dass dein Call-to-Action immer klar, kurz und deutlich formuliert ist. Der CTA ist ein Angebot für die potenzielle Kundschaft, der ihr aber nichts aufzwingen sollte. Unser Tipp: Hebe deinen CTA auf dem Pin etwas hervor. Gestalte ihn zum Beispiel farbig, oder arbeite mit Text-Overlays. In Abbildung 5.8 haben wir drei Beispiele für dich zusammengestellt.

Abbildung 5.8 Beispiel für Pin-Designs mit Call-to-Actions

5.4.4 Arbeite mit Formulierungsbausteinen

Wir haben immer wieder festgestellt, dass es bestimmte Formulierungen gibt, die besonders gut Klicks generieren können. Um nun nicht jedes Mal lange nachdenken zu müssen, welchen Wortlaut du verwenden könntest, macht es Sinn, wenn du ein paar Formulierungsbausteine erstellst, die zu dir und deiner Themenwelt passen und auf die du dann immer wieder zurückgreifen kannst.

Wir haben im Folgenden einige Beispiele für dich vorbereitet. Sicher wird dir auffallen, dass wir auch hier einige Signalwörter verwendet haben.

Tipp: Formulierungsbausteine für deine Pin-Überschriften

Das Geheimnis von ...

- Erfahre jetzt das Geheimnis meines Erfolgs auf Pinterest
- Das Geheimnis reicher Menschen. Jetzt mehr erfahren!

Was dein*e Expert*in dir nicht über X verrät

- Was deine Steuerberaterin dir nicht über Ersparnismöglichkeiten verrät
- Was dein Arzt dir nicht über vegane Ernährung verrät

X geheime Shortcuts für ein bestimmtes Ziel

- 7 geheime Shortcuts für effektiveres Arbeiten am MacBook
- 3 geheime Shortcuts für deinen Abnehmerfolg

Doppelter Vorteil
- Wie du schnell und einfach neue Kunden gewinnst
- Wie du schnell und einfach 5 km läufst

X erprobte und effiziente Wege, um ...
6 erprobte und effiziente Wege, um langfristig abzunehmen
3 erprobte und effiziente Wege, um einen erfolgreichen Blog aufzubauen

Wie du ... und dabei ....
- Wie du nicht hungerst und dabei abnimmst
- Wie du Rabatte nutzt und dabei ein Vermögen sparst

Warum du es nicht schaffst, ...
- Warum du es nicht schaffst, auf Pinterest mehr Reichweite zu generieren
- Warum du es nicht schaffst, konzentriert zu lernen

X gute Gründe, warum ...
- 3 Gründe, warum Pinterest bei dir noch nicht funktioniert
- 7 gute Gründe, warum du kein Around-the-world-Ticket brauchst

X wenig bekannte Wege, um ...
- 5 wenig bekannte Wege, um auf TikTok mehr Reichweite zu generieren
- 3 wenig bekannte Wege, um sofort in die Entspannung zu kommen

X wenig bekannte Faktoren, die Y beeinflussen
- 5 wenig bekannte Faktoren, die deinen Online-Auftritt beeinflussen
- 3 wenig bekannte Faktoren, die die Erziehung deiner Kinder beeinflussen

How to
Wie du deinen ersten eigenen DIY-Tisch baust!
Wie du in 60 Minuten dein eigenes Logo gestaltest!

Wie du ..., auch wenn ...
- Wie du als Sidepreneur durchstarten kannst, auch wenn du wenig Zeit hast!
- Wie du Geld sparst, auch wenn du gerne shoppen gehst

Wie du ... und trotzdem ...
- Wie du weniger schläfst und trotzdem erholter aufwachst
- Wie du Muskeln aufbaust und trotzdem Gewicht verlierst

Du kannst auch Fragestellungen nutzen, wie zum Beispiel »Willst du endlich sparen lernen?«, »Bis zum Sommer 5 Kilo abnehmen – bist du dabei?« oder »Möchtest du in diesem Jahr 6-stellig verdienen?«. Den Möglichkeiten sind keine Grenzen gesetzt.

5.4 Formulierungstipps für klickstarke Pin-Überschriften

> **Materialien zum Buch**
> Eine Liste mit über 70 Textbausteinen kannst du dir auf *www.rheinwerk-verlag.de/pinterest-marketing/* unter MATERIALIEN herunterladen.

Jetzt hast du viel darüber gelesen und gelernt, welche Möglichkeiten es für dich gibt, Signalwörter und Formulierungen gezielt für klickstarke Pins einzusetzen. Schaue dir nun gezielt dein eigenes Pinterest-Konto an.

> **Mach mit: Linkziele auswählen**
> Wähle deine 5 wichtigsten Linkziele aus. Texte pro Linkziel drei Überschriften, und verwende dabei passende Signalwörter. Nutze dafür auch die Liste mit den Textbausteinen.

Auf diese nun von dir erstellten Textbausteine kannst du künftig zurückgreifen und in diesem Muster weiterhin kreativ werden. Wir haben zum Thema Texten auch zwei Expertinnen in Sachen Text interviewt. Die wichtigsten Learnings haben wir hier für dich festgehalten. Es geht los mit Lilli Koisser. Sie ist Coach für das Texten im Online-Marketing und Expertin, wenn es darum geht, magnetische Texte zu formulieren, die deine Wunschkunden anziehen. Sie hat einen sehr erfolgreichen Blog und Pinterest-Account. Wir haben ihre besten Tipps für klickstarke Überschriften hier für dich zusammengefasst:

> **Praxistipp von Lilli Koisser: Klickstarke Pin-Überschriften texten**
> Mach dich frei davon, dass am Anfang alles perfekt sein muss. Texten ist ein Handwerk, und du wirst mit der Zeit immer besser.
>
> Die grundlegenden Funktionen einer Pin-Headline: Eine Überschrift soll Aufmerksamkeit erregen, neugierig machen und zum Klicken anregen. Wie schaffst du das? Indem du im Titel bereits einen Nutzen/einen Vorteil/einen Mehrwert für die Leser*innen einbindest. Eine Headline ist ein Versprechen und bietet eine Lösung an. Es ist sehr wichtig, dass dieses Versprechen im Text dann auch eingehalten wird.
>
> Ausprobieren und analysieren: Was wird geklickt und gelesen? Du kannst zu einem Artikel mehrere Überschriften formulieren und besonders auf Pinterest sehr gut testen, welche am besten funktionieren. Das Ganze ist ein Prozess, für den du mit der Zeit ein gutes Gefühl bekommen wirst.
>
> Vermeide einen der häufigsten Fehler: Nenne nicht zu wenig in der Überschrift, um dadurch vermeintlich neugierig zu machen. Es muss ein »Wow, das will ich wissen«-Effekt geschaffen werden.
>
> *Tipps aus dem Interview mit Lilli Koisser im Pinsights-Podcast in Episode #60, »Lilli Koissers beste Strategien, um klickstarke Überschriften und Blogartikel zu formulieren, die deine Wunschkunden magisch anziehen«*

Anita Vetter ist selbstständige Texterin und Bestseller-Autorin in Berlin. Unsere Frage an die Expertin: In einer Pin-Beschreibung sollen die Kernaussage, die wichtigsten Keywords und ein Call-to-Action enthalten sein. Dafür haben wir maximal 500 Zeichen Platz. Anita, was sind deine Tipps, um kurze, knackige Pin-Beschreibungen zu verfassen?

> **Praxistipp von Anita Vetter: Texten deiner Pin-Beschreibungen**
>
> Ich empfehle, den Text zunächst frei runterzuschreiben. Texte für Social Media sollten sich so anhören, als würdest du sie sprechen. Umgangssprache *for president*. Danach geht es ans Textkürzen. Dabei solltest du den ein oder anderen Blick auf folgende Punkte werfen:
>
> - Gibt es Dopplungen im Text? Weg damit. Doppelt hält zwar besser, aber nicht bei 500 Zeichen.
> - Hast du Füllwörter eingebaut? Alles, was nicht notwendig ist, kann raus. Oft genutzte Füllwörter sind beispielsweise: nämlich, ziemlich, diesbezüglich, eigentlich, zweifellos, sogar, im Rahmen von, augenscheinlich, bei Weitem, zweifellos, sogar, in aller Deutlichkeit, erheblich, eigentlich, besonders …).
> - Kannst du lange durch kurze Wörter ersetzen? Wenn es den Kontext nicht verändert, ändere »transportieren« zu »tragen« und mach aus »der Zielsetzung« einfach »das Ziel«.
> - Niemand braucht Schachtelsätze. Die meisten lassen sich eh nur schwer lesen. Faustregel mit Ausnahmen: Hat ein Satz mehr als ein Komma, ist er zu lang. Mach zwei Sätze draus.
> - Verwende Doppelpunkte, dadurch kannst du Zeichen einsparen.
> - Verzichte auf Adjektive, die beschreiben, was nicht beschrieben werden muss. Ein paar Klassiker gefällig? Bitteschön: nützliche Vorteile, günstige Schnäppchen, bunte Farben, wichtige Meilensteine …
>
> *Tipps aus dem Interview mit Anita Vetter im Pinsights-Podcast in Episode #59, »Klickstark, knackig, Keyword-optimiert: So geht Texten für Pinterest«*

Zusammenfassend können wir festhalten, dass es für den Erfolg deines Pinterest-Kontos wichtig ist, deine Inhalte, also deine Pin-Beschreibungen und Überschriften, für Suchmaschinen zu optimieren. Wir haben uns damit befasst, wie du Keywords recherchierst (sowohl auf Pinterest und mit externen Tools) und an welchen Stellen diese platziert werden sollten (Profil-Beschreibung, Profilname, Benutzername, Pinnwand-Beschreibung und Pinnwand-Titel). Merke dir, dass deine Pins vor allem dann Mehrwert bieten und für deine Nutzer interessant sind, wenn du regelmäßig pinnst (Quantität), gute Pins nutzt (Qualität) und wenn deine Pins nachgefragt sind (Relevanz). Wir haben dir außerdem erklärt, wie Signalwörter funktionieren und wie du diese nutzen kannst. Wir haben dir einige Formulierungstipps für klickstarke Pins an die Hand gegeben, mit denen du schnell und gezielte Texte verfassen kannst. Im nächsten Kapitel möchten wir uns ansehen, welche unterschiedlichen Pin-Formate es gibt und was du mit ihnen erreichen kannst.

Kapitel 6

Der perfekte Pin: Pin-Formate und Designtipps für klickstarke Pins

Das Aussehen deiner Pins ist eine wichtige Voraussetzung für den Erfolg auf Pinterest. Doch wie erzeugen deine Pins Aufmerksamkeit im Feed? Wie regen sie die Menschen zum Klicken an und machen sie so zu potenziellen Kundinnen und Kunden?

Du hast deine Pins mit SEO optimiert – und nun? Geklickt werden sie jetzt noch lange nicht! Damit die Menschen auf deinen Pin aufmerksam werden und sich bis zu dem von dir gewünschten Linkziel durchklicken oder den Pin auf einer Pinnwand abspeichern, gehört noch ein wenig mehr dazu – genauer gesagt, das richtige Format und ein ansprechendes Design.

> **Kapitelübersicht: Der perfekte Pin**
> In diesem Kapitel
> - lernst du die verschiedenen Pin-Formate kennen,
> - sehen wir uns an, welches Pin-Format am besten für welchen Inhalt und welche Zielsetzung geeignet ist,
> - erstellst du Pins und zeitsparende Pin-Vorlagen, die im Feed auch tatsächlich auffallen,
> - erfährst du, warum du immer im Hochformat pinnen und wo du dein Branding platzieren solltest,
> - schauen wir uns an, wie du deine Inhalte für verschiedene Pins recyceln kannst.
>
> Bitte beachte außerdem, dass dieses Kapitel sehr umfangreich ist und gleichzeitig eine hohe Relevanz hat. Wir werden dir viele verschiedene Designbeispiele zeigen. Wenn du noch Anfänger bist, darfst du dich vor allem auf die Standard-Pins fokussieren. Schau dir alle anderen Formate gerne an, aber sei dir bewusst, dass du nicht alles von Beginn an umsetzen musst. Für die Fortgeschrittenen sind hier besonders spannende Pin-Formate dabei, die sie vielleicht noch nicht kennen und ausprobiert haben. In diesem Fall darfst du kreativ werden und viel Neues ausprobieren.

Stell dir vor, deine Wunschkundin sucht nach einem deiner wichtigsten Keywords auf Pinterest, etwa »Rezept veganes Curry«, »Geschenkidee für Männer« oder »DIY-Anleitung Couchtisch«. Dann sieht der Feed so aus wie in Abbildung 6.1:

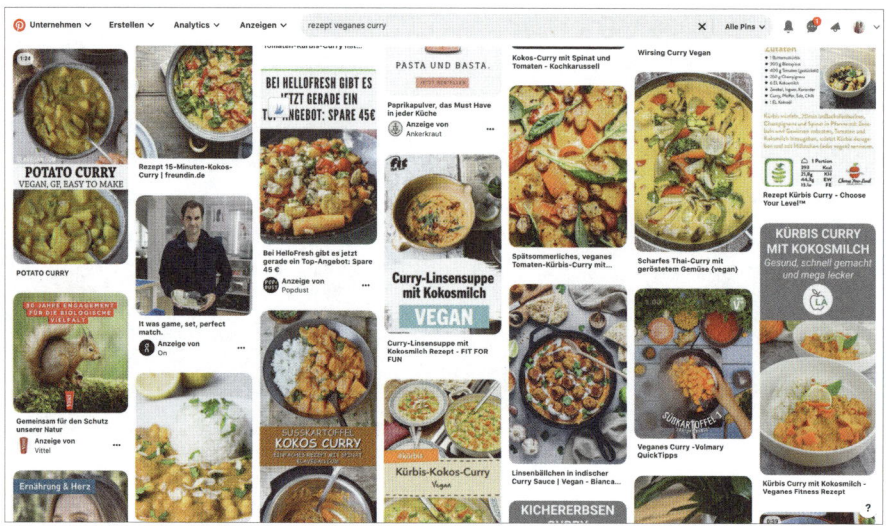

Abbildung 6.1 So sieht der Such-Feed zu »Rezept veganes Curry« aus.

Es fällt auf, dass dein Pin in hoher Konkurrenz zu anderen Pins und Mitbewerbern steht. Dies ist auch ein entscheidender Unterschied zu Instagram, wo jedes Bild im Scrollvorgang im Feed einzeln angezeigt wird und somit seine eigene Bühne bekommt. Deshalb ist es an dieser Stelle so wichtig, dass deine Pins im Feed auffallen, damit deine Zielgruppe sie anklickt. Deine Pins sind das Aushängeschild deiner Marke. Die optische Qualität bestimmt, wie viel Aufmerksamkeit erzeugt wird. Denn das Ziel ist es, dass die Pins Website-Besucher erzeugen und zu Conversions, also Anmeldungen, Verkäufen und Co. führen. Somit ist ein wichtiger Bestandteil einer erfolgreichen Pinterest-Strategie die Entwicklung des idealen Pin-Designs. Frage dich also immer: Wonach sucht meine Zielgruppe? Wie kann ich ihr den bestmöglichen Mehrwert bieten? Und wie fallen meine Pins im Feed auf, sodass diese geklickt werden und nicht die meiner Mitbewerberinnen?

Möglicherweise ist das Design von Pin-Grafiken nicht deine Stärke, oder du möchtest Zeit sparen und würdest deshalb am liebsten deine Produktbilder so hochladen, wie sie sind. Aber halt! Damit wirst du nur mäßige Erfolge erzielen. Warum es sinnvoll ist, Texte auf den Pins zu integrieren und auf die Pinterest-Zielgruppe abzustimmen, lernst du in diesem Kapitel. Deshalb solltest du es auf keinen Fall überspringen. Wir zeigen dir, wie du deinen Auftritt bei Pinterest nachhaltig verbesserst. Lies dir nun dieses Kapitel aufmerksam durch und du wirst verstehen, warum ein gutes Pin-Design so entscheidend ist. Hole dir auch gerne Unterstützung von einer Designerin, die dir Designvorlagen in deinem Branding erstellt. Anschließend brauchst du sie dann nur noch anzupassen. Wie das funktioniert, lernst du in diesem Kapitel.

> **Tipp: Wann sollte ich eine Designerin oder einen Designer hinzuziehen?**
> Wenn Design nicht deine Stärke ist und du daran auch keinen Spaß hast, empfiehlt es sich, eine Designerin oder einen Designer für das Pin-Design hinzuzuziehen. Diese Person sollte unbedingt die Best-Practice-Regeln dieses Kapitels beachten. Frage zuvor auch gerne, ob sie schon Erfahrungen mit Pinterest gemacht haben. Denn oft fehlt ihr das sichere Gefühl, was auf Pinterest wichtig ist und was nicht. Hast du die richtige Person gefunden, sollte sie dir idealerweise 5–10 Designvorlagen erstellen, gerne auch für die unterschiedlichen Pin-Formate und auch Coverbilder der Pinnwände. Dafür können schätzungsweise ein bis zwei Tage berechnet werden.

Ziel dieses Kapitels ist es, dass du für Pinterest optimierte Pin-Vorlagen erstellen und diese zeiteffizient in klickstarke Pins verwandeln kannst. Das heißt, du kannst diese Vorlagen immer wieder verwenden und musst nur Bild und Text austauschen. Dies gibt deinem Profil nicht nur Struktur und einen Wiedererkennungswert, sondern spart dir auch sehr viel Zeit! Noch dazu wirst du später genau wissen, welche Pin-Formate du strategisch nutzen solltest, um deine individuellen Ziele zu erreichen, und wie diese zu gestalten sind. Als Designtool verwenden wir hauptsächlich *Canva*, das auch für Anfänger sehr gut geeignet ist. Deshalb wirst du im Laufe des Kapitels kleine Tipps zur Arbeit mit Canva erhalten. Natürlich kannst du auch jedes andere Tool verwenden.

> **Merke: Beachte die Bedürfnisse deiner Zielgruppe**
> Pinterest-Nutzerinnen und -Nutzer sind immer auf der Suche nach Inspirationen oder Ideen, um die ideale Lösung für ihr aktuelles Bedürfnis zu finden. Zunächst sollte es dabei nicht um deine Marke gehen – entscheidend ist vielmehr der Mehrwert, den du bietest! Das ist der Schlüssel zum Erfolg auf Pinterest. Behalte bei der Pin-Gestaltung also immer die Bedürfnisse deiner Wunschkundschaft im Hinterkopf. Unterstütze deine Zielgruppe bei ihren Suchanfragen, indem du genau dafür mit tollen Pins und Inhalten Mehrwert und Lösungen bietest. So baust du Vertrauen auf. Erst im nächsten Schritt generierst du auf deiner Website Verkäufe und Dienstleistungen.

6.1 Pin-Formate im Überblick: Standard-Pin, Karussell-Pin, Video-Pin, Idea-Pin

Welche Pin-Formate stehen dir bei Pinterest zur Verfügung? Von Instagram kennst du vermutlich den Standard-Post und den Karussell-Post. Zudem lassen sich dort auch Videos hochladen. Bei Pinterest sind deine Möglichkeiten ähnlich.

Du solltest wissen, dass sich mit den Pin-Formaten unterschiedliche Ziele erreichen lassen. Durch die richtige Wahl kannst du deine Zielgruppe besser in den einzelnen Phasen der Customer Journey erreichen. Mit dem einen Pin-Format steigerst du eventuell deine Klicks, mit einem anderen deine Markenbekanntheit oder die Impressionen. Ein Pin-Format eignet sich besser, um auf deine Produkte aufmerksam zu machen, und das andere, um Tipps zu einer DIY-Anleitung zu geben. Welche Ziele du mit welchen Formaten erreichen kannst, lernst du in Abschnitt 6.1.1. Doch vorher werfen wir erst mal einen Blick auf die unterschiedlichen Pin-Formate, die dir zur Verfügung stehen:

1. **Standard-Pin:**

    Ein Standard-Pin verwendet in der Regel das klassische Hochformat und enthält ein statisches Bild mit oder ohne Text. Wenn du auf den Pin klickst, öffnet sich dieser zunächst im sogenannten *Close-up* (sozusagen der Detailansicht des Pins), der zweiten Klick leitet direkt auf die hinterlegte URL weiter: Es wird Traffic generiert. Ein Standard-Pin lässt sich auch als Infografik oder Checkliste designen, um zusätzlichen Mehrwert direkt auf dem Pin zu liefern.

2. **Karussell-Pin:**

    Ein Karussell-Pin besteht aus bis zu fünf Seiten, auf denen du Tipps liefern oder deine Produkte in Szene setzen kannst. Auf jeder Seite kannst du einen individuellen Link sowie eine eigene Pin-Beschreibung hinzufügen. Es lässt sich aber auch einstellen, dass eine Pin-Beschreibung und ein Link automatisch unter alle Seiten gesetzt werden.

3. **Video-Pin:**

    Wie heißt es so schön? »Video is King.« Auch bei Pinterest kannst du Bewegtbild einsetzen und so noch mehr Aufmerksamkeit für dein Produkt oder deinen Content erzeugen. Dies eignet sich besonders gut, um zum Beispiel Produkte in der konkreten Anwendung zu zeigen oder DIY-Anleitungen aktiv darzustellen. Bei diesem Pin-Format gelangen die Nutzerinnen und Nutzer nur über die Menüauswahl »Website besuchen« auf das hinterlegte Linkziel. Videos sind also idealerweise für Markenbekanntheit und Reichweite einzusetzen.

4. **Katalog-Pin:**

    Ähnlich wie beim »Shop the Look«-Pin auf Instagram kannst du Produkte hinzufügen, die auf dem Pin zu sehen sind. Diese werden wie ein »Mini-Katalog« angezeigt und führen beim Anklicken direkt zum Produkt im Shop. Katalog-Pins sind also vor allem für die E-Commerce-Branche sehr interessant.

5. **Idea-Pin:**

    Mit Idea-Pins kannst du ähnlich wie beim Karussell-Pin deinen Content auf mehreren Seiten darstellen. Hier steht Storytelling im Vordergrund. Außerdem bieten sie dir deutlich mehr gestalterische Möglichkeiten als der Karussell-Pin, zum Beispiel Musik, Voice-over (hinterlegte Sprachaufnahme) oder Filter. Das Ziel ist es, direkt mit dem Pin genug Inspiration oder Tipps für die Umsetzung zu bieten, ohne auf eine weitere Seite zu verlinken. Tatsächlich lassen sich keine Links hinterlegen. Jede Seite besteht aus einem Bild oder Video. Zusätzlich kannst du einen Titel und eine Beschreibung hinzufügen.

Um Best-Practice-Beispiele, Besonderheiten und Designtipps zum Erstellen der einzelnen Pin-Formate geht es gleich ausführlich in Abschnitt 6.4. In Abbildung 6.2 siehst du aber schon mal ein paar Beispiele, wie einige Pin-Formate aussehen können:

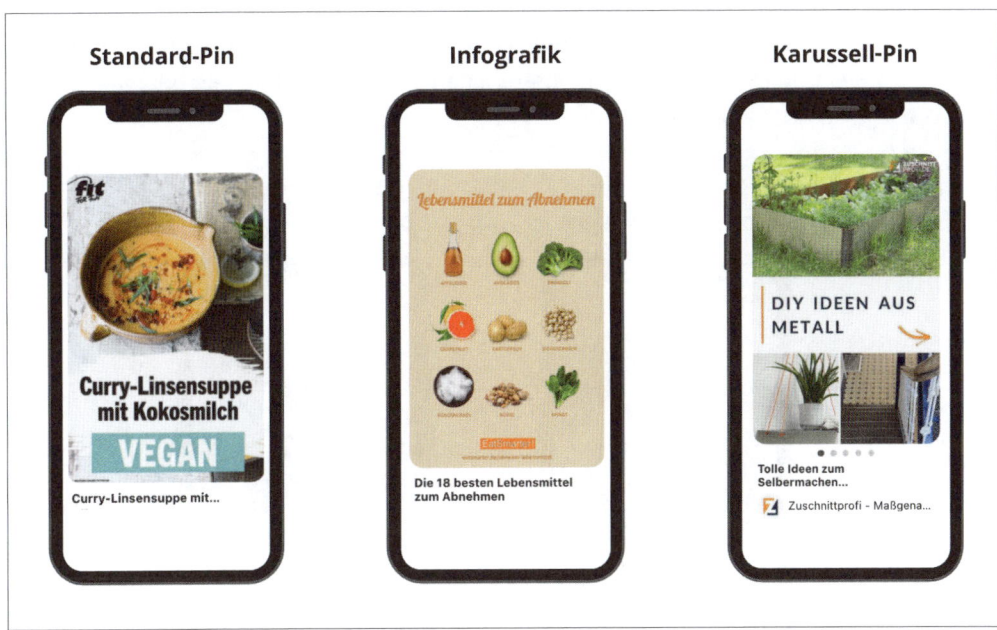

Abbildung 6.2 Beispiele für einen Standard-Pin (»Curry-Linsensuppe mit Kokosmilch« von fitforfun.de), eine Infografik (»Lebensmittel zum Abnehmen« von eatsmarter.de) und einen Karussell-Pin (»DIY Ideen aus Metall« von zuschnittprofi.de). Im Karussell-Pin siehst du Seite 1 von 5.

6.1.1 Welche Ziele erreichst du mit welchem Pin-Format?

Mit jedem Pin-Format kannst du unterschiedliche Ziele erreichen. Deshalb ist es wichtig, dir zu Beginn im Klaren zu sein, was du erreichen möchtest und welche Pin-Formate dich dabei unterstützen. Darüber hast du dir bereits in Kapitel 3 Gedanken gemacht.

Hier ist eine Auflistung der unterschiedlichen Ziele und mit welchen Pin-Formaten du diese erreichen kannst:

1. **Website-Klicks:**

   Um mehr Traffic auf deine Website zu bekommen, eignen sich die Standard-Pins am besten. Der Grund ist, dass beim zweiten Klick direkt auf die hinterlegte URL weitergeleitet wird. Dies ist bei anderen Pin-Formaten nicht so einfach. Einen entscheidenden Unterschied macht es auch, ob du den Pin mit oder ohne Text-Overlay gestaltest. Bei dem Großteil unserer Kunden und auch Interviewpartnerinnen erzielen diejenigen Pins die meisten Klicks, auf denen ein kurzer, Keyword-optimierter Text auf dem Pin eingebunden ist. Pins ohne Text erzeugen eher Merken-Aktionen. Den Unterschied siehst du in Abbildung 6.3. Mehr dazu erfährst du in Abschnitt 6.3.4. Alternativ lassen sich auch mit Karussell-Pins Klicks erzielen, doch unserer Erfahrung nach funktioniert der Standard-Pin für dieses Ziel am besten.

Abbildung 6.3 Standard-Pin mit Text-Overlay (»Trend-Getränk: Dalgona Coffee« von freundin.de) versus Standard-Pin ohne Text-Overlay (von gofeminin.de)

Praxistipp von Wohnklamotte: Pins mit Text-Overlay performen besser

Wohnklamotte ist bereits seit 2014 auf Pinterest aktiv. In dieser Zeit hat Wohnklamotte viele A/B-Tests mit verschiedenen Pin-Designs durchgeführt. Dabei ist vor allem eins aufgefallen: Pins, die Text auf dem Pin eingebunden haben, erzielen viel mehr Klicks als Pins ohne Text. Da das Unternehmen in erster Linie an Website-Klicks interessiert ist, hat es seine Pin-Strategie geändert. Wohnklamotte teilt nun nur noch Pins auf Pinterest, auf denen ein SEO-optimierter Text eingebunden ist. Dabei nimmt der Text maximal ein Drittel des Pins ein, da die Nutzerinnen und Nutzer auf der visuellen Suchmaschine auch das Bild dazu sehen möchten. Außerdem empfiehlt Tanja (Social-Media-Managerin bei Wohnklamotte), neue Pin-Formate wie Video- oder Idea-Pins direkt umzusetzen. Diese erzielen in der Regel vor allem zu Beginn eine sehr hohe organische Reichweite.

Tipps aus dem Interview mit Tanja Johanson, Social-Media-Managerin bei Wohnklamotte im Pinsights-Podcast in Episode #62, »30 Mio. monatliche Betrachter auf Pinterest – wie hat Wohnklamotte das geschafft?«

2. **Merken-Aktionen:**

    Neben den direkten Website-Klicks auf den Pin merken sich Pinterest-Nutzerinnen und -Nutzer auch häufig tolle Ideen auf ihren Pinnwänden, um diese später wiederzufinden. Dies bringt dir zwar im ersten Moment keine Website-Besucherinnen, dafür kommen die Nutzer langfristig öfter mit deinem Pin in Kontakt – immer, wenn sie durch ihre privaten Pinnwände scrollen, um ihre Lieblingsideen endlich umzusetzen. Dies sorgt einerseits für eine gute Markenbekanntheit (sofern dein Logo und/oder deine URL auf dem Pin hinterlegt sind), andererseits sehen die Followerinnen dieser Personen in ihrem *Follow-Feed* den gemerkten Pin. Dadurch helfen Pinterest-Nutzer dir kostenlos dabei, deine Inhalte weiter auf Pinterest zu verteilen und noch mehr Menschen zu erreichen. Diesen Multiplikationsfaktor solltest du nicht unterschätzen.

    Merken-Aktionen werden vor allem mit Infografiken, Checklisten, Karussell-Pins, Idea-Pins und gegebenenfalls Video-Pins erzielt (sofern sie einen anleitenden Charakter wie z. B. eine Yoga-Sequenz oder Rezeptanleitung bieten). Auffällig ist auch, dass Standard-Pins ohne Text-Overlay eher gemerkt als geklickt werden. Pins erzielen also häufiger Merken-Aktionen, wenn sie einen inspirativen Charakter haben oder bereits viele Tipps und Informationen auf dem Pin selbst gegeben werden, sodass ein Website-Besuch für mehr Informationen nicht mehr zwingend notwendig ist. Dazu zählen auch Anleitungen, Rezepte und Wohn- oder Modeinspirationen. Beispiele dazu siehst du in Abbildung 6.4. Mit diesen Pin-Beispielen werden hauptsächlich Merken-Aktionen erzielt: Standard-Pins ohne Text dienen vor allem zur Inspiration, Videos (»15 Min Morning Yoga Flow« von yogawithuliana.com) werden für die spätere oder wiederholte Umsetzung z. B. auf der »Yoga«-Pinnwand gemerkt, oder Infografiken (»15 winterharte Stauden Dauerblüher« von hausundgarten-profi.de) bieten Mehrwert direkt auf dem Pin, den sich die Nutzerin später noch mal ansehen möchte.

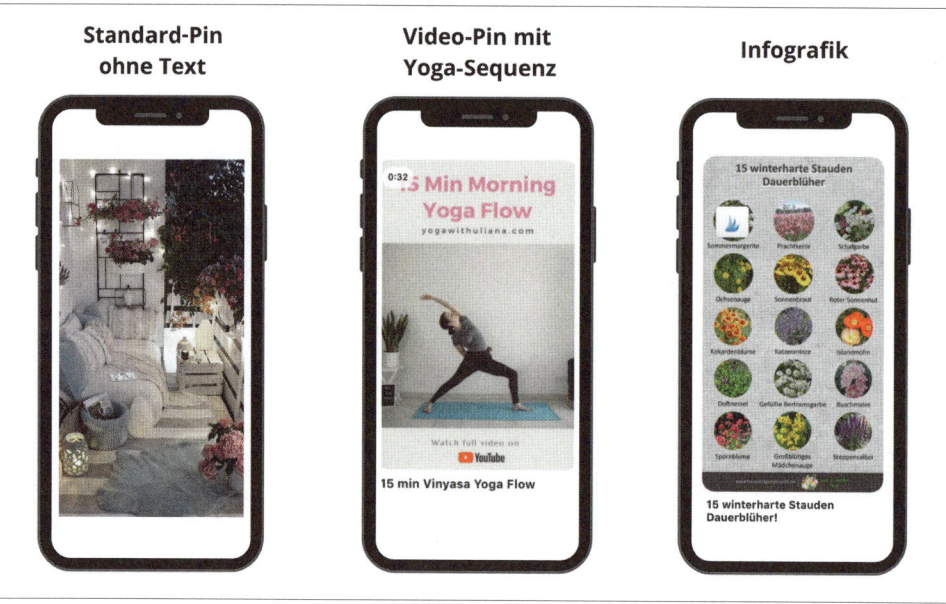

Abbildung 6.4 Pin-Beispiel zum Standard-Pin, Video-Pin und einer Infografik

3. **Markenbekanntheit:**

   Wenn du deine Markenbekanntheit mit mehr Impressionen steigern möchtest, eignen sich Video-Pins sehr gut. Videos werden in der Regel automatisch im Feed abgespielt, sobald diese zu 50 % zu sehen sind. Dadurch wird der Blick auf deinen Pin gelenkt. Nun ist es wichtig, dass du Mehrwert und Inspiration im Video bietest und dein Branding integrierst, damit positive Assoziationen mit deiner Marke entstehen.

4. **Community aufbauen:**

   Da Pinterest eine Suchmaschine ist, steht das Thema Community-Aufbau hier nicht so sehr im Fokus, wie es bei Instagram der Fall ist. Doch durch das neue Format der Idea-Pins wird die Interaktion mit deiner Zielgruppe gesteigert. Dies ermöglicht es dir sehr gut, mehr Aufmerksamkeit für dein Pinterest-Profil sowie neue Follower zu gewinnen.

> **Tipp: Nutze neue Pin-Formate**
>
> Generell ist es oft so, dass vor allem neue Pin-Formate schneller höhere Impressionen erzielen. Der Grund ist, dass Pinterest sie pushen möchte, um Erfahrungswerte mit den neuen Pin-Formaten zu sammeln. Somit werden Creator, die diese Formate frühzeitig einsetzen, durch eine höhere organische Reichweite belohnt. Dazu zählen aktuell (Stand Mai 2021) vor allem Video-Pins sowie Idea-Pins. Da diese beiden Pin-Formate –

> wenn überhaupt – nur über ungewohnte Wege auf die Website führen, werden weniger Klicks als mit dem Standard-Pin generiert. Deshalb ist es wichtig, sich dessen bewusst zu sein und diese Formate eher für die Markenbekanntheit und Inspiration zu nutzen und einen Mix aller Pin-Formate einzubinden.

Insgesamt lässt sich sagen, dass jede Interaktionsform (Klicks, Merken-Aktion, Video-View oder Close-up) ein positives Zeichen für den Algorithmus ist. Je höher das Engagement mit deinen Pins ist und somit Mehrwert für die Pinterest-Nutzer liefert, desto positiver bewertet der Algorithmus deine Inhalte, und er belohnt dies mit organischer Reichweite für deine Pins.

Du solltest dir nun überlegen, mit welchen Pin-Formaten du deinen Zielen am nächsten kommst.

6.1.2 Wie bindest du die Pin-Formate am besten in deine Strategie ein?

Bevor du mit der Pin-Gestaltung beginnst, solltest du wissen, was du mit Pinterest erreichen möchtest: Website-Besucher, Markenbekanntheit, Reichweite …? Danach entscheidest du, auf welche Pin-Formate du den Fokus legen wirst.

In den meisten Fällen wird das Hauptziel sein, Website-Besucher zu generieren. Deshalb solltest du bei der Pin-Erstellung immer erst den Fokus auf Standard-Pins setzen. Erst danach setzt du deine Ressourcen ein, um weitere Pin-Formate zu gestalten.

Du solltest aber immer mehrere Pin-Formate ausprobieren und dich nicht auf den Standard-Pins ausruhen, auch wenn es ausschließlich dein Ziel ist, Website-Traffic aufzubauen! Denn der Pinterest-Algorithmus mag es sehr, wenn du den Nutzerinnen und Nutzern Vielfalt und Mehrwert lieferst und neu veröffentliche Pin-Formate in Umlauf bringst. Dadurch wird dich der Algorithmus mit mehr organischer Reichweite belohnen. Dies merken wir aktuell (Stand Mai 2021) vor allem bei Videos-Pins und Idea-Pins. Diese erzielen sehr viel organische Reichweite. Sei also immer up to date und probiere Neues aus!

Ein weiterer Vorteil ist, dass du durch die Nutzung verschiedener Pin-Formate zeitsparend neuen Content erstellen kannst. Das heißt, du hast mehrere Standard-Pins, die du im passenden Kontext auch zu einem Karussell-Pin zusammenfügen kannst und anschließend als Animation (Video-Pin) herunterlädst. Somit hast du in kürzester Zeit drei verschiedene Pin-Formate erstellt. Wie das funktioniert, siehst du später anhand von Beispielen.

> **Merke: Ein Mix aus Pin-Formaten hilft dir, die Zielgruppe in unterschiedlichen Phasen zu erreichen**
>
> Mit dem Einsatz unterschiedlicher Pin-Formate sprichst du deine Zielgruppe in unterschiedlichen Phasen der Customer Journey an, die du bereits in Kapitel 2 kennengelernt hast. Nutze diese Chance, um deine Wunschkundschaft mit inspirativem Content in der Entdecken-Phase anzusprechen, mit Mehrwert bei der Entscheidungsfindung zu unterstützen und mit den passenden Produkten und Lösungen zum Kauf zu führen. Somit solltest du immer eine Mischung verschiedener Pin-Formate in deiner Strategie integrieren! Gleichzeitig ist es in den meisten Fällen zu empfehlen, den Großteil der Pins im Standardformat zu erstellen, um somit Klicks zu generieren.

6.2 Wie fallen deine Pins im Feed auf?

Wie das Leben eines Pins aussieht, hast du bereits in Abschnitt 2.3.1, »Wie kannst du Pinterest für dein Unternehmen nutzen?«, gelernt. Doch wie schaffst du es nun, dass dein Pin geklickt wird und nicht der deiner Mitbewerberin?

Dafür ist im ersten Schritt etwas Recherche notwendig. Denn du solltest ein Gefühl dafür bekommen, wie die Pins deiner Konkurrenz zu deinen wichtigsten Suchbegriffen aussehen. Somit kannst du dich auch besser in deine Zielgruppe hineinversetzen: Wonach sucht sie? Was zeichnet die Pins aus, kannst du Muster erkennen? Falls ja, überlege dir, wie du mit deinem Design hier hervorstechen kannst. Wenn beispielsweise alles sehr schlicht und hell gestaltet ist, kannst du kräftigere Farben ausprobieren. Kannst du hier zusätzlichen Mehrwert schaffen?

Welche deine wichtigsten Keywords sind, zu denen du gefunden werden möchtest, hast du bereits im vorangegangenen SEO-Kapitel erarbeitet. Suche jetzt in Pinterest mal selbst nach diesen Suchbegriffen, und analysiere, wie der Such-Feed aussieht: Sind die Pins eher bunt, schlicht, viel Text, wenig Text, viel Bild, wenig Bild, werden qualitativ hochwertige Pins und Themen angezeigt? Mache dir dazu Notizen – sowohl positive als auch negative Aspekte. Mithilfe dieser Informationen kannst du später dein Pin-Design so anpassen, dass deine Pins im Feed positiv hervorstechen.

Im nächsten Schritt geht es darum, ein Gefühl dafür zu bekommen, welche Art der Pin-Gestaltung dich anspricht. Erstelle dir als Vorbereitung eine geheime Pinnwand, die beispielsweise »Pin-Inspiration« heißt. Suche nun wieder nach einem deiner wichtigsten Keywords auf Pinterest. Scrolle anschließend aus Sicht deiner Zielgruppe durch den Feed, und analysiere basierend auf deiner Suchanfrage: Welche Pins sprechen dich an, und welche würdest du anklicken? Scrolle dazu im etwas schnelleren Tempo durch den Feed. Die Pins, die du als Nutzer anklicken würdest, kannst du nun in deiner geheimen Pinnwand »Pin-Inspiration« abspeichern.

Finde im nächsten Schritt heraus, was die gespeicherten Pins auszeichnet. Öffne deine Pinnwand »Pin-Inspiration«, und mache dir Notizen zu den Pins: Was spricht dich an dem Pin an? Ist es der Text, das Design, sind es bestimmte Elemente? Was zeichnet diese Pins aus? Was findest du vielleicht nicht so ansprechend? Außerdem kannst du einen Blick darauf werfen, welche Designs aktuell besonders »in« sind.

Mach mit: Vorbereitung zur Pin-Erstellung

Ziel ist es, mithilfe dieser Analyse Pin-Vorlagen zu erstellen, die nicht nur zu deinem Branding passen, sondern auch im Feed auffallen und dich von deinen Mitbewerberinnen und Mitbewerbern abheben. Doch dazu gehört noch einiges mehr, wie die Formulierung des Textes sowie die allgemeinen Best-Practice-Regeln zum Pin-Design.

1. Recherchiere: Wie sieht der Feed zu deinen wichtigsten Suchbegriffen aus? Tipp: Aktiviere den Inkognito-Modus, damit der Such-Feed nicht beeinflusst wird.
2. Erstelle eine geheime Pinnwand, und merke dir hier alle Pins, die dich vom Design ansprechen. Dabei ist es egal, ob das Thema zu deiner Nische passt oder nicht.
3. Analysiere diese Pins, und mache dir Notizen, was dir positiv und negativ auffällt. Diese dienen als Basis für die Erstellung deiner Pins.

6.3 Best Practice: Designregeln, die auf jedem deiner Pins umgesetzt werden sollten

Du hast bereits einiges an Vorrecherche durchgeführt, um ein Gefühl dafür zu bekommen, welche Pins dich am meisten ansprechen und deine Neugier geweckt haben. Im nächsten Schritt werden wir uns genauer anschauen, was denn nun wirklich erfolgreiche Pins ausmacht. Es gibt nämlich einige Best-Practice-Regeln, die eine sehr große Hilfe bei deiner Pin-Gestaltung sind. Diese werden von Pinterest empfohlen und haben sich auch in unserer täglichen Praxis sehr bewährt. Deshalb glaube uns: Designe nicht einfach drauflos, sondern bekomme zunächst ein Gefühl dafür, welche Besonderheiten für die visuelle Suchmaschine wichtig sind.

Damit du die Bedeutsamkeit und den Ursprung dieser Best-Practice-Regeln besser nachvollziehen kannst, solltest du dir noch mal folgende Besonderheiten von Pinterest vor Augen führen:

1. Pinterest ist eine visuelle Suchmaschine, in der die Pins nebeneinander und untereinander angezeigt werden und somit in einer hohen Konkurrenz zueinander stehen. Die Nutzerin scrollt schnell durch den Feed und scannt die Pins nach der größten subjektiven Relevanz.

2. In den meisten Fällen befindet sich der Pinterest-Nutzer im Such-Feed. Das heißt, er sucht nach einer konkreten Lösung oder Idee zu einem Thema.
3. Es geht bei den gesuchten Inhalten um konkreten Mehrwert und Inspiration, nicht um Selbstdarstellung und Selfies.
4. 85 % der Nutzerinnen und Nutzer sind mobil unterwegs. Dies hat einen großen Einfluss auf das Pin-Format sowie die Pin-Gestaltung.

Lass uns nun herausfinden, was einen wirklich guten Pin ausmacht.

> **Wichtig: Pinterest-Feed vs. Instagram-Feed**
>
> Generell lesen die Menschen in der westlichen Welt von oben nach unten sowie von links nach rechts. Dabei wird das Auge zunächst auf auffällige Merkmale aufmerksam und schaut sich danach die Details an.
>
> Bei Instagram werden alle Posts in einer detaillierten Ansicht untereinander angezeigt, und deshalb schauen die Nutzerinnen und Nutzer zunächst auf das Bild, gefolgt von der Marke/dem Account-Namen, den Gefällt-mir-Angaben sowie abschließend dem Text.
>
> Bei Pinterest hingegen ist die Augenbewegung schneller, der Feed wird gescannt. Da die Pins nebeneinander und untereinander aufgeführt sind, wird der Fokus vor allem auf den Pin und dessen Aussehen gelegt – ein Grund, warum es so wichtig ist, das Logo und ein gutes Branding auf dem Pin zu etablieren.
>
> Die Unterschiede der Feeds werden in Abbildung 6.5 gezeigt.

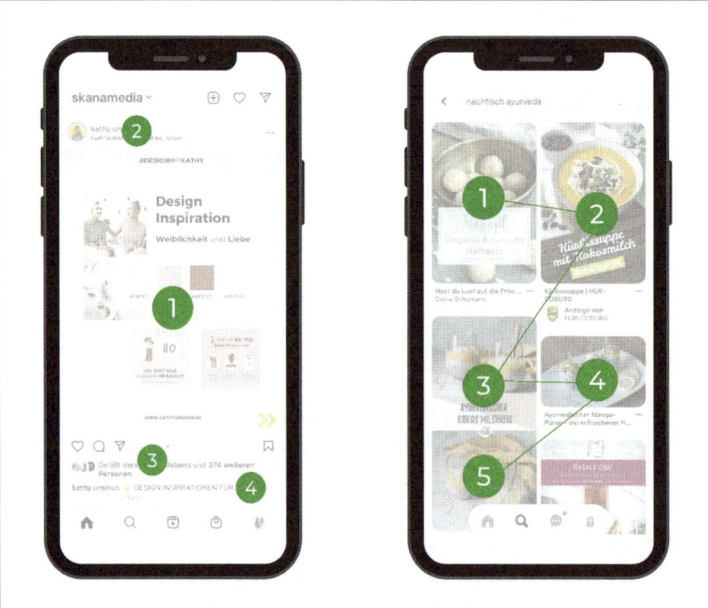

Abbildung 6.5 Augenbewegung im Instagram-Feed vs. Pinterest-Feed

6.3.1 Hochformat versus Querformat – wie groß sollte dein Pin sein?

Zu 85 % wird Pinterest mobil am Smartphone genutzt. Damit dein Pin so viel Platz wie möglich im Feed einnimmt, solltest du deine Pins immer im Hochformat gestalten. Pins im Querformat werden nur sehr klein angezeigt und fallen somit kaum auf. Dieser Unterschied wird in Abbildung 6.6 deutlich, in der Pins im Quadrat oder Querformat rot markiert sind.

Es kann auch sein, dass du Pins in quadratischer Form siehst. Das ist auch möglich, wird aber in der Regel eher für Zitate oder Coverbilder genutzt.

Abbildung 6.6 Pins im Quer- und im Quadratformat (rot markiert) nehmen deutlich weniger Platz im Such-Feed ein (Quelle: Pinterest.de zum Suchbegriff »Curry Rezept«).

> **Diese Format-Größen werden für Pinterest empfohlen**
> - Standard Pin: 1000 × 1500 px
> - langer Pin (ideal für Infografiken, Anleitungen und Collagen): 600 × 1260 px
> - quadratischer Pin (ideal für Coverbilder und Zitate-Pins): 1080 × 1080 px
> - Idea-Pin: 1080 × 1920 px

Hauptsächlich wirst du mit dem Standard-Pin arbeiten. Dieser hat die beste Größe für den Pinterest-Feed. Wenn du mal mehrere Bilder als eine Art Collage in einen Pin einbinden möchtest oder Infografiken gestaltest, kannst du den langen Pin mit 600 × 1260 px verwenden. Diese Größe solltest du allerdings nicht überschreiten! Denn alles, was über 600 × 1260 px hinausgeht, wird im Feed abgeschnitten.

6.3.2 Wie wichtig ist dein Branding auf den Pins?

Du kannst mit deinen Pins mehrere Tausend Impressionen erzielen, auch wenn du keinen einzigen Follower hast. Weil Pinterest eine Suchmaschine ist, hast du hier sehr viel Potenzial, organische Reichweite – also ohne Werbeanzeigen – zu erzielen. Jetzt wäre es doch sehr schade, wenn deine Pins Tausenden Menschen angezeigt werden, aber sie auf den ersten Blick nicht deinen Markennamen sehen. Deshalb solltest du immer und auf jedem einzelnen Pin deine URL und/oder dein Logo einbinden. Achte hier aber darauf, dass es eher dezent eingesetzt wird und der Fokus auf dem Mehrwert des Pins liegt. Die Integration deines Logos schützt dich gleichzeitig auch vor Urheberrechtsverletzungen, falls deine Bilder geklaut werden.

> **Tipp: Platziere dein Logo oben links**
>
> Aufgrund der typischen Leserichtung (siehe Abbildung 6.5) sollte dein Logo oben links platziert werden, damit der Content direkt mit deiner Marke verbunden wird und somit einen positiven Einfluss auf die Markenwahrnehmung hat. Beachte allerdings auch, dass es dafür Ausnahmen gibt: Denn bei Idea-Pins wird oben links in der Ecke von Pinterest ein Symbol eingefügt, auf dem die Seitenanzahl zu sehen ist. Unten rechts befindet sich immer das Lupensymbol. Überprüfe deshalb, am besten mobil, an welchen Stellen Pinterest automatisch Symbole auf den Pins einbindet. Setze dann das Logo beispielsweise unten links.

Zum Branding gehört allerdings noch viel mehr. Du solltest darauf achten, dass du deine Markenschriften sowie Farben verwendest. Dies ist wichtig, um einen Wiedererkennungswert zu deiner Marke sowie zu den Pins untereinander zu schaffen. Außerdem sollte dieser Wiedererkennungswert auch cross-channel, also zu Instagram, der Website und Co. gegeben sein.

Jetzt stell dir mal vor, du suchst auf Pinterest nach einem leckeren Backrezept für ein Bananenbrot, wirst auf einem sehr ansprechenden Blog fündig und bist mit dem Rezept zufrieden. Zwei Wochen später suchst du wieder nach einem Backrezept für einen Erdbeerkuchen. Im Such-Feed siehst du nun mehrere Pins nebeneinander, unter anderem einen von dem Blog, auf dem du neulich das Bananenbrot gefunden hast. Auf welchen Pin wirst du nun mit großer Wahrscheinlichkeit im Feed klicken? Vermutlich wählst du denselben Blog aus wie letztes Mal. Warum? Dieser hat dir bereits super Mehrwert geliefert und Vertrauen aufgebaut. Und vermutlich konntest du dich auch gar nicht mehr an den Namen oder die URL des Blogs erinnern. Doch das Design des Pins kam dir sehr bekannt vor, und es ist bereits mit positiven Erinnerungen verbunden – vielleicht auch unbewusst. Dies ist also ein weiterer wichtiger Nebeneffekt, wenn du ein gutes Branding auf deinen Pins integrierst.

Deshalb die Empfehlung: Erstelle mehrere Pin-Vorlagen in deinem Branding, die gleichzeitig einen Wiedererkennungswert untereinander haben. Dafür ist der

Account von *Vanilla Mind* ein tolles Beispiel. Einige Pin-Beispiele siehst du in Abbildung 6.7.

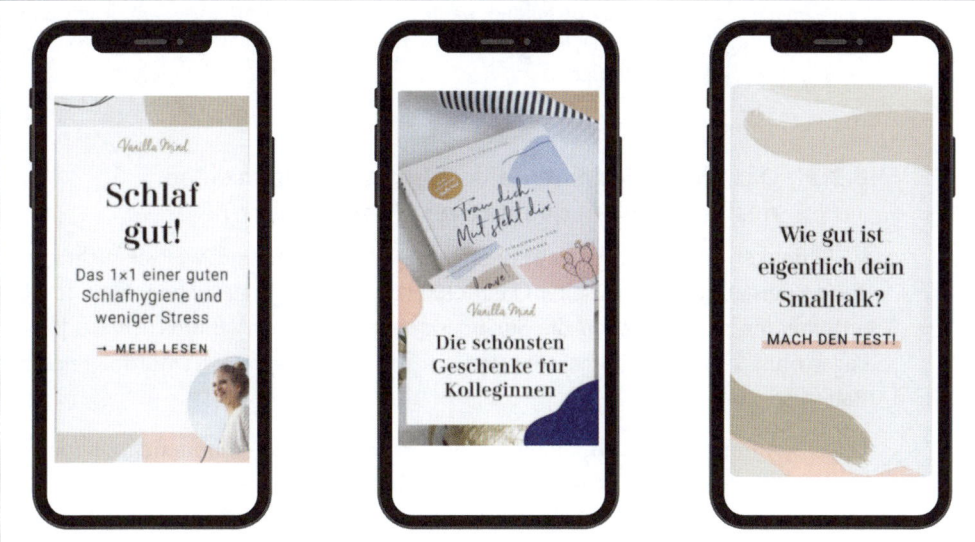

Abbildung 6.7 In diesem Beispiel siehst du drei verschiedene Designvorlagen, die sich durch ein sehr gutes Branding und einen hohen Wiedererkennungswert auszeichnen (Quelle: vanilla-mind.de).

> **Designtipps von Vanilla Mind**
>
> Melina von *Vanilla Mind* ist bereits seit 2017 mit ihrem Blog aktiv auf Pinterest. Die gelernte Kommunikationsdesignerin empfiehlt, auf einen Wiedererkennungswert zwischen Marke und Pins zu achten. In ihrem Fall sind das beispielsweise verschiedene Elemente wie Kreise und Striche in Pastellfarben. Ihre ersten Designs hatte sie bei *Creative Market* gekauft und ihrem Branding angepasst. Daraus sind dann nach und nach ihre selbst erstellen Designvorlagen entstanden. Ihr Tipp, wenn Designvorlagen anderer Plattformen verwendet werden: Passe sie deinem Branding an, da womöglich noch weitere Nutzerinnen und Nutzer diese Vorlagen auf Pinterest verwenden. Auch Melina verwendet kaum Bildmaterial. Sie sagt, solange ein Pin einen guten Text mit wichtigen Schlagworten hat und gut lesbar ist, kann man damit sehr erfolgreich auf Pinterest sein. Beachte dabei, dass du nicht zu viel Text verwendest, sondern diesen eher groß auf dem Pin integrierst. Verwende auch gerne eine Highlight-Farbe in deinen Designs, um diese im Feed hervorstechen zu lassen. Ihr erfolgreichster Pin stammt von einem Artikel aus 2015 mit dem Titel »Warum fühle ich mich so faul und schaffe nichts?«. Dies zeigt, wie nachhaltig die Plattform ist und dass die gezielte Ansprache von Bedürfnissen sehr gut funktioniert.
>
> *Tipps aus dem Interview mit Melina Royer von Vanilla Mind im Pinsights-Podcast in #80, »Design-Tipps für Pinterest von Vanilla Mind«*

> **Tipp: Speichere deine Markeninformationen ab**
> Speichere deine Markeninformationen wie Farbcodes, Schriftarten und Logo in deinem Design-Tool ab. So kannst du schnell darauf zugreifen. Wir arbeiten immer mit dem Online-Designtool *Canva*. Die Markeninformationen kannst du in der kostenpflichtigen Canva-Pro-Version hinzufügen.

6.3.3 Das ideale Bildmaterial – musst du wirklich einen riesigen Pool an qualitativen Bildern haben?

Viele denken, Pinterest sei nicht die richtige Plattform für sie, weil sie nicht genügend Bildmaterial und vor allem kein qualitativ hochwertiges haben. Und deshalb entscheiden sie sich gegen die Suchmaschine. Doch die Wahrheit ist: Du kannst sogar ohne jegliches Bildmaterial und nur mit Stock-Fotos extrem erfolgreich auf Pinterest sein!

Dabei kommt es natürlich immer auf die Branche an. Wenn du einen Onlineshop hast, sind gute Produktfotos das A und O. Hier kann es auch hilfreich sein, das Produkt in verschiedenen Szenarien und Anwendungen zu zeigen. Denn nur das reine Produktfoto performt oft nicht so gut, wie eine Abbildung des Produkts in der Anwendung. Auch wenn du einen DIY-Blog hast, sind deine Bilder sehr wichtig: Zeige das fertige Ergebnis und auch Bilder zu den Zwischenschritten. Diese Bilder müssen nicht von der Fotografin sein, du kannst sie auch mit deinem Handy aufnehmen!

Bist du hingegen Coach, oder hast du einen starken Blog, bei dem Bilder keine so große Rolle spielen, da der Artikel an sich schon genügend Mehrwert liefert und Bilder nicht unterstützend wirken? Dann kannst du auf deinen Pins sogar komplett auf Bilder verzichten oder nur mit Stock-Fotos arbeiten. Das siehst du auch in den Pin-Beispielen von Vanilla Mind in Abbildung 6.7.

Was du aber immer im Hinterkopf haben solltest, ist, dass Pinterest eine visuelle Suchmaschine ist. Und da Bilder schneller aufgefasst werden können und Emotionen wecken, macht es Sinn, sie gezielt auf dem Pin zu integrieren. Dabei können Stock-Fotos aber eben ausreichen. Was du bei Stock-Fotos rechtlich beachten solltest, erfährst du in Kapitel 13.

6.3.4 Wichtige Designregeln zur Pin-Gestaltung mit Text

Du weißt bereits, dass oft das reine Produktbild auf Pinterest nicht ausreicht. Ergänze dieses um einen ansprechenden und Neugier weckenden Text, der Kontext schafft. Doch Text ist nicht gleich Text. Für die ideale Integration des Text-Overlays auf dem Pin kommt es auf zwei wichtige Punkte an: das Design sowie die klickstarke Formulierung. Welche Aspekte bezüglich des Designs besonders wichtig sind, lernst du jetzt. Zur Neugier weckenden Formulierung von Überschriften hast du bereits im vorangegangenen SEO-Kapitel praktische Formulierungsbausteine und wichtige Signalwörter kennengelernt. Damit gibst du deinen Pins den letzten wichtigen Feinschliff.

Best-Practice-Regeln

Die Aufmerksamkeitsspanne ist im Pinterest-Feed sehr kurz und die Konkurrenz anderer Pins zum selben Thema sehr hoch. Mache es den Nutzerinnen und Nutzern also einfach, schnell zu erfassen, worum es auf deinem Pin geht. Dazu solltest du bestimmte Designregeln für deinen Text-Overlay beachten. Um dir die Relevanz dieser Designtipps zu verdeutlichen, siehst du in Abbildung 6.8 Negativbeispiele von Pins. Diese haben Optimierungspotenzial im Design. Der Text auf den Pins ist im ersten Moment nicht klar zu lesen. Dies liegt an unterschiedlichen Faktoren: In Bild 1 ist der Kontrast zwischen Bild und Text gering, in Bild 2 wird zu viel Schreibschrift verwendet, in Bild 3 ist der Text des Untertitels viel zu klein.

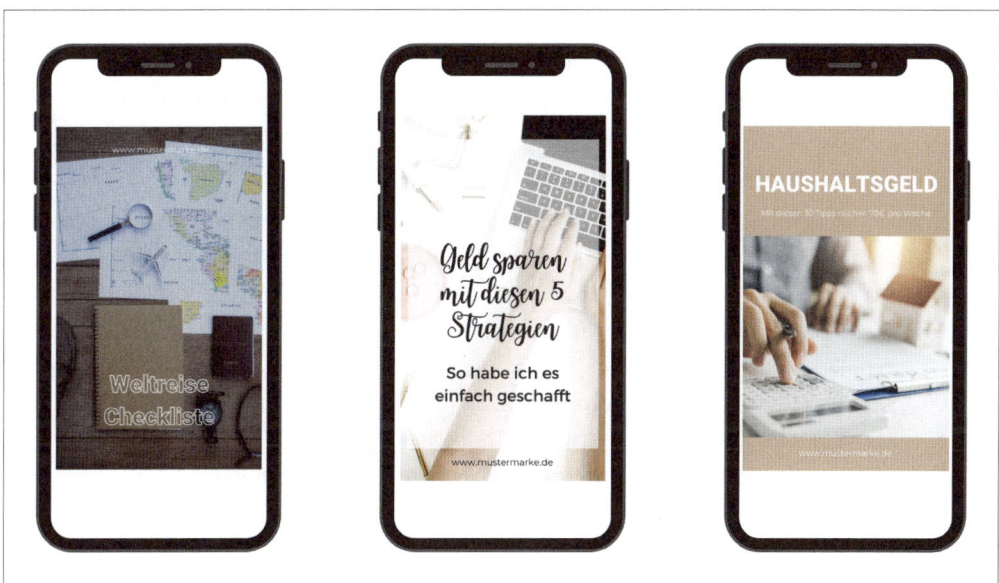

Abbildung 6.8 Negativbeispiele von Pin-Designs. Die Designs sind ausgedacht (Bildquellen: Canva.com).

Aus den Beispielen in Abbildung 6.7 und Abbildung 6.8 ergeben sich wichtige Designregeln, die du immer beherzigen solltest:

1. **Hochformat**

   Gestalte Pins idealerweise im Hochformat. Das Standardformat ist 2:3 (1000 × 1500 px).

2. **Passendes Bildmaterial**

   Text und Bild sollten stimmig kombiniert werden und auch zum entsprechenden Linkziel passen, sodass die Erwartungshaltung auch erfüllt wird. Ansonsten kommt es zu einer hohen Absprungrate, was wiederum ein negatives Zeichen für den Algorithmus ist.

3. **Kurz und knapp**

   Integriere nur wenig Text auf deinem Pin. Dafür sollte dieser aber schnell zu erfassen sein und das Kernthema gut wiedergeben. Wie du vor allem klickstarke Überschriften formulieren kannst, die Neugier wecken und zu mehr Klicks führen, hast du im vorherigen SEO-Kapitel gelernt.

4. **Starker Kontrast**

   Ist dein Text klar zu erkennen, und hebt er sich gut vom Hintergrund ab? Schreibst du beispielsweise auf einem hellblauen Hintergrund mit einer weißen Schrift, geht der Text schnell unter und wird somit kaum gelesen. Auch wenn du direkt auf dem Bild schreibst, ist der Text oft nicht gut zu lesen. Deshalb ist es in den meisten Fällen hilfreich, einen farbigen Kasten auf dem Pin zu platzieren, in den du den Text schreibst. Beispiele dazu siehst du in Abbildung 6.10.

5. **Vermeide Schreibschriften**

   Das Auge kann Schreibschriften auf den ersten Blick nicht so schnell erfassen. Dies führt wiederum dazu, dass dein Pin im Pinterest-Feed untergeht, zwar Impressionen erzielt, aber weniger geklickt wird. Wenn dein Corporate Design jedoch eine Schreibschrift beinhaltet, kannst du diese trotzdem in deinen Pin-Designs verwenden. Achte dann nur darauf, dass du maximal ein bis zwei Wörter mit Schreibschrift formatierst. Der restliche Text sollte in einer klaren Schrift geschrieben sein (siehe zweite Grafik in Abbildung 6.10). Und denke auch daran, dass der Algorithmus manche Schreibschriften nicht gut auslesen kann – wir haben in Kapitel 5 bereits darüber geschrieben.

6. **Setze Keywords in den Fokus**

   Wie du weißt, kommen die meisten Nutzer über den Such-Feed auf deine Pins. Somit suchen sie aktiv nach Inspirationen oder Lösungen zu einem bestimmten Thema, wie z. B. »Kleine Küche einrichten«. Aus psychologischer Sicht ist es so, dass die Nutzerin nun am ehesten auf den Pin klickt, der auch genau dieses Wording auf dem Pin-Design beinhaltet. Im Idealfall sind diese Keywords auch vom Text-Design hervorgehoben. D. h., du wählst dafür eine fettere und größere Schrift aus. Falls du einen Untertitel wie »mit kleinen Tricks optimal Platz sparen« hinzufügst, solltest du diesen Text kleiner und dünner gestalten. So hilfst du den Nutzerinnen und Nutzern dabei, deine Pins schneller erfassen zu können. Ein Beispiel dazu siehst du in Abbildung 6.9. Achte gleichzeitig auch gerne darauf, dass der Text nutzerfreundlich formuliert ist und Bedürfnisse anspricht. Es müssen nicht immer 1:1 die ermittelten Keywords übernommen werden.

7. **Abstand**

   Binde den Text nicht zu nah am Rand ein, sondern halte immer einen kleinen Abstand, um den Pin auch nicht zu gedrungen aufzubauen, sondern leicht lesbar. Außerdem solltest du beachten, nichts zu nah an den Ecken zu platzieren. Denn Pinterest rundet die Ecken der Pins automatisch ab. So könnte ungewollt Text, das Logo oder ein Designelement abgeschnitten werden.

8. **Gestalte deine Pins im Corporate Design**

   Wenn du die Pin-Grafiken in deinem Corporate Design gestaltest, schaffst du dadurch einen sehr guten Wiedererkennungswert zu deinen Pins untereinander sowie auch plattformübergreifend. Dies ist besonders wichtig, da du idealerweise Lösungen und Inspirationen für deine Zielgruppe bietest und damit Vertrauen aufbaust. Dieses Vertrauen verknüpfen die Menschen dann automatisch nicht nur mit deinem Markennamen, sondern vielmehr mit dem optischen Erscheinungsbild des Pins: den Farben, Schriftarten, Elementen und Co. Achte bei der Erstellung von Designvorlagen also unbedingt darauf, dass du deine Markenfarben, Markenschriften sowie das Logo und/oder die URL in deinen Designs verwendest. Prüfe außerdem, dass dein Logo nach der Veröffentlichung nicht von einem Pinterest-Symbol überlagert wird, wie zum Beispiel der Lupe, die immer unten rechts eingebunden ist. Beispiele dazu siehst du in Abbildung 6.7 sowie Abbildung 6.13.

9. **Optimiere für die mobile Ansicht**

   Da sich 85 % der Menschen mobil auf Pinterest aufhalten, solltest du deine Designs unbedingt darauf abstimmen. Überprüfe sie also nicht am Desktop-Computer, auf dem du Pins erstellst, sondern schau dir alles auch zwischendurch am Handy an. Ist alles gut zu lesen? Um dies auch in deinem Designtool zu überprüfen, kannst du dir die Pins am Ende in der 25%-Ansicht anschauen.

> **Tipp: Pinterest-Richtlinien**
> Schau dir die Pinterest-Richtlinien an, damit du weißt, welche Themen auf der Plattform nicht gestattet sind. Diese findest du unter *https://policy.pinterest.com*.

Abbildung 6.9 In diesem Beispiel wurde das Keyword »Kleine Küche einrichten« optisch hervorgehoben. Der Untertitel ist anders gestaltet. Dies erleichtert es den Pinterest-Nutzerinnen und -Nutzern, den Inhalt deines Pins schneller zu erfassen, und führt somit zu mehr Klicks (Quelle: gofeminin auf Pinterest).

6.3.5 Best-Practice-Beispiele – so sehen ideale Pins aus

Theorie ist wichtig, und jetzt kommen die Praxisbeispiele! Analysiere die folgenden Pins auf Basis deiner neuesten Erkenntnisse aus diesem Kapitel: Was zeichnet diese Pins besonders positiv aus?

Wenn du die Grafiken in Abbildung 6.10 und Abbildung 6.11 mit denen in Abbildung 6.8 vergleichst, wird deutlich, dass die Best-Practice-Pins viel schneller und besser zu lesen sind. Außerdem wird direkt deutlich, worum es auf der dahinterliegenden Seite geht, und sie regen zum Klicken an. Denn denke immer daran: Deine Pins sind nicht die einzigen, die bei einer Suchanfrage angezeigt werden! Sorge dafür, dass deine Pins auffallen, schnell zu erfassen sind und Neugier wecken. In diesen Beispielen wurde vereinzelt auch Schreibschrift verwendet, doch dies sehr sparsam, und die Schrift ist immer noch gut zu lesen. So kannst du also auch Schreibschrift gezielt integrieren.

6.3 Best Practice: Designregeln, die auf jedem deiner Pins umgesetzt werden sollten

Abbildung 6.10 Drei Best-Practice-Pin-Beispiele aus unterschiedlichen Branchen (Quellen: Wohnklamotte (links), mein ZauberTopf (Mitte), Frau Geld (rechts))

 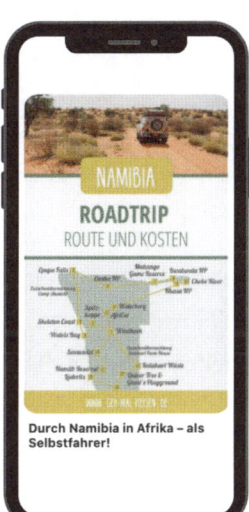 

Abbildung 6.11 Drei Best-Practice-Beispiele aus unterschiedlichen Branchen (Quellen: Eat this! (links), Geh Mal Reisen (Mitte), Vanilla Mind (rechts))

Reichen dir diese Beispiele noch nicht, und du möchtest dir noch mehr ansehen? Vielleicht auch genau zu deiner Branche? Solche Beispiele haben wir auf unserer Pinterest-Pinnwand »Best Practice Pinterest Pin-Design« für dich gesammelt und nach unterschiedlichen Branchen unterteilt. Wir empfehlen dir, dich auf dieser Pinnwand umzusehen und Designs, die dir besonders gefallen, auf deiner geheimen Pinnwand wie z. B. »Design-Inspirationen« zu merken. Diese kannst du später für die Design-Template-Erstellung zu Hilfe nehmen. Scanne folgenden Pincode aus Abbildung 6.12, um zur Best-Practice-Pinnwand zu gelangen:

Abbildung 6.12 Öffne deine Pinterest-App, gehe in die Suchleiste, und klicke hier auf das Kamerasymbol, um die Pinterest Lens zu öffnen. Nun kannst du den folgenden Pincode einscannen, und schon gelangst du direkt zu der Best-Practice-Pinnwand.

6.3.6 Die perfekten Pin-Vorlagen erstellen

Okay, du weißt jetzt, wie ein idealer Pin aussehen kann. Und nun? Solltest du jetzt immer dasselbe Design erstellen, nur mit unterschiedlichen Fotos und Texten? Oder sogar jedes Mal ein neues Design entwickeln? Weder, noch. Die professionellste und zugleich zeitsparendste Methode ist es, dir Designvorlagen anzulegen – idealerweise fünf bis zehn Stück.

Warum? Designvorlagen helfen dir enorm dabei, einen Wiedererkennungswert für deine Marke zu schaffen. Außerdem erleichtern sie den Pin-Erstellungs-Workflow stark. Du musst dich dann nur noch jeweils entscheiden, welche Vorlage du verwenden möchtest, sowie den Text und das Bildmaterial entsprechend anpassen. So kannst du in kürzester Zeit viele professionelle Pins erstellen. Und nicht nur das: Mit verschiedenen Vorlagen kannst du zum selben Linkziel, also beispielsweise zum Blogartikel »Wie du dein Unternehmen ohne Startkapital starten kannst« mehrere Pins erstellen und somit schnell viel Content kreieren (siehe Abbildung 6.13). Diese Designvorlagen werden dann später einfach mit einem anderen Bild und Text für weitere Blogartikel verwendet. Wenn du dabei gezielt Bilder und Texte variierst, kannst du unterschiedliche Personen ansprechen. Außerdem bekommst du dadurch ein besseres Gefühl, welche Formulierung der Überschriften am besten ankommt. Diese Erkenntnisse solltest du unbedingt nutzen, um deine zukünftigen Pins zu optimieren – dazu mehr im Detail in Kapitel 10, in dem es um die Auswertung deiner Zahlen geht. Beachte außerdem, dass du zunächst Designvorlagen für Standard-Pins erstellst. Diese kannst du dann clever für andere Pin-Formate wiederverwenden. Dazu erfährst du mehr in Abschnitt 6.4.

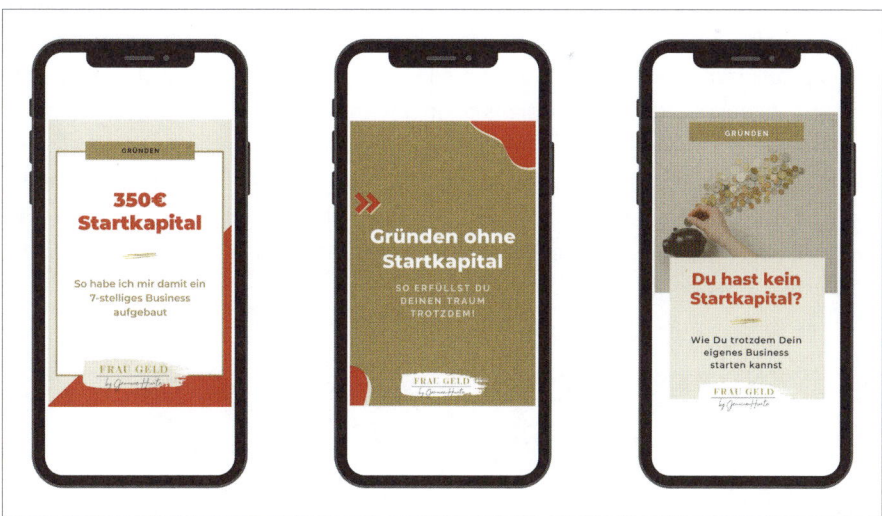

Abbildung 6.13 Beispiele, wie du zu einem Blogartikel drei unterschiedliche Pins mithilfe von Designvorlagen erstellen kannst (Quelle: fraugeld.de)

Um die für dich besten Designvorlagen zu erstellen, ist Individualität gefragt. Du solltest also nicht einfach fremde Pins kopieren. Genau dazu hast du bereits etwas Vorarbeit geleistet. Denn in Abschnitt 6.2 hast du analysiert, welche Pins dich am meisten ansprechen und was genau diese Pins auszeichnet. Im Idealfall hast du diese auf deiner geheimen Pinnwand »Pin-Inspirationen« abgespeichert. Das ist die allerbeste Inspirationsquelle. Nimm dir nun deine Erkenntnisse zur Hand, um deine individuellen Designvorlagen zu erstellen. Dabei solltest du auf folgende allgemeine Regeln achten:

1. Verwende dein Corporate Design.
2. Füge immer dein Logo oder die URL ein.
3. Verwende ähnliche Elemente.
4. Gib dem Text genug Raum.
5. Achte darauf, dass die Vorlagen schnell und einfach anzupassen sind.
6. Falls du weniger Bildmaterial hast, erstelle Vorlagen, in denen der Text im Fokus steht.

Nimm dir für diesen Prozess unbedingt genügend Zeit! Vor allem wenn du nicht so häufig Designs erstellst, musst du erst mal in den Flow kommen. Dabei hilft es enorm, dich vorher inspirieren zu lassen, dir bewusst zu machen, was dir gefällt, und dann einfach loszulegen! Deine ersten Vorlagen werden nicht perfekt sein, und das müssen sie auch nicht. Mache einfach weiter, und probiere unterschiedliche Dinge aus. Du wirst mit großer Wahrscheinlichkeit feststellen, dass dir deine Designs immer besser gefallen und deinem Ziel jedes Mal ein Stück näherkommen. Wenn du also am Ende fünf finale Designvorlagen haben möchtest, probierst du dich vorher bestimmt an 15–20 verschiedenen Designs aus. Wenn du mit Canva arbeitest, kannst du dir diese Designs dann am Ende in der Rasteransicht klein nebeneinander ansehen. Hier siehst du sehr gut, wie die Pins in der Gesamtheit wirken und zusammenpassen. In Abbildung 6.14 siehst du die Darstellung in Canva. Um zu dieser Ansicht zu gelangen, klicke unten rechts neben der PROZENTANGABE auf das kleine Rechteck, das die Seitenzahl anzeigt. Anschließend kannst du einfach die Designs löschen, die dir nicht gefallen.

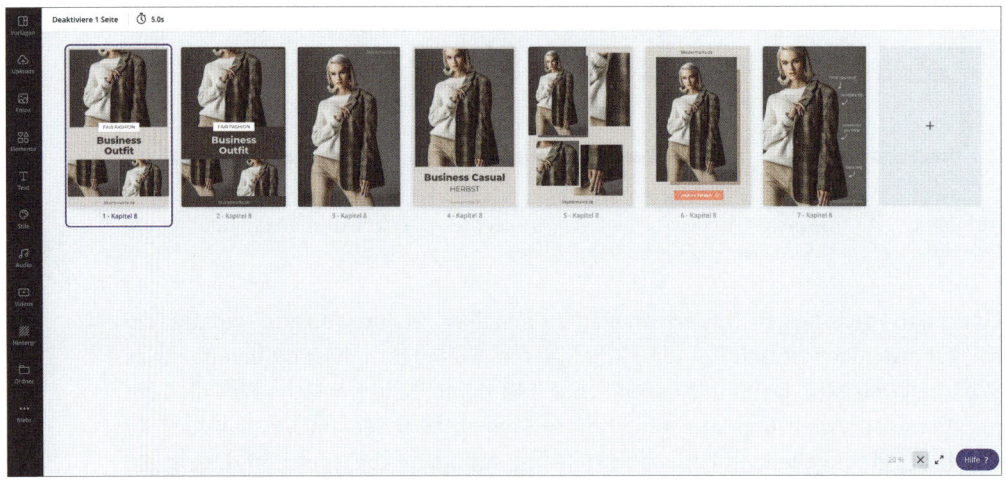

Abbildung 6.14 Rasteransicht in Canva

> **Tool-Tipps: Hier findest du Designvorlagen**
> Wenn du nicht komplett selbst designen möchtest, gibt es auch tolle Pin-Vorlagen, an denen du dich orientieren kannst. Diese findest du beispielsweise kostenlos bei Canva (*canva.com*), in Tailwind Create (*tailwindapp.com/create*) oder kostenpflichtig bei Creative Market (*creativemarket.com*). Diese Vorlagen musst du dann nur noch deinem Branding anpassen.

Alternativ kannst du diese Aufgabe auch an eine Designerin auslagern. Dabei ist zu beachten, dass dieser die Plattform Pinterest vertraut ist, weil manche dazu neigen, die Vorlagen zu verspielt zu gestalten und den Text zu klein einzubinden, wenn ihnen die Best-Practice-Regeln nicht bekannt sind. Dabei hilft die Checkliste im nächsten Abschnitt.

> **Aufgabe: Erstelle Designvorlagen**
>
> Erstelle mindestens fünf Designvorlagen für Standard-Pins (1000 × 1500 px) in deinem Corporate Design. Hier kannst du später einfach Bilder und Texte austauschen. Designvorlagen sind also nicht nur ideal, um einen Wiedererkennungswert zu schaffen, sondern sparen dir auch unheimlich viel Zeit. Anschließend kannst du mithilfe der Checkliste im folgenden Abschnitt überprüfen, ob du alle wichtigen Best-Practice-Regeln angewendet hast.

> **Tipp: Erstelle die Vorlagen an einem konkreten Beispiel**
>
> Achte darauf, dass die Vorlagen später einfach anzupassen sind. Erstelle sie dazu am besten anhand eines Blogartikels oder Produkts, und teste, ob du sie zeitsparend für andere Inhalte anpassen kannst. Denn manchmal muss der Text ständig neu platziert werden, weil zu viel mit unterschiedlichen Schriftgrößen, Schriftarten und Elementen gespielt wurde. Schau dir abschließend die Pins in einer kleineren Ansicht, an z. B. 25 %: Ist der Text immer noch gut lesbar? Denn am Ende müssen die Pins am Handy und im Feed auffallen und nicht nur am Desktop gut lesbar sein.
>
> Du kannst außerdem 1–2 Designs entwerfen, die etwas aus der Reihe fallen. Damit kannst du zukünftig testen, welche Designs bei der Zielgruppe am besten ankommen. Teste anschließend die Designvorlagen am Handy: Schneiden die abgerundeten Ecken etwas Wichtiges ab oder wird etwas durch ein Symbol wie die Pinterest-Lupe überdeckt? Und kannst du alles gut lesen?

6.3.7 Checkliste: Erfüllen deine Standard-Pins die Best-Practice-Kriterien?

Jetzt bekommst du noch mal alle Designtipps für dein ideales Pin-Design von Standard-Pins auf einen Blick. Wenn du also nun darangehst, deine Designvorlagen zu erstellen oder neue Pins zu kreieren, überprüfe diese im Anschluss auf folgende Kriterien:

1. Du hast Text auf deinem Pin integriert, um mehr Klicks zu erzielen.
2. Der Text auf dem Pin ist in der 25%-Ansicht oder mobil lesbar.
3. Der Kontrast zwischen Textfarbe und Hintergrund ist stark genug für die Lesbarkeit.
4. Das Corporate Design wurde verwendet: Schriftart und Schriftfarbe.
5. Dein Logo oder die URL ist eingebunden (z. B. links oben).

6. Wichtige Keywords sind hervorgehoben (andere Schriftart, größere und/oder fettere Schrift oder auch Schreibschrift).
7. Falls Schreibschrift genutzt wird: nicht mehr als 2 Wörter in Schreibschrift formatieren.
8. Der Text ist kurz, aussagekräftig und weckt Neugier.
9. Es liegt keine Text-Bild-Schere vor; das Bildmaterial passt also sehr gut zum textlichen Kontext.
10. Die Pins haben untereinander einen Wiedererkennungswert.
11. Es ist genügend Abstand zum Rand gegeben, sodass der Pin nicht gedrungen aussieht.
12. Beachte bei der Bildauswahl, dass eher weniger die Gesichter, sondern vielmehr die Produkte in Anwendung zu sehen sind.

> **Merke: Von den Basics zu fortgeschrittenen Designs**
> Die Basis ist geschafft – du hast Design-Templates erstellt und weißt, worauf es bei den Standard-Pins ankommt. Diese sollten die Basis deiner zukünftigen Pin-Gestaltung darstellen. Vor allem für Pinterest-Beginner ist dieses Format das wichtigste. Daneben gibt es noch weitere Pin-Formate und Design-Variationen, die sehr gut integriert werden können. Diese eignen sich vor allem für Fortgeschrittene ideal. Wenn du also noch sehr frisch in der Pinterest-Welt unterwegs bist, lies dir gerne die nächsten Seiten durch, damit du weißt, welche Möglichkeiten es gibt. Sei dir aber bewusst, dass du all das nicht von Anfang an umsetzen musst. Das A und O sind gute Standard-Pins, und du solltest zunächst mit diesen beginnen.

6.4 Designregeln für weitere Pin-Formate

Die Best-Practice-Designtipps, die du zuvor erhalten hast, gelten für alle Pin-Formate, also: Standard-Pins, Video-Pins, Karussell-Pins, Idea-Pins, Infografiken und Co. Doch je nach Pin-Format gibt es weitere Dinge, die du unbedingt bei der Erstellung beachten solltest. Dieser Abschnitt bietet außerdem eine praktische Übersicht über die Formate, Videolängen, Dateigrößen etc.

6.4.1 Bewegtbild mit Video-Pins

Video-Pins solltest du aus mehreren Gründen unbedingt in deine Strategie integrieren:

1. Videos sind Bewegtbild und ziehen somit schnell die Aufmerksamkeit der Pinterest-Nutzer auf deine Pins. So hebst du dich ideal von anderen Pins im Feed ab.

2. Video-Pins werden in der Regel vom Pinterest-Algorithmus bevorzugt ausgespielt, da sie den Nutzerinnen und Nutzern einen großen Mehrwert bieten und inspirierend sind. Somit hast du größere Chancen, eine höhere Reichweite mit vielen Impressionen zu erzielen.
3. Video-Pins bieten eine sehr gute Möglichkeit, deine Zielgruppe beispielsweise mit konkreten Anleitungen oder Anwendungstipps für deine Produkte emotional noch besser anzusprechen und mehr Inspiration sowie Mehrwert zu bieten.
4. Du kannst Videos gezielt für unterschiedliche Phasen in der Customer Journey einsetzen – entweder in der Entdeckungsphase, um Inspiration zu bieten, oder auch später, wenn das Interesse am Produkt bereits geweckt wurde. Hier bieten Videos eine tolle Möglichkeit, dein Produkt in der Anwendung zu zeigen.
5. Die Pinterest-Nutzerinnen und -Nutzer können mit Videos interagieren und Herzen hinterlassen. So bekommst du direkt Feedback von deiner Zielgruppe. Das Herzsymbol siehst du in Abbildung 6.15 in der linken unteren Ecke. Außerdem gefällt dem Algorithmus jegliche Art von Interaktion, sodass deine organische Reichweite wächst.

Beachten solltest du dabei allerdings, dass du mit Video-Pins eher die Ziele Impressionen und Merken-Aktionen erzielst. Der Grund dafür ist, dass die Nutzerführung seitens Pinterest hier etwas anders ist und die Nutzerinnen und Nutzer somit den Weg zum Link nicht so leicht finden. Bei Standard-Pins siehst du den Pin im Feed, klickst ihn an, und der Pin öffnet sich in der Close-up-Ansicht. Klickst du nun ein weiteres Mal auf den Pin, wirst du auf die dahinterliegende URL (z. B. Shop oder Blogartikel) geführt. Somit landen die Nutzerinnen und Nutzer mit zwei Klicks direkt auf deiner Website. Bei Video-Pins läuft dieser Prozess hingegen etwas anders ab, wie in Abbildung 6.15 deutlich wird: Links ist das Video im Close-up geöffnet und wird automatisch abgespielt. Aktionen, die die Nutzerin hier einfach durchführen kann: Senden, Merken, Folgen, Liken (Herz) und das Profil besuchen (auf den Profilnamen »Wohnklamotte« klicken). Klickt sie in der Mitte auf den Pin, kann das Video gestoppt oder abgespielt werden. Möchten ein Nutzer die Website besuchen, muss er zunächst auf die drei Punkte in der rechten unteren Ecke klicken und im Folgenden im Menü WEBSITE BESUCHEN auswählen (rechts). Du siehst, das entspricht zum einen nicht dem gängigen Nutzerverhalten, und zum anderen ist der Button zum Linkziel auch etwas versteckt. Das ist der Hauptgrund, warum wir das Videoformat in erster Linie für die Gewinnung von Reichweite auf Pinterest empfehlen und nicht für das Erzielen von Website-Klicks. Bewirbst du hingegen Video-Pins, sind mit diesem Format Website-Aufrufe sehr gut zu erzielen, da in diesem Fall der Klick auf den Pin direkt auf die Website führt.

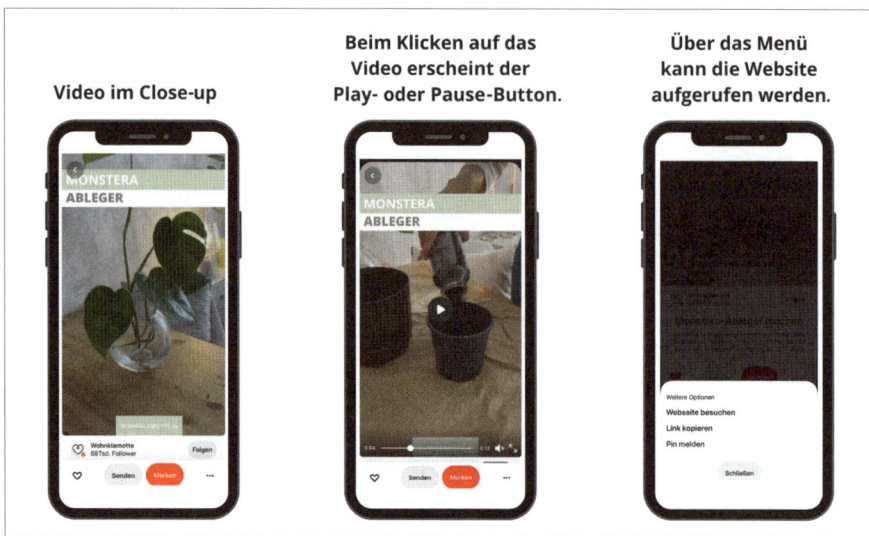

Abbildung 6.15 Video-Pins: So gelangen die Nutzer auf die Website.

> **Tipp: Baue Follower durch Video-Pins auf**
>
> Nutze Videos geschickt, um mehr Follower aufzubauen. Denn wenn das Video im Close-up geöffnet ist, wird der Folgen-Button präsent angezeigt. Nun hast du zwei Möglichkeiten, die Nutzerinnen und Nutzer zum Folgen zu aktivieren:
>
> Du weist in der Pin-Beschreibung darauf hin, dass sie dir zum Beispiel für mehr Tipps zum Thema vegane Rezepte folgen können, oder du bindest in dein Video eine Handlungsaufforderung ein. Dazu bietet sich ein durchgehend sichtbarer Call-to-Action-Button (siehe Abbildung 6.16 in Grafik 1 und 2) oder das Ende des Videos sehr gut an.

Best-Practice-Tipps für Videos

Achte beim Erstellen von Videos auf folgende Punkte:

1. **Starker Start**: Da die Nutzerinnen und Nutzer schnell durch den Feed scrollen, sind die ersten Sekunden besonders entscheidend, um Aufmerksamkeit zu gewinnen.
2. **Wähle das richtige Format**: 2:3 und 1:1 funktionieren auf Pinterest am besten.
3. **Verlasse dich nicht auf Audio**: Videos werden im Autoplay ohne Ton abgespielt. Außerdem ist es für Pinterest-Nutzerinnen und -Nutzer sehr unüblich, sich auf der visuellen Suchmaschine etwas mit Ton anzusehen. Falls du also gesprochenen Text einbinden möchtest, solltest du einen Untertitel im Video einbinden.
4. **Wähle ein passendes Coverbild**: Falls das Video nicht automatisch abgespielt wird, sollte es über ein ansprechendes Coverbild verfügen. Dieses sollte bereits

einen guten Eindruck von den Inhalten bieten und in guter Qualität hochgeladen werden. Bei Anleitungen ist es zu empfehlen, auf dem Coverbild das fertige Ergebnis zu zeigen und im Laufe des Videos Ausschnitte des Herstellungsprozesses zu zeigen.

5. **Binde dein Branding ein**: Vor allem weil Videos eine hohe Reichweite erzeugen, aber weniger geklickt werden, ist ein Branding im Video-Pin sehr wichtig. Binde also am besten permanent dein Logo ein, und nutze deine Markenfarben sowie -Schriftarten.

6. **Fordere zur Interaktion auf**: Was sollen die Nutzerinnen und Nutzer machen, nachdem sie dein Video angesehen haben? Dir folgen, sich den Pin merken, die Materialien in deinem Shop kaufen …? Binde in dein Video eine Handlungsaufforderung ein. Diese kann entweder permanent unten als Button oder am Ende des Videos eingebunden werden (siehe Abbildung 6.16).

7. **Biete Inspiration**: Zeige in deinem Video, wie man deine DIY-Anleitung nachbasteln kann, dein Produkt in der Praxis angewendet wird, oder eine Yogasequenz für einen starken Rücken. Wichtig ist, dass du direkten Mehrwert bietest. In der Regel kommt es außerdem besser an, beispielsweise bei Anleitungen nur die Hände zu zeigen und nicht eine erklärende Person inklusive Gesicht. Bei Pinterest kommt es auf den Mehrwert und nicht auf die Person an. In dem ersten Pin in Abbildung 6.16 siehst du, wie nur die Zubereitung des Rezeptes mit den Händen gezeigt wird. Es spielt keine Rolle, wie die Person aussieht, die den Hummus zubereitet.

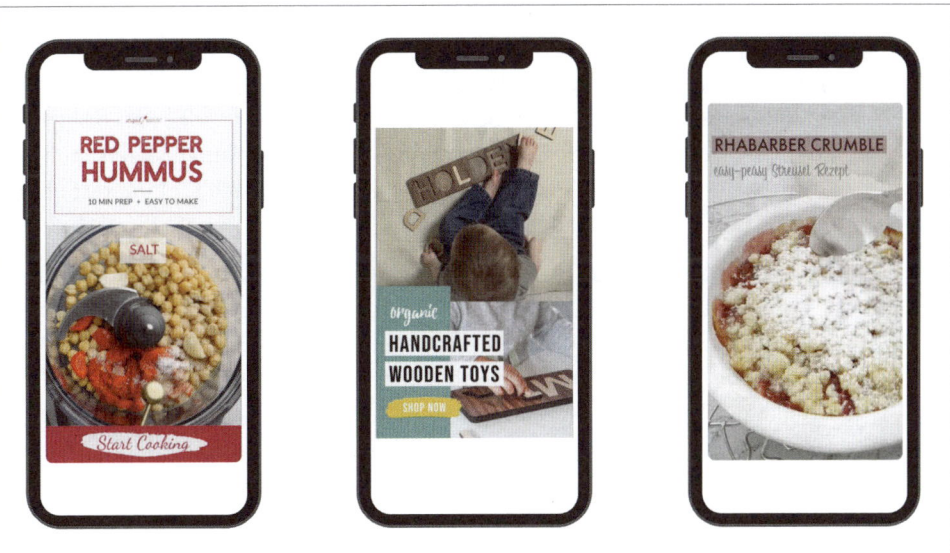

Abbildung 6.16 Best-Practice-Video-Pins, die mithilfe der Designvorlagen erstellt wurden (Quellen: Striped Spatul (links), Smiling Tree Toys (Mitte), Joyfulfood (rechts))

8. **Die ideale Videolänge**: Die auf Pinterest hochgeladenen Videos können mindestens 4 Sekunden und maximal 15 Minuten lang sein. Die ideale Dauer beträgt laut Pinterest 15–20 Sekunden und sollte den Mehrwert kurz und knapp vermitteln.

In Tabelle 6.1 findest du die wichtigsten Informationen zum Format in einer praktischen Übersicht:

Ideale Größe	2:3 (1000 × 1500 px)
Weitere mögliche Abmessungen	1:1, 4:5 oder 9:16
Videolänge	Mindestens 4 Sekunden, höchstens 15 Minuten (empfohlen sind ca. 15 Sekunden)
Dateityp	MP4, MOV, M4V
Dateigröße	Maximal 2 GB

Tabelle 6.1 Video-Pins: alle wichtigen Daten auf einen Blick

Zeitsparende Video-Pins

Bei Pinterest müssen es nicht immer hochprofessionelle Videos sein, die aufwendig geschnitten werden. Wenn du solche Videos sowieso bereits hast – perfekt. Falls nicht, ist das gar nicht schlimm, und du lernst nun, wie du sogar ohne jegliches Videomaterial Video-Pins erstellen kannst.

Erstens schauen wir uns an, wie du dein bestehendes Videomaterial für Pinterest aufbereiten kannst. Das ideale Format für Pinterest-Videos ist 2:3. Außerdem solltest du Text einbinden. Doch möglicherweise hast du die Videos für Instagram und Co im 1:1-Format und ohne Text gestaltet. Jetzt gibt es einen supersimplen Trick, wie du Videos von anderen Plattformen schnell und einfach für Pinterest optimierst – und das in deinem Branding.

Genau hier kommen deine Designvorlagen ins Spiel, die du bereits in Abschnitt 6.3.4 erstellt hast. Denn exakt diese kannst du auch für deine Videos verwenden! Dazu setzt du einfach an die Stelle des Bildes das Video. Schau dir dazu die Beispiele in Abbildung 6.16 an. In dieser Abbildung siehst du Best-Practice-Video-Pins, die mithilfe der Designvorlagen erstellt wurden. Links ist das Video aus Zubereitungsschritten zusammengeschnitten. Dabei wird nur der Vorgang gezeigt, ohne Person und Gesicht. In der Mitte ist unten rechts ein Standbild eingebunden und oben eine einfache Videosequenz, wie das Produkt vom Kind genutzt wird. Rechts ist ebenfalls ein simples Video eingebunden, das nicht einmal geschnitten wurde. In den ersten beiden Abbildungen hast du außerdem zwei Beispiele, wie Handlungsaufforderungen im Design eingebunden werden können. Hinweis: In der zweiten sowie dritten

Grafik ist kein Logo integriert. Dies ist aber unbedingt zu empfehlen. Diese Video-Pins und noch mehr kannst du dir ebenso auf unserer Pinterest-Pinnwand ansehen (Abbildung 6.18). Bei den Beispielen wird deutlich, dass du deine Videos im 1:1-Format von Instagram super in die Designvorlagen einbinden und daraus eine Pinterest-optimierte Grafik im 2:3-Format zaubern kannst. Ein weiterer interessanter Fakt ist, dass bei den wenigsten Videos eine professionelle Kamera verwendet wird. Oft reichen auch schon Aufnahmen mit dem Handy aus. Oder wenn du Videomaterial von Influencern oder Kundinnen hast, in dem dein Produkt verwendet wird, kannst du auch dies sehr gut integrieren. Was sich in der Praxis ebenso bewährt hat: Wenn du YouTube-Videos hast, kannst du Sequenzen ausschneiden und in deinen Pin integrieren. Behalte also immer im Hinterkopf: Wie kannst du deinen bereits bestehenden Content smart wiederverwenden und an die Bedürfnisse der visuellen Suchmaschine anpassen?

Zweitens schauen wir uns nun an, wie du Originalvideos von anderen Plattformen hochladen kannst. Über YouTube-Videos haben wir bereits gesprochen. Du kannst also Sequenzen in deine Designvorlage einbinden, aber hast auch die Möglichkeit, dein komplettes YouTube-Video auf Pinterest hochzuladen. Dazu kannst du beispielsweise auf Pinterest einen neuen Pin erstellen. Nun lädst du nicht wie üblich deine PNG-Grafik hoch, sondern klickst stattdessen auf den Button VON WEBSITE MERKEN. Füge hier den Link deines YouTube-Videos ein, das du auf Pinterest teilen möchtest. Nun zieht sich Pinterest automatisch das Video inklusive Thumbnail (Titelbild). Vervollständige den Video-Pin mit der URL, einem Pin-Titel sowie einer Pin-Beschreibung, und schon kannst du ihn auf einer Pinnwand veröffentlichen. Der Nachteil an diesen Videos ist allerdings, dass sie im Querformat gepinnt werden und somit im Feed sehr untergehen. Das optimale Vorgehen ist also das im vorangegangenen Punkt beschriebene: Du verwendest deine Designvorlagen im Hochformat. Jetzt gibt aber noch weitere Video-Plattformen, wie z. B. TikTok und Reels von Instagram. Der Vorteil an diesen Videos ist, dass sie bereits im Hochformat vorhanden sind. Außerdem ist häufig Text integriert, der auf Video-Pins zu empfehlen ist. Es spricht also nichts dagegen, diese Videos zu verwenden, wie sie sind, und direkt auf Pinterest zu teilen. Als Linkziel kannst du entweder die Ursprungsquelle (YouTube, TikTok oder Instagram) verwenden, oder du verlinkst auf einen inhaltlich passenden Blogartikel.

Drittens wollen wir besprechen, was du tun kannst, wenn du kein Videomaterial hast. Jetzt wird getrickst! Denn auch wenn du keinerlei Videomaterial hast, kannst du dennoch von den Reichweitevorteilen von Video-Pins profitieren. Das Zauberwort lautet »Animation«. Diese Funktion lässt sich beispielsweise ganz einfach mit dem Designtool Canva umsetzen. Damit kannst du bereits bestehende Standard-Pins in Video-Pins verwandeln. Dann werden die Elemente (Text und Bild) nacheinander »eingeflogen«. Wenn du Beispiele sehen möchtest, öffne die Pinnwand in Abbildung 6.18, und schau dir die Video-Pins im Unterordner ANIMATIONEN an.

Zugegebenermaßen sind das keine Video-Pins, wie zuvor beschrieben, allerdings sind es .mp4 Dateien, und sie gelten somit als Video. Dadurch profitierst du von mehr Aufmerksamkeit durch Bewegtbild sowie in der Regel mehr Impressionen. Als weitere Möglichkeit kannst du mit Stock-Videos arbeiten. Diese stehen dir beispielsweise bei Canva im Pro Account zur Verfügung. Beispiele dafür siehst du in Abbildung 6.17. Im ersten Zitate-Pin bewegt sich das Meer, im zweiten Pin geht es inhaltlich um Orangen. Da das Thema so simpel ist, reicht ein einfaches Stock-Video, in dem eine Orange geschnitten wird. Genauso ist es im letzten Pin, in dem die Wellen und der Strand den Kontext zum Thema »Surfen in Portugal« geben.

> **Tool-Tipp: Quellen für Stockmaterial**
> Egal ob Bilder oder Videos – du findest im Internet einige Datenbanken, deren Inhalte du für dich verwenden darfst. Viele findest du bereits im Designtool Canva (*canva.com*), weitere bei pexels (*pexels.com*) oder pixabay (*pixabay.com*).

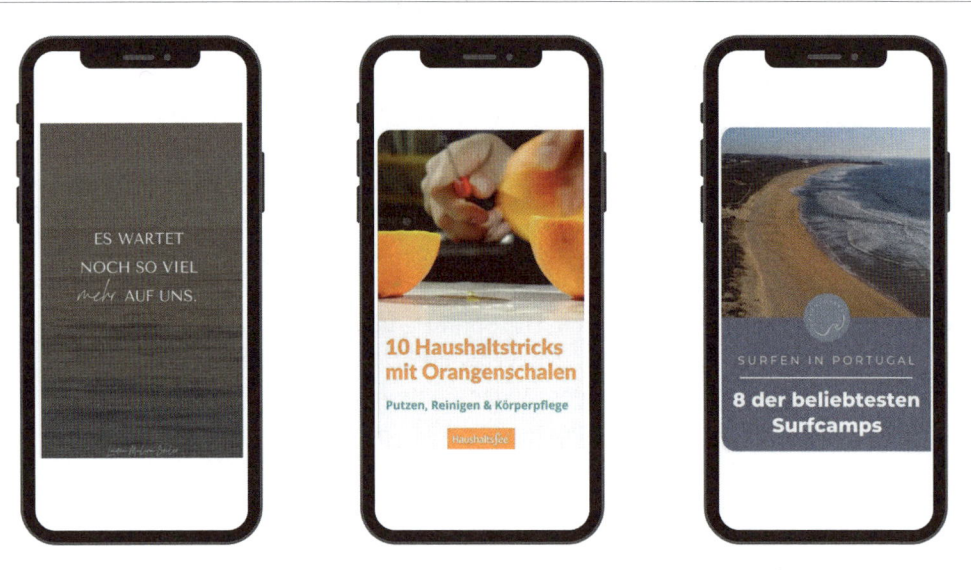

Abbildung 6.17 Video-Pins mit Stock-Videos (Quellen: Laura Malina Seiler (links), Haushaltsfee.org (Mitte), Oceanlovers (rechts))

> **Tipp: Verwandle Karussell-Pins in nur einer Minute in Video-Pins**
> Weißt du, woraus du noch Animationen zaubern kannst? Verwende deine Karussell-Pins einfach wieder. In der Animation werden die einzelnen Seiten nacheinander abgespielt. Und schon hast du innerhalb einer Minute aus einem Pin-Format zwei gemacht. Lade dazu einfach deinen Karussell-Pin in Canva als MP4-Datei herunter, und binde Animationen ein.

Wie du Videos hochlädst, lernst du Kapitel 7. Wichtig ist auch hier, deine Videos mit SEO-optimierten Beschreibungen zu versehen. Die besten Strategien dazu hast du bereits in Kapitel 5 erlernt.

Tolle Video-Pin-Inspirationen, die nach unterschiedlichen Branchen sortiert sind, findest du auf der Skana-Media-Pinnwand »Pinterest Video-Pins«. Scanne einfach den Pincode in Abbildung 6.18 in deiner Pinterest-App, und du gelangst automatisch zu dieser Pinnwand.

Abbildung 6.18 Gelange zur Pinnwand »Pinterest Video-Pins« mit tollen Best-Practice-Beispielen.

Möchtest du weitere Video-Pins auf Pinterest finden, ist das gar nicht immer so einfach. Doch es gibt eine Filterfunktion, die dir dabei hilft. Das funktioniert übrigens nur am Desktop, nicht am Handy. Gehe dazu in die Suchfunktion, und gib das Keyword ein, zu dem du Videos angezeigt bekommen möchtest, z. B. »DIY-Geburtstagsgeschenke«. Wähle anschließend rechts in der Filterfunktion VIDEOS aus. Nun werden dir nur noch Video-Pins angezeigt, und du kannst dir tolle Inspirationen suchen. Hinweis: Dir wird die Filterfunktion nur angezeigt, wenn du nach der Texteingabe die ⏎-Taste drückst.

Tool-Tipps: Videoschnittprogramme und Equipment

Wie du bereits weißt, musst du keine aufwendigen Videos drehen. Die Handykamera reicht oft schon aus. Was dir aber helfen kann, die Qualität zu steigern, sind Softboxen, die für eine ideale Beleuchtung sorgen. Außerdem kann ein Stativ für die richtige Ausrichtung und ein ruhiges Bild sehr hilfreich sein.

Kostenlose Tools, die für das Schneiden von Videos gut geeignet sind, sind *iMovie* (Mac) und *MovieMaker* (Windows). Für einen geringen Kaufpreis sind zudem *Final Cut*, *Pixelmator*, *ProCreate* sowie die Handy-App *InShot* zu haben. Außerdem kannst du die kostenlose Smartphone-App *Adobe Premiere Rush* ausprobieren.

6.4.2 Mehr Inspiration im Karussell-Pin

Wir möchten dir noch eine weitere Möglichkeit vorstellen, um deine Inhalte auf Pinterest darzustellen: die Karussell-Pins. In dieser Art von Pins kannst du mehrere Pins in einem Post unterbringen, die durch Swipen (Wischen nach links) angeschaut werden können. Du kennst diese Art von Posts sicher, wenn du ein Konto auf Instagram hast. Auf Pinterest lassen sich diese Pins sehr gut einsetzen, wenn du Mehrwert und Inspiration für deine Kunden direkt auf dem Pin platzieren möchtest. Du kannst so beispielsweise verschiedene Eigenschaften deines Produkts hervorheben, es in unterschiedlichen Anwendungsbeispielen darstellen oder deine Dienstleistung erklären.

Themenbeispiele für Karussell-Pins
- »3 wenig bekannte Sehenswürdigkeiten in Rom«
- »Nähen lernen – diese Materialien benötigst du für den Start«
- »Tischdekoration für Ostern – 3 einfache DIY-Ideen«
- »Meine 3 Lieblingszitate für ein besseres Money-Mindset«
- »Diese Tools können dir bei deiner Steuererklärung helfen«
- »Geheimtipps – so kannst du Zahnpasta als Hausmittel verwenden«
- »Einrichtungsideen für den Einrichtungstrend: Landhaus«

Du siehst, hier sind für unterschiedliche Nischen viele Möglichkeiten vorhanden. Entweder kannst du die Tipps direkt mit Text auf dem Pin einbinden, oder du teaserst sie nur an und gibst die vollständigen Tipps auf deiner Webseite, die du hinter den Pins hinterlegt hast.

Tipps für die Gestaltung von Karussell-Pins

Wir möchten dir noch einige Grundlagen zum Karussell-Pin an die Hand geben. Ein solcher Pin besteht aus maximal fünf Seiten, und jeder dieser Seiten kann eine eigene URL sowie Pin-Beschreibung hinzugefügt werden. Du hast auch die Möglichkeit, die URL sowie Pin-Beschreibung für jede Seite identisch zu übernehmen. Aber wie solltest du deine Karussell-Pins nun gestalten? Platziere auf der ersten Seite eine Art Cover mit dem Oberthema deines Pins. Auf den folgenden Seiten kannst du dann in die Tiefe gehen: Zeige hier deine Artikel, liste Tipps auf, gib Erklärungen, oder erläutere dein Angebot. Auf der letzten Seite deines Karussell-Pins sollte sich immer ein Call-to-Action befinden. Dieser kann zu deinem Blog oder Shop einladen, auf deinen Podcast aufmerksam machen oder auch zum Download eines Freebies führen. Binde auf den Grafiken einen Pfeil ein, um darauf aufmerksam zu machen, dass es sich um einen Karussell-Pin handelt. Dies ist im Feed leider nicht immer sofort ersichtlich. Übrigens: Wenn du richtig zeitsparend arbeiten möchtest, kannst du aus Standard-Pins einen Karussell-Pin machen oder andersherum. Denn die mittleren Seiten sind in der Regel auch die idealen Standard-Pins! Somit hast du schnell Content recycelt, also deinen Inhalt wiederverwendet. In Abbildung 6.19 siehst du ein Beispiel, bei dem jede Seite auf eine andere URL führt und somit auch jede Seite eine eigene Pin-Beschreibung hat. Wenn du dir die Seiten eins bis vier ansiehst, könnten diese auch alle einzeln als Standard-Pin verwendet werden. Lösche dazu nur den Pfeil in den Grafiken, und schon hast du super Zeit gespart! Noch ein Tipp zur ersten Seite: Tausche hier die Bilder aus, und passe den Text etwas an, wenn du sie auch als Standard-Pin hochladen möchtest, damit Karussell und Standard-Pin nicht gleich aussehen.

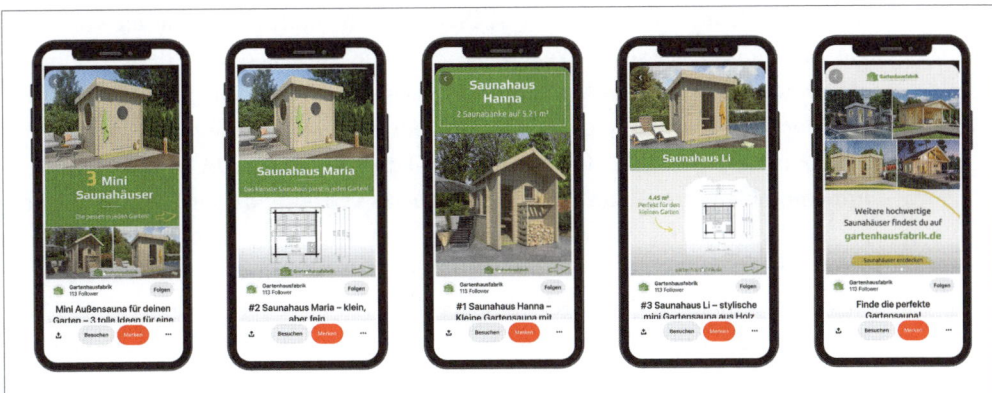

Abbildung 6.19 Karussell-Pin-Beispiel eines Shops (Quelle: gartenhausfabrik.de)

Du kannst Karussell-Pins auch so gestalten, dass jede der einzelnen Seiten auf dieselbe URL führt und auch die Pin-Beschreibung identisch ist. Das bietet sich dann gut an, wenn du einen ausführlichen Blogartikel mit vielen Tipps und Anleitungen hast und die wichtigsten auf den Karussell-Pin runterbrichst.

Um einen besseren Einblick über die Einsatz- und Gestaltungsmöglichkeiten von Karussell-Pins zu bekommen, schau dir gerne unsere gesammelten Pin-Beispiele auf der Pinnwand »Karussell-Pin – Best Practice« an. Scanne wie gewohnt den Pincode aus Abbildung 6.20 in der Pinterest-App, um zur Pinnwand zu gelangen.

Abbildung 6.20 Pincode für die Pinnwand »Karussell-Pin – Best Practice«

6.4.3 Storytelling mit Idea-Pins

Nun möchten wir dir noch das neuste Pin-Format auf Pinterest vorstellen, das es erst seit Frühjahr 2021 gibt. In den Idea-Pins hast du die Möglichkeit, auf bis zu 20 Seiten mithilfe von Bildern, Videos und einer Beschreibung den Pinterest-Nutzerinnen und -Nutzern Mehrwert zur Verfügung zu stellen. Der wohl größte Unterschied zu allen anderen Pin-Formaten ist, dass sich hier keine Links verknüpfen lassen! Die Ideengebung sollte also komplett im Idea-Pin selbst abgeschlossen sein. Dein Ziel sollte es immer sein, dass die Menschen das Gefühl haben, dass sie all das, was sie für die Umsetzung wissen müssen, auch direkt in dem Idea-Pin erfahren – ohne auf eine weitere Website klicken zu müssen. Die Idee soll also direkt erlebt und umgesetzt werden können. Das bedeutet, dass sich vor allem Anleitungen, Dekoideen, Tool-Tipps, Anwendungsideen für deine Produkte und ähnliche Inhalte sehr gut für dieses Format eignen. Bei den anderen Pin-Formaten, die du bei Pinterest findest, wird empfohlen, den Fokus auf das Ergebnis zu setzen und nicht auf dich als Person. Doch hier ist das anders. Hier kannst du sehr wohl mit deinem Gesicht in die Kamera sprechen, Tipps geben und somit ein persönlicheres Verhältnis zu den Pinterest-Nutzerinnen und -Nutzern aufbauen. Durch die Einführung dieses Pin-Formats sollen die Creator in den Vordergrund rücken, sodass die Nutzerinnen und Nutzer diese kennenlernen. Du kannst die Idea-Pins nicht mit den Instagram-Storys gleichsetzen, sie dir aber als eine Mischung aus Instagram-Storys und Instagram-Reels vorstellen. Der Unterschied ist jedoch, dass die Idea-Pins nicht nach 24 Stunden verschwinden und auch über die Suchfunktion zu finden sind. Damit sind sie auch langlebig. Beachte auch, dass die Idea-Pins zuvor Story-Pins hießen. In Tabelle 6.2 findest du die wichtigsten Daten zu den Idea-Pins.

Ideale Größe	9:16 (1080 × 1920 px)
Empfohlene Seitenanzahl	Mindestens 5, höchstens 20
Maximale Videolänge	60 Sekunden pro Seite
Empfohlene Videolänge	30–60 Sekunden
Formate	Rezepte, Anleitung, Freestyle

Tabelle 6.2 Idea-Pins: alle wichtigen Daten im Überblick

Ziele erreichen mit Idea-Pins

Eines steht fest: Du kannst den Idea-Pin nicht für die Steigerung deines Website-Traffics verwenden. Im Idea-Pin geht es darum, kleine abgeschlossene Geschichten zu erzählen. Umsetzen kannst du das beispielsweise in Form von Anleitungen, Rezepten oder Tipps. Überlege, welchen Mehrwert dir die Idea-Pins in deiner

Nische bieten können. Hierfür eignen sich besonders kurze Videos in Kombination mit Text-Overlays, d. h., du integrierst passende Textelemente direkt auf der Pin-Grafik, die das Gezeigte weiter erläutern und wichtige Keywords enthalten.

Merke: Mit dem Idea-Pin kannst du ...
- deine Reichweite und Sichtbarkeit auf Pinterest erhöhen,
- neue Followerinnen gewinnen,
- mit deinen Followern in Interaktion treten,
- zeigen, wer hinter deinen Inhalten steckt,
- deine Produktpalette präsentieren,
- deine Kreativität direkt auf Pinterest zeigen und noch mehr Mehrwert liefern, um damit Vertrauen und Loyalität aufzubauen.

Gestaltungsmöglichkeiten

Idea-Pins sind ein sogenanntes *Mobile-first-Format*. Das bedeutet, dass du am Smartphone deutlich mehr Funktionen zur Verfügung hast als am Desktop. Das liegt daran, dass du, wie beispielsweise bei Instagram-Storys, direkt mit deiner Handykamera aufnehmen kannst, um daraus eine Seite deines Idea-Pins zu erstellen. Lass uns also anschauen, welche Funktionen dir am Handy zur Verfügung stehen, und auch, was im Vergleich zu den anderen Pin-Formaten bei den Pinterest-Idea-Pins nicht möglich ist.

Merke: Was Idea-Pins (nicht) können
- Du kannst Text hinzufügen: Es stehen einige Schriftarten zur Verfügung, du kannst aber **keine** eigenen hochladen.
- Du kannst deine Texte animieren: Blende zu einem bestimmten Zeitpunkt und für eine gewisse Dauer eine Animation ein.
- Du kannst Seiten hinzufügen, neu ordnen und löschen und diese mit Videos oder Bildern füllen.
- Content lässt sich direkt in der Pinterest-App aufnehmen oder durch bestehenden Content aus der Mediathek hochladen.
- Füge ganz einfach Musik hinzu; sie ist lizenzfrei, und du kannst sie ohne Sorge verwenden.
- Du kannst Voice-over nutzen und somit deinem Video eine Tonspur aus dem »Off« hinzufügen.
- Nutze Filter.
- Es ist möglich, Belichtung, Kontrast etc. anzupassen.
- Markiere andere Profile und dein eigenes Profil. Diese Markierungen sind klickbar und führen direkt zum entsprechenden Pinterest-Profil.

- Du kannst einen Beschreibungstext hinzufügen und so deine Zutaten-, Material- oder Produktlisten im Video zeigen.
- Dein Logo und eigene Markenfarben lassen sich nicht einfügen.

Pinterest-Idea-Pins geben dir die Gelegenheit, Inhalte noch kreativer darzustellen. Es wird von Pinterest absolut empfohlen, Videos einzufügen, denn Bewegtbild wird immer beliebter. Damit lassen sich Ideen und Inhalte mit deutlichem Mehrwert darstellen. Die Nutzer bekommen hier alle Infos, ohne die Plattform verlassen zu müssen; das ist nicht nur ansprechend, sondern auch kurzweilig für den User. In Abbildung 6.21 siehst du, wie die Gestaltung am Handy aussieht und welche Funktionen (z. B. Musik, Audio und Filter) dir zur Verfügung stehen.

Abbildung 6.21 Idea-Pin am Handy erstellen

Gestaltungstipps für Idea-Pins

Für fast jede Nische und jedes Thema gibt es tolle Gestaltungsmöglichkeiten für deine Idea-Pins. In Abbildung 6.22 siehst du beispielsweise einen Idea-Pin von

6.4 Designregeln für weitere Pin-Formate

Natalie für ihren Blog *mindbodylife.de* zum Thema »Ayurvedische Morgenroutine«. In diesem Pin wurden fast alle Gestaltungsmöglichkeiten in der mobilen Version aufgegriffen: Der Text fliegt animiert ins Bild, es ist eine Erklärung mit dem Voice-over eingesprochen, die Erwähnung des eigenen Profils wird auf der letzten Seite als CTA gesetzt. Du siehst also, dass es durchaus Ähnlichkeiten mit den Instagram-Reels gibt.

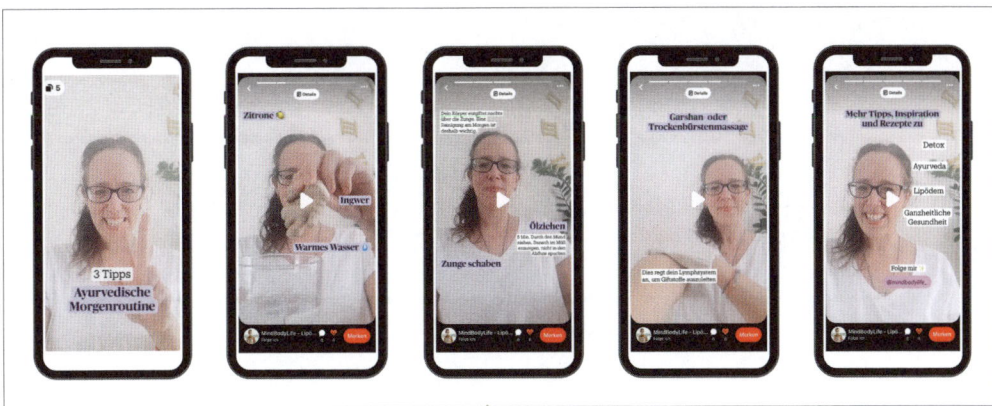

Abbildung 6.22 Idea-Pin-Beispiel, das am Handy umgesetzt wurde

Wenn du deine Idea-Pins am Desktop erstellen möchtest, stehen dir wesentlich weniger Funktionen zur Verfügung. Du kannst im Prinzip nur deine Grafiken hochladen und die Beschreibung hinzufügen; Funktionen wie Musik, Voice-over, Erwähnungen etc. stehen dir nur am Handy zur Verfügung. Es gibt jedoch einen Vorteil für die Erstellung von Idea-Pins an deinem Desktop: Du kannst die Pins in deinem Branding gestalten. Dies machst du wie gewohnt in deinem Designtool wie z. B. Canva. Den Idea-Pin lädst du dann wie die anderen Pins direkt in Pinterest unter PIN ERSTELLEN hoch und fügst die Beschreibung hinzu. Wie so ein Idea-Pin aussehen kann, der am Desktop erstellt wurde, siehst du in Abbildung 6.23 am Pin der Rezeptbuch-Autorin *Sallys Welt*. Auf dem letzten Bild siehst du auch, wie der Beschreibungstext aussehen kann. In diesem Beispiel sind die Zutaten aufgeführt. Die Beschreibung kannst du nur einmal hinzufügen, sie ist somit für jede Seite gleich. Wir haben das Gefühl, dass über das Handy hochgeladene Pins eine höhere Reichweite erzielen. Beobachte gerne selbst, ob dies auch bei dir der Fall ist.

> **Tipp: Idea-Pins für die Suchmaschine optimieren**
> Auch bei der Gestaltung von Idea-Pins sollst du auf die Keyword-Optimierung achten. Dies ist vor allem für den Pin-Titel wichtig. Außerdem gibt es beim Idea-Pin im Vergleich zu den anderen Pin-Formaten eine neue Funktion: Du kannst am Ende des Prozesses die Interessen deiner Zielgruppe hinzufügen, die für genau diesen Pin passend sind. Dabei kannst du aus vorgegebenen Begriffen auswählen.

Abbildung 6.23 Idea-Pin-Beispiel, das am Desktop umgesetzt wurde (Quelle: Screenshot auf Pinterest von sallys-blog.de)

> **Mach mit: Checkliste für den idealen Idea-Pin**
>
> Dein Idea-Pin
>
> - enthält Videos, idealerweise direkt auf der Titelseite; falls du keine Videos hast, ist das auch vollkommen in Ordnung, sodass du nur Bilder verwendest,
> - ist persönlich oder anleitend,
> - erklärt die Idee von Anfang bis Ende und somit Schritt für Schritt,
> - besteht aus mindestens fünf Seiten, gerne mehr,
> - enthält Text-Overlays sowie weitere Informationen, mit denen die Nutzerinnen und Nutzer die Idee direkt selbst umsetzen können,
> - beinhaltet keine Links – weder auf dem Pin noch in der Detailseite. Du kannst jedoch mit der Erwähnen-Funktion dein Pinterest-Profil verlinken.

Diese Idea-Pin-Beispiele und weitere findest du unter anderem in der Idea-Pin-Pinnwand, die du mit dem Pincode in Abbildung 6.24 aufrufen kannst.

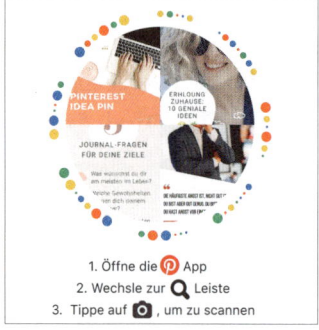

Abbildung 6.24 Mit diesem Pincode gelangst du zu Idea-Pin-Beispielen.

Instagram-Storys versus Pinterest-Idea-Pins

Pinterest-Idea-Pins zeichnen sich gegenüber Instagram-Storys durch folgende Unterschiede aus:

- Sie werden nicht nach 24 Stunden gelöscht, sondern bleiben dauerhaft bestehen.
- Idea-Pins werden überall angezeigt: im Home-Feed, Follow-Feed, Such-Feed, Heute-Tab.
- Außerdem heben sich Idea-Pins in deinem Profil ab. Sie werden im Reiter Gemerkt ganz oben unter deiner Profilbeschreibung angezeigt. Das heißt, sie gehen nicht in deinem Profil unter, sondern werden prominent platziert. Somit wird das regelmäßige Erstellen von Idea-Pins noch mehr belohnt. Dies spricht für die Relevanz dieses Pin-Formats in den Augen von Pinterest.
- Idea-Pins können kommentiert und auf Pinnwänden gemerkt werden und sind somit langfristig im Umlauf.
- Es geht um Mehrwert, nicht darum, was die Creator gerade persönlich machen und dass sie beispielsweise ihren Tag dokumentieren. Hier werden reiner Mehrwert und Inspiration geschaffen, die die Nutzerinnen und Nutzer zur eigenen Umsetzung anregen.

> **Tipp: Deine Idea-Pins**
> 1. Falls du auch bei Instagram bist, kannst du deine Videos aus den Instagram-Storys sehr gut für die Idea-Pins auf Pinterest aufbereiten und wiederverwenden. Sie eignen sich ideal für smartes Recycling! Die Inhalte des Idea-Pins aus Abbildung 6.22 hat Natalie beispielsweise auch in ihrer Instagram-Story veröffentlicht.
> 2. Die Bearbeitung deines Idea-Pins ist sogar noch nach der Veröffentlichung möglich. Beachte allerdings, dass du das Coverbild nicht mehr ändern kannst!
> 3. Nutze die Erwähnen-Funktion am Handy. So kannst du die Nutzerinnen und Nutzer direkt auffordern, deinem Profil zu folgen. Außerdem lassen sich damit auch sehr gut andere Profile taggen, zum Beispiel, wenn Unternehmen mit Influencerinnen kooperieren. Beispiele für Influencer-Integrationen findest du unter anderem auf der Pinnwand in Abbildung 6.24.

Schauen wir uns nun noch ein weiteres Pin-Format an und untersuchen wir, wie du dieses vor allem zum Verkauf von Produkten sehr gut verwenden kannst: Katalog-Pins.

6.4.4 Katalog-Pins für die E-Commerce-Branche

Ein Katalog-Pin ist ein üblicher Standard-Pin. Du kannst diesem Produkte hinzufügen, woraufhin ein Katalog-Pin entsteht. Dies ist entweder direkt beim Hochladen der Pins oder aber auch nachträglich möglich. Das Hinzufügen der Produkte zu einem Pin kann etwas Zeit in Anspruch nehmen. Deshalb ist es in der Regel nicht sinnvoll, das für jeden Pin zu machen, sondern nur, wenn die Grafik es anbietet. Außerdem lassen sich Katalog Pins nicht vorplanen, sondern müssen direkt in Pinterest veröffentlich werden. Besonders geeignet für die Integration der Katalog-Funktion sind *Geschenke-Pins*, die du später in diesem Kapitel kennenlernen wirst.

Der Katalog-Pin ist ein Pin-Format, das speziell für die E-Commerce-Branche entwickelt wurde und dem *Shop-the-Look*-Stil ähnelt. Das heißt, du kannst bis zu 24 Produkte (mindestens jedoch drei Produkte) in einem Pin verlinken, die auf dem Bild zu sehen sind. Alle diese Produkte können individuell verlinkt werden, und so entsteht eine Art Katalogansicht, die zum Blättern, Stöbern und Kaufen einlädt. Der Katalog-Pin fällt im Feed dadurch auf, dass im unteren Bereich des eigentlichen Standard-Pins drei Produktbilder angefügt sind (siehe Abbildung 6.25, linke Grafik). Öffnest du nun den Pin im Close-up, erscheint in der mobilen Ansicht unter dem Pin der Shop-the-Look-Bereich, indem durch die verlinkten Produkte gescrollt werden kann (siehe Abbildung 6.25, rechte Grafik). Jede dieser einzelnen Produkt-Verlinkungen führt beim Klicken zunächst auf einen einzelnen Pin, über den im nächsten Schritt die Produktseite im Shop zu erreichen ist. So gehst du tiefer in die Customer Journey hinein und motivierst die Nutzer, mit deinen Produkten zu interagieren und sie gegebenenfalls zu kaufen.

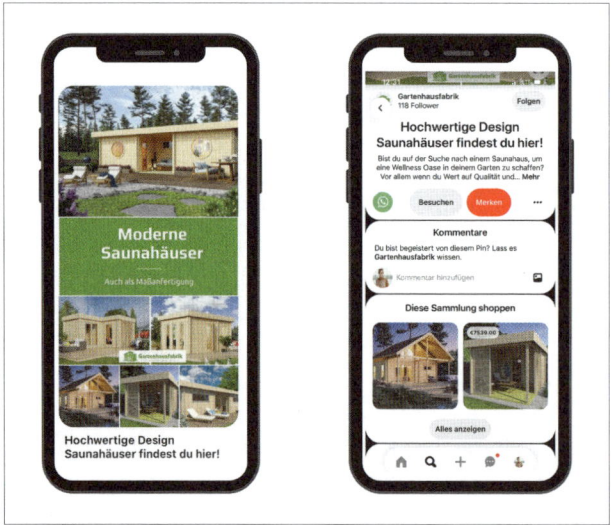

Abbildung 6.25 Beispiel eines Katalog-Pins (Quelle: gartenhausfabrik.de)

> **Tipp: Von den Pin-Formaten zu weiteren Designvarianten**
>
> Die unterschiedlichen Pin-Formate – Standard-Pin, Video-Pin, Karussell-Pin, Idea-Pin und Katalog-Pin – hast du nun kennengelernt. In den nächsten Abschnitten wirst du

weitere Pin-Varianten kennenlernen. Dies sind allerdings keine weiteren Pin-Formate, sondern unterschiedliche Gestaltungsvarianten, die aus den Standard-Pins erstellt werden können. Du kannst sie verwenden, um mehr Variation reinzubringen und andere Ziele zu erreichen, zum Beispiel mehr Merken-Aktionen und zusätzlichen Mehrwert zu liefern. Schau also mal, welche Varianten sich gut für deinen Content eignen. Du kannst diese ergänzend in deine Pin-Strategie aufnehmen, sofern du dafür Kapazitäten hast.

6.4.5 Zitate-Pins

Ein weiteres, simpel umzusetzendes Pin-Beispiel sind Zitate-Pins. Dies sind zwar keine konkreten Pin-Formate an sich, aber eine wichtige Gestaltungsmöglichkeit, die vor allem dann sehr praktisch ist, wenn du nur begrenzten Content in Form von Blogartikeln oder Produkten auf der Website hast. Mit Zitate-Pins kannst du einfach zu deiner Nische passende Zitate auf einen Pin bringen und diesen veröffentlichen. Wichtig ist dabei, dass du sie in ein schönes Design verpackst, das dein Branding widerspiegelt; denn Klicks wirst du damit weniger erreichen, aber sehr wohl Merken-Aktionen. Aus diesem Grund ist es sinnvoll, bei diesen Pins dein Branding in den Vordergrund zu stellen. Außerdem werden Zitate-Pins immer sehr gerne als Handyhintergrund verwendet. So haben die Nutzer dein Branding tagtäglich auf ihrem Handy direkt vor Augen und werden (teilweise unterbewusst) an dich erinnert. Du kannst Zitate-Pins im 1:1-, 2:3- oder auch 9:16-Format gestalten. In Abbildung 6.26 siehst du einige Beispiele, wie schöne Zitate-Pins aussehen können.

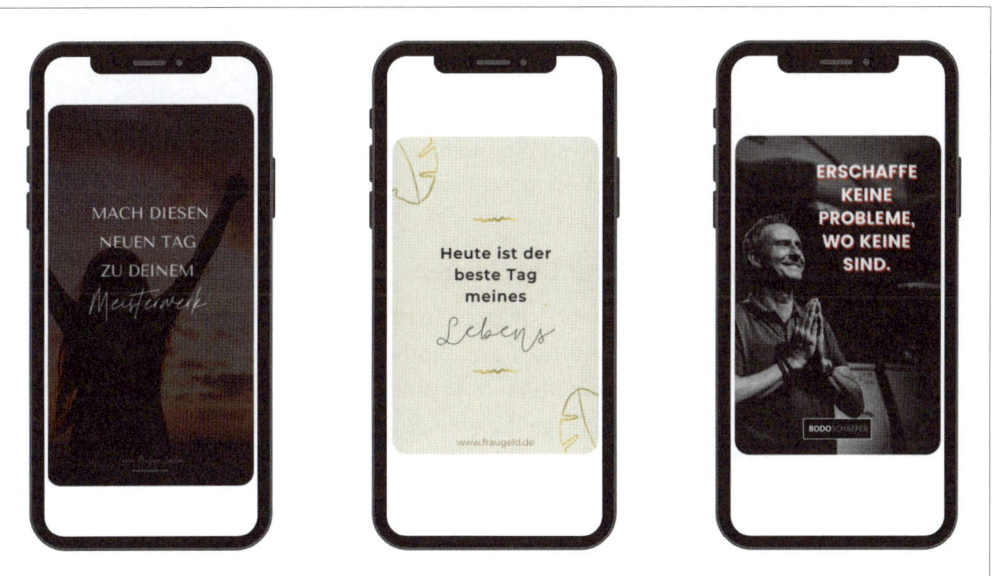

Abbildung 6.26 Zitate-Pin-Beispiele (Quellen: Laura Malina Seiler (links), Jeanine Hurte (Mitte), Bodo Schäfer (rechts))

> **Praxiserfahrung von Vanilla Mind: Binde einen Call-to-Action ein**
>
> Die Kommunikationsdesignerin bindet sehr gerne Zitate in ihrer Pin-Strategie ein. Diese performen bei ihr beispielsweise zu den Themen Achtsamkeit, konzentriertes Arbeiten und zu sämtlichen Business-Themen sehr gut. Um die Nutzer bei Zitate-Pins noch mehr zum Klicken zu motivieren, rät sie, einen Call-to-Action wie »mehr lesen« zu integrieren, sofern der Pin auf einen passenden Blogartikel führt.
>
> *Tipps aus dem Interview mit Melina Royer von Vanilla Mind im Pinsights-Podcast in #80, »Designtipps für Pinterest von Vanilla Mind«*

Als Linkziel der Zitate-Pins kannst du deine Startseite oder aber, falls du einen thematisch passenden Blogartikel hast, noch besser diesen auswählen. Beachte bei der Pin-Beschreibung auch, dass du Keywords wie »Wallpaper«, »Handyhintergrund«, »Sprüche«, »Zitate« etc. einbindest.

> **Tipp: Teile die Zitate-Pinnwand auf Social Media**
>
> Idealerweise erstellst du eine Pinnwand speziell mit Sprüchen und Zitaten. Diese kannst du sehr gut auf anderen Social-Media-Plattformen wie Instagram teilen – vor allem, wenn sich deine Community die Pins als Handyhintergrund herunterladen kann. Auf Pinterest ist es nämlich möglich, Pins herunterzuladen. Dazu öffnest du einen Pin im Close-up, klickst auf die drei Menüpunkte und wählst BILD HERUNTERLADEN. Dies geht allerdings nur mit Standard-Pins und nicht mit Videos. Dann bietet die Pinnwand einen echten Mehrwert als Cross-Marketing-Maßnahme. Denn bei Instagram lässt sich eine Vielzahl an Sprüchen und Hintergründen nur schwer abbilden. Lade deine Instagram-Follower also ein, auf der Pinnwand zu stöbern, sich die schönsten Inspirationen zu merken oder auch herunterzuladen.

Wir möchten uns nun noch mit dir anschauen, welchen Mehrwert dir die Nutzung von Infografiken und Checklisten auf Pinterest bieten können.

6.4.6 Infografiken und Checklisten

In diesen Pin-Designs lassen sich zum Beispiel Checklisten für bestimmte Reiseziele, die Geburtsvorbereitung oder Produktivitätstipps erstellen. Infografiken beinhalten zusätzliche Informationen. Beispielsweise werden die Inhaltsstoffe einiger Nahrungsmittel erklärt, Yogaübungen detailliert dargestellt oder Produkteigenschaften deutlich gemacht.

Beispiele dazu findest du in Abbildung 6.27. Diese werden in der Regel hauptsächlich gemerkt, weshalb auch hier wieder ein gutes Branding wichtig ist. Für das Format eignen sich entweder das Standardformat (1000 × 1500 px) oder auch ein »langer« Pin (600 × 1200 px) sehr gut.

6.4 Designregeln für weitere Pin-Formate

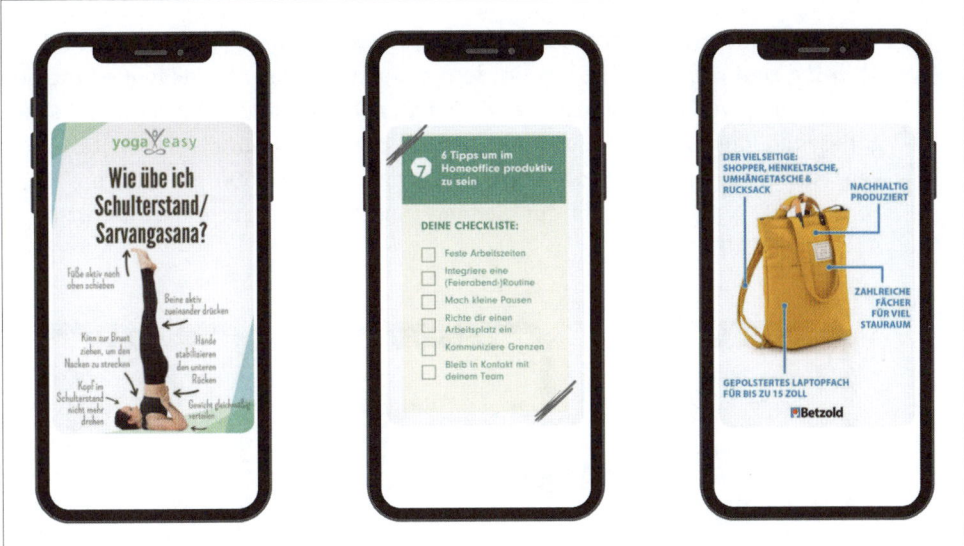

Abbildung 6.27 Beispiele von Infografiken und Checklisten (Quellen: Yoga easy (links), 7mind (Mitte), Betzold (rechts))

Mehr Pin-Beispiele aus unterschiedlichen Branchen findest du auf unserer Infografiken-Pinnwand. Scanne dazu in der Pinterest-App den QR-Code in Abbildung 6.28.

Abbildung 6.28 Pincode, um zur Pinnwand »Best-Practice-Beispiele zu Infografiken« zu gelangen

6.4.7 Geschenke-Pins

Wir möchten dir noch eine besondere Form der Infografiken vorstellen, die wir als »Geschenke-Pin« bezeichnen. Diese sind eine tolle Möglichkeit, um Mehrwert oder Produkte mit dem Shop zu verbinden. Außerdem lassen sie sich sehr gut an Anlässe, Trends, Saisons und Ähnliches anpassen: Geschenkideen für Weinliebhaber, Geschenkideen zum Muttertag, Wohnzimmer im Scandi-Stil einrichten, Homeoffice produktiv gestalten, Materialien für Aquarell-Anfänger etc. Besonders praktisch ist hierbei, dass sich diese Art der Pin-Gestaltung sehr gut mit dem Katalog-Pin verbinden lässt. So kannst du alle Produkte, die auf dem Pin zu sehen sind, im *Shop-the-Look*-Stil verlinken, die wiederum direkt auf die entsprechende Produktseite im Shop verlinkt. Der Geschenke-Pin an sich kann in der Regel gut auf Kategorieseiten, die zum Thema des Pins passen, oder direkt auf die Startseite verlinken. Auch hier eignet sich das Standardformat (1000 × 1500 px) oder das lange Format (600 × 1260 px) sehr gut. Schöne Umsetzungsbeispiele dazu siehst du in Abbildung 6.29.

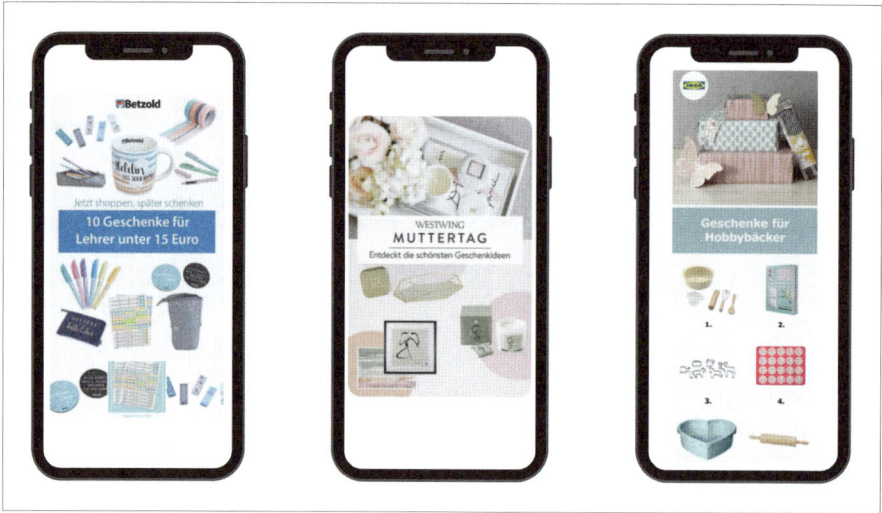

Abbildung 6.29 Beispiele für Geschenke-Pins (Quellen: Betzold (links), Westwing (Mitte), IKEA (rechts))

Weitere Ideen und Inspirationen, wie dieser Pin-Typ gestaltet und umgesetzt werden kann, findest du auf unserer Geschenke-Pins-Pinnwand. Scanne dazu den Pincode in Abbildung 6.30 in deiner Pinterest-App, um dir die Pin-Beispiele anzusehen.

Abbildung 6.30 Pincode, der zur Pinnwand »Geschenke-Pins« von Skana Media führt

6.4.8 Coverbilder

Du kannst jede deiner Pinnwände mit einem Titelbild versehen. Theoretisch hast du die Möglichkeit, jeden deiner Pins, die sich auf der entsprechenden Pinnwand befinden, als Coverbild zu verwenden. Allerdings haben die meisten Pin-Formate die Größe 2:3, wobei die Cover-Pins quadratisch abgebildet werden. Kommst du zum Beispiel aus dem Einrichtungsbereich, und deine Pins weisen eher wenig Text auf, sondern fokussieren sich auf das Bild an sich als Inspirationsquelle, sind speziell designte Coverbilder nicht zwingend notwendig. Auch ohne eigens erstellte Cover-Pins kann dein Profil harmonisch aussehen. Das Unternehmen *Wohnklamotte* hat es beispielsweise so umgesetzt, wie du es in Abbildung 6.31 siehst. Dazu hat es einfach passende Pins aus der entsprechenden Pinnwand ausgewählt, die thematisch gut passen und im Feed harmonisch aussehen.

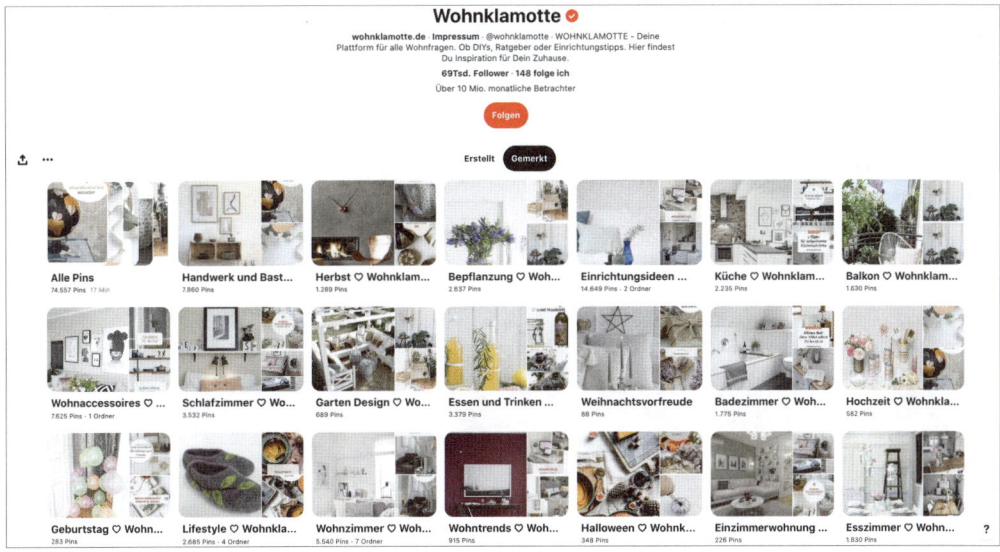

Abbildung 6.31 Beispiel eines Profils mit Pins als Coverbild

Coverbilder sind also, je nach Art deines Angebots, ein optionales Thema. Aufgrund des Formates der Coverbilder (1:1) empfehlen wir vor allem bei textlastigen Pins, wie dies beispielsweise häufig bei Coaches der Fall ist, eigens designte Coverbilder zu nutzen, da sonst ein sehr unübersichtliches Gesamtbild entstehen kann (siehe Abbildung 6.32).

Von dir erstellte Coverbilder bringen Ordnung sowie Branding in dein Pinterest-Profil. Wie dies aussehen kann, siehst du am Beispiel des Female Money Coaches *Jeanine Hurte* in Abbildung 6.33. Schauen wir uns doch einmal an, wie du ein Coverbild erstellen kannst und was du dabei beachten solltest. Wir empfehlen dir, eine Designvorlage im 1:1-Format (z. B. 1080 × 1080 px) anzulegen.

Abbildung 6.32 Beispiel eines Profils ohne optimierte Coverbilder

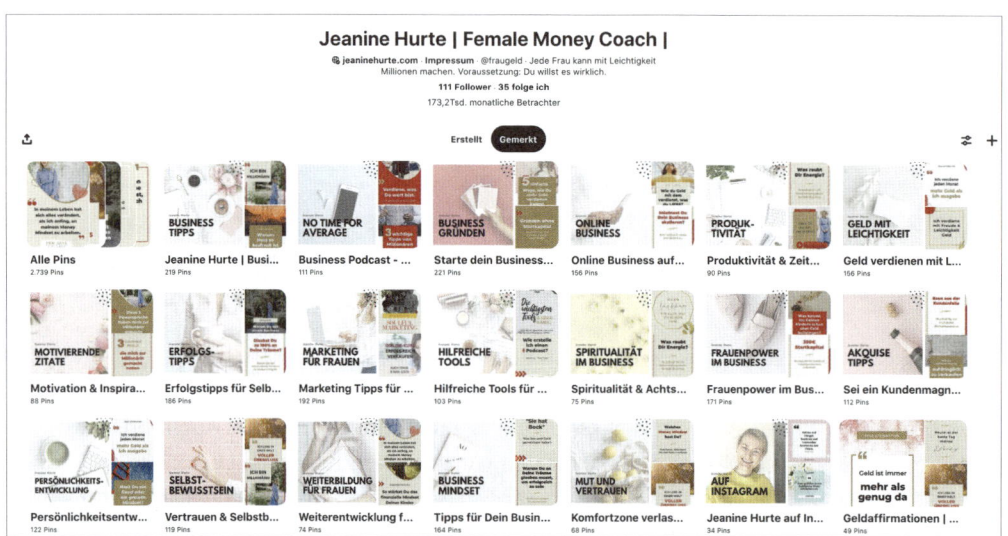

Abbildung 6.33 Profil-Beispiel mit optimierten Coverbildern
(Quelle: Pinterest-Profil von fraugeld.de)

Ein Coverbild sollte im besten Fall immer ein Bild sowie den Pinnwand-Titel als Textelement enthalten. Das Bild sollte thematisch zu der entsprechenden Pinnwand passen. Manche Profile wählen auch einen einfarbigen Hintergrund aus, der auf jedem Pin gleich ist. Dabei verändert sich je nach Pinnwand immer nur der Text. Diese Gestaltung können wir dir allerdings nicht empfehlen, da dies oft sehr eintönig aussieht und auch nicht dem typischen Designerlebnis auf Pinterest entspricht. Die Mischung aus Bild und Text hat den Vorteil, dass du dein persönliches Branding integrieren kannst – das sieht übersichtlich und klar aus und spiegelt gleichzeitig auch den inspirativen Stil von Pinterest wider. Ein weiterer Vorteil des Entwerfens eines Coverbildes ist, dass der Pinnwand-Titel sonst aufgrund des Formates oft abgeschnitten wird (siehe Abbildung 6.33). Bindest du ihn auf der Grafik ein, kann man immer das Kernthema der Pinnwand lesen. Hier wird nichts abgeschnitten.

Weitere Beispiele zu Pinterest-Coverbildern findest du in unserer Pinnwand im Skana-Media-Account. Scanne dazu wie gewohnt den Pincode in Abbildung 6.34.

Abbildung 6.34 Pincode, um zur Pinnwand mit Best-Practice-Beispielen für Coverbilder zu gelangen

Neben deinen Coverbildern kannst du auch deinen Profil-Header individuell gestalten. Du erfährst nun unsere Tipps und Tricks dazu.

6.4.9 Profil-Header

In deinem Pinterest-Profil wird oben über deinem Namen ein Header-Bereich angezeigt. Standardmäßig werden hier die neusten Pins in einer Kachelansicht angezeigt.

Du hast allerdings auch die Möglichkeit, sie mit einem Bild oder Video zu individualisieren. Best-Practice-Beispiele gibt es dazu aktuell noch nicht sehr viele. Schau dir aber gerne einmal das Profil von Kitchen Stories (siehe Abbildung 6.35),

Springlane, Westwing oder Jeanine Hurte an. Hier wurde ein individuelles Branding des Headers sehr gut umgesetzt. Das Format beträgt 800 × 450 px (16:9).

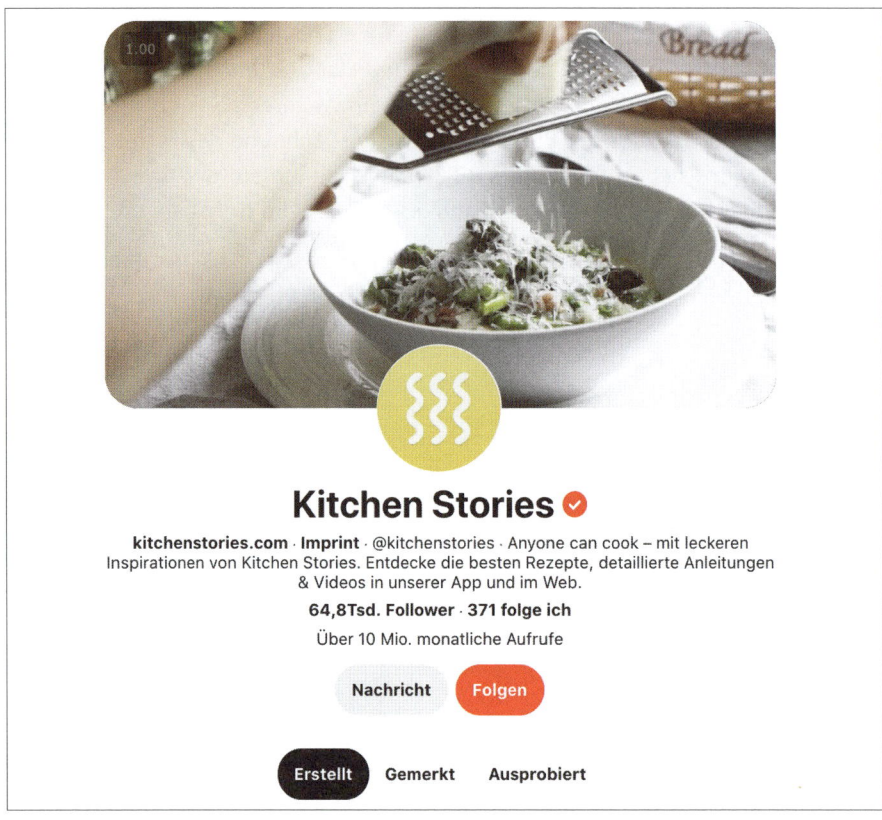

Abbildung 6.35 Beispiel eines Profil-Headers mit integriertem Video (Quelle: Pinterest-Profil von Kitchen Stories)

6.5   85 % mobil: Optimiere für mobile Endgeräte

Als Creator wirst du viel Zeit am Computer und somit Desktop verbringen. Doch 85 % der Pinterest-Nutzerinnen und -Nutzer sind in der Pinterest-App unterwegs. Das ist entscheidend für die Strategie und die Gestaltung des Contents für Pinterest!

Du solltest wissen, welches Nutzererlebnis deine Zielgruppe mit deinen Pins auf Pinterest hat – wie werden die Pins, Werbeanzeigen und vor allem die unterschiedlichen Pin-Formate in der App angezeigt? Mobil werden die Pins oftmals anders angezeigt als in der Desktop-Version!

Es kann nämlich sein, dass in der mobilen Ansicht einzelne Aspekte deines Pins verdeckt sind. Schau dir deshalb unbedingt regelmäßig an, wie deine Pins auf dem Smartphone wirken. Denn es kann schon mal sein, dass sich die Position der Symbole ändert. Aufgrund der Leserichtung ist die Position des Logos oben links zu empfehlen. Allerdings werden bei anderen Pin-Formaten wie Karussells oder Videos genau hier Elemente darübergelegt. In Abbildung 6.36 siehst du, an welcher Stelle Elemente von Pinterest auf dem Pin eingebunden sind. Achte also darauf, dass sich bei den weiteren Pin-Formaten nicht dein Logo an den entsprechenden Stellen befindet. Beim Standard-Pin kannst du es aber immer oben links platzieren. Der erste Pin in Abbildung 6.36 ist ein Karussell-Pin, auf dem die Seitenanzahl oben links im Pin angezeigt wird. Bei Video-Pins wird dort die Videodauer abgebildet. Der dritte Pin ist eine Werbeanzeige, die im Feed sehr natürlich wie andere Pins aussieht. Außerdem wird bei allen Pin-Formaten im Close-up die Lupe unten rechts in der Ecke eingebunden.

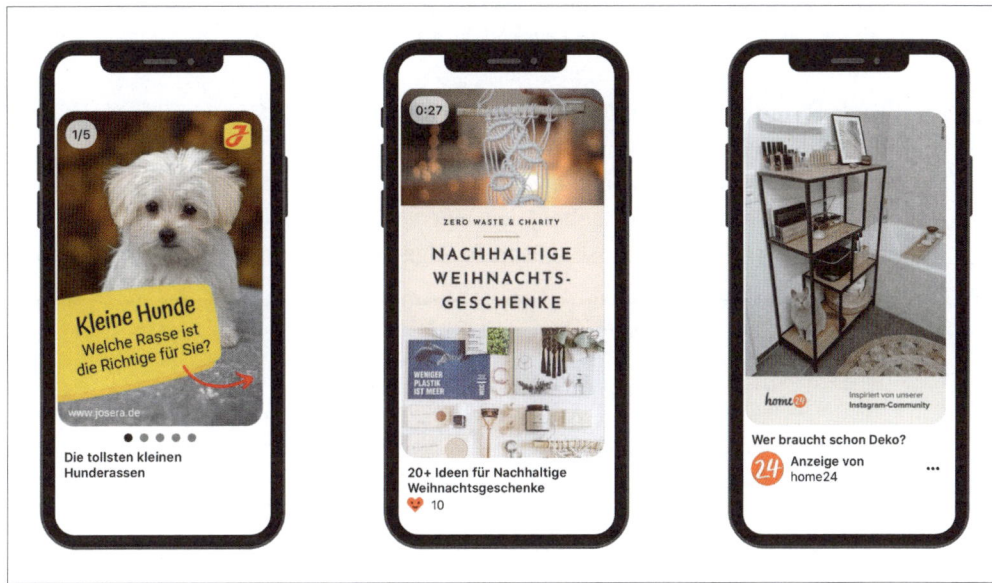

Abbildung 6.36 Ansichten unterschiedlicher Pin-Formate in der Pinterest-App (Quellen: josera.de, heylilahey.com, home24)

Wichtig ist außerdem, dass du in der mobilen Ansicht überprüfst, ob die gute und schnelle Lesbarkeit bei deinem Pin-Design gegeben ist.

Und auch bei der Website-Optimierung, um die es im nächsten Kapitel gehen wird, solltest du immer darauf achten, die Website für die mobile Ansicht zu optimieren.

> **Fazit: Wichtiges zur Pin-Gestaltung**
> - Beachte unbedingt die Best-Practice-Regeln, damit deine Pins gut gelesen werden können, Neugier wecken, einen Mehrwert bieten und auch für eine Steigerung der Markenbekanntheit sorgen.
> - Setze immer Inspiration und Mehrwert in den Vordergrund: Wonach sucht deine Zielgruppe, und wie kannst du ihr nun weiterhelfen?
> - Überprüfe deine Pins und dein Profil regelmäßig am Handy.
> - Ein Mix aus Pin-Formaten ist sehr zu empfehlen! So kannst du unterschiedliche Ziele und deine Zielgruppe in unterschiedlichen Phasen der Customer Journey erreichen. Für Anfängerinnen und Anfänger ist es aber ausreichend, sich zu Beginn auf die Standard-Pins zu fokussieren.
> - Gestalte dir von Anfang an mehrere Varianten Pinterest-optimierter Designvorlagen. So sparst du sehr viel Zeit, und du kannst auch über die Zeit testen, welche am besten ankommen.
> - Probiere bei den Texten auf den Pins unterschiedliche Varianten aus. So bekommst du mit der Zeit ein besseres Gefühl dafür, was besonders positiv angenommen wird.

Du hast nun einen Überblick über die verschiedenen Pin-Formate und weißt, was du bei deren Erstellung und Platzierung beachten solltest. Lege also direkt los, und erstelle deine Pin-Vorlagen. Sie werden dir eine große Zeitersparnis bieten und dir außerdem die Möglichkeit geben, dein eigenes Design zu finden, das dein Branding gut einbindet. Für die nächsten Schritte folge den Ideen in unserer Aufgabenbox.

> **Mach mit: Erstelle einen Pin**
> 1. Erstelle deine Pin-Vorlagen, zum Beispiel in Canva.
> 2. Suche die für dich relevantesten fünf Linkziele heraus.
> 3. Erstelle zu diesen fünf Linkzielen jeweils drei Pins mithilfe der Pin-Vorlagen. Lege dabei gerne den Fokus auf Standard-Pins.
> 4. Optional kannst du Coverbilder und einen Profil-Header gestalten sowie
> 5. Pin-Formate wie Karussell-, Video- oder Idea-Pins.

Wir haben uns nun ausführlich dem Herzstück von Pinterest – einer visuellen Suchmaschine –, nämlich den Pins, gewidmet. Die ideale Gestaltung ist ein wichtiges Kernelement einer erfolgreichen Strategie auf Pinterest. Tobe dich hier also gerne aus, probiere unterschiedliche Designs aus, und präsentiere deine Marke ideal gemäß deinen Werten und deiner Zielgruppe. Im nächsten Kapitel schauen wir uns an, wie du diese Pins auf Pinterest veröffentlichst und somit deinen Pinterest-Account vervollständigst.

Kapitel 7

Deine ersten Schritte auf Pinterest: die Profileinrichtung, Teil 2

Deine Pins sind das Schaufenster deines Angebots auf Pinterest. Sehen wir uns an, wie du es so gestaltest, dass es deine Zielgruppe bestmöglich anspricht und dein Angebot optimal widerspiegelt.

In Kapitel 4 hast du bereits damit begonnen, dein Pinterest-Profil einzurichten. Wir haben die Einrichtung des Profils bewusst in zwei Kapitel unterteilt, um dir alle Vorgänge so umsetzungsfreundlich wie möglich näherzubringen. Im ersten Teil ging es um die Basiseinrichtung und die Grundeinstellungen. Im zweiten Teil befasst du dich jetzt mit dem Herzstück deines Pinterest-Profils: den Pinnwänden und den Pins. Mit dem Wissen aus Kapitel 5 und 6 und deiner geleisteten Vorarbeit können wir nun mit der Vervollständigung deines Profils weitermachen. Inzwischen hast du deine Themenwolke erstellt, die Zielgruppe bestimmt, eine ausführliche Keyword-Recherche durchgeführt, und du weißt auch, wo diese Keywords platziert werden, du hast deine Pin-Vorlagen sowie die ersten Pins erstellt. In diesem Kapitel lernst du, alles zusammenzufügen. Also, los geht's – in nur wenigen Schritten zum vollständigen Profil!

> **Kapitelübersicht: Deine ersten Schritte auf Pinterest: Profileinrichtung, Teil 2**
> In diesem Kapitel
> - richten wir deinen Profil-Header ein,
> - erstellen wir deine ersten Pinnwände,
> - schauen wir uns an, wie du einen Pin hochlädst,
> - finden wir für dich strategisch relevante Gruppenboards,
> - stellen wir dir die Pinterest Business Community vor.

7.1 Funktionen und Einrichtung von Pinnwänden

Eine Pinnwand, auch Board genannt, ist dein Schaufenster auf Pinterest. Hier sammelst du thematisch sortierte Pins zu deinen Themenwelten. Schauen wir uns zunächst einmal an, welche Arten von Pinnwänden es gibt und wie du sie mit den unterschiedlichen Funktionen für dein Unternehmen nutzen kannst.

7.1.1 Welche Pinnwandarten gibt es?

Mit Sicherheit kennst du bereits die öffentlichen Pinnwände auf Pinterest, die für jeden einsehbar sind. Das sind auch die wichtigsten Boards in deinem Profil. Doch es gibt noch vier weitere Arten von Pinnwänden. Welche Funktion diese haben und wann du sie am besten nutzt, erfährst du im Folgenden.

Öffentliche Pinnwände

Hier pinnst du deine eigenen Pins, und je nach Strategie kuratierst du hier auch zielgruppenrelevanten Content anderer Creator. Deine öffentlichen Pinnwände sollten thematisch gut sortiert sein. Pins, die du hier zeigst, können von allen Nutzern gefunden werden.

Geheime Pinnwände

Eine geheime Pinnwand ist nur für dich einsehbar und für die Personen, die du dazu eingeladen hast. Geheime Pins und Pinnwände werden nicht im Start-Feed, in Suchergebnissen oder an sonstigen Stellen zu sehen sein. Die Nutzerin, deren Pin du dir auf deinem geheimen Board gemerkt hast, wird nicht benachrichtigt. Wenn du einen Pin auf einer öffentlichen Pinnwand teilst, eine andere Person sich diesen Pin merkt und du den Pin später auf ein geheimes Board stellst, dann verhält es sich folgendermaßen: Der Pin findet sich nicht mehr auf deiner Pinnwand, aber noch auf der Pinnwand der Person, die sich den Pin gemerkt hat.

Du fragst dich gerade, welchen Mehrwert dir die geheimen Pinnwände bieten können? Lass uns fünf Optionen detailliert besprechen.

Vier Möglichkeiten für die Nutzung privater Pinnwände

1. Wann immer du auf Pinterest unterwegs bist, kannst du hier interessante und relevante Pins abspeichern. Diese Pins kannst du für deine Content-Planung verwenden und dann gesammelt in deinem Content-Management-Tool einplanen. Dieser Tipp ist für dich nicht relevant, wenn das Teilen fremder Inhalte nicht Teil deiner Pinterest-Strategie ist.

2. Wenn dir Pins begegnen, die dir optisch gefallen oder deren Inhalte auch für deinen Content-Speicher interessant wären, dann kannst du dir ein geheimes Inspirationsboard anlegen. Mit Content-Speicher meinen wir eine Liste mit Themen, die gut zu deiner Zielgruppe auf Pinterest passen und die du nutzt, um Ideen für neue Blogartikel zu sammeln.

3. Eine dritte Möglichkeit der geheimen Pinnwand ist es, sie zur Inspiration für Werbeanzeigen zu nutzen. Früher oder später wirst du sicher auch Werbeanzeigen auf Pinterest schalten – lege dir auch hierfür ein geheimes Board an, und speichere dir schon mal ansprechende Werbeanzeigen aus deinem Feed ab. Aber Vorsicht: Eine Anzeige kann auch wieder verschwinden, also mache am besten Screenshots.
4. Falls du kein privates Pinterest-Profil hast, ist eine geheime Pinnwand zudem eine Möglichkeit, hier alles zu posten, was nicht zielgruppenrelevant ist. Also: Wenn dein Businessthema Haustiere sind, dann erstelle kein öffentliches Board mit Meditationstipps. Wenn du vieles privat auf Pinterest sammelst, dann empfiehlt es sich sowieso, ein privates Profil anzulegen.

> **Merke: Vier Möglichkeiten für die Nutzung privater Pinnwände**
> 1. Pins speichern zur Content-Planung und späteren Verwendung
> 2. Inspiration für deine Pins – sei es optisch oder inhaltlich
> 3. Inspiration für deine künftigen Werbeanzeigen
> 4. Abspeichern von Privatem, also allem, was nicht zielgruppenrelevant ist

In obigem Kasten siehst du noch einmal, welche Möglichkeiten dir geheime Pinnwände bieten können. Neben geheimen Pinnwänden bietet Pinterest dir noch weitere Möglichkeiten der Pinnwandgestaltung.

Archivierte Pinnwände

Wenn du eine Pinnwand momentan nicht mehr benötigst, aber der Meinung bist, dass du sie noch mal gebrauchen kannst, dann archiviere sie. Der große Unterschied zwischen den geheimen und den archivierten Pinnwänden ist, dass du auf den von dir archivierten Pinnwänden keine Pins mehr abspeichern kannst; auf geheimen Pinnwänden ist dies aber sehr wohl möglich. Eine archivierte Pinnwand bietet dir auch insofern einen Vorteil, dass du Übersichtlichkeit und Struktur gewinnst. Denn wenn du dir Pins manuell auf Pinterest merken möchtest, dann werden dir alle Pinnwände zur Auswahl angezeigt. Dies ist ebenso der Fall, wenn du mit einem Content-Management-Tool wie Tailwind arbeitest. Da dies eine Menge Pinnwände sein können – denn es werden alle deine geheimen und öffentlichen Boards angezeigt – kann es durchaus Sinn ergeben, einige Pinnwände aus dieser Ansicht herauszunehmen und zu archivieren. Wenn du also eine Pinnwand nicht mehr benötigst, zum Beispiel weil sie inhaltlich nicht mehr zu deinen Themen passt oder weil sie nur für eine Aktion erstellt wurde, die über einen bestimmten Zeitraum lief, dann archiviere sie, und du hast mehr Ordnung in deiner Content-Planung. Wichtig zu wissen: Archiviere keine Winter-Pinnwand, nur weil aktuell Sommer ist. Es ist gut, wenn alle deine Themen ganzjährig gefunden werden können. 2020 haben die Pinterest-Nutzerinnen und -Nutzer zum Beispiel schon im April mit der Planung für Weihnachten angefangen. Archiviere nur Pinnwände, die du wirklich nicht mehr brauchst. »Kann ich die Pinnwände dann nicht einfach direkt löschen?«, fragst du dich jetzt vielleicht. Dies empfehlen wir nicht, weil du dadurch auch Follower verlieren kannst. Diese können nämlich deinem Profil sowie einzelnen Boards folgen. Du kannst das Board jederzeit wieder aus dem Archiv herausholen. Dafür gehst du auf deinem Profil in die Rubrik GEMERKT, scrollst ganz hinunter zu deinem archivierten Board und klickst auf das kleine Stiftsymbol. Daraufhin öffnet sich ein Fenster, du klickst ganz unten auf den Button AUS ARCHIV HOLEN, und schon ist deine Pinnwand wieder öffentlich. An gleicher Stelle auf dem benachbarten Button kannst du das Board auch LÖSCHEN.

Geschützte Pinnwände

In einer geschützten Pinnwand befinden sich grundsätzlich nur Pins aus Werbeanzeigen oder dem RSS-Feed. Der *RSS-Feed* (Really Simple Syndication) bezeichnet die strukturierte Bereitstellung von Inhalten einer Website. Man kann RSS-Feeds abonnieren und wird so automatisch informiert, wenn die Inhalte dieser Website aktualisiert werden. Du kannst dein Pinterest-Unternehmenskonto mit deinem RSS-Feeds verknüpfen, und somit werden automatisch Pins zu neuen Beiträgen deiner Website erstellt, was bis zu 24 Stunden ab Veröffentlichung des Beitrags dauern kann. Du kannst so viele RSS-Feeds hinzufügen, wie du möchtest. Wichtige Voraussetzung: Sie müssen mit deinen verifizierten Webseiten übereinstimmen. Jeder Feed kann Pins auf einer anderen Pinnwand veröffentlichen. In Abschnitt 7.2.5 erklären wir dir, wie du deinen RSS-Feed mit Pinterest verknüpfen kannst. Du kannst diese Funktion zu Beginn aber auch außer Acht lassen, sie wird in erster Linie von größeren Unternehmen genutzt. Der Großteil verwendet den RSS-Feed nicht.

Mit einem Bulk-Editor erstellte Pins werden bei jeder Verwendung des Bulk-Editors automatisch zu einer neuen, geschützten Pinnwand hinzugefügt. Der Bulk-Editor ist ein Tool für das Erstellen und Verwalten Tausender Pinterest-Anzeigenkampagnen auf einmal. Geschützte Pinnwände werden automatisch benannt und wie folgt angezeigt: *Erstellt von Ads Bulk Editor Datum/Zeit*. Die geschützten Pinnwände findest du unter den archivierten Pinnwänden ganz unten in deinem Profil im Bereich GEMERKT. Auch dieser Abschnitt ist nur für dich sichtbar. Pins auf geschützten Pinnwänden werden möglicherweise in Suchergebnissen und den Home-Feeds anderer Nutzerinnen und Nutzer angezeigt, ein Zugriff auf die geschützte Pinnwand ist jedoch nur über einen direkten Link möglich.

Gruppenpinnwand

Ein Gruppenboard ist eine Pinnwand, bei der mehrere Pinterest-Nutzerinnen und -Nutzer zum gleichen Interessengebiet mitpinnen. Pinterest hat die Gruppenboards ursprünglich ins Leben gerufen, um Menschen mit gleichen Interessen eine Plattform zu bieten, auf der sie gemeinsam Ideen sammeln können. Es gibt eine Pinnwand-Gründerin, das ist die Inhaberin des Boards, und diese kann dann andere zum Mitpinnen einladen.

An Gruppenboards teilzunehmen, ist inzwischen auch ganz klar eine strategische Entscheidung, um die eigene Reichweite zu steigern. Aber warum genau lässt sich die Reichweite mithilfe von Gruppenboards steigern? Angenommen, dein Pinterest-Profil hat 1000 Follower, und das Gruppenboard, an dem du teilnimmst, hat 10.000 Follower: Somit steigt natürlich die Wahrscheinlichkeit, dass deine Pins gesehen werden. Außerdem gibt es meist sogenannte Gruppenboard-Regeln, die zum Beispiel lauten: »Pinne 2 deiner Pins auf das Gruppenboard, und repinne dafür zwei Pins von anderen Nutzern aus dem Gruppenboard auf deine Pinnwände.« Wenn sich alle an diese Spielregeln halten, kann sich deine Reichweite durch das Repinnen deiner Pins natürlich nochmals erhöhen. Ab Ende 2018 hat Pinterest die Reichweite von Gruppenboards allerdings etwas begrenzt. Natürlich hatte es sich herumgesprochen, dass man auf den Gruppenboards eine gute Reichweite erzielen kann, und das nutzten viele Bloggerinnen und Blogger für sich, um Gruppenboards mit ihren Pins wahllos zu überfluten – also ein Handeln mit ziemlichem Spam-Charakter. Das wollte Pinterest unterbinden, und so wurde der Algorithmus für Gruppenpinnwände 2018 geändert. Dies hat zur Folge, dass Pins von Gruppenpinnwänden nicht mehr so oft ausgespielt werden. Betrachte die Gruppenpinnwände also eher als ein Puzzleteil in deiner Strategie und nicht als den ultimativen Reichweiten-Booster.

7.1.2 Pinnwand erstellen

Die Pinnwände sind neben den Pins die Basis deines Pinterest-Profils. Sie helfen dir dabei, deine Pins thematisch zu sortieren. Du kannst Pinnwände in deinem Profil erstellen oder während du dir einen Pin merkst. Wir zeigen dir beide Wege in der Pinterest-Desktop-Version. Wir empfehlen dir für deinen Workflow, am Desktop zu arbeiten. Das ist wesentlich effizienter. Gleichzeitig solltest du auch regelmäßig auf deinem Smartphone überprüfen, wie deine Pins aussehen. Zu Beginn empfehlen wir dir, mit 5–10 Pinnwänden zu starten, die jeweils mit 10–20 Pins von Beginn an befüllt sind.

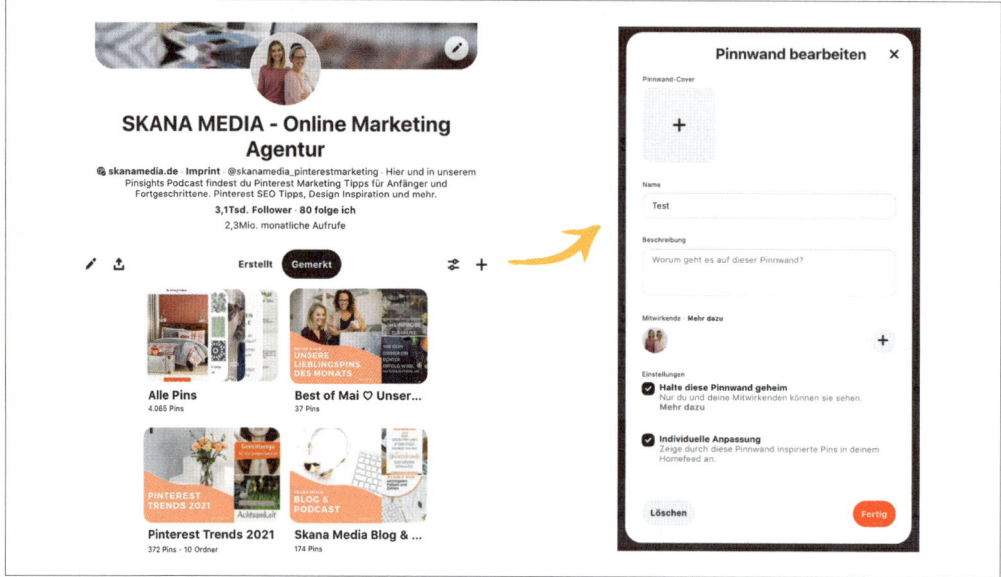

Abbildung 7.1 Erstelle eine Pinnwand.

Pinnwand in deinem Profil erstellen

Wenn du eine Pinnwand in deinem Pinterest-Profil erstellen möchtest, gehst du wie folgt vor.

1. Logge dich in dein Pinterest-Businesskonto ein.
2. Klicke oben rechts auf dein Profilbild, somit gelangst du zu deinem Profil.
3. Direkt unter deiner Profilbeschreibung siehst du eine kleine Navigation, die mindestens aus ERSTELLT und GEMERKT besteht. Hier klickst du auf GEMERKT und kommst zu deinem Bereich mit den Pinnwänden.
4. Ganz rechts befindet sich ein Plus, wie du in Abbildung 7.1 siehst. Klicke es an, und wähle PINNWAND aus.
5. Im Folgenden öffnet sich ein Fenster, das du auf der rechten Seite in Abbildung 7.1 siehst. Hier kannst du deinen Pinnwand-Titel eingeben, den du auch jederzeit wieder ändern kannst. In dem Fenster kannst du auch festlegen, ob du deine Pinnwand direkt veröffentlichen oder erst mal geheim halten willst. Wenn du das Gewünschte ausgewählt hast, klicke auf ERSTELLEN.
6. Du siehst in Abbildung 7.1 rechts oben im Screenshot auch die Möglichkeit, dein Pinnwand-Cover auszuwählen. Du kannst an dieser Stelle keinen Pin neu hochladen, sondern wählst dein Cover-Bild aus bereits bestehenden Pins aus. Diesen Schritt führst du also erst aus, nachdem du deine Pinnwand schon befüllt hast. Hast du extra ein Cover-Bild erstellt, dann lädst du es nach Erstellung

der Pinnwand auf diese hoch und wählst es danach als Cover-Bild aus. Alles zur Gestaltung von Cover-Bildern erfährst du in Abschnitt 6.4.8, »Coverbilder«.

7. Im nächsten Schritt öffnet sich ein Fenster, in dem dir Pins vorgeschlagen werden, die zu dem von dir gewählten Pinnwand-Titel passen. Wenn du dich zuvor strategisch entschieden hast, auch Pins anderer Creator oder Brands zu pinnen, dann kannst du an dieser Stelle schon deine ersten Pins auswählen. Mit der Bestätigung auf den FERTIG-Button schließt sich das Fenster, und dir wird deine Pinnwand angezeigt. Hier wird dir nochmals die Möglichkeit gegeben, Ideen für deine Pinnwand zu finden.

> **Mach mit: deine erste Pinnwand**
> Schau in deiner strategischen Planung, welche Pinnwände du dir notiert hast. Suche dir dein wichtigstes Thema aus, und erstelle dazu nun deine erste Pinnwand, die auch für Pinterest optimiert ist.

Pinnwand während des Merken-Prozesses erstellen

Als Brand- oder Content-Creator nutzt du Pinterest im Business-Kontext und wirst deine Pinnwand in der Regel so erstellen, wie eben beschrieben. Die zweite Variante wird eher in der privaten Nutzung verwendet; der Vollständigkeit halber möchten wir sie dir aber dennoch kurz erläutern. Hier befinden sich die Nutzerinnen und Nutzer im Recherchemodus. Sie finden einen passenden Pin, den sie sich für später merken möchten, zu dem es aber noch keine passende Pinnwand gibt. Das neue Board kann nun im Merken-Prozess ergänzt werden. Wie Abbildung 7.2 zeigt, öffnet sich ein Fenster mit all deinen bestehenden Boards, und ganz unten gibt es die Option PINNWAND ERSTELLEN.

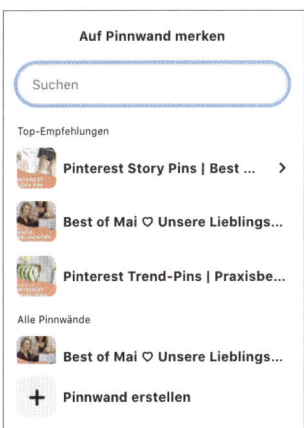

Abbildung 7.2 Eine Pinnwand über die Pin-merken-Aktion erstellen (Quelle: Screenshot Skana-Media-Profil auf Pinterest)

Hier klickst du auf das Plus, dann öffnet sich ein neues Fenster, und du kannst den Titel der Pinnwand eingeben und entscheiden, ob die Pinnwand öffentlich oder geheim sein soll, und klickst auf den Button ERSTELLEN. Wenn du dann in deinem Profil in den GEMERKT-Bereich gehst, findest du deine neue Pinnwand und kannst sie wie oben beschrieben bearbeiten.

Du kennst nun zwei Wege, um eine neue Pinnwand zu erstellen. Nun wollen wir uns den Feinheiten widmen. Wie du ja bereits weißt, sind Keywords auch in der Pinnwandbeschreibung sehr relevant. Klicke ganz oben auf die drei Punkte neben deinem Profilnamen, und wähle PINNWAND BEARBEITEN aus. Fülle hier Folgendes aus:

Name: Hier steht dein bereits ausgewählter Pinnwandname. An dieser Stelle kannst du den Namen jederzeit ändern.

Beschreibung: Hier platzierst du deine Pinnwandbeschreibung; du hast 500 Zeichen Platz. Alles rund um die Pinnwandbeschreibung hast du in Abschnitt 5.2.2 bereits kennengelernt. Du weißt bereits aus Kapitel 5: Im Pinnwand-Namen sowie in der Pinnwand-Beschreibung sollten relevante Keywords stehen.

Mitwirkende: Diese Funktion benötigst du, wenn du eine Gruppenpinnwand anlegen möchtest. Auf dem Plus, das du in Abbildung 7.1 siehst, kannst du andere Pinterest-Nutzerinnen und -Nutzer hinzufügen.

Halte diese Pinnwand geheim: Hier kannst du einstellen, ob die Pinnwand öffentlich oder geheim sein soll. Du möchtest sie erst mal auf geheim stellen? Dann schieb einfach den weißen Regler nach rechts, sodass dieser rot eingefärbt wird.

Individuelle Anpassungen: Wenn du hier den Regler aktivierst, dann gibst du dem Pinterest-Algorithmus das Zeichen, dass du in deinem Home-Feed gerne Pins angezeigt bekommen möchtest, die thematisch zu dem Pinnwandthema passen.

Im unteren Teil des Fensters werden noch die Buttons LÖSCHEN, ARCHIVIEREN und ZUSAMMENFÜHREN angezeigt. Der erste erklärt sich von selbst, hier kannst du deine Pinnwand unwiderruflich löschen. Die anderen beiden erläutern wir gleich im Anschluss.

7.1.3 Pinnwand-Funktionen

Jede Pinnwand verfügt auch über bestimmte Funktionen, die dir beim Ordnen und Verbreiten deiner Pins helfen können. Wir gehen sie einmal Schritt für Schritt durch. Öffne hierfür bitte eine deiner Pinnwände, sodass du die Ansicht so siehst wie in Abbildung 7.3 dargestellt.

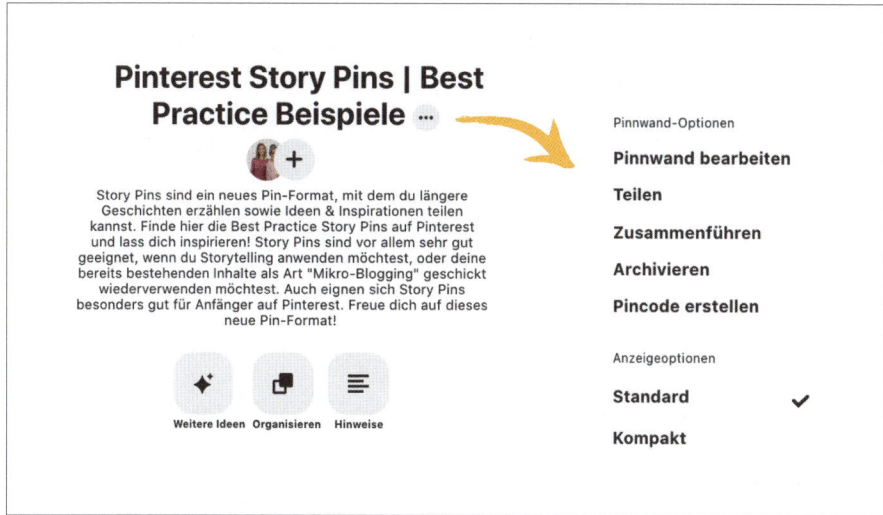

Abbildung 7.3 Bearbeite deine Pinnwand.

Zuerst schauen wir uns gemeinsam an, was noch hinter den drei Punkten neben deinem Pinnwand-Titel versteckt ist. Klicke hierfür auf die drei Punkte, und wähle die Standardansicht aus.

- TEILEN: Es gibt mehrere Möglichkeiten, um deine Pinnwand mit anderen Menschen zu teilen. Du kannst eine Pinnwand per WhatsApp, Facebook, Twitter oder E-Mail an Freundinnen und Freunde senden oder auf deinen Social-Media-Profilen teilen. Du kannst auch einfach nur den Link der Pinnwand kopieren und das Board über einen individuellen Weg online versenden. Eine weitere Variante ist es, die Pinnwand direkt auf Pinterest per Direktnachricht an andere zu versenden. Wir haben diese Funktion bisher noch nicht im Business-Kontext benutzt. Wenn du Facebook und Twitter stark nutzt, dann kannst du entscheiden, ob es in deinen Content-Plan passt, auf einzelne Pinnwände auf diesen Kanälen hinzuweisen. Insgesamt wird die Teilen-Funktion aber eher von Privatpersonen genutzt.

- ZUSAMMENFÜHREN: Diese Funktion brauchst du zu Beginn noch nicht. Wenn du allerdings schon mehrere Pinnwände hast und diese aufräumen möchtest, dann hast du hier die Option, Pinnwände zusammenzuführen. Hast du zum Beispiel die Pinnwand *Balkon dekorieren* und *Sommer auf Balkonien* und möchtest du diese nun zusammenlegen, dann ist diese Funktion hilfreich. Du entscheidest erst, welche der beiden Pinnwände erhalten bleiben soll; in unserem Beispiel wäre das die Pinnwand »Balkon dekorieren«. Anschließend gehst du in der Pinnwand, die du auflösen möchtest, auf ZUSAMMENFÜHREN. Hier wählst du dann die Pinnwand aus, auf die du die Pins verschieben möchtest, und mit einem Klick auf den Button Pins verschieben und Pinnwand löschen hast du die Pinnwände zusammengelegt. Dabei werden die Pins in einem Ordner eingebunden. Tipp: Um die Funktion auszuprobieren, kannst du zwei Testpinnwände anlegen, die du mit ein paar externen Pins befüllst. Im Anschluss führst du die Pinnwände zusammen.

- Archivieren: Wenn du deine Pinnwand archivierst, kannst du dir darauf keine Pins mehr merken. Die Pinnwand wird für die Öffentlichkeit aus deinem Profil ausgeblendet, du selbst kannst sie aber noch sehen. Außerdem kannst du das Board jederzeit wieder aktivieren. In Abschnitt 7.1.1 haben wir bereits erklärt, wann das Archivieren einer Pinnwand Sinn macht.

- Pin-Code erstellen: Pin-Codes sind spezielle Codes, die du erstellen kannst, um dein Pinterest-Profil zu teilen. Wir haben sie in diesem Buch bereits genutzt, weshalb sie dir sicher bekannt vorkommen werden. Du kannst sie dir vorstellen wie die QR-Codes. Wenn eine Besucherin deinen Pincode sieht, kann sie ihn mit Pinterest Lens scannen. Pinterest Lens heißt die Kamerasuche von Pinterest. Mithilfe von Pinterest Lens können Nutzer überall und jederzeit Gegenstände fotografieren und visuell ähnliche Pins auf Pinterest finden. Diese Ideen können sie sich merken, oder sie können direkt auf die Website weiterklicken. Du findest diese Kamera in deiner Pinterest-App auf dem Handy, wenn du auf die Lupe tippst und sich dann oben das Suchfeld öffnet. Dann siehst du die Kamera rechts am Ende des Suchfelds. Siehst du zum Beispiel einen coolen Sessel und möchtest du gern einen ähnlichen oder genau diesen Sessel, dann kannst du ihn abfotografieren, und Pinterest findet den Sessel oder ähnliche Styles. Aber zurück zu den Pin-Codes. Du kannst einen Pin-Code einrichten, um Nutzer auf dein Profil oder eine beliebige Pinnwand umzuleiten. Pin-Codes können offline und online abgebildet werden. Der Nutzer scannt sie mit der Pinterest-App ein und gelangt dann zum entsprechenden Ziel auf Pinterest. Du kannst einen Pin-Code für dein Profil oder deine Pinnwände erstellen, um online, zum Beispiel in einem Newsletter, oder offline, beispielsweise in einem Flyer, auf deinen Pinterest-Auftritt hinzuweisen. Beispiel: Der Pincode lässt sich gut in einem Magazinbeitrag verwenden. Angenommen, du weist hier auf Inspirationen zum Thema Osterbuffet hin, dann kannst du einen Pinnwand-Pincode einbinden, um auf weitere Rezept- und Deko-Inspirationen hinzuweisen. Oder du hast einen Stoff-Onlineshop, dann kannst du Flyer zu deinem Onlineshop auslegen und dort auch einen Pincode zu deinem Profil oder auch zu einer ausgewählten Pinnwand integrieren, zum Beispiel einer Pinnwand mit Nähinspirationen für Anfänger. In Abschnitt 3.1.3, hast du bereits eine Anleitung bekommen, wie du die Lens auch aus Nutzersicht testen kannst.

Das sind alle Funktionen, die du unter den drei Punkten neben deinem Pinnwandnamen findest. Wenn du das Fenster nun wieder schließt, dann siehst du direkt unter deinem Profilbild in der Pinnwand die Icons WEITERE IDEEN, ORGANISIEREN und HINWEISE.

- WEITERE IDEEN: Hier findest du Inspiration in Form von weiteren Pins, die zum Thema deiner Pinnwand passen. Gehört das Pinnen fremder Pins zu deiner Strategie, kannst du hier passende Pins für dein Board auswählen. Du kannst diesen Bereich auch als Inspiration für die Gestaltung und die Überschriften deiner Pins nutzen oder Impulse für eigene, neue Inhalte sammeln.
- ORGANISIEREN: In diesem Bereich hast du die Möglichkeit, deine Pins zu sortieren. Du kannst einzelne Pins markieren und sie dann innerhalb des Boards verschieben. Somit kannst du zum Beispiel festlegen, welche Pins als Erstes angezeigt werden sollen. Wenn du auf einen Pin klickst, erscheint daraufhin um den Pin ein schwarzer Rahmen, der dir zeigt, dass du den Pin nun verschieben kannst. Du kannst auch mehrere Pins markieren. Unter den Pins werden dir drei Icons angezeigt, die folgende Möglichkeiten bieten:
- VERSCHIEBEN: Mit einem Klick auf diesen Button kannst du die markierten Pins auf eine beliebige Pinnwand verschieben.
- ORDNER HINZUFÜGEN: Wenn du deine Pins in Ordnern sortieren möchtest, hast du hier die Möglichkeit, einen Ordner anzulegen und alle markierten Pins dort hinzuschieben.

> **Tipp: Wann lohnt es sich, Ordner in Pinnwänden zu verwenden?**
>
> Du kannst die Pins deiner Pinnwände in mehrere Ordner sortieren, um Ordnung und Struktur zu schaffen. Wenn du zum Beispiel zum Thema »Reisen in Österreich« sehr viele Pins hast, dann könntest du folgende Ordnerstruktur schaffen: Reisetipps Salzkammergut, Sehenswürdigkeiten Salzburg, die schönsten Seen in Österreich usw. Wir nutzen diese Funktion gerne, um unsere Pinnwände zu strukturieren, allerdings nur im privaten Bereich. Bei den Business-Profilen, die wir betreuen, verwenden wir aus zwei Gründen keine Ordnerstruktur: Du weißt, »it's all about SEO« auf Pinterest, und im Gegensatz zu den Pinnwandnamen sind die Ordnertitel nicht SEO-relevant. Die Pins in den Ordnern können über die Suchfunktion gefunden werden, die Ordner selbst aber nicht. Deshalb finden wir es viel sinnvoller, zu den einzelnen Themen extra Pinnwände zu erstellen, statt Ordner innerhalb einer Pinnwand anzulegen. Der zweite Grund, warum wir uns in der Regel gegen eine Ordnerstruktur entscheiden, ist der Workflow. Wir arbeiten mit dem Planungstool Tailwind, und hier lassen sich lediglich Pinnwände und keine Ordner auswählen. Das heißt, die Pins müssten im Nachgang manuell in die Ordner verschoben werden – ein unnötiger Step, den wir natürlich umgehen möchten. Aber gut zu wissen: Solltest du deine Pins über Pinterest direkt einplanen, dann hast du die Möglichkeit, Ordner auszuwählen. Behalte hier im Hinterkopf, dass du nur für einen Zeitraum von 14 Tagen vorplanen kannst.

- LÖSCHEN: Hier kannst du mit einem Klick alle ausgewählten Pins unwiderruflich aus deinem Board löschen.
- HINWEISE: Dieser Bereich ist privat und kann auch auf öffentlichen Boards nicht von anderen Nutzern eingesehen werden. Diese Funktion ist in erster Linie für private Nutzer hilfreich, die mithilfe von Pinterest ihre Projekte planen. Du kannst hier Notizen hinterlassen. Angenommen, du planst eine Reise nach Österreich ins Salzburger Land, hast dazu das Board »Ausflüge Salzburger Land« angelegt und hier zahlreiche Pins gesammelt. Nun steht die Reise kurz bevor, der genaue Urlaubsort steht fest, und die Ausflugsplanung wird konkreter. Dann kannst du im Bereich HINWEISE alle Pins sammeln, die Ausflüge zeigen, die du unternehmen möchtest, jeden Pin in einer eigenen Notiz. Du kannst der Notiz eine Überschrift und einen Fließtext hinzufügen. Außerdem lässt sich eine Checkliste ergänzen, die du auch abhaken kannst. Planst du zum Beispiel eine Wanderung während deiner Reise, dann kannst du hier den Pin mit der Wanderroute ablegen und dazu eine Checkliste einfügen, was alles in den Wanderrucksack für deinen Tagesausflug rein soll. Mit einem Klick auf den Button FERTIG ist deine Notiz angelegt. Möchtest du eine weitere Notiz erstellen, dann klickst du rechts oben auf das Plus. Möchtest du zurück zu deiner Pinnwand, dann klickst du links oben auf den Pfeil.

> **Praxistipp von Wohnklamotte:**
> **Wie viele Pinnwände solltest du über die Zeit erstellen?**
>
> Wohnklamotte ist eine Plattform für alle Wohnfragen mit sehr erfolgreichem Pinterest-Account. Wohnklamotte empfiehlt, dass jede Pinnwand mindestens 30–40 Pins enthalten sollte, um als relevant eingestuft zu werden. Erstelle also keine Pinnwände zu Themen, zu denen du kaum Content hast. Wohnklamotte hatte mal 300 Pinnwände, davon auch viele zu eng gesteckten Nischenthemen. Das Unternehmen hat sie auf ca. 50 Pinnwände reduziert und sich dabei auf die Oberbegriffe konzentriert, die die Zielgruppe am meisten interessieren. Ein Beispiel: Zuvor gab es die Pinnwand »Aquarell malen«. Seitdem diese Pins auf der Pinnwand »DIY Handwerk basteln« platziert sind, performen sie viel besser.

7.2 So lädst du deine ersten Pins hoch

Die ersten Pinnwände sind erstellt, und du kannst sie nun mit Pins befüllen, die zu deiner Website führen. Mithilfe des vorherigen Kapitels hast du idealerweise bereits deine ersten Pins erstellt. Mit diesen kannst du nun arbeiten, um sie auf Pinterest zu teilen. Schauen wir uns nun im Detail an, wie du hier vorgehst. Klicke in deinem Pinterest-Profil oben in der Navigation auf ERSTELLEN, und wähle PIN ERSTELLEN aus. Du hast nun die Möglichkeit, einen Standard-Pin, einen Video-Pin, einen Idea-Pin oder einen Karussell-Pin hochzuladen. Zusätzlich kannst du auch

Inhalte direkt von deiner Website hochladen, das heißt, du fügst eine URL auf deiner Website ein, und nun zeigt dir Pinterest Bilder dieser Seite, die du dann direkt auf Pinterest merken kannst. Dies empfehlen wir nur, wenn deine Bilder für Pinterest optimiert sind. Wie du das machst, erfährst du in Abschnitt 9.2.4, »Optimierungen für das Pinnen von deiner Webseite«.

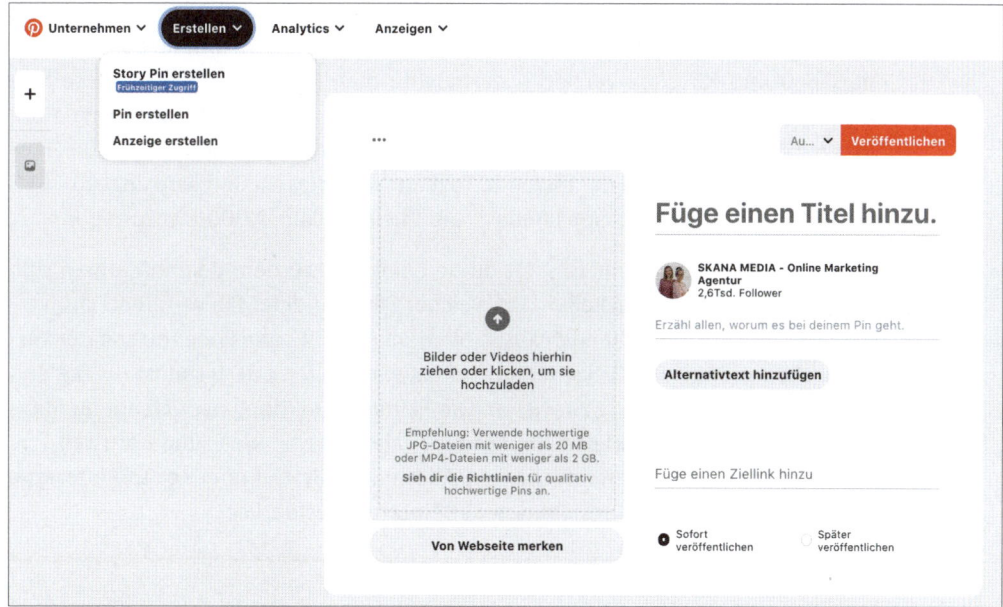

Abbildung 7.4 Pin erstellen

7.2.1 Standard-Pin hochladen

Um einen normalen Standard-Pin hochzuladen, öffnest du zunächst das in Abbildung 7.4 dargestellte Fenster. Klicke dazu unter ERSTELLEN auf PIN ERSTELLEN. Du siehst dort die Schaltfläche mit dem Hinweis BILDER ODER VIDEOS HIERHIN ZIEHEN ODER KLICKEN, UM SIE HOCHZULADEN. Du hast also die Möglichkeit, das Bild für deinen Standard-Pin einfach per Drag-and-drop auf die Schaltfläche zu ziehen oder ein Bild hochzuladen, indem du in das Fenster klickst.

Unter FÜGE EINEN TITEL HINZU (oben rechts) kannst du deinen Pinnwand-Titel eingeben. Unter ERZÄHL ALLEN, WORUM ES BEI DEINEM PIN GEHT kannst du nun deine Keyword-optimierte Pin-Beschreibung eingeben.

Unter ALTERNATIVTEXT HINZUFÜGEN kannst du den Nutzerinnen und Nutzern erklären, was dein Pin zeigt. Es geht hier also weniger um eine Platzierung deiner Keywords, sondern darum, den Pin barrierefrei zu machen und Menschen mit Sehbeeinträchtigung dabei behilflich zu sein zu verstehen, was auf dem Pin zu sehen ist. Diese Textbeschreibungen werden vorgelesen, wenn eine Person mit einem Screenreader über einen Browser oder ihr Mobilgerät auf Pinterest zugreift. Ein Screenreader ist eine Software, die blinde und sehbeeinträchtigte Menschen dabei unterstützt, Bilder, die sie nicht sehen können, über eine vorgelesene textliche Beschreibung erfassen zu können.

Wenn du zum Beispiel ein Stück Schokotorte zeigst, um auf ein Rezept hinzuweisen, wäre eine passende Beschreibung: »Das Bild zeigt eine braune Schokotorte, mit Sahne und Kirschen verziert – da möchte man sofort reinbeißen. Dieser Pin führt zu dem passenden Rezept auf meinem Blog.« Wenn sich dein Thema um Finanzen dreht, dann macht es eher weniger Sinn, das Bild zu beschreiben: Hier bietet sich beispielsweise der folgende Text an: »Auf diesem Bild wird angekündigt, dass du drei einfache Spartipps findest, um in einem Jahr 2.000 € anzusparen.«

Unter Füge ein Linkziel hinzu setzt du den Link ein, zu dem dein Pin führen soll. Oben rechts kannst du einstellen, auf welcher Pinnwand der Pin veröffentlicht werden soll. Zuletzt kannst du noch auswählen, ob der Pin sofort oder erst später veröffentlicht werden soll. Klickst du auf Später veröffentlichen, kannst du Tag und Uhrzeit auswählen. Wichtig zu wissen: Die Planungsfunktion lässt sich nur für Standard-Pins nutzen. Die anderen Pin-Formate, also Video-, Idea- und Karussell-Pin, kannst du nur direkt veröffentlichen. In Abschnitt 8.3, »Scheduling auf Pinterest«, erklären wir dir die Planungsfunktion auf Pinterest ausführlich.

> **Was ist die ideale Uhrzeit zum Veröffentlichen deiner Pins?**
>
> Unserer Erfahrung nach sind die Nutzerinnen und Nutzer auf Pinterest freitagabends und sonntags in der zweiten Tageshälfte und am auch Abend am aktivsten. Hier pinnen wir vermehrt, achten aber auch immer darauf, dass an allen anderen Tagen ebenfalls Pins veröffentlicht werden – mindestens ein Pin pro Tag. Wenn du mehrere Pins pro Tag pinnst, dann empfehlen wir dir, sie gleichmäßig über den Tag zu verteilen. So kannst du auch gut Erfahrungswerte sammeln, wann deine persönliche Zielgruppe am aktivsten ist.

Wenn du in Abbildung 7.4 genau hinschaust, siehst du links oben über dem Pin drei Punkte. Hier kannst du den Pin entweder löschen oder duplizieren. Das Duplizieren eines Pins macht dann Sinn, wenn du einen Pin auf mehreren Pinnwänden platzieren und dies vorplanen möchtest. (Mehr zum Thema »Pins auf Pinterest vorplanen« erfährst du in Abschnitt 8.3.) Du kannst auch weitere Pins hinzufügen, indem du auf das Plus klickst, das in Abbildung 7.4 links oben angezeigt wird.

7.2.2 Karussell-Pin hochladen

Neben dem Standard-Pin kannst du auch einen Karussell-Pin hochladen, der aus mindestens zwei und maximal fünf Pins in Folge besteht. In Folge bedeutet hier, dass du dir neben dem Pin, den du gleich zu Anfang siehst, weitere Pins durch Wischen oder Weiterklicken anschauen kannst. Dieses Pin-Format kannst du super nutzen, um eine kleine Geschichte zu erzählen. Inspiration zur inhaltlichen Aufbereitung eines Karussell-Pins findest du in Abschnitt 6.1, »Pin-Formate im Überblick: Standard-Pin, Karussell-Pin, Video-Pin, Idea-Pin«, und Abschnitt 6.4, »Designregeln für weitere Pin-Formate«. Wenn du einen Karussell-Pin in deinem Grafiktool erstellt hast, dann kannst du die erste Pin-Grafik deines Karussell-Pins genauso hochladen wie einen Standard-Pin. Unter dem Pin siehst du dann ein kleines Plus mit dem Zusatz KARUSSELL ERSTELLEN, wie in Abbildung 7.5 dargestellt. Wenn du hier draufklickst, öffnet sich eine neue Vorlage, und du kannst den zweiten Pin hochladen; so geht es weiter bis zu Pin Nummer 5. Ein Karussell-Pin besteht aus mindestens zwei und maximal fünf Seiten.

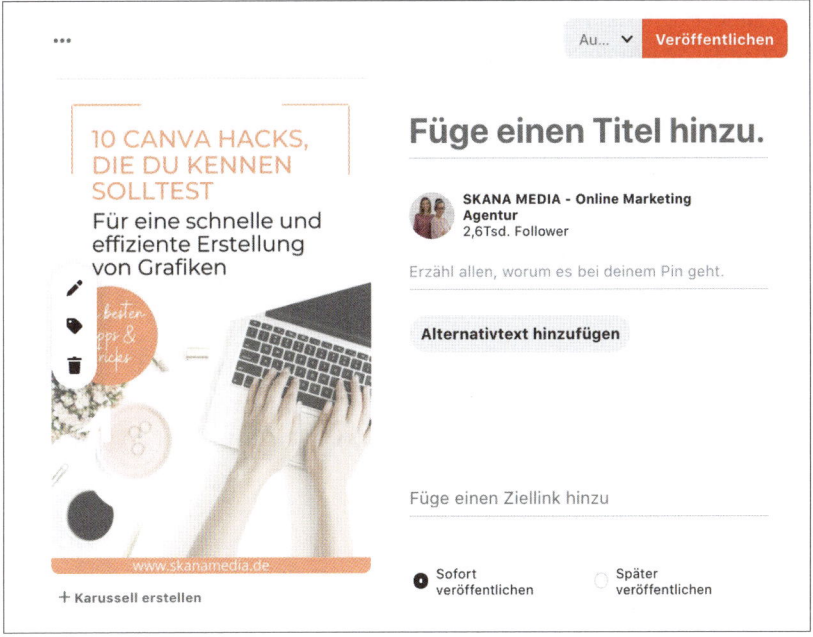

Abbildung 7.5 Erstelle einen Karussell-Pin.

Alternativ kannst du alle 5 Seiten des Karussell-Pins auswählen und auf einmal hochladen. Nun fragt Pinterest dich, ob du aus diesen Seiten einen Karussell- oder Collagen-Pin erstellen möchtest. Du wählst KARUSSELL aus. Wie beim Standard-Pin kannst du alle im oberen Abschnitt erklärten Felder von dem Pin-Titel bis zu dem Linkziel ausfüllen. Eine Besonderheit gilt es bei diesem Pin-Format zu beachten: Du kannst auf der linken Seite ganz unten ein Häkchen setzen, wenn für jedes Bild der gleiche Text und die gleiche URL verwendet werden sollen. Möchtest du hier unterschiedliche Texte und URLs einsetzen, dann entferne einfach das Häkchen. Du fragst dich, wann es Sinn macht, das Häkchen nicht zu setzen? Stell dir vor, dein Thema dreht sich um Hunde, und du möchtest den Karussell-Pin nutzen, um ein paar der beliebtesten Hunderassen vorzustellen. In deinem Blog hast du zu jeder Hunderasse einen eigenen Artikel. Dann macht es Sinn, für jeden Pin einen eigenen Pin-Titel und eine eigene Pin-Beschreibung passend zu der Hunderasse zu verfassen und das Linkziel zu dem jeweiligen Hunderassen-Blogartikel einzufügen. Somit hat in diesem Beispiel jeder Pin ein eigenes Linkziel.

7.2.3 Video-Pin hochladen

Nachdem du alles, was du für die Erstellung eines Video-Pins wissen solltest, bereits in Kapitel 6 gelernt hast, schauen wir uns nun an, wie du einen Video-Pin hochlädst. Hier gehst du ähnlich vor wie bei einem Standard-Pin. Lade das Video hoch, oder ziehe es aus dem Ordner, in dem es gespeichert wurde, auf die entsprechende Schaltfläche. Auch hier kannst du einen eigenen Pin-Titel, eine Pin-Beschreibung, einen Alternativtext und dein Linkziel eintragen. Unter dem Pin siehst du die einzelnen Sequenzen deines Videos und kannst daraus ein Coverbild auswählen. Alternativ kannst du auch ein zuvor angefertigtes Coverbild hochladen – dies machst du auf dem Plus unter dem Video (siehe Abbildung 7.6).

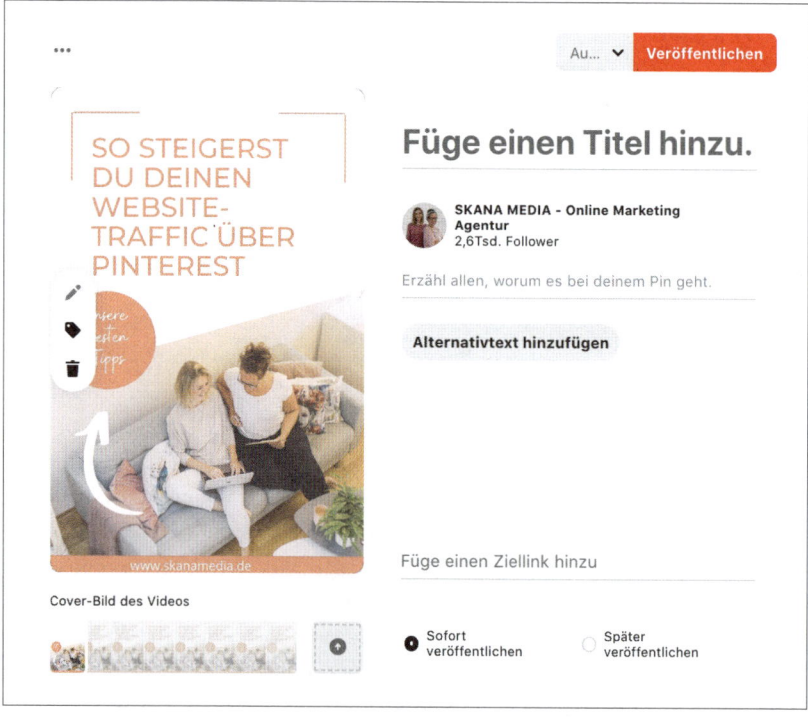

Abbildung 7.6 Lade einen Video-Pin hoch.

Nachdem du nun weißt, wie du die unterschiedlichen zur Verfügung stehenden Pins hochladen kannst, schauen wir uns noch einmal an, wie du Pins bearbeiten und weitere Produkte hinzufügen kannst.

Pins bearbeiten und Produkte hinzufügen

Wenn du einen Pin hochgeladen hast, dann siehst du links auf dem Pin eine kleine dreiteilige Navigationsleiste (siehe Abbildung 7.5 und Abbildung 7.6). Mit dem STIFT kannst du deinen Pin bearbeiten. Wir möchten dir kurz einen Überblick über die Funktionen geben, die dir hier zur Verfügung stehen.

- ZUSCHNEIDEN: Hier kannst du das hochgeladene Bild zuschneiden, es passt sich dann automatisch der Pin-Größe an.
- SEITENVERHÄLTNIS: Hier kannst du die Pin-Größe einstellen und zwischen dem 2:3-, dem 3:4- und dem 1:1-Format wählen. Welches Format wann Sinn macht, haben wir in Abschnitt 6.1.1 bereits besprochen.
- ANPASSEN: In diesem Bereich kannst du deinen Pin drehen und spiegeln.
- BILD ÄNDERN: Hier kannst du ein neues Bild hochladen und das bestehende Bild löschen.

Klickst du auf das STERNCHEN, hast du die Möglichkeit, dein Logo hochzuladen und ins Bild einzufügen. Du kannst die Größe des Logos skalieren, eine Hintergrundfarbe aussuchen und zwischen sechs Logopositionen auf dem Pin wählen.

Zuletzt hast du mit einem Klick auf das unter dem Stern abgebildete A die Möglichkeit, deinem Bild einen Text hinzuzufügen. Für diesen Text stehen dir unterschiedliche Schriftarten, -größen und -farben zur Verfügung, und du kannst die Ausrichtung, den Hintergrund, die Ränder und die Position festlegen.

Wir nutzen diese Funktionen in der Regel nicht und empfehlen dir, deine Pin-Vorlagen in einem Designtool wie Canva oder Photoshop zu erstellen. So kannst du einmalig einen Satz Pin-Vorlagen anfertigen, diese immer wieder verwenden und einfach Text und Bild austauschen. So arbeitest du zeitsparender und effizienter. Für das Videoformat gibt es diese Bearbeitungsfunktion auf Pinterest ohnehin nicht.

- SHOPPING-ICON: Unter dem Stift siehst du ein kleines ETIKETT. Hier kannst du aus deinem Pin einen Katalog-Pin machen, indem du einzelne Produkte hinzufügst. Diese Funktion steht für den Standard-Pin und den Video-Pin zur Verfügung, nicht für den Karussell-Pin. Wie kannst du diese Funktion für dich nutzen? Angenommen, du verkaufst Stoffe und hast ein Video hochgeladen, das eine Anleitung zeigt, um Kissen zu nähen, oder das eine Vielfalt an Kissen aus unterschiedlichen Stoffen zeigt, die selbst genäht werden können. Dann kannst du neben dem Video-Pin über die Funktion des Shopping-Icons direkt zu den einzelnen Stoffen verlinken. Hierfür klickst du auf das kleine Etikett, dann auf das Plus links neben deinem Pin und kannst so bereits erstellte Produkt-Rich-Pins auswählen. Alternativ gibst du die URL zu einem Produkt auf deiner Website ein. Du kannst bis zu 24 Produkte zu einem Pin hinzufügen. Die Produkte erscheinen dann inklusive Preisen neben deinem Pin. Sollte ein Produkt unterschiedliche Preise haben, wird immer der höchste Preis angezeigt. Einen Produkt-Pin kannst du auf Pinterest nicht vorplanen, nur direkt veröffentlichen. Ein Beispiel zum Katalog-Pin hast du bereits in Abschnitt 6.4.4 kennengelernt.

7.2.4 Idea-Pin hochladen

Der Idea-Pin ist das neuste Pin-Format auf Pinterest. In Abschnitt 6.4.3, »Storytelling mit Idea-Pins«, hast du bereits Tipps für die inhaltliche Gestaltung deines Idea-Pins bekommen und erfahren, welche Ziele du mit dem Idea-Pin erreichen kannst. Für die Erstellung eines Idea-Pins sind mindestens 5 Seiten empfohlen und maximal 20 Seiten möglich. Die Seiten können Bilder sowie Videos enthalten. Du weißt bereits, dass der Idea-Pin ein Mobile-first-Format ist und du am Smartphone deutlich mehr Funktionen zur Verfügung hast.

Wenn du deinen Idea-Pin am Desktop hochlädst, dann empfehlen wir dir, ihn vorab in einem Bildbearbeitungsprogramm wie Canva schon vorzubereiten. Du hast im Erstellungsprozess auf Pinterest zwar die Möglichkeit, Schriften, Farben und Text-Overlays zu erstellen. Aber du kannst keine eigenen Farben und Schriften hinzufügen und müsstest somit von deinem Corporate Design abweichen.

Die Idea-Pin-Erstellung am Desktop besteht aus 4 Schritten:

1. **Hochladen**: In der Desktop-Version klickst du auch hier oben in der Navigationsleiste auf ERSTELLEN und wählst im Drop-down-Menü IDEA PIN ERSTELLEN aus. Im nächsten Schritt klickst du auf den Button NEU ERSTELLEN. Hier kannst du nun bis zu 20 Bilder oder Videos hinzufügen.

> **Idea-Pin-Tipp**
>
> Nutze hochwertige JPG-, PNG- oder MP4-Dateien mit weniger als 20 MB für Bilder bzw. weniger als 100 MB für Videos.

2. **Design**: Wenn du deine Grafiken und Videos fertig vorbereitet hat, dann lädst du sie einfach Seite für Seite hoch und klickst im Design-Bereich unten rechts auf den WEITER-Button. Entscheidest du dich doch dafür, deine Bilder und Videos während der Idea-Pin-Erstellung am Desktop zu bearbeiten, dann kannst du hier zwischen zwei unterschiedlichen Layouts wählen, Schriftarten, Farben

und Hervorhebungen auswählen und die Textausrichtung festlegen. Alles erledigt? Dann klicke auf Weiter.

3. **Details**: Im nächsten Schritt fügst du Details hinzu, die deine Idee beschreiben. Diese Beschreibung wird den Nutzern auf jeder Idea-Pin-Seite angezeigt. Du kannst hierfür ein Detailschema aussuchen und hast die Wahl zwischen Rezept (hier kannst du Zutaten, Portionsangaben und mehr hinzufügen), Basteln + Heimwerken (hier kannst du z. B. Materialien hinzufügen) und Leere Liste (ein freies Format, in dem du unterstützende Hinweise und Tipps auflisten kannst).

4. **Zielgruppe**: Im vierten Schritt machst du relevante Angaben, um deine Zielgruppe besser erreichen zu können. Du gibst deinem Idea-Pin einen aussagekräftigen Titel, platzierst hier auch dein wichtigstes Keyword und wählst im nächsten Schritt die passende Pinnwand aus. Eine Funktion, die es nur beim Idea-Pin gibt, ist die Möglichkeit, Themen zu markieren. Hier kannst du sogenannte Tags vergeben, die aber nicht öffentlich angezeigt werden. Hast du zum Beispiel einen Idea-Pin erstellt, in dem du zeigst, wie die Nutzerinnen und Nutzer eine DIY-Maske aus rein natürlichen Zutaten herstellen können, wären die passenden Tags zum Beispiel »DIY Körperpflege«, »Naturkosmetik« und »DIY Gesichtsmaske«. Aber wundere dich nicht, wenn nicht alle Tags zur Verfügung stehen, die du gerne hinzufügen möchtest: Diese Funktion ist noch in der Entwicklungsphase (Stand Mai 2021).

Hast du alles ausgewählt, klickst du auf den Veröffentlichen-Button, den du rechts unten im Arbeitsfenster findest.

Da das Idea-Pin-Format ein Mobile-first-Format ist, möchten wir dir zu diesem Format auch die Erstellung am Smartphone erklären, da hier noch mal mehr Funktionen zur Verfügung stehen.

FAQ: Wie kann ich einen Pin löschen, den sich andere Pinterest-Nutzer schon auf ihren Boards gemerkt haben?

Auf deiner eigenen Pinnwand kannst du den Pin löschen, indem du auf »Pin bearbeiten« klickst. Dann öffnet sich ein Fenster, in dem du Pin-Titel, Pin-Beschreibung, Alternativtext und URL anpassen kannst. Mit einem Klick auf den Löschen-Button ganz unten links im Fenster kannst du deinen Pin löschen.

Über das Urheberrechtsformular kannst du auch alle Kopien deines Pins entfernen lassen, d. h., dein Pin wird somit auf allen Boards gelöscht, auf denen er von Pinterest-Nutzerinnen und -Nutzern gemerkt wurde. Es öffnet sich hierbei ein Fenster, und du kannst zwischen Remove all but Mine, Remove all und Strike auswählen. Du setzt bitte einen Haken bei Remove all und auf keinen Fall bei Strike. Denn Strike bedeutet, dass du das Profil meldest, das den Pin erstellt hat – und es ist ja dein eigenes Profil, das du natürlich nicht wegen Urheberrechtsverletzung melden möchtest. Hier geht's zum Urheberrechtsformular: *www.pinterest.de/about/copyright/dmca-pin/*.

Von Website merken

Neben dem individuellen Hochladen von Pins besteht auch die Möglichkeit, sich Pins direkt von deiner Website zu merken. Dies machst du über den Button VON WEBSITE MERKEN. In Abbildung 7.4 ist dieser Button zu sehen. Hierfür gibst du dort deine URL ein, klickst auf den kleinen Pfeil neben der eingetragenen URL und bekommst daraufhin eine Auswahl an Bildern zur Verfügung gestellt. Meist eignen sich diese Bilder nicht für Pinterest, da sie nicht das passende Format haben und nicht die passenden Inhalte abbilden. Du solltest diese Funktion also nur dann für dich nutzen, wenn alle Rahmenbedingungen stimmen.

Nun hast du alle Wege kennengelernt, wie du unterschiedliche Pin-Formate auf Pinterest hochladen kannst, und erfahren, welche zusätzlichen Funktionen dir zur Verfügung stehen. Schauen wir uns nun an, wie du diese Pins sinnvoll verknüpfen kannst.

7.2.5 Verknüpfe deinen RSS-Feed

Im Zusammenhang mit den geschützten Pinnwänden haben wir bereits erklärt, was ein RSS-Feed ist und welche Funktionen er bietet. Doch wann macht es überhaupt Sinn, einen RSS-Feed zu integrieren? Im Grunde dann, wenn du regelmäßig Blogartikel oder Produkte veröffentlichst, die dann automatisch von Pinterest gezogen und veröffentlicht werden, wenn du den RSS-Feed nutzt. Hierfür solltest du deine Seite aber darauf vorbereitet haben, damit nur optimierte Bilder von Pinterest gezogen werden. Wie du das einrichtest, erfährst in Abschnitt 9.2.5, »Nutze das geheime Einbetten von Pin-Grafiken«.

Jetzt erfährst du, wie du deinen RSS-Feed mit Pinterest verknüpfen kannst. Eine wichtige Voraussetzung für die Verknüpfung ist die Verifizierung deiner Website. Diesen Schritt haben wir in Abschnitt 4.1.2, »Richte dein Pinterest-Unternehmenskonto neu ein«, erklärt. Pinterest hat einen sehr genauen Hilfeartikel erstellt, wie der RSS-Feed mit Pinterest verknüpft wird, den wir hier für dich abbilden (Quelle: *https://help.pinterest.com/de/business/article/auto-publish-pins-from-your-rss-feed*).

Anleitung RSS-Feed-Verknüpfung

So verknüpfst du deinen RSS-Feed mit Pinterest:

1. Klicke auf Pinterest oben rechts auf den Abwärtspfeil.
2. Klicke auf EINSTELLUNGEN.
3. Wähle im linken Menü BULK-UPLOAD VON PINS aus.
4. Klicke unter AUTOMATISCH VERÖFFENTLICHEN auf RSS-Feed verknüpfen.

5. Füge die URL deines RSS-Feeds in das Feld ein.
6. Wähle in dem Drop-down-Menü die Pinnwand aus, auf der du veröffentlichen möchtest, oder erstelle eine neue Pinnwand.
7. Klicke auf SPEICHERN.
8. Du musst bis zu 24 Stunden warten, um deine ersten auf der Pinnwand erstellten Pins anzuzeigen. Mit jeder Aktualisierung des RSS-Feeds werden täglich Pins erstellt. Wenn du eine geheime Pinnwand auswählst, werden deine Pins von den Nutzern auf Pinterest nicht gesehen.

Spezifikation von RSS-Feeds

Es braucht folgende Voraussetzungen, um deinen RSS-Feed mit Pinterest erfolgreich zu verknüpfen:

- Pinterest unterstützt die Formate RSS 2.* und RSS 1.* (RDF). Atom wird aktuell nicht unterstützt.
- Der Inhalt der RSS-Feed-Seite muss das Format XML aufweisen.
- Verwende qualitativ hochwertige Bilder, denn deine Pins werden aus den Tags `<image>`, `<enclosure>` und `<media:content>` unter jedem `<item>`-Tag erstellt.
- Jedes `<item>` erfordert einen Link zu deiner verifizierten Domäne.

Gelegentlich kann es auch zu Fehlermeldungen kommen. Pinterest hat hierzu eine Übersicht zur Orientierung veröffentlicht, was dann zu tun ist. Die Hinweise aus der folgenden Tabelle findest du unter *https://help.pinterest.com/de/business/article/auto-publish-pins-from-your-rss-feed*.

Fehlermeldung	Empfohlene Maßnahme
RSS-Feed ist bereits vorhanden.	Versuche, einen anderen Feed hinzuzufügen.
RSS-Feed kann nicht abgerufen werden.	Die Feed-URL muss geöffnet werden können.
Der RSS-Feed kann nicht analysiert werden.	Bei dem angegebenen Feed muss es sich um einen gültigen RSS-Feed in XML-Format handeln.
Unbekanntes RSS-Feed-Format.	Der RSS-Feed muss das Format RSS 2. oder RSS 1. aufweisen.
Links im RSS-Feed befinden sich nicht unter der angegebenen Domain.	Prüfe, ob alle Links in deinem Feed mit der angegebenen Domain übereinstimmen.

Tabelle 7.1 Mögliche Fehlermeldungen, die bei der RSS-Feed-Integration auftauchen können

7.2.6 Die Nutzung von Gruppenpinnwänden

In Abschnitt 7.1.1, »Welche Pinnwandarten gibt es?«, haben wir schon die Funktion des Gruppenboards erklärt. Eine Gruppenpinnwand wird von mehreren Pinnerinnen und Pinnern gemeinsam befüllt und in den Profilen aller Mitwirkenden angezeigt. Somit werden die Pins nicht nur deinen Followern, sondern auch den Followerinnen der Mitpinner angezeigt. So kannst du eine größere Zielgruppe erreichen und hast gute Chancen, auch neue Followerinnen und Follower zu gewinnen. Meist gibt es auf Gruppenboards die Regel, dass für jeden Pin, den du auf das Board pinnst, auch ein anderer Pin aus dem Gruppenboard auf eine deiner Pinnwände gepinnt werden soll. Diese Vorgaben werden direkt in der Board-Beschreibung festgehalten, so wie du es in Abbildung 7.7 in der Board-Beschreibung des SEO-Küche-Gruppenboards siehst. SEO Küche hat hier festgehalten, an wen sich die Inhalte auf dem Board richten (kleine und mittelständische Unternehmen), was inhaltlich zu erwarten ist (Online-Marketing-Tipps) und welche Regeln es gibt, wenn du auf dem Board mitpinnen möchtest. Halten sich alle an die Regeln, dann haben Pins in Gruppenpinnwänden häufig eine gute Merken-Rate. Das heißt, die Mitpinner merken sich deine Pins auch auf ihren Boards. Durch vermehrte Merken-Aktionen erhöht sich natürlich auch die Interaktionsrate für deinen Pin und somit die Chance, dass er vom Algorithmus als relevant bewertet und somit besser ausgespielt wird.

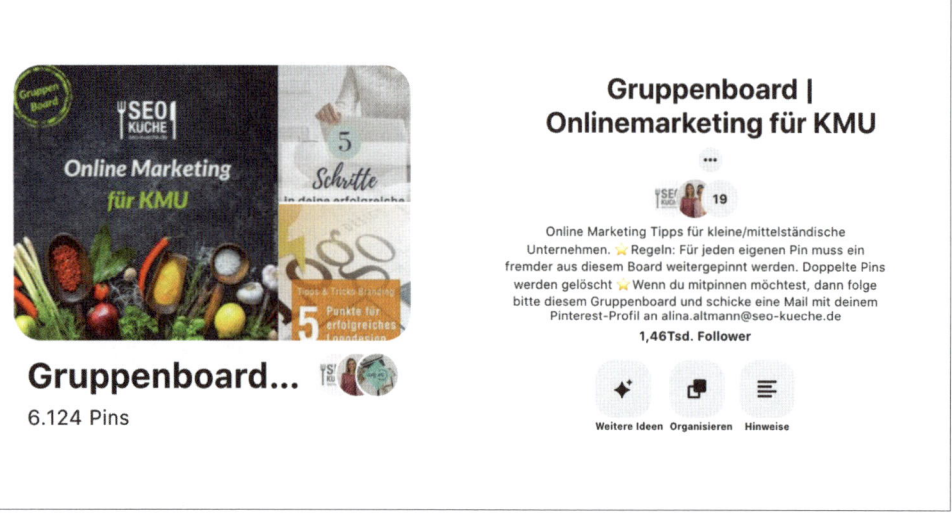

Abbildung 7.7 Suche und Auswahl von Gruppenboards (Quelle: Screenshot Gruppenboard SEO Küche)

Wenn du an einem Gruppenboard teilnehmen möchtest, empfehlen wir dir, auf folgende Qualitätsmerkmale zu achten:

- Das Gruppenboard passt thematisch sehr gut zu den eigenen Themen,
- die Teilnehmerinnen und Teilnehmer auf dem Gruppenboard sind regelmäßig aktiv,
- die Pins sowie die dahinterliegenden Linkziele sind qualitativ hochwertig.

Leider gibt es keine Filterfunktion für Gruppenboards auf Pinterest, das heißt, du musst sie manuell suchen. Wir zeigen dir ein paar Möglichkeiten:

1. **Suche Profile, die thematisch zu dir passen.**

    Du suchst Profile, die thematisch gut zu deinem Profil passen, und schaust, ob sie Mitglieder anderer Gruppenpinnwände sind. Du erkennst ein Gruppenboard immer daran, dass mehrere Profilbilder im Kreis angezeigt werden, so wie du es in Abbildung 7.7 siehst. Wenn du auf das Board klickst und dann auf die Mitglieder, wird dir die Liste der Teilnehmer angezeigt. Die Person, die zuerst in der Liste erscheint, ist immer die Board-Inhaberin bzw. der Inhaber. Wenn du an dem Board teilnehmen möchtest, gibt es drei Möglichkeiten:

    - Bei gut geführten Gruppenboards steht meist in der Pinnwand-Beschreibung, an wen du dich bezüglich einer Teilnahme wenden sollst. In Abbildung 7.7 siehst du, dass in unserem Beispiel die E-Mail-Adresse der SEO Küche hinterlegt wurde.
    - Manche Gruppenboards haben einen Anfrage-Button integriert. Hier klickst du einfach drauf, um eine Teilnahmeanfrage zu versenden.
    - Wenn du weder einen Anfrage-Button noch eine E-Mail-Adresse findest, dann kannst du auch eine direkte Nachricht über Pinterest schicken. Diese gehen allerdings oft unter, weshalb das nicht unsere erste Empfehlung ist.

2. **Nutze die Pinterest-Suchfunktion.**

    Du suchst Gruppenboards direkt über die Pinterest-Suchfunktion. Wie gesagt, es gibt keine Filterfunktion, aber du kannst in der Suche einfach ergänzend zu deinem Suchbegriff »Gruppenboard« oder »Gruppenpinnwand« eingeben. Beispiel: Wenn du ein Gruppenboard im Bereich Finanzen mit dem Fokus auf Sparen suchst, gibst du »Spartipps Gruppenboard« oder »Spartipps Finanzen« ein, damit dir nicht so viele unrelevante Pinnwände angezeigt werden. Häufig haben die Gruppenboard-Inhaberinnen die Pinnwand mit einem der beiden Zusätze benannt, so wie im Beispiel in Abbildung 7.7. Teste es direkt mal aus, und gib nur »Gruppenpinnwand« und dann nur »Gruppenboard« in die Suche ein, dann bekommst du einen Überblick über die beliebtesten Gruppenboards. Im nächsten Schritt gibst du die beiden Begriffe in Kombination mit einem deiner wichtigsten Keywords ein. So kannst du passende Gruppenpinnwände für dich finden.

3. **Pingroupie**

   Pingroupie ist ein Tool, das dir dabei hilft, Gruppenpinnwände zu finden, die zu deinen Inhalten passen. Du kannst verschiedene Kategorien nach passenden Boards durchsuchen. Du kannst dir die Suchergebnisse auch sortiert anzeigen lassen. Sortiermöglichkeiten sind die Anzahl der Followerinnen, die Anzahl der Pins und die Anzahl der Gruppenboard-Teilnehmer – also Mitpinner. Das Tool kommt aus den USA, und lange konnten keine deutschen Gruppenpinnwände gefiltert werden. Inzwischen gibt es diese Möglichkeit aber, auch wenn dir nicht alle Boards mit Sicherheit angezeigt werden, da wohl einige Übersetzungen noch nicht vollständig verankert sind. Nutzt du aber gängige Suchbegriffe wie Rezepte, Reisen, Gesundheit, Wohnen, werden einige deutsche Gruppenpinnwände gelistet. Wie du in Abbildung 7.8 siehst, kannst du hier nach unterschiedlichen Kriterien filtern, und es wird dir die Board-Gründerin, die Anzahl der Follower und Mitpinnerinnen sowie die Aktualität des Boards angezeigt. Wenn nicht innerhalb der letzten 1–7 Tage etwas gepinnt wurde, ist dies meist ein Indikator dafür, dass hier keine regelmäßigen Aktivitäten stattfinden, weshalb du in diesem Fall auch nicht teilnehmen solltest. Hast du ein passendes Board gefunden, dann öffnet sich mit einem Klick darauf zuerst eine Vorschau der Board-Beschreibung, und mit dem Button »Visit this Board on Pinterest« gelangst du zum Board. Dafür darfst du natürlich in Pinterest eingeloggt sein.

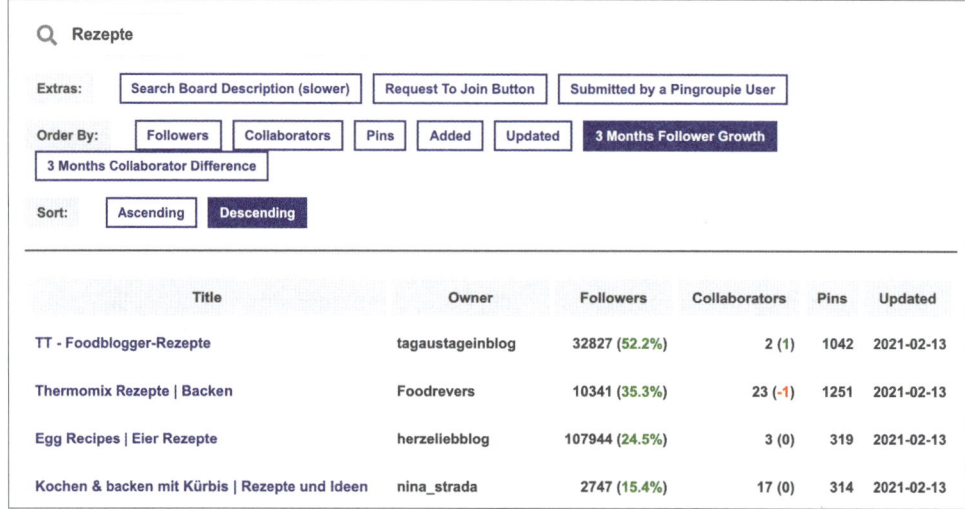

Abbildung 7.8 Die Gruppenboard-Suche in Pingroupie (Quelle: https://pingroupie.com)

4. **Groupboardspy**

   Hierbei handelt es sich ebenfalls um ein Tool, das dich bei der Suche nach Gruppenpinnwänden unterstützt und auch deutsche Gruppenboards anzeigt. Folgendes wird dir hier angezeigt: der Board-Inhaber, die URL, die Pinnwand-Beschreibung, Anzahl der Followerinnen, Anzahl der Pins auf dem Board, Anzahl der Teilnehmer der Gruppenpinnwand. Probiere die Suche in den beiden Tools mal aus, um herauszufinden, welches dir sympathischer ist. Wir recherchieren gern in beiden Tools, da doch immer mal wieder unterschiedliche Ergebnisse herauskommen.

Woran erkennst du ein gut geführtes und aktives Board?

Wenn du Pingroupie nutzt, dann lässt sich dort schon die Aktualität des Gruppenboards ablesen. Im Weiteren erkennst du ein gut geführtes Gruppenboard auch an der Board-Beschreibung, und zwar

- wenn die Themen, die hier gesammelt werden, klar benannt werden,
- wenn du eine Info erhältst, was zu tun ist bzw. wo du dich melden kannst, wenn du mitpinnen willst,
- wie viele neue Pins am Tag pro Pinnerin gewünscht sind, und
- oft gibt es auch noch die Info, dass pro Pin ein anderer Pin auf den eigenen Pinnwänden gemerkt werden soll.

Tipp für die Gruppenboards

Wenn du schon einige Zeit auf Gruppenboards aktiv bist, kannst du auch im Nachhinein z. B. in Tailwind Analytics erkennen, welche am inaktivsten sind. So kannst du auch erst mal einigen beitreten, die nutzen und später analysieren aus welchen du wieder austreten kannst.

Du möchtest ein eigenes Gruppenboard erstellen? Das geht ganz einfach: Du erstellst eine reguläre, öffentliche Pinnwand und klickst auf das Plus und fügst Pinterest Nutzer hinzu. Wir empfehlen, nicht einfach querbeet Menschen einzuladen, sondern erst mal auf dein bestehendes Netzwerk aus persönlichen Kontakten zurückzugreifen. Hast du Kollegen, die ebenfalls auf Pinterest aktiv sind? Kennst du Bloggerinnen, die gut zu deiner Themenwelt passen? Dann schreibe sie persönlich an, frage, ob sie an deinem Gruppenboard mitwirken möchten, und füge sie erst nach einem »Ja« deinem Board hinzu. Wähle als Kommunikationsweg das Medium, auf dem du dich auch sonst mit der Person austauschst. Aus unserer Erfahrung gehen Nachrichten, die auf Pinterest versendet werden, oft unter und werden nicht beantwortet. Nach einiger Zeit werden dann mit Sicherheit auch von selbst Teilnahmeanfragen in deinem Postfach laden.

Merke

Das Wichtigste sind immer deine eigenen Pinnwände. Die Gruppenboards sind nur ein kleines Puzzleteilchen deiner Strategie.

7.2.7 Die Bedeutung der Follower auf Pinterest

Pinterest ist kein klassisches soziales Netzwerk, sondern eine Suchmaschine. Von daher haben Follower nicht die gleiche Relevanz wie auf Facebook, Twitter, Instagram und Co. Du hast in Kapitel 3 bereits das klassische Suchverhalten einer Pinterest-Nutzerin kennengelernt. Es gibt zwar den Folge-Feed, der mit den Feeds anderer sozialer Netzwerke zu vergleichen ist, denn hier werden dir die aktuellen Pins der Nutzerinnen und Nutzer, denen du folgst, angezeigt. Doch das Nutzerverhalten ähnelt nicht so sehr dem anderer sozialer Netzwerke. Das heißt, der klassische Pinterest-Nutzer kommt nicht nur auf die Plattform, um mal allgemein zu schauen, was es so Neues gibt. Du weißt ja bereits, dass die Menschen auf Pinterest in der Regel ein Ziel vor Augen haben, nach einer Lösung für ein Problem, einer Herausforderung oder Inspiration für ein Projekt suchen. Um hierfür passende Inhalte zu finden, nutzen sie größtenteils die Suchfunktion, um dann im Such-Feed die passenden Inhalte ausgespielt zu bekommen. Der Folge-Feed ist also erst mal zweitrangig, dennoch nicht unwichtig. Wir kommen kurz auf den Pinterest-Algorithmus zurück: Unter anderem ist ein frühzeitiges Engagement deiner Pins für den Algorithmus und somit für deine organische Reichweite wichtig. Das bedeutet, dass mit deinem Pin zeitnah nach dem Hochladen interagiert wird. Dazu zählen: Close-ups, Klicks sowie »Merken«-Aktionen. Diese früh über den Such-Feed zu erzielen, ist ziemlich schwierig. Denn hier werden hauptsächlich die relevantesten Pins angezeigt, die schon hohe Interaktionsraten verzeichnen konnten. Diese sind in der Regel bereits etwas älter. Deshalb ist es an dieser Stelle wichtig, das early Engagement über den Folge-Feed zu erhalten. Dadurch bekommen Followerinnen und Follower auf Pinterest also doch mehr Relevanz für deine Strategie. Und wenn wir uns die Entwicklung von Pinterest in den letzten drei Jahren anschauen, dann sollte der Aufbau von Followern auf jeden Fall ein Bestandteil deiner Strategie sein. Denn die Plattform ist im Wandel, und schon seit 2018 lässt sich beobachten, dass Pinterest immer wieder neue Funktionen schafft und testet, mit denen Nutzerinnen und Nutzer Communitys aufbauen und stärken können. So wurden 2018 die *Pinterest-Communitys* ausgerollt, um mit der eigenen Zielgruppe in engeren Kontakt und Austausch treten zu können. Diese Funktion wurde jedoch 2019 bereits wieder eingestellt. Auch die Ausprobiert-Funktion dient zum Austausch mit der Community. Du wirst sie in Abschnitt 12.2.3 noch genauer kennenlernen. 2020 und 2021 entwickelte Pinterest neue Pin-Formate wie den Video-Pin und den Idea-Pin. Beide dienen dazu, mehr Persönlichkeit zu zeigen. In Kapitel 6 haben wir beide Formate ausführlich erklärt. Perspektivisch soll es auf Pinterest also nicht mehr nur um »10 Dekoideen für den kleinen Balkon« gehen, sondern auch darum, wer diese Ideen gibt. Video- und Idea-Pins sollen nicht nur dazu dienen, Tipps, Anleitungen und Inspirationen zu zeigen, sondern auch die Creator selbst präsentieren. Das ist natürlich nicht typisch für eine Suchmaschine und zeigt, dass Pinterest parallel auch mehr »social« werden möchte. In Abschnitt 12.2.5 erfährst du mehr darüber, wie du Follower gewinnen und wie du mit ihnen interagieren kannst.

> **Das absolute NOT-TO-DO: Follower kaufen**
>
> Wie auf allen Plattformen gilt auch auf Pinterest: Lass dich nicht verführen, günstig Follower einzukaufen. Das ist, als würdest du 100 Veganerinnen in eine Metzgerei einladen, um deinen Laden voll zu bekommen. Die interessieren sich nicht dafür und werden direkt wieder gehen. Doch was passiert online, wenn du dir Followerinnen kaufst, die sich aber gar nicht mit deiner Themenwelt befassen oder sich mit dem, was du anbietest, nicht identifizieren können? Sie gehen zwar nicht direkt wieder, du hast sie ja eingekauft, aber sie interagieren auch nicht mit deinen Pins. Die meisten gekauften Follower sind ohnehin Fake-Profile. Wenn du viele Followerinnen hast, aber kaum eine interagiert mit deinen Pins, wird sich das auf deine gesamte Profil-Performance auswirken, und deine Reichweite kann sich extrem verschlechtern, da dein Profil als nicht relevant eingestuft wird. Außerdem entschied das Landgericht Stuttgart 2015[1], dass das Kaufen von Followern in sozialen Netzwerken als wettbewerbswidrig gilt und damit nicht legal ist. Also lass die Finger davon – auch auf den anderen Kanälen. Sei authentisch, und liefere konstant qualitative Inhalte, mache an passenden Stellen auf dein Pinterest-Profil aufmerksam, und die passenden Menschen werden zu dir finden.

7.2.8 Nutze die Pinterest Creators Community

Wir empfehlen dir, dich in der Pinterest Business Community anzumelden, um dort Zugriff auf die Pinterest Creators Community Deutschland, Österreich & Schweiz zu bekommen. Dies ist eine kostenfreie Möglichkeit von Pinterest, um mit anderen Creatorn und auch den Community-Managern und -Managerinnen von Pinterest in Austausch zu kommen.

Die Pinterest Business Community findest du nicht innerhalb deines Profils, sondern über die URL *https://community.pinterest.biz*. Du kannst dich mit deinen Pinterest-Login-Daten anmelden. Auf den ersten Blick ist die Seite englischsprachig, doch mit nur zwei Klicks gelangst du zur deutschsprachigen Community. Klicke einfach oben in der Navigation auf HUBS und dann auf PINTEREST CREATOR COMMUNITY DEUTSCHLAND, ÖSTERREICH & SCHWEIZ. Hier stellst du mit einem Klick auf den sofort ersichtlichen Beitrittsanfrage-Button eine Anfrage, um Teil der Creator Community Deutschland, Österreich & Schweiz zu werden. Du erhältst in der Regel innerhalb von 24 Stunden eine Benachrichtigung, wenn deine Anfrage genehmigt wurde. Die Creator Community Deutschland, Österreich & Schweiz ist ein Forum, in dem die Pinterest-Community-Manager mit dir Insights, Updates und neue Features teilen. Du bekommst Tipps zur Nutzung von Pinterest und bist immer auf dem aktuellen Stand.

---

1 Beschluss des LG Stuttgart vom 06.08.2014, Aktenzeichen: 37 O 34/14 KfH.

> **Was erwartet dich in der Pinterest Business Community?**
>
> Diese Vorteile warten in der kostenfreien Pinterest Business Community auf dich:
>
> - Support und Antworten auf deine Fragen: Du bekommst hier persönlichen Support von anderen Creatorn und den Pinterest-DACH-Community-Managern. Das bedeutet, du kannst hier direkt mit Pinterest-Mitarbeitern und -Mitarbeiterinnen in Kontakt kommen und deine Fragen stellen. Im Forum gibt es unterschiedliche Themenfelder, und du kannst auch ein neues Thema erstellen, falls du nicht fündig wirst.
> - Bei neuen Features bekommen die Mitglieder oft früheren Zugriff.
> - Aktuelle Trends und Suchanfragen werden geteilt.
> - Du kannst Pins für den Heute-Tab einreichen.
> - Du wirst zu Pinterest-Workshops von Pinterest selbst eingeladen.
> - Du hast Zugriff auf die Pinterest Academy, die dich kurz und knackig durch die Erstellung deines Pinterest-Profils führt, bis hin zur Anzeigenerstellung.

Es ist eine super Möglichkeit, um offene Fragen rund um Pinterest zu klären und um dich mit anderen Creatorn auszutauschen und Erfahrungen zu teilen. Die Pinterest Creators Community ist für dich kostenlos. Die einzige Voraussetzung ist ein Unternehmens-Account, aber den hast du ja. Wir legen dir sehr ans Herz, Mitglied zu werden.

Du hast nun all das Rüstzeug, das du brauchst, um deine Pinnwände zu erstellen und deine Pins hochzuladen. Du weißt nun, welche Pinnwandarten es gibt, warum es Sinn machen kann, nicht öffentliche Pinnwände in deine Unternehmensstrategie auf Pinterest einzubinden, wie du strategisch für dich passende Gruppenboards findest und wie du diese einschätzen kannst. Abschließend haben wir noch die Bedeutung von Followerinnen und Followern besprochen und uns damit auseinandergesetzt, wie du deinem Profil und deinen Pins zu mehr Sichtbarkeit verhelfen kannst. Im nächsten Kapitel schauen wir uns an, was Content-Upcycling für deine Pinterest-Strategie bedeuten kann und wie du deine Pins strategisch bestmöglich auf deinem Pinterest-Konto verteilen kannst.

Kapitel 8

Pin-Strategie: So holst du das Bestmögliche aus deinen Inhalten heraus

»Content is King«, wusste Bill Gates bereits im Jahr 1996. Wir finden: Er hat recht. Erstelle wirklich guten Content, und du kannst diesen immer wieder verwenden. Wie das geht? Das erfährst du jetzt.

In Kapitel 6 haben wir uns damit beschäftigt, wie du Pins erstellst, welche Pin-Formate es gibt und welche Ziele du mit den verschiedenen Pins erreichen kannst. Es gibt jedoch einige weitere Faktoren, die einen erheblichen Einfluss auf deinen Erfolg auf Pinterest haben. In diesem Kapitel widmen wir uns unter anderem der optimalen Pin-Anzahl, dem besten zeitlichen Abstand zwischen zwei Pins und schauen uns die Auswahl deiner Pinnwände an. Außerdem erfährst du, wie du mit kleinen Hacks jeden Pin außerordentlich zeiteffizient multiplizieren kannst. Jede Woche ein neuer Blogartikel und jeden Monat ein neues Fotoshooting erstellen? Das wird überflüssig. Wir zeigen dir, wie du deinen Pinterest-Content smart recyceln kannst.

> **Kapitelübersicht: Pin-Strategie**
> In diesem Kapitel
> - erfährst du, wie du Fresh Content erstellst,
> - lernst du, wie du dennoch Inhalte wiederverwenden kannst,
> - verteilen wir Pins strategisch schlau auf unterschiedliche Pinnwände,
> - stellen wir dir Planungstools vor, mit denen du deinen Zeitplan entlastest und Routinen aufbauen kannst.

8.1 Content Upcycling – erstelle zeitsparend viel Content auf einmal

Bei Pinterest reicht es für einen erfolgreichen Account-Aufbau nicht aus, nur einmal pro Woche zu pinnen. Daraus wird oft der Schluss gezogen, dass Pinterest zu viel

Zeitaufwand sei. Doch dem ist nicht so! Denn wenn du erst mal smarte Strategien kennst, wie du deinen Content zeitsparend aufbereiten kannst, wird Pinterest verhältnismäßig wenig Platz in deinem Kalender und Kopf einnehmen.

Um einen häufigen Mythos vorwegzunehmen: Du benötigst nicht für jeden Pin einen neuen Blogartikel oder ständig neue Produktfotos. Sechs bis zehn Blogartikel reichen beispielsweise als Basis sehr gut aus, damit du die nächsten zwei bis drei Monate auf Pinterest ideal arbeiten kannst.

Du fragst dich, wie das sein kann? Aus nur einem Blogartikel kannst du im Schnitt zehn oder sogar mehr unterschiedliche Pins erstellen. Da du auch Monate später zu deinem Blogartikel neue Pins erstellen kannst, ist es nicht unüblich, über die Zeit 20 oder mehr unterschiedliche Pins zum selben Blogartikel zu haben. In einem Interview aus den USA hieß es sogar, dass zu dem Traffic-stärksten Artikel, der bereits 6 Jahre ist, rund 100 unterschiedliche Pins über die Zeit erstellt wurden. Du siehst also – nur weil du nicht so viel Content hast, musst du dich nicht einschränken!

Es gibt allerdings einen Aspekt, den du unbedingt beachten solltest: Die Pins sollten sich optisch unterscheiden, da du sonst sogenannten *Duplicate Content* generierst. Diese Inhaltsdopplung wird vom Algorithmus negativ bewertet. Das bedeutet, dass deine Pins als Duplicate Content weniger häufig ausgespielt werden. Ein zentraler Erfolgsfaktor ist es auf Pinterest, den Fokus auf *Fresh Content*, also auf neue Inhalte, zu legen. Was bedeutet das genau?

> **Pinterest-Fakt: Die Strategie hat sich seit 2018 komplett gedreht!**
>
> Früher war es üblich, viele fremde Pins auf den eigenen Pinnwänden zu repinnen.
>
> Die Regel lautete: 80 % Pins repinnen und 20 % neue, eigene Pins auf Pinterest teilen. Damit konnte enorm viel organische Reichweite über Pinterest aufgebaut werden. Heute ist es genau andersherum! Pinne 80 % eigenen Content und 20 % Fremd-Pins. Manche gehen sogar zu 100 % eigenen Pins über.
>
> Der Tipp: Lege deinen Fokus auf *Fresh Content*, der auf deine Website führt!

8.1.1 Was ist »Fresh Content«?

Übersetzt bedeutet Fresh Content frischer beziehungsweise neuer Inhalt. Um eine wichtige Sache vorwegzunehmen: Ein neues Linkziel ist dafür nicht notwendig! Das heißt, du benötigst nicht zwangsläufig eine neue URL, zu der du noch nie zuvor etwas auf Pinterest gepinnt hast.

Auf Pinterest bezieht sich dieser Ausdruck auf Pins, die noch nie zuvor mit gleicher Grafik sowie Pin-Beschreibung auf Pinterest aufgetaucht sind.

Eine allgemeingültige Definition von Fresh Content gibt es nicht, allerdings sollte sich der Pin, der zur selben URL führt, im Design durch ein anderes Bild oder Text auf dem Pin unterscheiden. Ein neues Bild oder eine neue Grafik ist also Fresh Content. Nur die Hintergrundfarbe oder Pin-Beschreibung zu ändern, reicht für Fresh Content nicht aus.

Der Sinn dahinter für Pinterest ist, dass nicht mehr so viele Inhalte von anderen Unternehmensprofilen repinnt werden. Stattdessen sollen vermehrt Inhalte mit neuen Ideen, Anleitungen und Inspirationen auf der Plattform landen. Das höchste Ziel von Pinterest ist es stets, die bestmögliche Nutzerzufriedenheit auf der Plattform zu schaffen. Wichtig hierfür ist es, dass die Menschen ihr Suchbedürfnis auf der Plattform befriedigen können, und dafür sind abwechslungsreiche Pins natürlich enorm wichtig. Ein Beispiel von Pinterest dazu ist, dass Pins zu Bananen ein sehr gutes Thema sind, jedoch nicht zu Bananenbrot! Dazu gibt es bereits etliche Inhalte. Denke also gerne etwas um die Ecke, um neue Inhalte zu kreieren.

Gleichzeitig solltest du aber auch darauf achten, dass du beispielsweise nicht nur zwei verschiedene Linkziele für Pinterest auswählst und/oder häufig auf die Startseite verlinkst, sondern reichlich Mehrwert und Inspiration bieten kannst. Du solltest also am besten mindestens sechs bis zehn unterschiedliche Linkziele für deinen Start auf Pinterest haben. Der Pin kann auf einen Blogartikel, eine Shopseite oder eine Seite auf der Website führen, für die bereits Pins erstellt und geteilt wurden. Solange das Bild neu ist, zählt es als Fresh Content.

> **Merke: Diese Änderungen führen nicht zu Fresh Content**
>
> Auch wenn du neuen Content relativ leicht erstellen kannst, solltest du wissen, dass die folgenden Punkte nicht zu Fresh Content führen:
> - das Ändern der Farben
> - das Verschieben von Elementen
> - das Hinzufügen von kleinen Elementen
>
> Ein Beispiel zum Ändern der Hintergrundfarbe siehst du in Abbildung 8.1. Bilder und Text bleiben hier identisch. Dieses Beispiel wäre für die Plattform kein Fresh Content.

Wenn du mehrere unterschiedliche Pin-Vorlagen erstellt hast, wie in Kapitel 6, »Der perfekte Pin: Pin-Formate und Designtipps für klickstarke Pins« bereits erklärt, ist dies die perfekte Grundlage, um nun zeitsparend Fresh Content zu einem identischen Linkziel zu erstellen!

Best-Practice-Beispiele dazu findest du in Abbildung 8.2. Hier verlinken drei unterschiedliche Pins zu ein und demselben Blogartikel. Normalerweise ist es nicht zu empfehlen, ein Gesicht oder die Person hinter der Marke in den Pins deutlich in den Fokus zu setzen. In diesem Beispiel funktioniert es aber ideal, da die Locken im Vordergrund stehen, um die es in dem Pin geht.

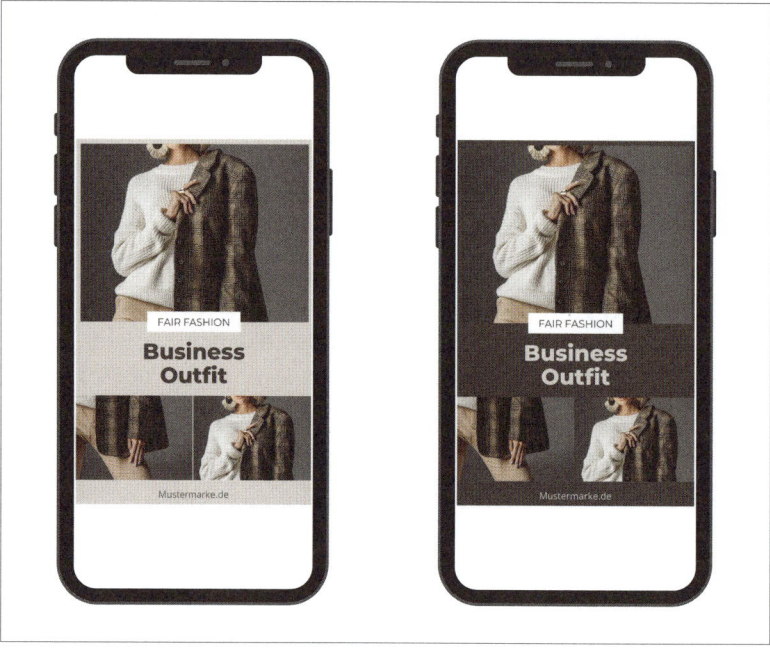

Abbildung 8.1 Nur die Änderung der Hintergrundfarbe führt nicht zu Fresh Content (Quelle: Bild von canva.com – mustermarke.de ist ein ausgedachter Name).

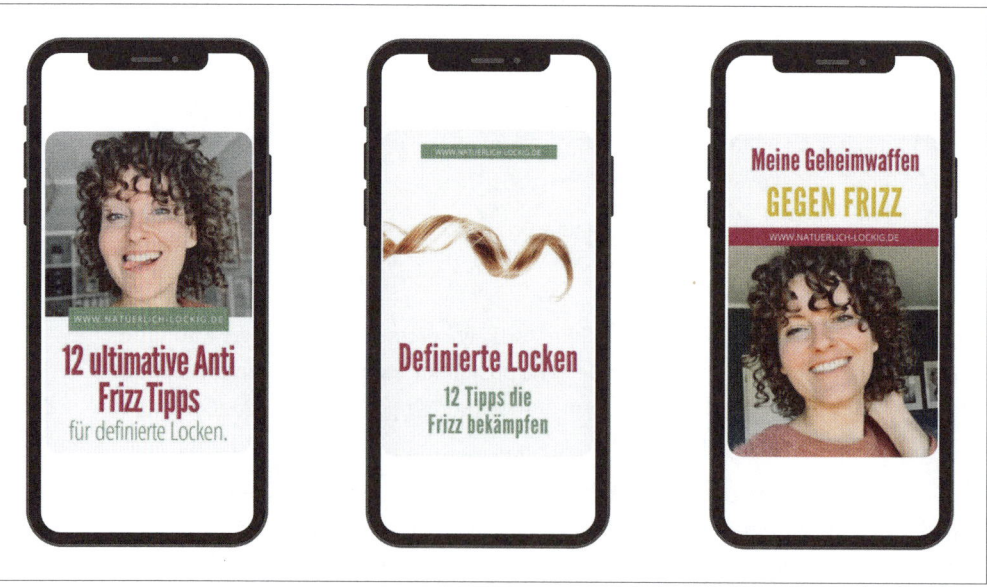

Abbildung 8.2 Ein Blogartikel – drei unterschiedliche Pins, die als Fresh Content bewertet werden (Quelle: natuerlichlockig.de).

8.1.2 Wie aus einem Blogartikel zehn Pins werden

In Kapitel 5, »SEO: Optimiere deine Inhalte für die visuelle Suchmaschine«, hast du bereits gelernt, wie du für Suchmaschinen optimierte Texte schreiben kannst. Und nicht nur das: Auch wie du klickstarke Texte und Überschriften für deinen Pin formulierst, weißt du nun. Genau dieses Know-how können wir jetzt wiederverwenden, um aus einem Blogartikel zehn Pins zu zaubern.

Ein unglaublicher Mehrwert von Pinterest ist es, dass du bereits für einen Blogartikel oder ein Produkt mehrere Pins erstellen kannst. Der Grund hierfür ist, wie wir bereits wissen, dass die meisten Menschen über die Suchfunktion und nicht über dein Profil auf deinen Pin gelangen. Somit ist es wichtig, gute Pins zu platzieren, und zweitrangig, ob sich in deinem Profil ähnliche Pins zu dem gleichen Ziel-Link finden.

Dein Profil steht nicht in dem Maß im Vordergrund wie beispielsweise bei Instagram. Bei Instagram ist das optische Zusammenspiel aller Posts im Feed ein wichtiger Erfolgsfaktor. Diese Regel kannst du für Pinterest hintanstellen. Hier hat nicht jeder Pin, den du pinnst, eine so hohe Aufmerksamkeit im Profil, da er in den meisten Fällen alleine im Such-Feed neben anderen, fremden Pins angezeigt wird. Die perfekte Basis also, um dich freizumachen von einem homogenen Pin-Design. Somit kannst du verschiedene Designs, Überschriften und Co. testen.

Oft setzt sich der Großteil deiner Website-Klicks aus nur wenigen, viral gegangenen Pins zusammen. Andere Pins erhalten eventuell nur 20 Impressionen. Aber das ist nicht schlimm. Konzentriere dich auf deine Pins, die zu einem deiner wichtigsten Keywords im Such-Feed angezeigt werden. In Pinterest Analytics wirst du beispielsweise sehen können, welche Pins die meisten Interaktionen erzielt haben. Und genau zu ihnen solltest du weitere unterschiedliche Design- und Formulierungsvariationen ausprobieren. Die Pins mit dem gleichen Linkziel werden nie alle nebeneinander erscheinen. Somit erhöhst du aber die Wahrscheinlichkeit, dass ein oder zwei Pins oben im Such-Feed deiner Zielgruppe angezeigt werden. Pinne beispielsweise die zehn zum selben Linkziel führenden Pins nicht direkt nacheinander, sondern verteile sie clever über mehrere Tage oder Wochen. Wie du das automatisieren kannst, lernst du weiter hinten in diesem Kapitel. Vergiss dabei aber nicht, dass du die Pins immer als Fresh Content erstellen solltest, damit jeder Pin für sich genommen einzigartig ist.

Es gibt noch einen Vorteil, wenn du zeiteffizient Fresh Content kreierst: Du musst dich bei deinem neuen Blogartikel für die beste Überschrift entscheiden? Du bist dir unsicher, welcher Titel deines Instagram-Posts am meisten Neugier wecken wird? Kein Problem! Sammle all deine Ideen, denn diese können wir jetzt alle verwenden und für deine Pin-Gestaltung aufbereiten.

Auf Pinterest kannst du nämlich viele unterschiedliche Varianten von Überschriften zum selben Blogartikel testen, etwa:

- »5 geheime Tipps, mit denen dein Brot richtig fluffig wird«
- »Wie wird dein Brot richtig fluffig? Die 5 besten Tipps«
- »So backst du endlich saftiges und luftiges Brot«
- »Kennst du diese 5 einfachen Hacks, mit denen dein Brot richtig saftig wird?«
- »Backliebhaber aufgepasst – mit diesen Tipps wird dein Brot noch fluffiger!«

Du siehst also – zum selben Artikel gibt es viele verschiedene Varianten, um den Text auf dem Pin zu formulieren. Jeder Mensch ist unterschiedlich und wird durch andere Ansprachen getriggert. So hast du eine größere Wahrscheinlichkeit, noch mehr Menschen in vielleicht unterschiedlichen Phasen der Kundenreise anzusprechen.

Außerdem ist das eine gute Möglichkeit zu testen, welche Art der Formulierung am besten bei deiner Zielgruppe ankommt: Ist es eine Frage? Oder besonders einfache Tipps? Oder die Formulierung, in der die Zielgruppe direkt angesprochen wird? Finde es heraus!

> **FAQ: Sieht es nicht blöd aus, mehrere Pins zum selben Content auf einer Pinnwand zu pinnen?**
>
> Diese Frage ist berechtigt und nachvollziehbar. Da wir aber bereits festgestellt haben, dass die meisten Website-Besucher über den Such-Feed auf deine Website kommen und nicht über die einzelne Pinnwand, ist der äußerliche Aufbau der Pinnwand nicht ganz so wichtig. Und selbst wenn Nutzerinnen auf deine Pinnwand kommen, ist es nicht schlimm, solange du es richtig machst. Wenn du die Pins wie hier beschrieben umsetzt und viel Fresh Content erstellst, der sich visuell unterscheidet, nehmen sie gar nicht wahr, dass es dieselben Linkziele sind. Die Pinnwände werden oft nur mit den Augen gescannt, und somit sehen die Menschen nur die Pins, die sie visuell ansprechend finden. Ein weiterer Faktor ist, dass du im Idealfall nicht nur Pins eines einzelnen Produkts oder Blogartikels auf einer Pinnwand merkst, sondern dass mehrere Inhalte gesammelt werden. Und wenn du diese Inhalte nacheinander automatisiert pinnst, werden alle Inhalte auf der Pinnwand gemischt sein. Also – bleibe entspannt. Das ist kein Problem.

In Kapitel 10, »Pinterest Analytics: Werte deine Zahlen richtig aus«, lernst du, wie du den Erfolg deiner Pins am besten analysiert. Hier findest du auch heraus, welche Pins und Texte am besten bei deiner Zielgruppe ankommen. Mithilfe dieser Erkenntnisse kannst du deinen Content von Monat zu Monat optimieren. Das ist ein unterschätzter Erfolgsfaktor auf Pinterest, aber dazu später mehr.

Lass uns also einmal durchspielen, wie du aus einem Blogartikel ganz simpel zehn Pins machst.

1. Wähle ein Linkziel aus, mit dem du beginnen möchtest.
2. Schreibe nun (mit dem Wissen aus Kapitel 5) zehn verschiedene Überschriften auf, die gut zum Inhalt passen.
3. Nimm deine fünf Pin-Vorlagen (oder mehr, je nachdem, wie viele du hast), und setze für jede Vorlage eine andere Überschrift ein.
4. Für die übrigen Überschriften kannst du auch Vorlagen doppelt verwenden. Denn wenn du den Text und am besten auch das Bild austauschst, wird dieser ganz anders aussehen und somit Fresh Content sein.
5. Schreibe nun eine Pin-Beschreibung sowie einen Pin-Titel, die die wichtigsten Keywords enthalten. Formuliere diese für jeden Pin etwas um, damit jeder Pin einen individuellen Text erhält. Dazu reichen schon kleine Änderungen aus. Stelle beispielsweise den ersten Satz in der Pin-Beschreibung um, kürze den Text oder integriere weitere Keywords. Du musst nicht jedes Mal eine komplett neue Pin-Beschreibung schreiben, solltest aber auch nicht die gleiche doppelt verwenden. Wie du Keyword-optimierte Texte formulierst, hast du bereits in Kapitel 5 gelernt.

> **Tipp: Nutze Zwischenüberschriften aus deinem Blogartikel**
>
> Um noch besser auf zehn unterschiedliche Pin-Überschriften zu kommen, kannst du auch die Zwischenüberschriften aus deinem Blogartikel hinzuziehen. D. h., eine Zwischenüberschrift des Blogartikels »5 geheime Tipps, mit denen dein Brot richtig fluffig wird« könnte lauten »Wieso du Apfelessig immer beim Brotbacken verwenden solltest«. Wenn du diesen Pin nun auf die normale URL schickst, wo zu Beginn noch gar nicht die Rede von Apfelessig ist, ist das Nutzererlebnis nicht optimal gestaltet. Denn die Erwartung wird nicht direkt erfüllt, wodurch es zu einer hohen Absprungrate kommen kann. Wenn du also Zwischenüberschriften nutzt, sollten diese entweder auch sehr gut zum allgemeinen Thema passen oder aber, was die ideale Lösung ist, erstellst du *Sprungmarken* bzw. *Ankerlinks*. Du kannst nämlich unterschiedliche Abschnitte auf derselben Seite mit einer Sprungmarke versehen. Dadurch wird die URL entsprechend verlängert. Damit hast du das perfekte Linkziel für den Pin geschaffen, der direkt zur entsprechenden Stelle verlinkt, wenn der Nutzer auf den Pin klickt. Tipp: Wenn du ein Inhaltsverzeichnis im Blogartikel integrierst, beinhaltet dieses bereits die entsprechenden Sprungmarken.

Prüfe: Passt der Text zur Zielseite?

Der Text auf dem Pin sollte inhaltlich zur Zielseite passen. Prüfe also gedanklich, mit welcher Erwartungshaltung auf den Pin geklickt wird und ob diese direkt erfüllt wird, sobald die Nutzerin auf deiner Seite landet. Ansonsten kommt es zu hohen Absprungraten, was sich wiederum negativ auf dein Google-Ranking auswirkt. Dazu zählt ebenso, dass das Design im Idealfall einen Wiedererkennungswert zwischen Pinterest und deiner Website aufweist.

Produziere nicht zu viele Inhalte vor

Außerdem solltest du nicht zu viel vorproduzieren. Die Überschrift lautet zwar »wie aus einem Blogartikel zehn Pins werden«, das musst du aber nicht zu Beginn für jeden Blogartikel umsetzen. Es soll nur deutlich werden, wie einfach sich der Content multiplizieren lässt und gleichzeitig Fresh Content ist. Vor allem wenn du neu auf Pinterest bist, solltest du die Themenfelder etwas weiter streuen, sodass du alle ausgewählten Pinnwände auch thematisch gut befüllen kannst. Besser ist es in der Regel, zu einem Blogartikel drei bis fünf verschiedene Pins zu erstellen, dafür aber beispielsweise für zehn verschiedene Blogartikel. So kommst du auf ca. 40 Pins. Das ist besser, als wenn du zehn Pins für nur vier Blogartikel erstellst. Später kannst du dann Monat für Monat weitere Pins erstellen, sodass du nach und nach auf 10, 15, 20 oder mehr Pins pro Blogartikel kommst. Du kommst vielleicht gerade zu Beginn deiner Pinterest-Reise auf die Idee, ganz viele Pins vorzuproduzieren, sodass diese innerhalb der nächsten 3 Monate gepinnt werden können. An sich ist das auch eine super Idee, sodass du direkt pro Blogartikel zehn Pins vorbereiten kannst. Aber genau das kann auch ein Schuss in den Ofen sein. Denn vor allem als Pinterest-Neuling testest du ja noch viel aus. Solltest du dich in der Zwischenzeit entscheiden, dass du dein Branding ändern möchtest oder dir die Pin-Vorlagen nicht mehr gefallen, kannst du die Pins nicht mehr wiederverwenden. Oder du merkst, dass ein Thema gar keinen Anklang auf Pinterest findet, hast aber schon zig Pins erstellt. Das wäre schade. Denn du solltest lieber noch mehr Fresh Content nach und nach zu den Themen erstellen, die besonders viel Neugier bei deiner Zielgruppe wecken. Also – produziere nicht zu viel vor, finde eine gute Mischung, und plane maximal für die nächsten vier bis sechs Wochen – aber nicht viel weiter.

Tipp: Notiere dir alle Überschriften-Ideen

Wenn du einen Blogartikel aufarbeitest und direkt 10 gute Ideen für Pin-Überschriften hast, aber zunächst nur 5 Pins erstellen möchtest, solltest du dir die übrigen Ideen unbedingt notieren. In Abschnitt 13.3 lernst du unsere Projektübersicht kennen. In dieser gibt es extra eine Spalte, in der wir Überschriften-Ideen sammeln können, sodass du zu einem späteren Zeitpunkt sehr zeitsparend neue Pins erstellen kannst, ohne den Blogartikel noch mal lesen zu müssen.

8.1.3 E-Commerce: Bilder smart wiederverwenden

Wenn du einen Shop hast, fragst du dich vielleicht: »Wenn ich 40–50 Pins als Fresh Content benötige, muss ich dann alle zwei Monate ein neues Fotoshooting machen? Das benötigt ja unglaublich viel Bildmaterial.«

Die Antwort ist eindeutig: »Nein!« Du kannst hier die gleichen Tricks verwenden und auch für ein Produkt zehn und mehr Pins kreieren. Schau dir in dem Beispiel aus Abbildung 8.3 und Abbildung 8.4 an, was du alles aus einem Produktbild machen kannst:

1. das Bild nur mit Logo oder URL hochladen
2. deine Pin-Vorlagen nutzen und unterschiedlichen Text integrieren
3. eine Collage erstellen, in der unterschiedliche Ausschnitte des Produkts in Nahaufnahme dargestellt werden
4. einen Call-to-Action einbinden
5. eine Infografik mit Produktdetails erstellen

Diese Beispiele zeigen dir, wie viel Fresh Content du aus nur einem Bild zaubern kannst. Normalerweise hast du zu einem Produkt auch mehr Bildmaterial, sodass die Umsetzung sogar noch leichter fallen sollte, als es in diesem Beispiel dargestellt ist.

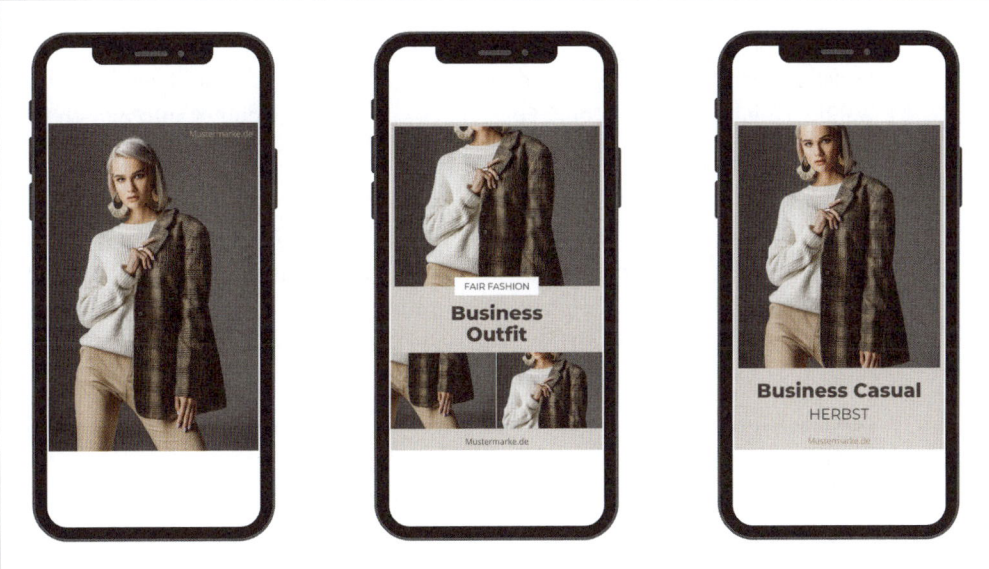

Abbildung 8.3 Drei Beispiele, wie du mithilfe deiner Designvorlagen aus einem Bild drei unterschiedliche Pins und somit Fresh Content erstellen kannst (Quelle: Bild von canva.com – mustermarke.de ist ein ausgedachter Name)

Abbildung 8.4 Drei weitere Beispiele, wie mit demselben Bild unterschiedliche Pins gestaltet werden können (Quelle: Bild von canva.com – mustermarke.de ist ein ausgedachter Name)

8.1.4 Karussell-Pin in einen Video-Pin verwandeln

Du hast bereits einen oder mehrere Karussell-Pins (siehe Abschnitt 6.4.2) erstellt? Perfekt! Dann lass uns diese wiederverwenden und nur in ein anderes Format verwandeln: den Video-Pin. Denn: Ein anderes Pin-Format bedeutet automatisch Fresh Content!

Wie das funktioniert, ist simpel: Wenn du deinen Karussell-Pin beispielsweise in dem Online-Designtool *Canva* erstellt hast, kannst du daraus eine Animation erstellen. Dies ist in der kostenlosen Version möglich. Lädst du alle Seiten gebündelt als MP4-Datei (Video-Datei) statt PNG herunter, werden die Seiten aneinandergefügt, woraus ein Video erstellt wird. Wie das in Canva aussieht, zeigt dir Abbildung 8.5.

> **Tipp: Achte auf die Animationsdauer**
>
> Stelle die Animationszeit lieber auf drei Sekunden, damit die Seiten nicht zu lange angezeigt werden und das Interesse verloren geht. Schau dir das Video nach dem Download an, und verändere ggf. die Anzeigedauer oder die ausgewählte Animation.

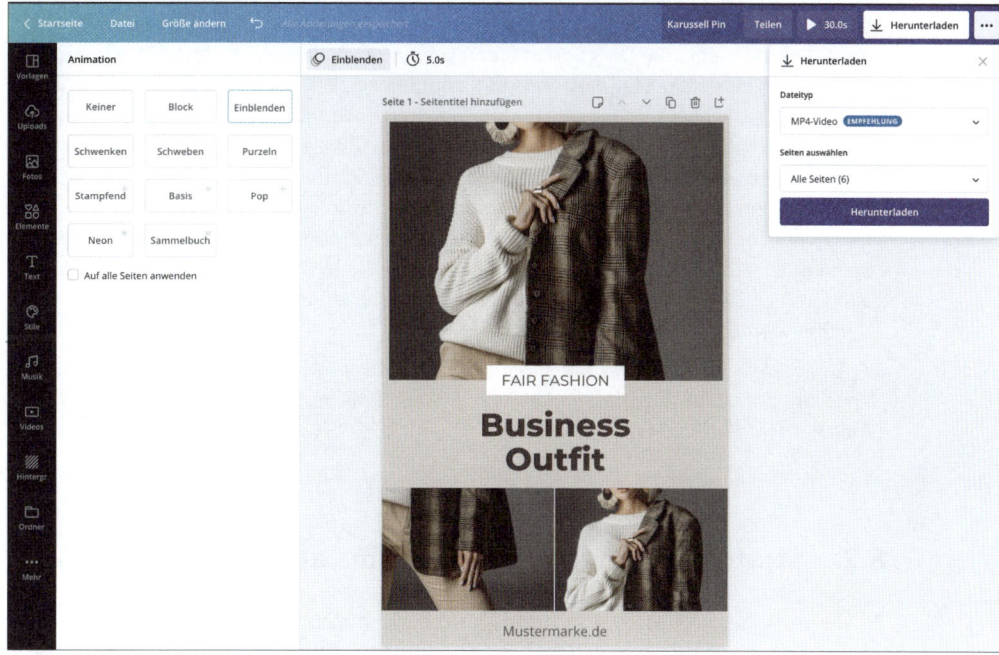

Abbildung 8.5 So kannst du in Canva einen Karussell-Pin mit einer Animation in einen Video-Pin verwandeln.

Als weiteren Tipp können wir dir empfehlen, die inneren Seiten eines Karussell-Pins als Standard-Pin wiederzuverwenden.

In der Regel sind die mittleren Seiten eines Karussell-Pins wie ein normaler Standard-Pin gestaltet. Wenn diese auch für sich alleine sprechen, dann lade diese ebenso als einzelnen Pin hoch. Schau dir dazu den Karussell-Pin aus Kapitel 6 an. Dann wird dir auffallen, dass die mittleren Seiten auch alleinstehend als Standard-Pin veröffentlicht werden können.

Weitere Upcycling-Ideen hast du bereits in Kapitel 6, »Der perfekte Pin: Pin-Formate und Designtipps für klickstarke Pins«, kennengelernt.

> **Praxistipp von Laura Seiler: Verschiedene Pin-Formate zu einem Linkziel erstellen**
>
> Laura Seiler hat einen sehr bekannten Podcast »Happy, Holy & Confident« zu moderner Spiritualität, der als Basis für Blogartikel und somit auch der Pins dient. Nach der Veröffentlichung werden die Episoden direkt aufgearbeitet, sodass zu einer Episode 25–30 Pins erstellt werden können. Dafür werden unterschiedliche Überschriften und Designs verwendet, die wiederum zu dem Corporate Design passen. Außerdem werden die Inhalte mit einer guten Varianz aufgearbeitet. Beispielsweise gibt es immer Zitate aus der Podcast-Episode, die im Handyformat erstellt werden. Dies hat den Zweck, dass sich

> die Community die Zitate-Pins direkt von Pinterest herunterladen und als Handyhintergrund verwenden kann. Dies finden einen sehr guten Anklang auf Pinterest. Ergänzend dazu gibt es klassische Standard-Pins, die eher informellen Charakter aufweisen und oft mit einem Call-to-Action versehen sind. Sie sollen Neugier wecken und dazu auffordern, mehr Informationen auf der Website zu erhalten. Gute Erfahrungen macht das Team von Laura Seiler auch mit Video-Pins, die die Stimmung des Pins oder des Zitates widerspiegeln. Beispiele für die Verwendung von Stock-Videos hast du bereits in Kapitel 6 kennengelernt. Auch IGTVs von Instagram werden auf Pinterest veröffentlicht. Somit spielt Content-Recycling hier eine wichtige Rolle. Gleichzeitig wird aber darauf Wert gelegt, dass die Inhalte auch strategisch passend für die Plattform Pinterest aufbereitet werden.
>
> *Tipps aus dem Interview mit Ilona Peuker, Social-Media-Managerin bei Laura Seiler Life Coaching GmbH im Pinsights-Podcast der Episode #68, »Cross Marketing & Community Management auf Pinterest«*

8.2 Strategische Verteilung der Pins auf deine Pinnwände

Zu diesem Thema gibt es erfahrungsgemäß die meisten Fragen: Wie oft muss ich pinnen? Wann muss ich pinnen? Auf wie viele Pinnwände soll ich pinnen? Welchen zeitlichen Abstand sollte ich zwischen zwei Pins einstellen? Wie kann ich das Ganze automatisieren?

Auf genau diese Fragen möchten wir dir jetzt die passenden Antworten geben!

> **Tipp: Bleib bei Pin-Strategie-Empfehlungen immer auf dem aktuellen Stand**
>
> Es kann sich jederzeit etwas an der Pin-Strategie ändern, sobald Pinterest am Algorithmus tüftelt. Deshalb ist es unbedingt zu empfehlen, immer aktuelle Informationen zu erhalten. Wenn du uns beispielsweise unter @skanamedia auf Instagram folgst oder unseren Newsletter abonniert hast, bist du immer up to date.

Vermeide diesen Fehler: Du solltest nicht deinen Content erstellen und dann alles auf einmal hochladen, eine Pause machen und den nächsten Schwung erst in zwei Wochen wieder hochladen. Das hören wir leider viel zu häufig. Dafür wäre die Zeit, die du in die Content-Erstellung gesteckt hast, zu schade! Der Algorithmus möchte nämlich Kontinuität. Es sollte am besten täglich auf Pinterest gepinnt werden. Wenn du alles auf einmal hochlädst, kann das im schlimmsten Fall sogar als Spam von Pinterest gewertet werden.

Wichtig ist außerdem, zu verstehen, dass es nicht die eine Zauberformel für deine Pin-Strategie gibt. Diese kann sich von Nische zu Nische unterscheiden. Sei also unbedingt offen dafür, regelmäßig neue Formate und Strategien zu testen!

Außerdem kommt es auch darauf an, wie viele Kapazitäten du für Pinterest hast. Einige Unternehmen haben eine Vollzeitkraft für Pinterest. Diese pinnt dann auch gerne schon mal 30 Pins pro Tag auf Pinterest. Das musst du aber natürlich nicht machen! Auch diese Unternehmen haben mal klein angefangen, Pinterest ausprobiert, und als sie herausfanden, welches Potenzial in Pinterest steckt, wurden die Kapazitäten aufgestockt. Hier bekommst du die wichtigsten Regeln auf einen Blick, die wir im Nachgang tiefer besprechen werden.

Pin-Strategie-Regeln auf einen Blick

Sobald du mit der Veröffentlichung deiner Pins entweder über Pinterest direkt oder mit einem Planungstool beginnst, solltest du auf folgende Regeln achten, damit die Pins die bestmögliche Reichweite erzielen:

1. Pinne kontinuierlich – jeden Tag! Idealerweise mindestens drei bis fünf Pins pro Tag.
2. Lade nicht zu viele Pins auf einen Schlag hoch. Verteile diese lieber.
3. Setze den Fokus auf Fresh Content, der auf deine eigene Seite führt.
4. Die allgemeine Regel lautet: 80 % eigene Pins und 20 % Fremd-Pins, die geteilt werden. Manche Unternehmen setzen auch auf 100 % eigenen Content.
5. Versuche, mit deinen Inhalten gezielt die Bedürfnisse und Interessen deiner Zielgruppe anzusprechen und ihnen Lösungen und Mehrwert zu bieten.
6. Jeder Pin sollte eine individuelle Pin-Beschreibung bekommen – kein Duplicate Content!
7. Speichere deine Pins nur auf relevanten Pinnwänden! Einen Pin kannst du auf 1–3 Pinnwänden über die Zeit verteilt pinnen.

8.2.1 Häufig gestellte Fragen zur Pin-Veröffentlichung

Um den Workflow noch tiefgehender und die Strategie-Empfehlungen genau zu verstehen, gehen wir nun auf häufig gestellte Fragen in diesem Zusammenhang ein.

Was ist die ideale Pin-Anzahl pro Tag?

Das ist schwer allgemeingültig zu beziffern. Für jeden kann dieser Wert unterschiedlich sein. Für Selbstständige und kleine Unternehmen, die gerade mit Pinterest starten, arbeiten wir in der Regel mit ca. fünf Pins pro Tag, womit wir auf ca. 150 Pins pro Monat kommen. Wie im vorherigen Abschnitt erwähnt, pinnen größere Unternehmen auch gerne mal 30 Pins am Tag. Mehr würden wir aber auch nicht empfehlen, und Qualität geht auf Pinterest auch immer vor Quantität.

Wie viele neue Grafiken müssen pro Monat erstellt werden?

Um auf ca. fünf Pins pro Tag zu kommen, solltest du pro Monat 40–50 neue Grafiken erstellen. Wenn du diese Grafiken auf jeweils ein bis drei Pinnwänden teilst, kommst du somit auf ca. 100 bis 150 Pins im Monat. Mit den Designvorlagen und Formulierungstipps für Überschriften geht das verhältnismäßig schnell! Dabei sprechen wir von den Standard-Pins. Zusätzlich kannst du noch ein bis zwei Karussell-Pins sowie gegebenenfalls ein bis zwei Infografiken und fünf Animationen oder Video-Pins pro Monat erstellen. Erinnerst du dich an die Upcycling-Tipps aus den vorherigen Abschnitten sowie Kapitel 6? Wenn du dich daran orientierst, kannst du viel Zeit einsparen.

Wozu erstellst du Pins?

Vor allem zu Beginn solltest du darauf achten, eine gute Mischung an unterschiedlichen Themen abzudecken. Dein Ziel ist es, dass du für alle Pinnwände, die du eingerichtet hast, Pins erstellst und einplanst.

Damit du direkt mit den für deine Zielgruppe relevantesten Themen startest, schau als Orientierungshilfe darauf, welche deiner Website-Inhalte in Google Analytics die meisten Aufrufe erhalten haben. Diese Themen sind mit großer Wahrscheinlichkeit auch für Pinterest relevant.

Du kannst dich auch daran orientieren, welche Pins eines bestimmten Themas in Pinterest Analytics besonders gut funktionieren. Setze genau auf diese Themenbereiche weiterhin deinen Fokus, und erstelle weitere Pins zu diesen Inhalten. Außerdem kann es sein, dass eine besonders wichtige Saison wie Weihnachten oder Ostern ansteht, auf die du den Fokus setzen möchtest.

> **Tipp: Plane saisonale Inhalte frühzeitig ein!**
> Pinner*innen sind Planer*innen. Sie suchen frühzeitig nach Ideen auf der visuellen Suchmaschine. Deshalb solltest du auch die Pins entsprechend früh auf Pinterest pinnen. Als Faustregel kann man sagen, dass du sechs bis acht Wochen vor dem Saisonbeginn mit dem Pinnen starten solltest. Bei Weihnachten kannst du sogar schon im August loslegen.

Zu welcher Uhrzeit sollte gepinnt werden?

Wir können dir generell empfehlen, über den gesamten Tag verteilt zu pinnen. Die Uhrzeiten sind auf Pinterest nicht so relevant wie auf Instagram, da die meisten Nutzer nicht über den Follow-Feed, sondern den Such-Feed auf deine Pins aufmerksam werden. Der Such-Feed besteht zum Großteil aus Pins, die bereits einige Tage, Wochen oder sogar Jahre alt sind. Nur wenige Pins wurden gerade erst gepinnt und ranken direkt zum entsprechenden Suchbegriff.

Allerdings sieht es so aus, als würde Pinterest zukünftig neue Pins weiter pushen und auch, dass der Follow-Feed eventuell mehr genutzt werden wird. Deshalb sind die Uhrzeiten, zu denen du pinnst, nicht vollkommen egal. Einige Unternehmen wie *Wohnklamotte*, *Limmaland* oder *gofeminin* haben die »Tatort-Zeit« als die wichtigste analysiert: Sonntagabend um 20:15 Uhr. Diese Unternehmen pinnen beispielsweise am Wochenende mehr Pins als unter der Woche, aber dennoch täglich und kontinuierlich.

Sobald du einige Zeit auf Pinterest aktiv bist, kannst du mal in *Google Analytics* nachsehen, zu welchen Uhrzeiten du den meisten Traffic über Pinterest erhältst.

Wähle die richtigen Pinnwände aus

Hast du deine Pins erst einmal erstellt, müssen diese nun auf mindestens eine Pinnwand gepinnt werden, damit sie im Pinterest-Universum auffindbar sind und zu deinen wichtigsten Suchbegriffen ranken können.

Deine Pinnwand-Themen hast du bereits in Abschnitt 3.4. definiert. Und nun wollen wir sie befüllen!

In diesem Schritt ist es jetzt besonders wichtig, die richtigen Boards auszuwählen. Wähle also das Board aus, für das der Pin thematisch am passendsten ist: Welcher Pin hat von seinen Keywords her die höchste Übereinstimmung mit den Keywords eines Boards, also der Board-Beschreibung? Genau dieses solltest du als Erstes auswählen. Du pinnst den Pin also zuerst auf das relevanteste Board. Danach kannst du denselben Pin auf weiteren Pinnwänden teilen, die auch noch zu ihm passen, aber nicht mehr so gut wie die erste Pinnwand.

Sehen wir uns ein Beispiel an. Du hast gerade einen Pin zu einem vegetarischen Kürbisrezept erstellt. Diesen pinnen wir jetzt in folgender Reihenfolge auf die Pinnwände:

1. Kürbisrezepte
2. Herbstrezepte
3. Vegetarische Rezepte
4. Hauptgerichte

Wie genau du den Pin zeitsparend auf diesen Pinnwänden verteilen kannst, lernst du gleich.

Warum können wir mehrere Pinnwände pro Pin auswählen?

Ein Pin kann auf mehreren deiner Pinnwände einen Mehrwert für deine Profilbesucher darstellen, weshalb du problemlos verschiedene Pinnwände mit demselben Pin bestücken kannst, sofern sie thematisch gut zueinander passen.

Nehmen wir noch einmal das Pin-Beispiel zum Kürbisrezept. Wenn sich ein Nutzer auf deinem Profil umschaut und sich für vegetarische Hauptgerichte interessiert, dann sollte auf dieser Pinnwand doch das vegetarische Kürbisrezept nicht fehlen, oder? Denn würdest du nur eine Pinnwand auswählen, nämlich »Kürbisrezepte«, würde die Person dieses schmackhafte Rezept gar nicht finden, da sie womöglich nicht durch all deine Pinnwände klickt.

Mache dir keine Gedanken darüber, dass es problematisch sein könnte, wenn derselbe Pin viermal gepinnt wird, denn auf den einzelnen Pinnwänden wird er ja nur einmal zu sehen sein, und hier bietet er Mehrwert. Und auch auf deinem Profil im Bereich GEMERKT wird nur Fresh Content angezeigt. Hier ist der Pin also nur zu sehen, wenn er auf der ersten Pinnwand, »Kürbisrezepte«, gepinnt wird. Geht der Pin dann einige Tage später auf der Pinnwand »Herbstrezepte« raus, erkennt Pinterest, dass es derselbe Pin ist. Dementsprechend ist er kein Fresh Content, und er wird nicht im Bereich GEMERKT angezeigt, sondern nur auf der jeweiligen Pinnwand.

Ein weiterer Vorteil ist, dass dein Pin nun mehrmals gepinnt wird und sich somit die Chance erhöht, bei relevanten Suchanfragen gelistet zu werden.

Achte hier aber unbedingt darauf, dass du es nicht übertreibst! Vor einiger Zeit war es noch üblich, einen Pin auf 10 oder 15 Pinnwänden zu merken. Davon ist allerdings abzuraten, denn es sollten wirklich nur relevante Pinnwände sein. Wenn ein Pin nur auf eine Pinnwand passt, ist dies auch vollkommen in Ordnung. Wenn man es sich aus Sicht des Algorithmus ansieht, ist dieses Vorgehen auch sinnvoll: Wenn du beispielsweise 15 Pinnwände hast und einen Pin auf 10 Pinnwände über die Zeit verteilt pinnst, weist dein Profil keinen einzigartigen Content auf, da sich alle Pinnwände von den Pins her ähneln. Deshalb ist es wichtig, diese Auswahl mit Bedacht zu treffen. Behalte im Hinterkopf: Welche Pins du auf welchen Pinnwänden verteilst, gibt dem Algorithmus mehr und mehr Informationen über deinen Content und darüber, worum es thematisch auf dieser Pinnwand geht. Versuche, qualitativ hochwertige Pinnwände zu gestalten, zu denen die Pins inhaltlich ideal passen.

> **Praxistipp von Wohnklamotte: Baue qualitativ hochwertige Pinnwände auf**
>
> Das Online-Magazin mit angehängter Produktsuchmaschine *Wohnklamotte* hat die Erfahrung gemacht, dass die Pinnwände qualitativ aufgebaut werden sollten und dass weniger besser sind als mehr. So hatten sie ursprünglich 300 Pinnwände in ihrem Profil, davon viele Nischenpinnwände, die nur wenig Pins enthielten. Diese reduzierten sie später auf 50 Pinnwände und konzentrierten sich darauf, welche Oberbegriffe die relevantesten für ihre Zielgruppe waren. Die übrigen Pinnwände wurden nicht gelöscht, sondern die Pins wurden auf die übrigen 50 Pinnwände verschoben. Somit wurden diese voller und bieten nun mehr Inspirationen zu einem Thema. Dies hat die Reichweite einiger Pins stark gesteigert. Generell ist es zu empfehlen, nur Pinnwände zu erstellen, von denen ich weiß, dass sie sich über die Zeit mit mindestens 40–50 Pins befüllen lassen. Ist dies nicht der Fall, ist das Thema zu nischig, und eine Pinnwand ist nicht empfehlenswert.

> *Tipps aus dem Interview mit Tanja Johanson, Social-Media-Managerin bei Wohnklamotte im Pinsights-Podcast der Episode #62, »30 Mio. monatliche Betrachter – wie hat Wohnklamotte das geschafft?«*

Gruppenpinnwände: Wie werden sie integriert?

In Kapitel 4 hast du bereits die unterschiedlichen Formate von Pinnwänden kennengelernt, darunter auch Gruppenpinnwände. Du weißt also, worum es sich handelt und wie du Mitglied in einer Gruppenpinnwand werden kannst. Doch wie integrierst du Gruppenpinnwände nun in deine Pin-Strategie? So viel steht schon mal fest: Gruppenpinnwände sind nur die Kirsche auf der Sahne. Es sollte also nie der Fokus darauf gelegt werden, sondern sie sollten nur vereinzelt und mit Sinn und Verstand eingesetzt werden. Denn ursprünglich waren sie von Pinterest dazu gedacht, mit Freunden, Freundinnen und der Familie ein gemeinsames Projekt wie die Hochzeit oder Geburtstagsfeier auf Pinterest zu planen. Mittlerweile wurden Gruppenpinnwände aber vermehrt verwendet, um die Reichweite der eigenen Pins zu pushen. Das klappte zu Beginn auch ganz gut. Denn die anderen Mitglieder repinnen deine Pins aus der Pinnwand auf ihren Boards, genauso wie du es auch tun solltest. Doch mittlerweile bekommen Pins über Gruppenboards nicht mehr so viel Reichweite und sind deshalb nicht mehr so lohnenswert. Sogar im Gegenteil: Pinnst du übermäßig viel auf Gruppenboards und bist du in sehr vielen Mitglied, kann sich das sogar negativ auf die Qualität deines Profils für den Algorithmus auswirken. Deshalb die Empfehlung: Sei nur Mitglied in Gruppenboards, die inhaltlich sehr gut zu deinen Themen passen, und bespiele diese nur mit deinen Pins, die einen Mehrwert für die Mitglieder bieten. Je nach Nische ist zum Beispiel eine Anzahl von drei bis sieben Gruppenpinnwänden eine gute Orientierung. Wenn du ein Planungstool wie Tailwind verwendest, kannst du für einen Pin nicht nur deine relevanten Pinnwände auswählen, auf die der Pin gehen soll, sondern auch eine Gruppenpinnwand. Deshalb empfehlen wir dir, je nachdem, wie vielen Gruppenboards du beigetreten bist, vielleicht jeden zweiten oder dritten Pin auch auf einer Gruppenpinnwand zu veröffentlichen. Alle anderen Pins gehen nur auf deine eigenen Pinnwände. So hast du eine gute Mischung und den Fokus auf deinem eigenen Content. Beachte bei der Nutzung von Gruppenboards auch unbedingt, dass du regelmäßig Fremd-Pins aus diesen herausnimmst und auf deinen Pinnwänden teilst. Möchtest du das nicht, solltest du Gruppenboards komplett aus deiner Strategie nehmen.

Welche Rolle spielen Fremd-Pins in deiner Strategie?

Nun haben wir uns eingehend mit deinen selbst erstellten Pins befasst. Doch wie solltest du mit Pins von der Konkurrenz umgehen? Du solltest sie teilen. Jetzt fragst du dich sicher, warum du das tun solltest und warum diese Strategie sinnvoll sein kann. Wir besprechen nun, warum du Fremd-Pins gezielt für dich einsetzen kannst und welche Vorteile es dir bietet.

Fremd-Pins können vor allem zu Beginn, wenn du dein Profil aufsetzt, eine große Hilfe sein. Angenommen, du erstellt zunächst 15 Pinnwände und möchtest diese jeweils mit mindestens zehn Pins befüllen. Nehmen wir weiter an, du möchtest einen Pin durchschnittlich auf ca. drei Pinnwänden pinnen. Dann benötigst du 15 × 10 = 150, 150 : 3 = 50 Grafiken.

Zusätzlich solltest du nach der Einrichtung beginnen, deine Pinnwände kontinuierlich mit weiteren Pins zu befüllen. Dafür benötigst du weitere 30–40 Grafiken. Somit benötigst du für den Start 80–90 Grafiken. Das ist ein ganz schön großer Arbeitsaufwand für den Beginn, vor allem wenn du Solopreneur bist. Deshalb könntest du anfänglich deine Pinnwände hauptsächlich mit Fremd-Pins befüllen und nach und nach deine eigenen Pins darauf verteilen. Beim Start ist es nämlich wichtig, dass der Algorithmus lernt, welche Themen auf deinem Profil zu finden sind, und dafür sollten deine Pinnwände mit thematisch passenden Pins befüllt sein. Und das kannst du eben auch mit fremden Pins erreichen. Wenn nun die Fremd-Pins auf deinen Pinnwänden ausgespielt werden und Impressionen, Merken-Aktionen und Klicks erzielen, werden diese zu deinen monatlichen Aufrufen gezählt, die in deinem Profil öffentlich angezeigt werden. Du bekommst dadurch zwar keinen Traffic auf deine Website, dafür profitiert dein Profil aber von den zunehmenden Aufrufen. Dies wirkt sich dann wiederum positiv auf deine eigenen (zukünftigen) Pins aus.

> **Tipp: Repinne nur hochwertige Fremd-Pins**
> Wenn du fremde Pins auf deinen Pinnwänden teilst, solltest du darauf achten, dass es hochwertige Pins sind. Diese sollten zu hilfreichen Webseiten führen. Manchmal kann es nämlich sein, dass Pins geklaut werden und zu Spam-Seiten führen. Dies erkennst du daran, dass nur der Pin neben etlichen Werbebannern zu finden ist. Hilfreich ist es deshalb, guten Profilen aus deiner Nische zu folgen und vor allem aus deinem Folge-Feed zu repinnen. So kannst du dir ziemlich sicher sein, gute Inhalte zu teilen, ohne jeden Pin und dessen Linkziel jedes Mal prüfen zu müssen.

Und nun kommen wir zu unserem Lieblingsgrund, der für das Teilen von Fremd-Pins spricht: die Interaktionen mit diesem Pin werden für dein Profil gezählt. Das bedeutet, dass du in deinen Pinterest Analytics siehst, wie viele Merken-Aktionen, Klicks etc. durch Fremd-Pins auf deinem Profil erzielt wurden. Dies ist ein besonders toller Vorteil, wenn es um die Content-Planung geht. Das heißt, du kannst ideal fremde Pins zu Themen pinnen, die du selbst noch nicht abdeckst, aber zu deiner Nische passen. Gehen diese Pins viral, weißt du, dass diese Themen sehr gefragt sind! Dieses Wissen kannst du jetzt nutzen, selbst Content für deine Website kreieren und auf Pinterest teilen. Denn du weißt, dass dieses Thema mit großer

Wahrscheinlichkeit für deine Zielgruppe von Interesse sein wird. Diese Analyse nehmen wir beispielsweise auch immer im monatlichen Reporting für unsere Kundinnen und Kunden auf. Und für genau diese Insights und Ideen sind sie immer besonders dankbar!

Es gibt also durchaus sinnvolle Gründe, Fremd-Pins in deine Strategie zu integrieren. Du kannst dies auch beispielsweise zu Beginn etwas häufiger machen, solange du noch nicht so fit im Workflow bist und mehr Zeit benötigst. Mit der Zeit kannst du dann immer weniger Fremd-Pins teilen und dich mehr auf selbst erstellte Pins konzentrieren.

Fühlt es sich für dich immer noch komisch an, Fremd-Pins zu teilen? Das ist kein Problem, da es kein Muss ist. Vor allem größere Marken setzen meistens auf 100 % eigenen Content. Dafür muss dir nur bewusst sein, dass etwas mehr Ressourcen von Anfang an notwendig sind.

> **Merke: Teste mit Fremd-Pins, was wirklich funktioniert!**
> Pinnst du Fremd-Pins, kannst du super herausfinden, welche Themen bei deiner Zielgruppe gut ankommen. Dazu solltest du nun eigenen Content auf deiner Website erstellen. Das ist die perfekte Trendrecherche, oder?

8.2.2 Ressourceneinsatz: Wie viel Zeit benötigst du zum Pinnen?

Das ist stark von deiner Pin-Strategie abhängig und hierfür gibt es keinen allgemeingültigen Richtwert. Und natürlich benötigst du zu Beginn mehr Zeit als später. Wenn du dich aber gut organisierst, kannst du Pinterest schon in zwei bis drei Stunden pro Woche betreuen. Da du Pinterest ja sehr gut vorplanen kannst, solltest du dich auch gebündelt an ein bis zwei Tagen im Monat um Pinterest kümmern. Danach wird alles automatisch ausgespielt, und du kannst dich mit anderen Themen beschäftigen!

8.2.3 Wann siehst du Erfolge?

Pinterest ist eine Suchmaschine. Und deshalb kannst und solltest du keine Erfolge über Nacht erwarten. Von Google weißt du wahrscheinlich bereits, dass es Monate dauern kann, bis deine SEO-Maßnahmen Früchte tragen und sich dein Ranking verbessert. Ähnlich ist es bei Pinterest. Der Algorithmus muss erst mal Daten über deine Pins sammeln: Welche Keywords werden verwendet, zu welchen Themen ist er relevant, wie beliebt ist der Pin, für welche Menschen ist der Pin von Interesse? Aus diesem Grund kann es sein, dass dein erfolgreichster Pin sechs Monate oder sogar zwei Jahre alt ist. Dieser Pin hatte eben viel mehr Zeit, Daten für den Algorithmus zu sammeln. Wenn du also Pinterest strategisch erfolgreich aufbauen und auch langfristig zu einer wichtigen Marketing-Plattform machen möchtest, solltest du der visuellen Suchmaschine mindestens drei, besser sechs Monate Zeit geben. In dieser Zeit empfiehlt es sich, die Strategietipps konsequent umzusetzen und keine Pause einzulegen! Sieh Pinterest also als langfristige Marketing-Plattform an, die dir nachhaltig Traffic bringen wird.

8.3 Scheduling auf Pinterest

Wie du Pins auf Pinterest veröffentlichst, weißt du bereits. Außerdem hast du bei der Pin-Strategie gelernt, dass du nicht alles auf einmal hochladen solltest, sondern lieber kontinuierlich, also täglich aktiv sein solltest. Würdest du dies manuell tun, wäre das ein großer Zeitaufwand und natürlich auch eine enorme Arbeitsbelastung, da du dich jeden Tag mit Pinterest auseinandersetzen müsstest.

Genau das wollen wir vermeiden! Pinterest kann ein so pflegeleichter Kanal sein, um den du dich nicht jeden Tag kümmern musst. Und dafür ist die Planungsfunktion wichtig, die Pinterest dir bietet. Du kannst bis zu 50 Pins innerhalb der nächsten 14 Tage vorplanen. Wie simpel diese Planungsfunktion umzusetzen ist, möchten wir dir jetzt zeigen.

1. Lade wie gewohnt einen Pin unter ERSTELLEN in Pinterest hoch.
2. Trage die Pin-Beschreibung, den Pin-Titel, den Alternativtext sowie die URL ein.
3. Wähle die Pinnwand aus, auf welcher der Pin veröffentlicht werden soll.
4. Normalerweise würdest du diesen Pin nun sofort teilen. Doch jetzt verändern wir den letzten Schritt! Klicke auf SPÄTER VERÖFFENTLICHEN (siehe Abbildung 8.6), und wähle nun das entsprechende Datum und eine Uhrzeit aus. Achte hier darauf, dass du die Pins über verschiedene Tage verteilt einplanst.

Tipp: Nutze die Planungs- und Duplizieren-Funktion

Du kannst direkt mehrere Pins in Pinterest hochladen und diese nacheinander mit der Planungsfunktion einplanen. Klicke dazu links auf das PLUS, und schon kannst du weitere Pins hinzufügen. Ein weiterer Tipp ist die *Duplizieren-Funktion*, die du in Abbildung 8.6 unter den drei Punkten (...) oben links an einem Pin findest. Denn möchtest du einen Pin auf mehreren Pinnwänden einplanen, kannst du ihn duplizieren, nachdem du alle Textfelder ausgefüllt hast. Wähle nun im Duplikat eine andere Pinnwand aus, und plane ihn voraus. Dies wird nicht als Duplicate Content gezählt, sondern wird vom Algorithmus akzeptiert.

Möchtest du dir später ansehen, an welchen Tagen welche Pins eingeplant sind, gehst du auf dein Profil in den Reiter ERSTELLT. Hier werden dir die zukünftigen Pins angezeigt, wie du in Abbildung 8.7 siehst.

8.3 Scheduling auf Pinterest

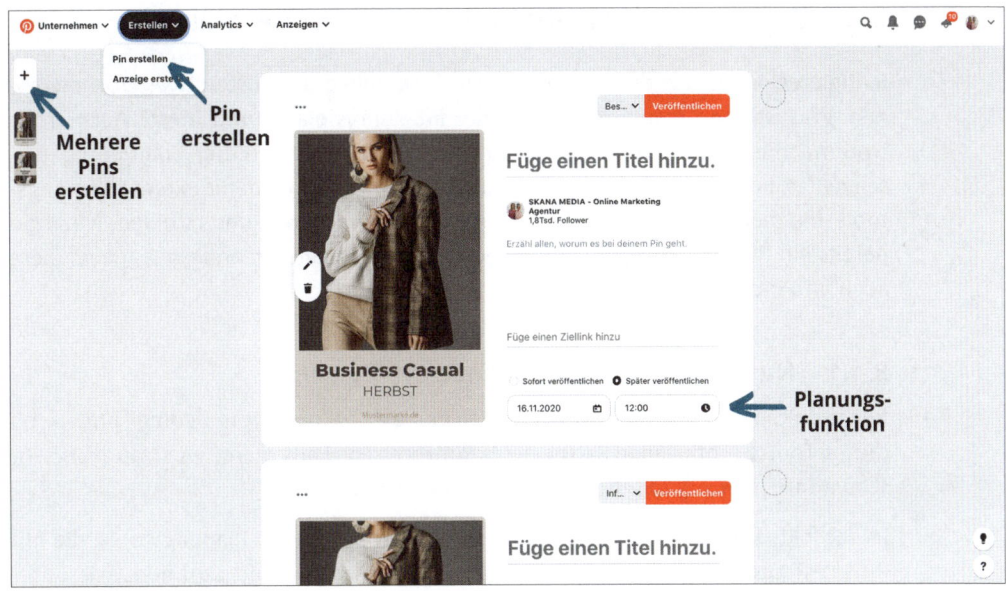

Abbildung 8.6 In Pinterest kannst du mehrere Pins gleichzeitig hochladen und mit der Planungsfunktion zu einem späteren definierten Zeitpunkt veröffentlichen.

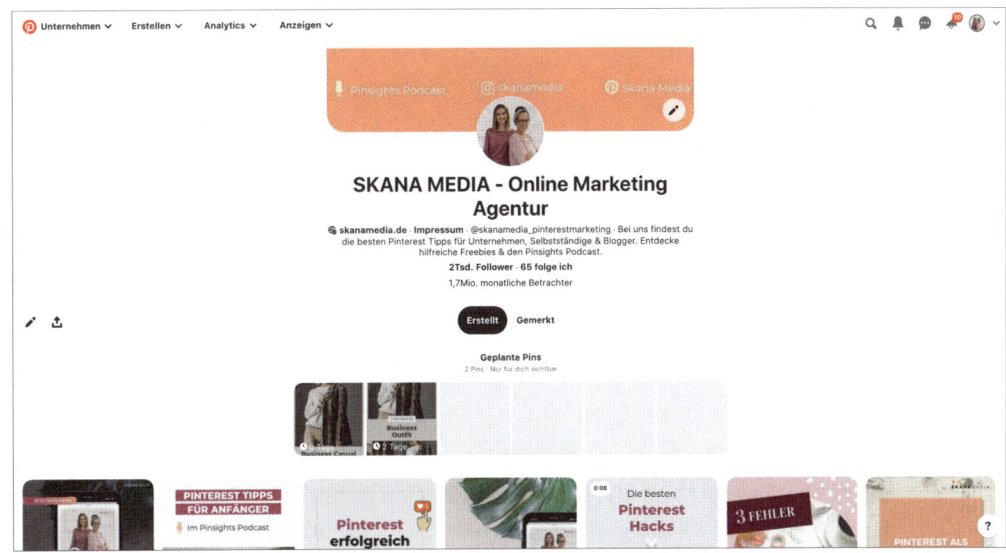

Abbildung 8.7 Im Pinterest-Profil unter dem Reiter »Erstellt« siehst du die vorausgeplanten Pins.

211

8.4 Zeitsparend mit Planungstools: im Vergleich

In Pinterest können wir immer nur 50 Pins innerhalb der nächsten zwei Wochen pinnen. Was ist aber, wenn du noch weiter im Voraus planen möchtest? Auch große Unternehmen, die 20 Pins am Tag pinnen, kommen mit dieser Limitierung sehr schnell an ihre Grenzen. Genau aus diesem Grund gibt es dafür externe Planungstools, die dich bei der zeiteffizienten Planung für Pinterest unterstützen. Nutzt du bereits ein Planungstool für andere Social-Media-Kanäle? Dann liegt es nahe, diese auch für Pinterest zu verwenden.

8.4.1 Nutze Tools offizieller Pinterest-Partner

Bevor du dich für ein Planungstool entscheidest, solltest du unbedingt prüfen, ob dieses Tool ein offizieller Partner von Pinterest ist. Falls nicht, wirst du dich sehr schwertun, gute organische Ergebnisse zu erzielen.

In der folgenden Liste siehst du eine Auswahl von Content-Planungstools, die mit Pinterest zusammenarbeiten. Die Liste ist noch länger, und du findest sie unter *https://business.pinterest.com/en/pinterest-partners/*.

- Buffer (*buffer.com*)
- Hootsuite (*hootsuite.com*)
- Influence.co (*influence.co*)
- Later (*later.com*)
- Planoly (*planoly.com*)
- Swat.io (*swat.io*)
- Canva (*canva.com*)
- Tailwind (*tailwindapp.com*)

Wenn du also eines dieser Tools bereits verwendest, kannst du dort die Pinterest-Funktionen ausprobieren. Bist du allerdings offen für ein neues Tool, können wir dir *Tailwind* sehr empfehlen. Dieses bietet gegenüber den anderen Tools einige zeitsparende Vorteile.

8.4.2 Die Vorteile des Planungstools Tailwind

Tailwind (*tailwindapp.com*) hat sich vor allem auf Pinterest spezialisiert und bietet seit 2020 auch die Planung von Instagram an. Aus diesem Grund findest du bei Tailwind Funktionen, die du in den anderen Tools vermutlich nicht finden wirst.

Wenn du die Pinterest-Planungsfunktion schon getestet hast, ist dir sicher aufgefallen, dass du pro Pin immer nur eine Pinnwand auswählen kannst. Zwar lässt sich das über die Duplizieren-Funktion lösen, allerdings ist es zeitaufwendig, und du kannst Pins immer nur innerhalb der nächsten zwei Wochen einplanen. Doch in der Regel macht es Sinn, die Pins zum Beispiel in einem Intervall von sieben oder vierzehn Tagen auf der nächsten Pinnwand zu veröffentlichen. Außerdem ist es angenehm, Pinterest nicht nur für die nächsten zwei, sondern sogar für vier oder sechs Wochen vorzuplanen.

Bei Tailwind hingegen hast du die Möglichkeit, direkt alle Pinnwände auszuwählen, auf die der Pin in den nächsten Wochen gepinnt werden soll. Das spart dir enorm viel Zeit. Wie das in Tailwind aussieht, zeigt Abbildung 8.8. Wähle dazu bis zu drei Pinnwände aus. In Ausnahmefällen bis zu fünf. Nicht mehr, damit es qualitativer Content für den Pinterest-Algorithmus bleibt.

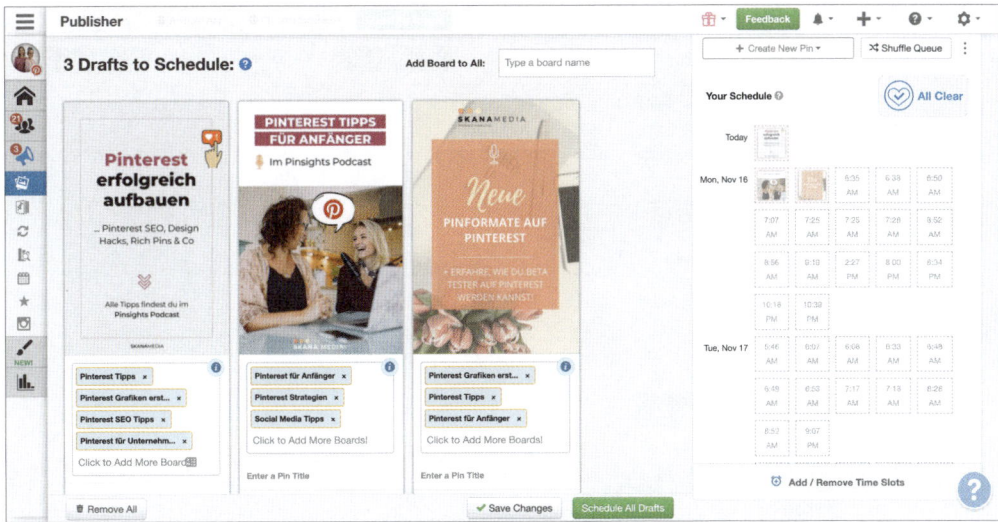

Abbildung 8.8 Wähle alle passenden Pinnwände für den jeweiligen Pin in Tailwind aus.

Nun kannst du alle Pins für die nächsten vier Wochen einplanen und dann mit der *Shuffle-Funktion* einmal durchmischen. Dann werden sie nicht nacheinander gepinnt. Wir empfehlen einen Pin auf nicht mehr als drei Pinnwände einzuplanen.

Eine weitere Möglichkeit bietet die *Intervallfunktion*. Trägst du beispielsweise ein Intervall von sieben Tagen ein, wird das Kürbisrezept zuerst auf der Pinnwand »Kürbisrezepte« gepinnt, sieben Tage später geht es auf »Herbstrezepte« raus und wieder sieben Tage später auf die Pinnwand »Vegetarische Rezepte«. Wie du die Intervallfunktion einstellst, siehst du in Abbildung 8.9. Welche Variante du anwendest, ist Geschmackssache. Tatsächlich kommt es bei uns auf die Kundin sowie den Content an, wir verwenden beide Strategien.

> **Tipp: Die richtige Intervalllänge**
> Ein sinnvolles Intervall liegt zwischen fünf bis vierzehn Tagen. Bei Themen, die du über mehrere Wochen verteilen möchtest, kannst du auch ein größeres Intervall auswählen.

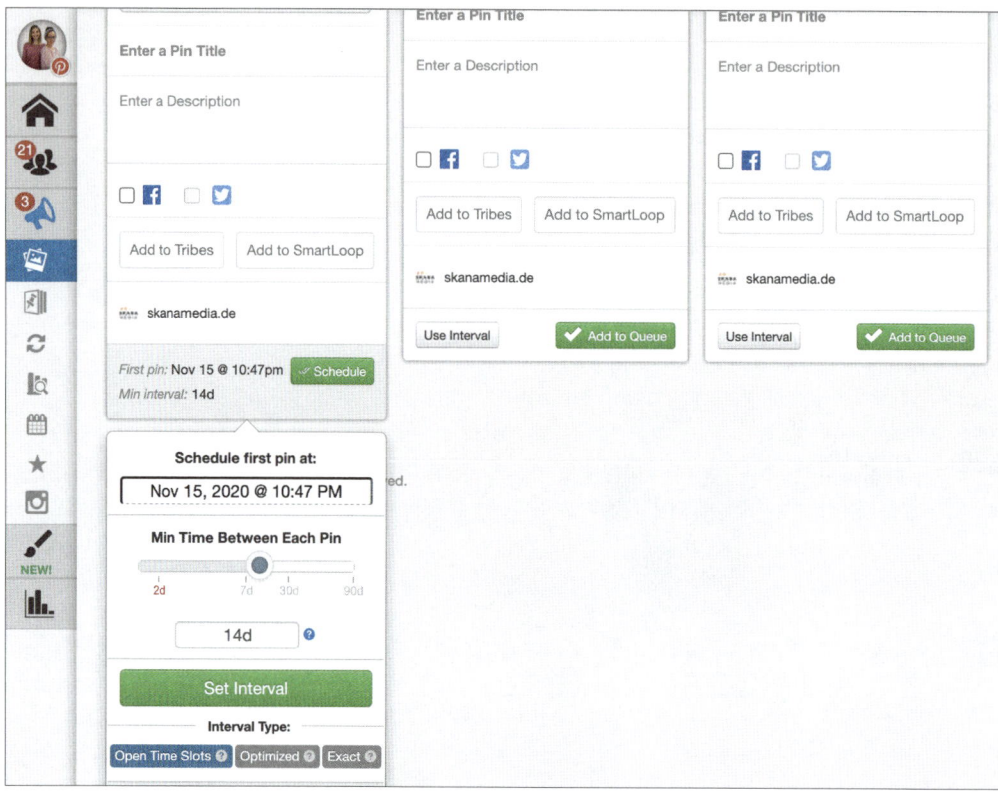

Abbildung 8.9 Wähle in Tailwind die Intervallfunktion aus, um den Pin erst nach einem gewissen Zeitfenster auf der nächsten Pinnwand zu merken.

Auf welche Pinnwand der Pin zuerst geht, entscheidet bei der Intervallfunktion die Reihenfolge, in der du die Pinnwände auswählst. Tailwind hat noch weitere Funktionen wie *Tailwind Create*, bei der du zeitsparend Pins direkt in Tailwind erstellen kannst. Oder auch die *Tailwind Communities* (früher *Tribes*) die den Gruppenboards auf Pinterest ähneln. Möchtest du mehr zu Tailwind erfahren, dann schau gerne auf unserer Website (*skanamedia.de*) vorbei, oder höre in den Pinsights-Podcast hinein.

Wie du siehst, gibt es also wirklich hilfreiche Tools, die echte Zeitsparer sind. Setze sie so ein, dass sie deine Arbeitsroutinen entlasten, damit du dich auf den inhaltlichen Mehrwert deiner Pins konzentrieren kannst. Einmal richtig gut gemacht, ist Content mehrfach pinnbar, und jetzt weißt du auch genau, wie du die passenden Pinnwände ausmachst und wann du sie bestenfalls bestücken solltest. Damit User durch den Klick auf deinen Pin auch wirklich dort ankommen, wo sie hinwollen (nämlich auf den im Pin angekündigten Content), schauen wir uns im nächsten Kapitel an, wie du deine Website für Pinterest optimieren kannst.

Kapitel 9

Optimiere deine Website und deinen Blog für Pinterest

Dein Pinterest-Profil ist dein Aushängeschild, durch das deine Kundinnen und Kunden auf deine Website, deinen Blog und dein Angebot aufmerksam werden können. Optimiere deine Website, damit deine Kundschaft auch da abgeholt werden kann, wo sie es erwartet!

Wenn du deine Pinterest-Pins planst, ist es wichtig, dass alle Pins, die auf deine Unternehmensseite oder deinen Blog verlinken, auch auf dafür optimierte Landingpages, Produktseiten oder Blogartikel führen. Klickt eine Person auf deinen Pin, hat sie Interesse an deinen Themen. Die Chancen stehen also gut, dass du sie auch für deine Produkte, Dienstleistungen oder deine Marke begeistern kannst. Indem du kostenfreie Angebote zum Kennenlernen zur Verfügung stellst, kannst du sehr gut Vertrauen aufbauen und die Interessentin an dein Angebot heranführen. Das kann zum Beispiel ein Gratis-Download sein, ein kostenfreies Kennenlerngespräch, die Möglichkeit zur Newsletter-Anmeldung, ein kostenloses Webinar oder ein Rabattcode. Behalte immer dein Ziel im Blick: Du leitest Menschen über Pinterest auf deine Website, um sie hier mit kostenfreiem Mehrwert und deinen genialen Produkten oder Dienstleistungen zu begeistern und sie dann in qualifizierte *Leads* umzuwandeln. Lead ist im Online-Marketing die Bezeichnung für einen neuen Kontakt, der über eine Online-Marketing-Aktivität gewonnen wurde. Du kannst einiges tun, um deine Seite genau hierfür zu optimieren. Schauen wir uns gemeinsam an, wie du hierfür am besten vorgehst. Übrigens: Du kannst deine Website gleichzeitig auch darauf optimieren, Menschen, die nicht von Pinterest kommen, auf dein Pinterest-Profil aufmerksam zu machen und sie anzuregen, sich deine Inhalte auf Pinterest zu merken. Welche Möglichkeiten es gibt, um mit deiner Homepage deine Pins zu bewerben und wie du Pinterest-User auf deiner Homepage abholst und willkommen heißt, schauen wir uns nun gemeinsam in diesem Kapitel an.

> **Kapitelüberblick: Optimiere deine Webseite und deinen Blog für Pinterest**
> In diesem Kapitel
> - besprechen wir, wie du deine Website auf deinen Pinterest-Auftritt abstimmst,
> - schauen wir uns genauer an, wie Pinterest für dich Leads generieren kann,
> - stellen wir dir relevante Widgets vor,
> - lernst du, wie du deine Pinterest-Inhalte sinnvoll in deine Homepage einbettest.

9.1 Pinterest-Nutzerinnen und -Nutzer da abholen, wo sie ankommen

Wie stark du deine Website für Pinterest optimieren solltest, hängt davon ab, welche Relevanz du Pinterest als Traffic-Kanal gibst. Wir hatten schon Kunden, bei denen der organische Pinterest-Traffic nicht nur den Google-Traffic, sondern sogar den bezahlten Google-Ads-Traffic überholt hat.

> **Praxiserfahrung von Wohnklamotte**
> Der Anteil des gesamten Website-Traffics erhöht sich bei Wohnklamotte jeden Monat um 15–30 %. Pinterest liegt mit 20–30 % des Gesamt-Traffics pro Monat auf Platz zwei der organischen Traffic-Quellen. Über Google kommen 40–50 % des Gesamt-Traffics.
>
> *Tipps aus dem Interview mit Tanja Johanson, Social-Media-Managerin bei Wohnklamotte im Pinsights-Podcast der Episode #62, »30 Mio. monatliche Betrachter – wie hat Wohnklamotte das geschafft?«*

Pinterest ist also ein Kanal, für den es sich lohnt, die eigene Website zu optimieren. Beginnen wir mit dem, was wir dir als Mindestanforderung für deine Optimierung empfehlen: die Linkziele, die zu deinen Pins führen. Um deine Verlinkungen zu optimieren, ist es wichtig, deine Unternehmensziele zu kennen und diese klar formuliert zu haben. In Abschnitt 3.3, »Zieldefinition: Was möchtest du auf Pinterest erreichen?«, haben wir dir bereits empfohlen, dich auf maximal zwei Ziele zu fokussieren. Führe dir noch einmal vor Augen: Welche beiden Ziele möchtest du mit Pinterest erreichen? Es ist wichtig, dass du dir selbst diese Frage beantworten kannst, um deine Website für die Pinterest-Besucher ideal aufzubereiten. Gute Produkte oder Dienstleistungen anzubieten, ist natürlich eine Voraussetzung für deinen Erfolg. Doch um Interessentinnen und Interessenten an deine Angebote heranzuführen, darfst du im ersten Schritt Vertrauen aufbauen. Dies funktioniert sehr gut über Blogartikel, zu denen du über die Pins leiten kannst. Du hast in Abschnitt 3.4, »Finde die passende Themenwolke für dein Unternehmen und deine Zielgruppe«, bereits deine Themenwolke erstellt. Aus dieser kannst du nun auch die Themen für deine Blogartikel schöpfen. Solltest du noch keine Blogartikel haben, empfehlen wir dir, für den Anfang fünf relevante Artikel zu schreiben (oder schreiben zu lassen), die die Besucherinnen und Besucher zu weiterführendem, kostenfreiem Inhalt führen, jedoch mit einer Anmeldung verbunden sind, sodass sie zu Leads werden. Hast du bereits einen Blog, dann suche dir für den Anfang deine fünf relevantesten Artikel heraus.

> **Praxistipp von Lilli Koisser**
>
> Es ist wichtig, dass du die Customer Journey von Pinterest auf deiner Website weiterdenkst, um deine Ziele zu erreichen, denn der Website-Traffic ist schließlich nur ein Etappenziel. Möchtest du zum Beispiel 1:1 Kund*innen gewinnen, dann ist es dein Ziel, dass das Kontaktformular ausgefüllt und abgeschickt wird. Hast du digitale Produkte, dann ist es ein sinnvolles Ziel, die Newsletter-Liste zu befüllen. Du kannst den für dich passenden Weg nicht von anderen abschauen, da alle Pinner*innen unterschiedliche Ziele und Geschäftsmodelle haben. Finde deine eigenen Antworten, die zu dir selbst passen. Abschließender Tipp: Optimiere jeden Blogartikel auf dein Ziel hin.
>
> *Tipps aus dem Interview mit Lilli Koisser im Pinsights-Podcast in Episode #60, »Lilli Koissers beste Strategien, um klickstarke Überschriften und Blogartikel zu formulieren, die deine Wunschkunden magisch anziehen«*

9.1.1 Die Relevanz von Blogartikeln

Seien wir einmal ehrlich: Heute wird nahezu jede Frage direkt gegoogelt. Stelle dir vor, du bist die Person, die die Antworten auf die Fragen liefern kann, die für andere Menschen relevant sind. Das ist mit einem Blog möglich. Genauer gesagt: mit *deinem* Blog. Und je häufiger eine Interessentin zu einem Thema auf deinem Blog fündig geworden ist, desto öfter besucht sie deine Seite wieder, um nach neuen Informationen und Inspirationen zu schauen. Ursprünglich wurde in Blogs sehr viel Persönliches berichtet, inzwischen sind Blogs zu Informationsquellen geworden – und zwar nicht nur die Unternehmensblogs. Wenn du einen Blog mit tollem Mehrwert hast, auf dem sich deine Leserinnen und Leser gern aufhalten und auch weiterführende Artikel anklicken, ist das ein ausgezeichnetes Signal für die Suchmaschine Google. Google honoriert guten Content mit Mehrwert für die Leserinnen und Leser dadurch, dass die Inhalte besser von der Suchmaschine ausgespielt werden. Ein Blog hat also nicht nur den Nutzen, relevante Inhalte auf Pinterest zu verbreiten, sondern er kann dir auch einen signifikanten SEO-Vorteil in Google bringen. Ein weiterer Pluspunkt eines eigenen Blogs ist, dass du dich hier als Expertin oder Experte positionieren kannst. Wenn du regelmäßig hilfreiche Blogartikel zu deiner Themenwelt veröffentlichst, dann wirst du als Expertin bzw. Experte wahrgenommen, und das stärkt das Vertrauen in deine Kompetenzen, dein

Wissen, deine Arbeit und somit auch in deine Angebote. Du siehst also, einen Blog zu starten, bringt mehrere Vorteile mit sich, und deshalb lohnt es sich, über dieses Zeitinvestment nachzudenken. Wir geben dir im Folgenden ein paar praktische Tipps zum Verfassen von Blogartikeln, die zu deinen Zielen passen. Im Anschluss warten Optimierungstipps auf dich, die du nicht nur anwenden kannst, wenn du einen Blog hast, sondern auch, wenn deine Linkziele vordergründig in deinen Onlineshop führen.

Verfasse deinen Blog: praktisches Umsetzungsbeispiel

Wir möchten mit einem Beispiel starten: Tina bietet Online-Kurse zum Thema Rückengesundheit an. Sie möchte auf Pinterest durchstarten, hat aber noch keine Blogartikel. Sie hat bereits ihre Themenwolke erstellt und auch eine Keyword-Recherche durchgeführt. Die Themenwolke hat ergeben, dass Tina mit ihren Online-Kursen und Artikeln in erster Linie Menschen im Büro und Homeoffice ansprechen möchte. Darauf fokussiert hat sie die Keyword-Recherche gestartet. Schau dir unser Beispiel an.

Beispiel: Drei Haupt-Keywords für die ersten fünf Blogposts

Rückenschmerzen – hierzu werden folgende Wortkombinationen am häufigsten gesucht:

- Rückenschmerzen Übungen
- Rückenschmerzen unterer Rücken
- Rückenschmerzen oberer Rücken

Rückenübungen:

- Rückenübungen zu Hause
- Rückenübungen Büro
- Rückenübungen Bandscheibe

Nackenverspannungen:

- Nackenverspannungen lösen
- Übungen gegen/bei Nackenverspannungen

Diese Keywords liefern Tina die perfekte Vorlage für ihre ersten fünf Blogartikel. Außerdem bezieht sie in ihre Themenplanung noch die Bedürfnisse ihrer Zielgruppe mit ein, die hinter diesen Suchanfragen stecken: Die Suchenden möchten endlich *schmerzfrei* werden, die Übungen *leicht* in ihren gut gefüllten Alltag integrieren können, und sie möchten sich *nicht überfordern*, sondern kleine, *anfänger*gerechte Work-outs machen.

9.1 Pinterest-Nutzerinnen und -Nutzer da abholen, wo sie ankommen

Passende Artikel könntest du also wie folgt betiteln:

- *Verspannten Nacken und Kopfschmerzen in 8 Minuten lösen*

  Mit diesem Titel hast du wichtige Keywords aufgegriffen und auch gleich die Symptome benannt. Durch die Signalwörter *in acht Minuten lösen* erfüllst du den Anspruch, dass das bestehende Problem behoben werden kann und dafür nicht viel Zeit aufgewendet werden muss.

- *Die besten Rückenübungen für deinen Büroalltag*

  Hier ist das aufgegriffene Keyword *Rückenübungen* und das Signalwort *besten*. Du sprichst hier das Bedürfnis an, dass Menschen grundsätzlich nach dem Besten streben. Durch *Büroalltag* verweist du darauf, dass die Tipps schnell umsetzbar und gut in den Alltag integriert werden können, sogar im Büro.

- *Bandscheiben gesund halten: 5 einfache Rückenübungen für zu Hause*

  Die verwendeten Keywords sind hier *Bandscheibe* und *Rückenübungen*. Die verwendeten Signalwörter sind *gesund, einfach, zu Hause*, wodurch du das Bedürfnis ansprichst, dass Menschen Rückengesundheit anstreben und im stressigen Alltag Lösungen aufgezeigt bekommen, wie dies quasi nebenbei erreicht werden kann. Und etwas zielführend zu Hause umsetzen zu können, hat seit 2020 ohnehin noch einmal eine ganz neue Bedeutung bekommen. Somit ist zu Hause im Zusammenhang mit vielen Themen ein relevantes Keyword geworden.

- *5 Yoga-Übungen gegen Nackenschmerzen, die sofort helfen*

  Das Keyword in diesem Titel sind die *Nackenschmerzen*. Die Aufzählung 5 Yoga-Übungen zeigt, dass du in einem überschaubaren Umfang sofort helfen kannst.

- *Schmerzen im unteren Rücken lösen: 12 Rückenübungen von Ärzten und Therapeuten empfohlen*

  Die Keywords hier sind *Schmerzen im unteren Rücken* und *Rückenübungen*. *Lösen* ist das Signalwort. Es wird signalisiert, dass ein Problem gelöst wird. Dass eine Expertengruppe genannt wird (*Ärzte und Therapeuten*), schafft zusätzliches Vertrauen, das bereits durch den Anbieter selbst (Tina) auf den Weg gebracht wurde.

Die Überschriften sind so formuliert, dass sie Neugierde wecken, für Google relevant sind und gleichzeitig auch als Überschrift auf Tinas Pins verwendet werden können. In Kapitel 6 hast du bereits gelernt, dass sich zu einem Linkziel mehrere Pins mit unterschiedlichen Überschriften und Designs erstellen lassen. So kann zum Beispiel die Pin-Beschreibung »5 Yoga-Übungen gegen Nackenschmerzen, die sofort helfen« zu einem YouTube-Video führen und die Pin-Beschreibung »Schmerzen im unteren Rücken lösen: 12 Rückenübungen von Ärzten und Therapeuten empfohlen« zu einem Blogartikel verlinken. In Abbildung 9.1 siehst du, wie die entsprechenden Pins dazu aussehen können.

Abbildung 9.1 Pin-Beispiele, die zu unterschiedlichen Linkziele führen (Quelle: Pinterest-Profil von fithoch3)

Im Grunde zeigt dieses Beispiel eine kurze Zusammenfassung aus allem, was du bisher in diesem Buch gelernt hast, um Traffic für deine Website zu generieren.

> **Reminder: So generierst du Website-Traffic über Pinterest**
> 1. Erstelle eine Themenwolke, und lege deine Ziele fest.
> 2. Führe eine Keyword-Recherche durch.
> 3. Erstelle passende Inhalte zu den recherchierten Keywords.
> 4. Fertige Keyword-optimierte Pins zu den Linkzielen an.

> **Praxistipp von Gabriele Thies, Organisationscoach**
> Notiere dir beim Erstellen des Blogartikels direkt, welche Formulierungen sich gut für Pins eignen würden. So kannst du abschließend direkt in deinem Workflow die passenden Pins erstellen. Dies spart dir viel Zeit, und du musst die Blogartikel nicht später noch einmal für die Pin-Erstellung durchlesen.
> *Tipps aus dem Interview mit Gabriele Thies im Pinsights-Podcast in Episode #77, »Effizienter Pinterest Workflow«*

Doch allein von Website-Traffic lassen sich deine Rechnungen nicht bezahlen. Wie kannst du also deine Interessenten in Leads umwandeln und deine Seite genau darauf optimieren? In unserem Beispiel wird in dem Blogartikel »Schmerzen im unteren Rücken lösen: 12 Rückenübungen von Ärzten und Therapeuten empfohlen«, zu dem die Pins in Abbildung 9.1 führen, auf einen 8-wöchigen Online-Kurs hingewiesen, den man im ersten Schritt für 10 Tage kostenfrei testen kann. Wie dieser Hinweis aussieht, siehst du in Abbildung 9.2.

Das ist ein gutes Beispiel für eine Lead-Gewinnung. Wie du siehst, erhält die Zielgruppe zuerst den gesuchten Mehrwert und baut Vertrauen in deine Marke auf. Dann wird sie über einen kostenfreien Testzeitraum an das Produkt herangeführt, wodurch noch einmal Vertrauen erzeugt wird und das Gefühl »Hier kann ich nichts falsch machen, ich darf ja erst mal kostenfrei testen« entsteht.

NEU: STAY FIT AT HOME (FOR FREE & ZUHAUSE)

In meinem Online-Kurs in **8 WOCHEN zum SCHMERZFREIEN RÜCKEN** zeige ich Dir, wie Du in nur 8 Wochen mit gezieltem Training Deine Rückenprobleme in den Griff bekommst und wieder schmerzfrei werden kannst. Du erzielst mit wenig Zeitaufwand maximalen Erfolg und meisterst fit und entspannt deinen Alltag.

Wenn das spannend für Dich klingt, kannst du das Training jetzt für 10 Tage kostenfrei testen.

Alle Infos und den Link zur Registrierung findest du hier.

Wenn Du Dich nach den kostenfreien 10 Tagen anmelden möchtest, bekommst du die Kursgebühr von deiner gesetzlichen Krankenkasse zu 80-100% wieder zurückerstattet.

Abbildung 9.2 Dieser Hinweis zu dem Online-Kurs befindet sich am Ende des Blogartikels »Schmerzen im unteren Rücken lösen: 12 Rückenübungen von Ärzten und Therapeuten empfohlen« auf fithoch3.com.

Wir möchten dir noch weitere Möglichkeiten zeigen, wie du Leads gewinnen kannst. So kannst du zum Beispiel auf dein Webinar hinweisen, indem du Mehrwert zu einem bestimmten Thema lieferst und dann dein Produkt vorstellst. Nehmen wir einmal an, du bist Instagram-Coach. Über ein Snippet aus deinem Online-Kurs zum Thema »So gelingt dir der perfekte Story-Post«, kannst du Vertrauen aufbauen und am Ende des kostenfreien Webinars auf deinen kostenpflichtigen Online-Kurs verweisen. Eine weitere Möglichkeit, um Leads zu gewinnen, besteht darin, einen kostenlosen Download anzubieten, wenn sich jemand zu deinem Newsletter anmeldet. Achte bei Letzterem bitte auf die Richtlinien der Datenschutz-Grundverordnung (DSGVO).

9.1.2 So gewinnst du Leads über Pinterest

Neben dem Blogartikel gibt es also weitere Möglichkeiten, wie du auf die Anmeldung zu deinem Newsletter, Webinar oder kostenfreien Kennenlerngespräch hinweisen kannst:

Mache aus deinen Website-Besucherinnen und -Besuchern Leads

1. Binde ein Banner zur Newsletter-Anmeldung in deinen Blogartikel ein.
2. Binde ein zum Blogartikel passendes Freebie ein, und mache auf dieses in einem Banner oder im Text aufmerksam.
3. Erstelle eine eigene Landingpage, um Leads zu generieren. Das eignet sich besonders gut, wenn du Leads für deinen Newsletter gewinnen möchtest. Hierbei stellst du einen kostenfreien Download oder eine kostenfreie E-Mail-Serie zur Verfügung; beides soll natürlich dabei unterstützen, eine besondere Herausforderung oder ein besonderes Anliegen zu lösen. Solche Landingpages eigenen sich prima für Evergreen-Content – also Inhalte, die das ganze Jahr über relevant sind.
4. Weise in deiner Blog-Seitenleiste auf die Anmeldung hin. Beachte hierbei aber, dass die Menschen auf Pinterest zu gut 80 % mobil unterwegs sind: Mobil gibt es keine Seitenleisten, diese werden ans untere Ende des Blogartikels gepackt.
5. Integriere ein Pop-up. Sei hier aber vorsichtig, dass du damit nicht zu aufdringlich bist. Es gibt Pop-ups, die sofort aufspringen und eine Handlung von dir verlangen, bevor du dich überhaupt orientiert hast, auf welcher Seite du da gerade gelandet bist. Stelle das Pop-up so ein, dass es sich erst nach ein paar Sekunden öffnet und auch dann nicht über den ganzen Bildschirm, sondern in der linken unteren Ecke.

Dies sind die Empfehlungen aus unserer Arbeit der vergangenen Jahre. Probiere einfach verschiedene Wege aus, und schlage die Richtung ein, die am besten zu dir und deinem Unternehmensziel passt. Wichtig ist bei all dem, dass du dich pro Blogartikel oder Landingpage auf ein Hauptziel fokussierst und nicht Handlungsaufforderungen zu unterschiedlichen Zielen einbindest. Lass uns gemeinsam vier Beispiele zur Gewinnung von Leads anschauen, damit du eine genauere Vorstellung bekommst.

Das erste Beispiel, das wir uns anschauen wollen, stammt von dem Pinterest-Auftritt des Unternehmens *Springlane*, dessen Pins auf Rezepte beziehungsweise Blogartikel verweisen.

Springlane stellt Küchengeräte her, tritt auf Pinterest mit Rezepten auf und ist sehr erfolgreich in der Traffic-Gewinnung. Wenn du dir das Linkziel aus Abbildung 9.3 anschaust, siehst du den klaren Aufbau der Seite. Die Besucherinnen und Besucher bekommt exakt das, was auf dem Pin angekündigt wird: das Rezept für die Herbstsuppe mit Maronen, übersichtlich gegliedert in Zutaten und Zubereitungsschritte. Unten links erscheint ein Pop-up mit dem Angebot, frische Rezeptideen in Form eines Rezepthefts direkt ins E-Mail-Postfach zu bekommen. Das Pop-up ist ideal auf den Artikel abgestimmt und wirkt nicht aufdringlich. Du kannst es dir in Abbildung 9.3 anschauen oder direkt im Rezeptartikel unter *www.springlane.de/magazin/rezeptideen/herbstsuppe-mit-maronen/*.

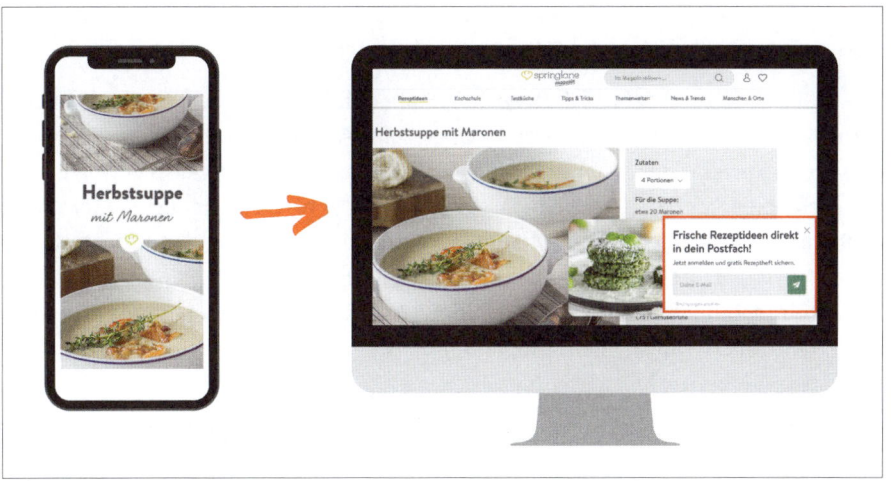

Abbildung 9.3 Pin-Beispiel, das auf einen Blogartikel verlinkt (Quelle: Pinterest-Profil von Springlane)

Das zweite Beispiel in Abbildung 9.4 haben wir von *Natürlich Lockig* aufgegriffen, deren Pins auf eine Landingpage mit Freebie verweisen. Der Pin zeigt eine klare Ansprache für Menschen – in erster Linie Frauen – mit Locken. Der Teaser ist ein Gratis-E-Book. Das Linkziel ist eine einfach gestaltete, aber aussagekräftige Landingpage ohne Ablenkungen wie Navigationsleiste oder Sidebar. Die größten Herausforderungen der Zielgruppe werden direkt angesprochen und auch mit Bildern visualisiert (trockene, strohige Locken). Auf den ersten Blick ist ersichtlich, worum es geht: Hast du trockene, strohige Locken, wird dir hier ganz klar signalisiert, die Lösung gefunden zu haben, und diese kannst du dir kostenfrei in dein Postfach schicken lassen.

Abbildung 9.4 Pin-Beispiel, das auf eine Landingpage mit Freebie verlinkt (Quelle: Pinterest-Account und Website von Natürlich Lockig)

Das nächste Beispiel verlinkt auf eine Newsletter-Anmeldung und stammt von *Josera*, einem Onlineshop für gesunde Tiernahrung:

Die verlinkte Seite ist sehr einfach gestaltet, aber im Banner findest du das, was versprochen wurde: Hier gibt es den 5%-Gutschein. Außerdem werden dir direkt drei Tierarten angezeigt, für die es bei Josera Futter gibt. Bist du zum Beispiel wegen deines Pferdes da, merkst du gleich, dass du hier richtig bist, und kannst weiter unten auch gezielt auswählen, für welchen Newsletter du dich anmelden möchtest, um dann den Rabatt bekommen. Der 5%-Gutschein ist der Anreiz, hinter dem direkt zwei Unternehmensziele stehen: die Anmeldung zum Newsletter sowie das Kennenlernen von Tierfutter (siehe Abbildung 9.5).

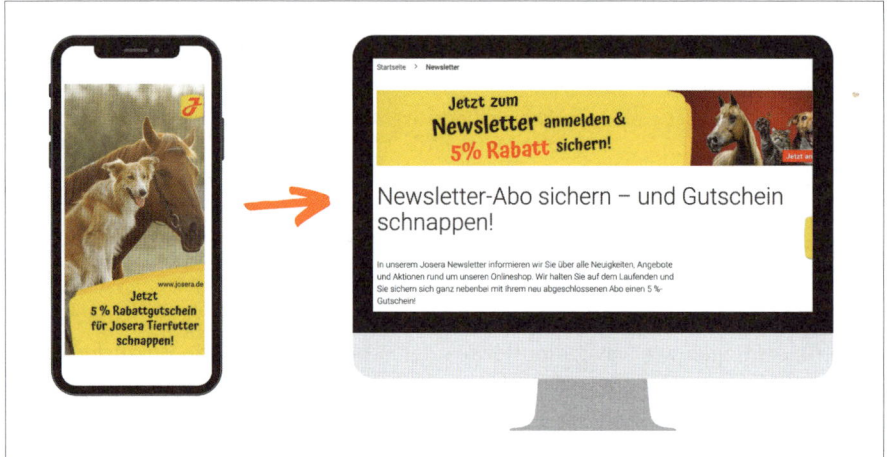

Abbildung 9.5 Pin-Beispiel, das auf eine Newsletter-Anmeldung verlinkt (Quelle: Pinterest-Account und Website von Josera)

Auf eine ganz simple Landingpage verlinkt unser viertes Beispiel, das wir uns bei *Lazy Investors* angeschaut haben. Hier geht es um das große Thema Altersvorsorge, und die Lazy Investors möchten die Frage »Welche Altersvorsorge lohnt sich wirklich?« für ihre Zielgruppe klären und bieten zu diesem Zweck ein kostenloses Webinar an. Hierfür haben sie eine schlichte Landingpage erstellt; man kann das Webinar sofort anschauen (siehe Abbildung 9.6).

Nun hast du dir einige Beispiele anschauen können, wie du die Linkziele auf deiner Webseite optimieren kannst, um deinen Traffic in wertvolle Leads umzuwandeln. Grundsätzlich empfehlen wir dir natürlich, alle deine Linkziele für Pinterest zu optimieren. Doch starte nun zuerst einmal mit deinen fünf wichtigsten Linkzielen, auf die du am meisten Traffic bekommst. Das siehst du in Google Analytics. Bist du schon eine Weile auf Pinterest unterwegs, kannst du auch in Pinterest Analytics ablesen, welche Themen die meisten Klicks bekommen.

9.1 Pinterest-Nutzerinnen und -Nutzer da abholen, wo sie ankommen

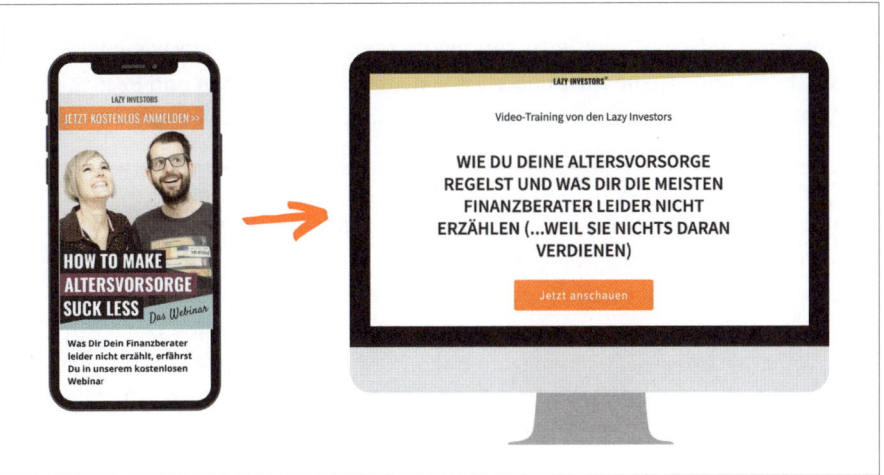

Abbildung 9.6 Pin-Beispiel, das auf eine einfache Landingpage verlinkt (Quelle: Pinterest-Account und Website von Lazy Investors)

> **Checkliste: Optimiere deine Linkziele für deinen Pinterest-Traffic**
>
> Sorge dafür, dass die Menschen sich auf deiner Website wohlfühlen, sich gerne dort aufhalten und das bekommen, was du auf deinen Pinterest-Pins ankündigst. Hierauf solltest du achten:
>
> - Findet sich hinter dem Linkziel genau das, was auf dem Pin angeteasert wurde?
> - Passt das *Look-and-feel* des Pins mit der optischen Stimmung auf der Seite zusammen, sodass ein »Hier bin ich richtig«-Gefühl entsteht?
> - Ist das Bildmaterial ansprechend?
> - Enthält der Beitrag hilfreichen Content (vermeide Artikel, bei denen man nachher nicht mehr weiß als vorher).
> - Ist eine Möglichkeit, Leads zu gewinnen, auf der Seite integriert, ein Opt-in, ein Banner, ein Pop-up oder Ähnliches?
> - Führt dein Linkziel auf eine Landingpage, dann achte darauf, dass es hier nur einen Call-to-Action gibt und die Seite frei von einer Navigation oder sonstigen Bannern und Buttons ist.

Es gibt grundsätzlich auch die Möglichkeit, deinen Pin auf einen anderen Social-Media-Account wie Instagram oder YouTube zu verlinken. Jedoch solltest du dir zuvor gut überlegen, ob das für dich sinnvoll ist. Bist du eine Influencerin und erreichst beispielsweise über Instagram oder YouTube deine Kunden, so ist es durchaus sinnvoll, auch dorthin zu verlinken. Findet deine Zielgruppe ihren Mehrwert hingegen auf deiner Website, solltest du auch dorthin verlinken. Du weißt nun also, wie du die Nutzer und Nutzerinnen von Pinterest beim Klick auf deine Website abholen kannst. Du kannst deine Pins auf einen Blog, eine Landingpage mit oder ohne Freebie oder auf eine Newsletter-Anmeldung verlinken. Drehen wir jetzt einmal das Blatt um, und schauen wir uns an, wie du die Besucherinnen und Besucher deiner Website auf deinen Pinterest-Auftritt aufmerksam machen kannst.

> **Tipp vom SEO-Experten Tobias Hagemeister:**
> **Optimiere deine Bildgrößen für eine schnellere Ladezeit deiner Website**
>
> Wir haben Tobias Hagemeister gefragt:
> **Worauf ist zu achten, um die Ladezeit der eigenen Webseite zu verbessern?**
>
> Um eine schnelle Ladezeit für deine WordPress-Website sicherzustellen, ist es sehr wichtig, die Grafiken zu komprimieren. Denn damit kannst du das Nutzererlebnis und die Sichtbarkeit deiner Website verbessern, zumal Google angekündigt hat, die »Page Experience« ab 2021 als Rankingfaktor zu bewerten. Vernachlässigst du die Bildoptimierung, kann dies zu langen Laufzeiten führen, mit dem Ergebnis, dass die Besucherinnen und Besucher die Website ohne jegliche Aktion wieder verlassen. Anders als bei Pinterest erfolgt innerhalb von WordPress noch keine komplett automatische Bildoptimierung. Viele Website-Betreiberinnen und -Betreiber machen den Fehler, die Grafiken in der Originalgröße mit mehreren Megabytes in die WordPress-Mediathek zu laden. In einem ersten Schritt bietet es sich deshalb an, die Originalgrafiken in einer Bildbearbeitungssoftware wie Adobe Photoshop im Webformat in der erforderlichen Auflösung abzuspeichern. Alternativ zu Photoshop gibt es auch Gratislösungen in Form von WordPress-Plug-ins wie etwa EWWW Image Optimizer, WP Media oder TinyJPG/TinyPNG. Für Fotos sollte das Format JPEG zum Einsatz kommen, während bei illustrierten Grafiken das PNG-Format zu empfehlen ist. Alternativ kann das moderne WebP-Format von Google Anwendung finden, um die Vorteile von JPEG und PNG zu vereinen.
>
> *Tipps aus dem Interview mit SEO-Experte Tobias Hagemeister im Pinsights-Podcast in Episode #65, »Die besten Hacks für die SEO-Optimierung deiner Website«*

9.2 Optimiere deine Website, um auf Pinterest aufmerksam zu machen

Meine Website-Besucherinnen und -Besucher auf Pinterest aufmerksam machen? Sprechen wir hier nicht seit mehreren Kapiteln davon, wie es genau umgekehrt geht: Menschen von Pinterest auf die eigene Website einzuladen? Doch, so ist es! Aber auch den umgekehrten Weg im Blick zu haben, ist sinnvoll. Je mehr Menschen von deinem Pinterest-Account erfahren und sich dessen Inhalte merken oder auch anklicken, desto besser ist es für deine Reichweite und das Ausspielen deiner Inhalte. Denn jede Interaktion mit deiner Website im Zusammenhang mit Pinterest ist ein positives Zeichen für den Pinterest-Algorithmus.

Deine Website ist sozusagen dein Mutterschiff, auf das im Idealfall all deine Kanäle zusammenführen. Deswegen ist sie der perfekte Ort, um dein Pinterest-Profil langfristig und mit inhaltlichem Mehrwert zu promoten. Nutze den Platz und die Gestaltungsmöglichkeiten deiner Website, und fordere dein Publikum aktiv auf, Inhalte auf Pinterest zu pinnen bzw. weise es darauf hin, dass du dort ein Profil mit weiterem Mehrwert hast.

Wir haben schon mehrfach beobachtet, dass neue Business-Accounts auf Pinterest ganz schnell an Reichweite und Sichtbarkeit gewinnen, wenn es von dieser Webseite schon Inhalte auf Pinterest gibt. Das sind Inhalte, die nicht von der Erstellerin selbst, sondern von den Nutzern aktiv auf Pinterest geteilt wurden. Du erinnerst dich, oder? Die Nutzerinnen und Nutzer können sich nicht nur Inhalte innerhalb von Pinterest merken, sondern auch direkt von der Webseite, auf der sie gerade unterwegs sind.

So machst du auf deiner Website auf dein Pinterest-Profil aufmerksam

Es gibt mehrere Möglichkeiten, auf dein Pinterest-Profil über deine Website aufmerksam zu machen:

- Pinterest-Widget einbauen für Profil, Pinnwand oder Pin
- Folgen-Button einbauen
- Pinterest-Merken-Button einbauen
- Hover-Button integrieren
- Optimierung für das Pinnen mit dem Browser-Button
- Pin-Grafiken einfügen (in erster Linie in Blogartikel)
- geheimes Einbetten von weiteren Pin-Grafiken

9.2.1 Pinterest-Widgets erlauben Interaktion

Die Webseiten-Widgets von Pinterest bieten deinen Besucherinnen und Besuchern die Möglichkeit, mit deinem Pinterest-Profil zu interagieren. Je nachdem, welches Widget du einbindest, werden sie animiert, dir auf Pinterest zu folgen oder sich eine Pinnwand oder einen Pin auf Pinterest anzuschauen. Aber klären wir zuerst: Was ist ein Widget? Ein Widget ist ein Element auf dem Bildschirm, das du interaktiv nutzen kannst. Du kannst es auch Minianwendung nennen. In Abbildung 9.10 siehst du, wie ein Pinnwand-Widget aussehen kann.

Die Pin-, Pinnwand- und Profil-Widgets unterstützen dich dabei, deinen Besucherinnen und Besuchern einen Einblick in deine Aktivitäten auf Pinterest zu geben. Am sinnvollsten ist dies natürlich, wenn dieser Einblick einen klaren Mehrwert liefert.

Wann welche Widgets Sinn macht und wie du sie auf deiner Webseite integrieren kannst, erfährst du im Folgenden.

Pinterest stellt einen Widget Builder zur Verfügung, mit dem du den Code für das Widget, das du jeweils erstellen möchtest, einfügen kannst. Den Widget Builder findest du unter dem Link *https://developers.pinterest.com/tools/widget-builder/*.

Wähle dort einfach in der Navigation aus, welches Widget du erstellen möchtest. Wie du in Abbildung 9.7 siehst, kannst du zwischen »Merken-Button«, Folgen, Pin, Pinnwand und Profil auswählen.

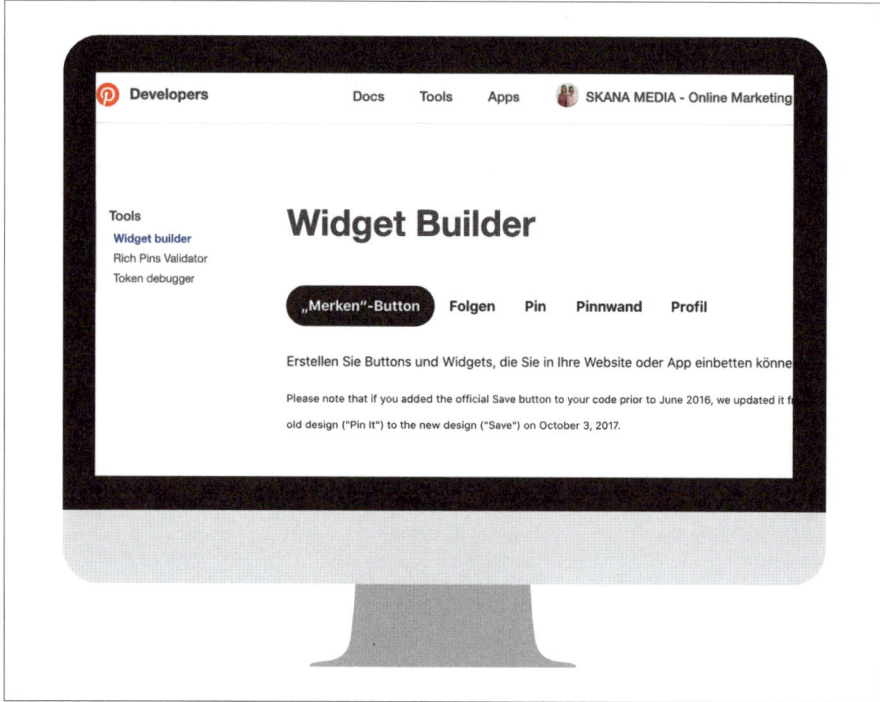

Abbildung 9.7 Erstelle ein Widget mit dem Widget Builder von Pinterest.

Wir gehen nun auf die einzelnen Widgets, ihre technische Integration und sinnvolle Platzierung ein.

Folgen-Button integrieren

Mit dem Folgen-Button machst du deine Website-Besucher auf dein Pinterest-Profil und die Möglichkeit dir dort zu folgen aufmerksam.

> **Kurzanleitung: Erstelle einen Folgen-Button**
> 1. Öffne den Widget Builder für den Folgen-Button.
> 2. Gib deine Profil-URL ein.
> 3. Kopiere den angegebenen Code, und füge ihn auf der Seite deiner Website ein, auf der das Widget angezeigt werden soll.

Merken-Button integrieren

Wir empfehlen dir, auf jeden Fall den Merken-Button zu verwenden. Dieser setzt sich nach Erstellung auf all deine Bilder und macht deine Besucherinnen und Besucher darauf aufmerksam, dass sie sich deine Artikel und Beiträge auf Pinterest merken können. Wenn sie sich Beiträge von deiner Website auf Pinterest merken, werden somit noch mehr Menschen auf deine Inhalte aufmerksam. Dies ist vor allem deshalb sinnvoll, weil sie auf dem Handy ohne deine integrierten Buttons kaum die Möglichkeit haben, sich deine Pins zu merken.

9.2.2 Bild-Mouseover- und Alle-Bilder-Button

Bewegt jemand den Mauszeiger über ein Bild auf deiner Website, dann wird mit dem Bild-Mouseover der Merken-Button angezeigt. Wählst du während der Erstellung des Widgets die Möglichkeit ALLE BILDER aus, dann können die Nutzerinnen und Nutzer auf den Button klicken und ein beliebiges Bild auf der Seite auswählen, um es sich auf einem ihrer Pinterest-Boards zu merken. Der Vorteil eines Mouseover-Buttons ist, dass er direkt auf dem Bild erscheint und die Leserin nicht erst bis an das Ende des Blogartikels scrollen muss, wo häufig der Merken-Button integriert wird. Sie wird so direkt animiert, sich dieses eine Bild zu merken, dass sie gerade besonders anspricht. Wir empfehlen, beide Varianten der Merken-Button zu integrieren, da du so mehrere Anreize zum Pinnen deiner Bilder setzt und es deinem Publikum so einfach wie möglich machst. Der Mouseover-Button ist zum Beispiel nicht auf jedem Handy sichtbar – dies variiert je nach Smartphone und Browser. Deshalb macht es Sinn, beide Varianten zu nutzen. Wie du den Merken-Button für Bild-Mouseover- und Alle-Bilder-Buttons erstellst, erfährst du in der folgenden Kurzanleitung.

> **Kurzanleitung: Erstelle einen Merken-Button für alle Bilder**
> 1. Rufe den Widget Builder auf Pinterest auf.
> 2. Wähle im Abschnitt BUTTON-TYP entweder BILD-MOUSOVER oder ALLE BILDER.
> 3. Aktiviere die Kontrollkästchen neben RUND und GROSS, und wähle eine Sprache, wenn du das Bild des Buttons anpassen möchtest.

4. Teste ihn, indem du auf das Beispielbild klickst.
5. Wenn du mit dem Button zufrieden bist, kopiere den Code im ersten Feld unter dem Beispielbild.
6. Füge diesen Code auf der Seite ein, auf der er angezeigt werden soll.
7. Kopiere den Code im zweiten Feld unter dem Beispielbild, und füge ihn direkt vor dem `</body>`-Tag auf jeder Seite ein, auf der der Button angezeigt werden soll.

Tipp: Alternativ kannst du den Code auch übergreifend vor dem `</body>`-Tag einbinden. Das ist wesentlich zeitsparender, da du ihn so nicht jeder einzelnen Seite hinzufügen musst. Olga Weiss empfiehlt hierfür, ein Plug-in für Codes und Skripte zu verwenden. Mithilfe dieses Plug-ins fügst du den Code einmal ein, und er gilt dann zentral für alle Artikel, so wie du es bereits von den Rich Pins kennst. Schlage gerne noch mal in Abschnitt 4.2 nach.

Du kannst das Plug-in für den Merken-Button zu deinen WordPress-, Blogger-, Tumblr-, Wix- oder Squarespace-Seiten hinzufügen, indem du den Anweisungen auf diesen Plattformen folgst.

Kurzanleitung: Erstelle einen Merken-Button für ein Bild

Mit einem solchen Merken-Button können sich die Nutzerinnen und Nutzer ein einzelnes Bild von deiner Seite merken (beachte, dass für diesen Button eine umfassendere Codierung erforderlich ist).

1. Rufe den Widget Builder auf Pinterest auf.
2. Wähle im Abschnitt BUTTON-TYP EIN BILD.
3. Aktiviere die Kontrollkästchen neben RUND und GROSS, und wähle eine Sprache, wenn du das Bild des Buttons anpassen möchtest.
4. Füge die URL für die Webseiten hinzu, die das Bild enthalten, das sich die Nutzer merken sollen. Das kann deine Startseite oder jede andere Seite deiner Webseite sein.
5. Öffne deine Webseite in einem neuen Browserfenster.
6. Klicke mit der rechten Maustaste auf das Bild, und wähle BILD-URL KOPIEREN aus.
7. Öffne wieder den Widget Builder und füge die Bild-URL in das Feld BILD ein.
8. Formuliere eine Beschreibung für das Bild.
9. Klicke auf JETZT ERSTELLEN!, um eine Voransicht des Buttons zu sehen.
10. Wenn er dir gefällt, kopiere den im rechten Bereich der Seite angezeigten Code.
11. Füge den Code auf jeder Seite, die den Button anzeigen soll, zwischen den Tags `<body>` und `</body>` ein.

In Abbildung 9.8 siehst du den Merken-Button oben links auf einem Bild, das in unseren Blogartikel eingebunden ist.

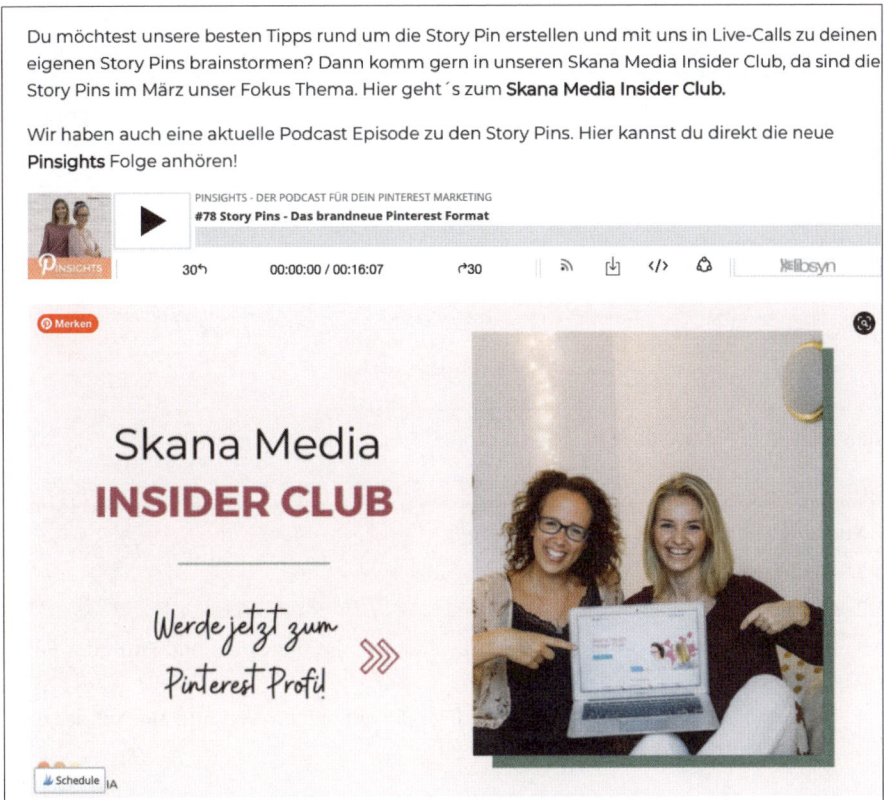

Abbildung 9.8 Du siehst ein in unseren Blogartikel eingebundenes Bild, auf dem oben links der Merken-Button sitzt.

> **Tipp zum Merken-Button**
>
> Der Merken-Button ist unsere wichtigste Empfehlung unter allen Funktionen, mit denen du deine Website für Pinterest optimieren kannst.
>
> Integriere diesen Button auf jeden Fall in deiner Seite, damit deine Website-Besucherinnen und -Besucher deine Inhalte einfach auf Pinterest teilen können.

9.2.3 Erstellen von Pinnwand-, Pin- und Profil-Widgets

Wann und wo macht ein Widget für dein Profil, einen Pin oder eine ganze Pinnwand Sinn? Das Profil-Widget macht zum Beispiel in der Sidebar deines Blogs Sinn, um auf dein Pinterest-Profil hinzuweisen, so wie du es in Abbildung 9.9 sehen kannst.

Abbildung 9.9 Profil-Widget, eingebaut in die Sidebar unseres Skana-Media-Blogs

> **Kurzanleitung: Erstelle ein Profil-Widget**
> 1. Öffne den Pinnwand-Widget-Builder.
> 2. Gib die Pinterest-Pinnwand-URL ein.
> 3. Klick unter Größe auf den kleinen Abwärtspfeil, um die Größe und Form des Buttons anzupassen.
> 4. Kopiere den angegebenen Code, und füge ihn auf deiner Webseite ein, auf der das Widget angezeigt werden soll.

Ein Pinnwand-Widget macht sich gut als Content-Verlängerung beziehungsweise -Ergänzung in einem Blogartikel.

Hier ein Beispiel: Die Bloggerin Jessi von Kleidermädchen stellt in ihrem Blogartikel den Trend *Slip Dress* vor. Am Ende des Artikels weist sie darauf hin, dass sie eine Pinnwand mit weiteren Inspirationen zum Slip Dress erstellt hat. Somit schafft sie einen echten Mehrwert für ihre Leser und erzeugt gleichzeitig Aufmerksamkeit für ihr Pinterest-Profil. Schau dir das Beispiel in Abbildung 9.10 an, oder gibt den nachfolgenden Link in deinen Browser ein, um dir den ganzen Artikel anzusehen: *www.kleidermaedchen.de/2016/09/trend-watch-slip-dress/*.

Ein weiteres Beispiel kommt von unserem eigenen Skana-Media-Blog. Hier haben wir einen Artikel zum Thema Pinterest-Idea-Pins geschrieben. Es geht um die Nutzung, Anwendung und Erstellung dieses Pin-Formats. Damit die Leserinnen und Leser sich zur Inspiration direkt ein paar Idea-Pins anschauen können, haben wir ein Pinnwand-Widget eingebaut, das zu unserer Idea-Pin-Pinnwand führt. Du kannst dir den Artikel mit dem Widget unter *https://skanamedia.de/idea-pins-einfach-erklaert/* anschauen, und wir haben einen Screenshot erstellt, den du in Abbildung 9.11 siehst.

Für noch mehr Inspirationen habe ich euch ein Pinboard mit meinem Slip Dress Favoriten zusammengestellt. Schaut vorbei und folgt mir gerne via Pinterest!

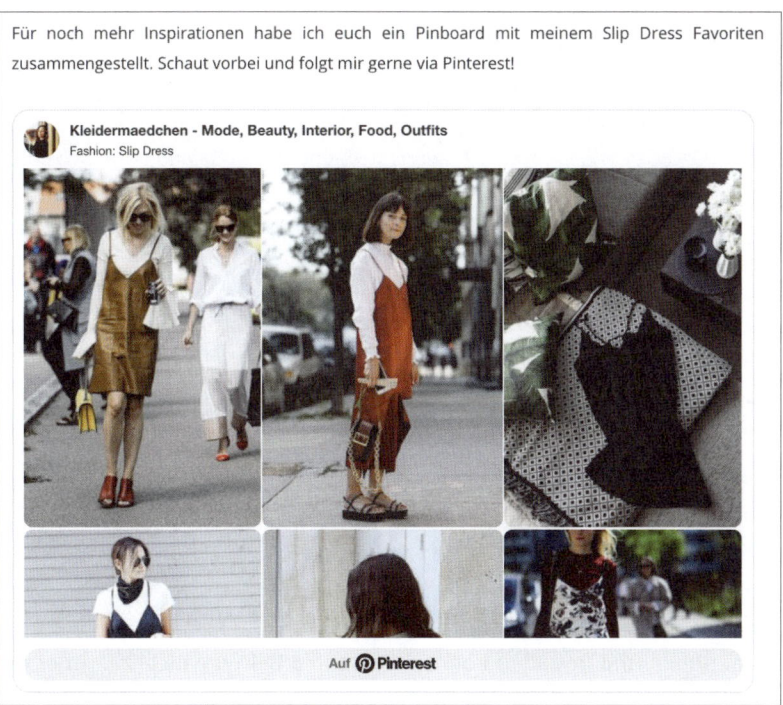

Abbildung 9.10 Pinnwand-Widget als Content-Verlängerung

Es ist ein Format, dass dir die Gelegenheit gibt, Inhalte noch kreativer darzustellen. Es wird von Pinterest absolut empfohlen, Videos einzufügen, denn Bewegtbild wird immer beliebter. Damit lassen sich Ideen und Inhalte mit mehr Mehrwert rüberbringen. Der Nutzer bekommt hier alle Infos, ohne die Plattform verlassen zu müssen.

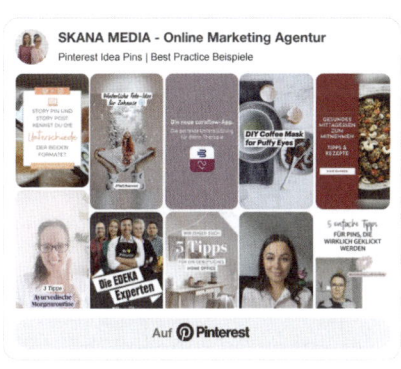

Abbildung 9.11 Pinnwand-Widget in unserem Skana-Media-Blog zur Idea-Pinnwand auf unserem Pinterest-Profil

> **Kurzanleitung: Erstelle ein Pinnwand-Widget:**
>
> 1. Gehe zum Pinnwand-Widget-Builder.
> 2. Gib die Pinterest-Pinnwand-URL ein.
> 3. Klicke unter Größe auf den kleinen Abwärtspfeil, um die Größe und Form des Buttons anzupassen.
> 4. Kopiere den angegebenen Code, und füge ihn in die Webseite ein, auf der das Widget angezeigt werden soll.

> **Kurzanleitung: Erstelle ein Pin-Widget**
>
> 1. Geh zum Pin-Widget-Builder.
> 2. Gib die Pin-URL ein.
>
> Kopiere den angegebenen Code, und füge ihn auf der Seite deiner Webseite ein, auf der das Widget angezeigt werden soll.

9.2.4 Optimierungen für das Pinnen von deiner Webseite

Deine Besucherinnen und Besucher können sich deine Beiträge nicht nur über die von dir installierten Merken-Buttons merken, sondern auch über einen selbst installierten Pinterest-Browserbutton. Du und auch alle Nutzerinnen und Nutzer können diesen Browserbutton in Chrome, Firefox oder Microsoft Edge installieren, um sich überall im Internet Ideen auf Pinterest merken zu können.

Formuliere eine Pin-Beschreibung

Wenn sich Nutzer die Inhalte deiner Website auf ihren Pinterest-Pinnwänden merken, ist das sehr wertvoll und ein gutes Zeichen für den Algorithmus. Allerdings ist auch hier gutes SEO wichtig, damit deine Pins gefunden werden. Du kannst kleine Texte hinterlegen, die deinen Besucherinnen vorgeschlagen werden, sobald sie einen Inhalt pinnen wollen. Dafür gibt es drei Möglichkeiten.

1. **Aktiviere die Rich Pins.**

   Die Rich Pins hast du schon in Abschnitt 4.2 kennengelernt. Du erinnerst dich: Rich Pins richtest du einmalig ein, und dann stellen sie automatisch zusätzliche Informationen über deinen Pin zur Verfügung.

2. **Nutze ein Plug-in.**

   Wenn du eine Word-Press-Seite hast, dann kannst du das kostenpflichtige Plug-in Tasty Pins verwenden. Es setzt deine Pinterest-Beschreibung richtig ein, und du kannst damit sogar festlegen, ob du Bilder auf deiner Seite vom Pinnen ausschließen möchtest.

3. **Füge Code im Bild-Code ein.**

   Diese Variante solltest du nur verwenden, wenn du dich mit HTML-Code auskennst oder eine Person an deiner Seite hast, die das kann. Füge in der Textansicht folgenden Code hinzu: `data-pin-description="Setze hier deine Beschreibung ein"`. Wichtig sind gerade Anführungszeichen (Zollzeichen), sonst wirst du eine Fehlermeldung bekommen. Dieser Code sorgt dafür, dass Pinterest die Beschreibung für den Pin nicht aus dem Alt-Text zieht, sondern aus der Data Pin Description.

Füge Pin-Grafiken ein

Damit sich Besucherinnen und Besucher deiner Website deine Inhalte auf ihren eigenen Pinnwänden leicht merken können, ist es sinnvoll, ihnen direkt in jedem deiner Blog-Artikel mindestens eine offensichtliche Möglichkeit dafür zu geben. Wir empfehlen, maximal ein bis drei Pin-Grafiken innerhalb eines Blogartikels einzubinden. Lege den Fokus immer darauf, was du erreichen möchtest: Sollen die Leute den Artikel auf Pinterest abspeichern, packe auch gerne ein paar Pin-Grafiken mehr hinein. Ist dein Ziel die Newsletter Anmeldung, dann setze nur ein bis zwei Grafiken an das Ende deines Blogs und ein Banner, das auf die Newsletter Anmeldung hinweist, eher mittig in den Blogartikel. Grundsätzlich empfehlen wir, die Pinterest-Grafiken am Ende des Artikels einzubauen, da sie wegen ihres Hochformats sehr viel Platz in den Blogartikeln beanspruchen. Gerne kannst du auch mit einem kurzen Satz wie »Merke dir diesen Blogartikel für später auf Pinterest« auf deine Grafiken hinweisen. Darunter folgen dann 1–3 Grafiken, auf denen du den Merken-Button integriert hast.

9.2.5 Nutze das geheime Einbetten von Pin-Grafiken

Wenn es sinnvoll ist, könntest du auch mehrere Grafiken pro Blogartikel/Unterseite einbetten. Oft wirken jedoch mehrere Pin-Grafiken störend oder passen nicht zum Design des Blogs oder der Unterseite. In diesem Fall kannst du diese Grafiken auch geheim einbetten. Das heißt: Die Leserinnen und Leser sehen diese Grafiken nicht auf der Seite oder in deinem Blogartikel, sondern erst, wenn sie den Merken-Button nutzen, um sich deinen Blogartikel zu merken. Dann tauchen alle geheim eingebetteten Grafiken auf, wie du es in Abbildung 9.12 sehen kannst. Die Pinterest-User haben nun die Möglichkeit, ihre liebste Grafik oder gleich mehrere zu pinnen.

Das könnte zum Beispiel auch auf deiner Startseite Sinn machen, sodass sich die Pinterest-User zukünftig einen echten Pin merken können, wenn sie sich deine ganze Website für später abspeichern möchten.

Abbildung 9.12 Geheim eingebettete Pins, die zur Auswahl erscheinen, wenn der Merken-Button im Browser genutzt wird – hier am Beispiel von Laura Seiler Life Coaching GmbH.

Es gibt zwei Varianten für das geheime Einbetten von Pin-Grafiken. Bevor wir aber dazu kommen, solltest du folgende Punkte hinsichtlich der Pinterest-Grafiken auf deiner Website beachten:

Sie sollten das richtige Format haben, also 2:3 – nach aktuellen Empfehlungen von Pinterest 1000 × 1500 Pixel.

Wie alle Grafiken, die du auf deiner Website verwendest, sollten auch die Pin-Grafiken einen aussagekräftigen Namen haben und im Idealfall das entsprechende Keyword im Bildnamen enthalten.

Wenn deine Pin-Grafiken das richtige Format und einen aussagekräftigen Dateinamen haben, dann kannst du sie wie gewohnt in deinem WordPress-Backend unter dem Menüpunkt MEDIEN hochladen. Dann kann es jetzt losgehen mit dem geheimen Einbetten deiner Pin-Grafiken.

Methode 1: mit dem HTML Code

Wir machen jetzt einen Kurzausflug in die *HTML*-Welt. Diese Abkürzung steht für »Hypertext Markup Language«, was so viel wie »Beschreibungssprache für Texte mit Verknüpfungen« bedeutet. Dank HTML können Texte, Bilder und Links strukturiert in einem Dokument dargestellt werden. Dafür sorgen die Tags, die immer aus einem öffnenden und einem schließenden Element bestehen und durch spitze Klammern (<.../>) gekennzeichnet sind. Innerhalb der Klammern werden die Merkmale notiert, die das Element zwischen dem öffnenden und dem schließenden Klammernpaar aufweisen soll.

Deine Website ist nichts anderes als ein solches Dokument, das mithilfe von HTML in einem Browser strukturiert dargestellt wird.

Du darfst jetzt für ein paar Minuten zur Programmiererin bzw. zum Programmierer werden. Aber keine Sorge, du kannst das Internet nicht löschen – wir fügen nur gemeinsam ein kleines Bild ein.

> **Mach mit: Füge ein Bild über den Gutenberg-Editor von WordPress in den HTML-Code ein**
>
> Kurze Erläuterung vorab: Der Gutenberg-Editor ist das WordPress-Bordmittel, mit dem du deine Seiten und Beiträge bearbeiten kannst.
>
> 1. Füge deine Grafik an einer beliebigen Stelle in deinen Blogartikel ein. Erst mal machst du das genauso wie beim Einfügen jedes anderen Bilds auch.
> 2. Nun klickst du auf die drei Punkte rechts in deinem Bildmodul und wählst im aufgeklappten Menü ALS HTML BEARBEITEN.
> 3. Jetzt siehst du den HTML-Code deines Bildes. In diesen fügst du eine kleine Ergänzung ein. Dafür suchst du im bestehenden Code deines Bildes die Stelle, die mit `<img src=` ... beginnt und mit einem `>`-Zeichen endet. Mithilfe des `<img>`-Elements können Bilder in ein HTML-Dokument eingebunden werden. Das `src`-Attribut referenziert die Quelle der Bilddatei. In der Regel ist es der Link deines Bildes, dass du auch in der Detailansicht in der Mediathek findest. Füge jetzt vor das Bild, also vor `<img src=...`, den Code `<div style="display:none;">` ein. Nach dem Bild, also nach der schließenden eckigen Klammer, fügst du den Code `</div>` ein.
> 4. Der Code sieht nun insgesamt so aus:
>   `<div style="display:none;"><img src="https://www.deine-domain.com/wp-content/uploads/Bildname.png" alt="" class="wp-image-3451"/></div>`

Und schon ist dein kleiner Ausflug in die Welt der Programmierung beendet. Speichere deinen Blogartikel ab, und rufe die Vorschau auf. Überprüfe das geheim eingebundene Bild, indem du auf den Pinterest-Merken-Button deines Browsers klickst. In der Auswahl der möglichen Bilder erscheint nun, wenn du alles richtig gemacht hast, deine geheim eingebundene Grafik. Wird sie nicht sichtbar, dann lösche einmal den Cache deines Blogs. Ein Cache-Speicher ist ein schneller Zwischenspeicher auf dem PC, in einem Browser oder auf einem Server. Dieser Speicher ermöglicht den schnellen Zugriff auf häufiger benötigte Daten, wie zum Beispiel Login-Daten, ohne dass diese für jeden Abruf neu geladen werden müssen.

Nutzt du einen Page Builder wie *Divi* für die Erstellung deiner Blogartikel, dann musst du zuerst den Link deines gewünschten Bilds aus der Detailansicht der Mediathek kopieren und im nächsten Schritt das HTML-Modul im Page Builder wählen. Hier kopierst du den obigen Code ein und fügst in das `src`-Attribut den Link deines gewünschten Bildes ein.

> **Page-Builder und src-Attribut kurz erklärt**
>
> Ein Page Builder ist eine Art »Baukasten« für Seiten und Beiträge eine Website, mit dem sich das Layout einer Seite festlegen und anpassen lässt.
>
> Das `src`-Attribut steht für source, was »Quelle« bedeutet, und bezieht sich auf die Bild-/Medienquelle.

Methode 2: mit einem Plug-in

Wenn du dich davor scheust, in deinem Code herumzuschreiben, dann kannst du auch mit einem Social-Media-Plug-in arbeiten. Hier kannst du allerdings nur ein Bild festlegen, das bedeutet, wenn deine Besucherinnen und Besucher auf den Social-Share-Button klicken, wird ihnen nur ein von dir vorher festgelegtes Bild zum Pinnen angezeigt. Wenn du über den HTML-Code arbeitest, kannst du jedes beliebige Bild festlegen.

Beachte auch, dass es passieren kann, dass sich das Plug-in mit anderen Plug-ins auf deiner Website oder mit deinem Theme (= deinen Designelementen) nicht verträgt. Das würde dazu führen, dass du das Plug-in wechseln musst, und dann sind auch die Bilder, die du festgelegt hast, verschwunden. Wir empfehlen das Plug-in *Easy Social Share Buttons*. Es kostet einmalig 22 US-$, und du kannst es sehr stark individualisieren. Als kostenlose Alternative können wir das Plug-in *Shariff Wrapper* empfehlen. Wir haben uns von der Technikexpertin Olga Weiss für dich erklären lassen, wie du das kostenlose Plug-in nutzen kannst. Es ist übrigens eine gute Möglichkeit sicherzustellen, dass Teilen-Buttons auf deiner Website datenschutzkonform eingebunden werden.

Lade dir das Plug-in in deinem WordPress-Backend unter Plugins • Installieren herunter, und aktiviere es, indem du auf den blauen Aktivieren-Button klickst. Du findest das Plug-in im Anschluss dann im Menü Einstellungen, wie du in Abbildung 9.13 siehst. Navigiere dorthin, um die Einrichtung abzuschließen.

Im ersten Tab (Basiseinstellungen) wählst du, welche Social-Media-Dienste mit einem Teilen-Button in deinen Beiträgen angezeigt werden sollen. Trenne die Dienste durch einen geraden Strich (Abbildung 9.13). Im nächsten Abschnitt wählst du aus, wo die Teilen-Buttons auf deiner Seite eingefügt werden sollen. Die Empfehlung: Setze das Häkchen bei den Beiträgen (Blogseite). In dem Tab Design kannst du neben der Standardsprache für die Teilen-Buttons das Aussehen definieren und dabei zwischen vorgefertigten Design-Optionen wählen, die Größe der Buttons bestimmen und eine individuelle Haupt- und Sekundärfarbe hinterlegen, passend zu deinem Branding.

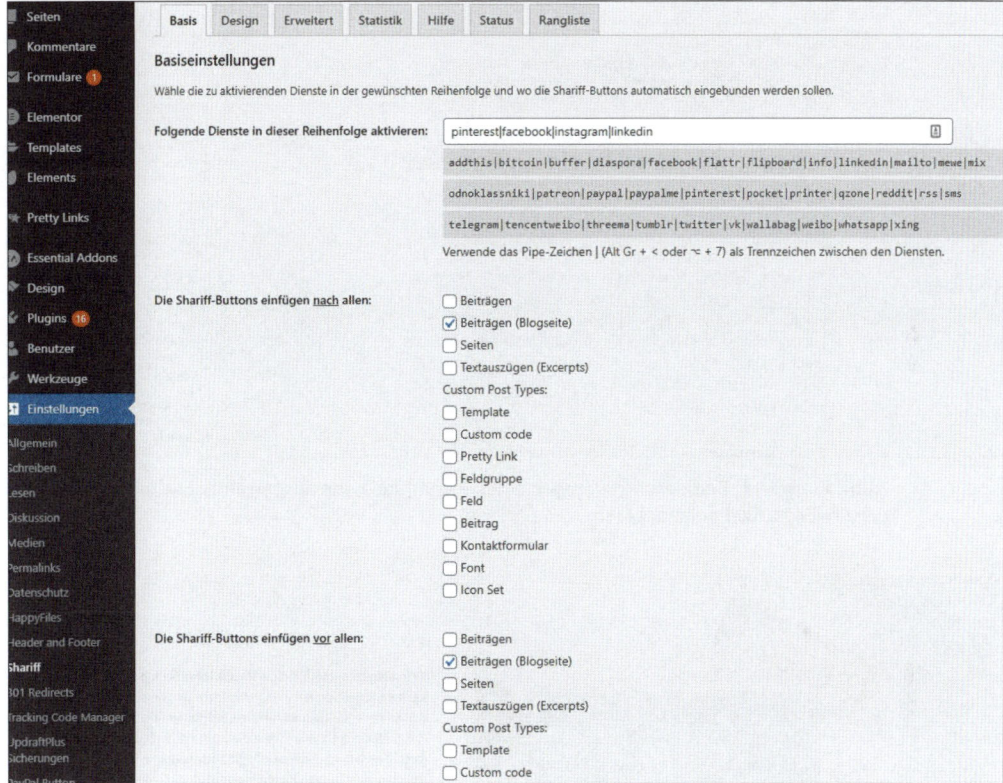

Abbildung 9.13 WordPress-Backend im Bereich »Einstellungen«: Hier wird das Shariff-Plug-in eingerichtet.

Unter dem Tab STATISTIKEN kannst du den Zähler für geteilte Inhalte aktivieren, die du im Tab RANGLISTE findest.

Nachdem die globalen Einstellungen für das Plug-in abgeschlossen sind, kannst du beim Erstellen deiner Blogartikel in den Beitragseinstellungen weitere Einstellungen vornehmen, die ausschließlich für diesen einen Blogartikel gelten. In den Beitragseinstellungen (rechte Seitenleiste in Abbildung 9.14), findest du die Shariff-Einstellungen. Hier kannst du auch deine Pinterest-Grafik für den Blogartikel hinterlegen. Klicke dazu einfach auf den Button BILD WÄHLEN, und lade deine Pinterest-optimierte Grafik hoch, oder wähle sie aus der Mediathek aus. In Abbildung 9.15 siehst du wie der installierte Merken-Button in einem Blogartikel aussehen kann.

Kapitel 9   Optimiere deine Website und deinen Blog für Pinterest

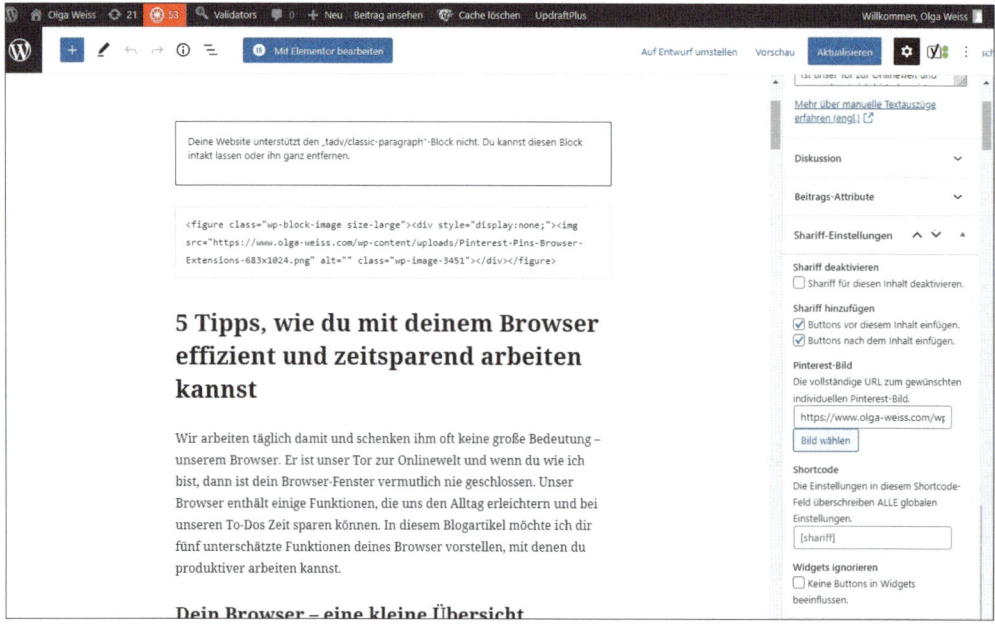

Abbildung 9.14 Beitragseinstellungen eines Blogartikels, um ausgewählte Einstellungen für diesen Blogartikel vorzunehmen

Abbildung 9.15 Der installierte Merken-Button in einem Blogartikel von Olga Weiss (Quelle: olga-weiss.com)

Methode 3: mit einem Miniaturbild

Bei dieser Methode versteckst du die Pin-Grafik nicht, sondern bindest sie im Miniformat ein. Es ist eine elegante und einfache Methode, ein oder mehrere Pinterest-optimierte Bilder in einen Blogartikel oder auf einer Webseite einzubinden. Deine Pin-Grafik sollte dabei nicht kleiner als 100 × 200 Pixel sein. Zunächst fügst du deine Pin-Grafik an über das Bild-Modul im Gutenberg-Editor ein. Dann navigierst du in den Blogeinstellungen in der rechten Sidebar bis zum Punkt BILDABMESSUNGEN und wählst hier die passende Verkleinerung aus. Deine Pin-Grafik wird nun ganz automatisch als verkleinertes Bild eingefügt. Beim Pinnen wird aber die Originalgröße des Bildes verwendet. Nicht vergessen: Speichere deinen Blogartikel. Noch ein Tipp: Wenn du einen Page Builder nutzt, solltest du das Bild entsprechend verkleinern. So stellst du sicher, dass die Grafik beim Pinnen im optimalen Format weitergepinnt wird und nicht zu klein ist.

> **Drei Fragen an Technikexpertin Olga Weiss**
>
> **Website Optimierung für Pinterest: Was findest du unverzichtbar und warum?**
>
> Da viele Pinterest-Nutzerinnen und -Nutzer mit ihrem Smartphone die App nutzen, ist es sehr wichtig, dass auch deine Website für Mobiltelefone optimiert ist. Das bedeutet, dass sowohl die Ansicht (Texte und Bilder) der einzelnen Webseiten auf einem Smartphone gut aussieht, als auch, dass die Navigation leicht und verständlich ist. Es sollte auf zu viele Pop-ups und Banner verzichtet werden, die sofort aufpoppen und den kleinen Bildschirm voll ausfüllen.
>
> Einen weiteren wichtigen Optimierungspunkt für Pinterest sehe ich in der Einbindung von speziellen Pin-Grafiken in einem Blogartikel und der Verwendung von Merken-Buttons. Das Pinnen sollte so einfach und attraktiv wie möglich gemacht werden. Wenn bereits entsprechende Grafiken in einem Blogartikel hinterlegt sind, ist die Wahrscheinlichkeit höher, dass sich jemand deinen Blogartikel als Pin abspeichern möchte.
>
> **An welcher Stelle macht es Sinn, einen Folgen-Button zu integrieren?**
>
> Einen Folgen-Button für Pinterest sehe ich nicht nur am Ende eines Blogartikels oder in der Sidebar des Blogs als wichtig an, sondern auch auf der Über-mich-Seite oder der Kontakt-Seite. Menschen, die diese Webseiten aufrufen, wollen mehr über dich erfahren und mit dir in Kontakt bleiben. Mache es ihnen auch hier einfach, und biete ihnen die Option an, dir auf deinem Pinterest-Kanal zu folgen.
>
> **Welche Elemente sollte die ideale Landingpage enthalten, auf die ein Pin z. B. für eine Newsletter-Anmeldung führt?**
>
> Das Look-and-feel der idealen Landingpage sollte passend zu deinem Pin, der dorthin führt, gestaltet sein. Achte darauf, dass du die gleichen Farben, Schriften und Bilder verwendest. Sie sollte zudem auch mobiloptimiert sein. Ich empfehle dir, das Anmeldeformular auch direkt auf der Landingpage einzubetten und nicht über einen Klick auf einen Button in einem Pop-up erscheinen zu lassen. Pinterest-Nutzerinnen und -Nutzer sind meistens mit ihrem Smartphone unterwegs, und ein nicht funktionierendes oder schlechtes Pop-up kann deine Conversion Rate senken.

> Deine Landingpage sollte auf jeden Fall einen Abschnitt über dich mit einem Bild enthalten, in dem du kurz darauf eingehst, warum du genau die richtige Person bist, die den Besucherinnen und Besuchern mit ihrem Problem oder Anliegen weiterhelfen kann. Das schafft erstes Vertrauen bei Menschen, die dich noch nicht kennen.
>
> Verzichte zudem auf die Navigation und andere Verlinkungen, wie z. B. zu deinen Social-Media-Kanälen, damit dein Publikum nicht von dem eigentlichen Klickziel abgelenkt wird. Die einzigen Verlinkungen, die da sein sollten, sind die zu deinem Impressum und deiner Datenschutzerklärung sowie zu deinem Newsletter-Tool. Dann steht einer erfolgreichen Lead-Gewinnung nichts mehr im Wege.
>
> *Tipps von Olga Weiss (www.olga-weiss.com/) aus dem Interview im Pinsights-Podcast #69, »Technik Expertin Olga Weiss erklärt, wie du deine Website für Pinterest fit machst«*

Wie du in diesem Kapitel nun gelesen hast, gibt es effektive Wege, wie deine Homepage so optimiert werden kann, dass die Pinterest-Nutzerinnen und -Nutzer, die auf deinen Pin klicken, genau dort abgeholt werden, wo sie es erwarten. Das schafft nicht nur Vertrauen in dein Angebot, sondern befriedigt auch die Suche deiner potenziellen Kundschaft. Außerdem weißt du nun, weshalb es auch durchaus Sinn macht, von deiner Website auf deinen Pinterest-Auftritt aufmerksam zu machen, und wie du durch die Integration von Widgets und Buttons auf diese hinweisen kannst. Im folgenden Kapitel schauen wir uns die Metriken in Pinterest Analytics an.

Kapitel 10

Pinterest Analytics: Werte deine Zahlen richtig aus

Wie wichtig sind eigentlich die Zahlen hinter den Pins? Befasse dich mit der Reichweite deines Pinterest-Kontos, und erfahre, wie du durch cleveres Auswerten der Metriken dein volles Potenzial ausschöpfen kannst.

Wenn du Pinterest als Marketingplattform für dich und dein Unternehmen nutzen möchtest, besteht ein entscheidender Erfolgsfaktor darin, die Zahlen von *Pinterest Analytics* auszuwerten. Doch welche Zahlen haben die größte Relevanz, wenn es darum geht, die Reichweite deines Pinterest-Accounts weiter zu steigern? Sind es deine Followerinnen und Follower, die monatlichen Aufrufe deiner Pins, Impressionen oder etwa Klicks? Um diese Zahlen gibt es einige Mythen. Deshalb wirst du nun genau erfahren, welche *Key Performance Indicators* (KPIs) die wichtigsten für dich sind. Der Begriff KPI bezeichnet Kennzahlen, mit denen der Erfolg von bestimmten Aktivitäten ermittelt werden kann. Du wirst erfahren, wo du sie in Pinterest Analytics findest und wie du sie interpretieren kannst. Wir machen in diesem Kapitel einen gemeinsamen Rundgang durch den umfangreichen Analytics-Bereich von Pinterest und sprechen über die wichtigsten Metriken, also Gruppen von Daten mit ähnlichen Merkmalen. Außerdem wirst du erfahren, wie du deine Zahlen in einem Reporting festhältst. Am Ende gibt es auch noch einen kurzen Ausflug zu den wichtigsten Kennzahlen aus Tailwind Analytics. Die Erkenntnisse, die du mithilfe von Pinterest Analytics gewinnst, können dich bei der Festlegung deiner Pinterest-Strategie wirksam unterstützen. So erfährst du hierdurch beispielsweise, welche Pins die meiste Neugier bei deinen Nutzern geweckt haben, und folglich, welche Pins du erstellen kannst, um deinen Traffic noch weiter zu steigern.

> **Kapitelübersicht: Pinterest Analytics**
> In diesem Kapitel
> - analysieren wir deine Performance auf Pinterest,
> - lernst du, wie du den Key Performance Indicator für deinen Erfolg nutzt,
> - überprüfst du, ob deine Pins für deine Zielgruppe optimiert sind
> - erfährst du, wie du dein monatliches Reporting erstellst und so immer weißt, wo du mit deinem Unternehmen auf Pinterest stehst.

10.1 Was ist Pinterest Analytics?

Mithilfe der Pinterest Analytics kannst du deine Aktivitäten sowie die Interaktionen der Nutzerinnen und Nutzer mit deinen Pins besser verstehen und auswerten. So bekommst du ein Gefühl dafür, welche deiner Inhalte – bezahlt sowie organisch – am besten ankommen. Wenn du einen Pinterest-Unternehmens-Account eingerichtet hast, hast du automatisch Zugriff auf den Analytics-Bereich. Hier findest du die wichtigsten Metriken zu deinen besten Pins sowie Pinnwänden, Videos und weiteren Merkmalen. Einige Kennzahlen kannst du auch in den *Tailwind Insights* oder in den *Google Analytics* finden. Es ist jedoch sinnvoll, vorrangig mit den Pinterest Analytics zu arbeiten, da sie am umfassendsten deine Performance auf Pinterest widerspiegeln.

> **Merke: Es kann Abweichungen zwischen Pinterest und Google Analytics geben**
>
> Wenn du die Zahlen in Pinterest Analytics und vor allem die Website-Aufrufe mit denen in Google Analytics vergleichst, wirst du Abweichungen feststellen. Das ist aber bei fast allen Plattformen so. Pinterest wertet einen Klick nämlich bereits direkt, auch wenn die Person im selben Moment wieder zurück klickt. Bei Google wird erst ein Klick gewertet, wenn die Person tatsächlich auf der Seite gelandet ist. Hinzu kommt nun, dass aufgrund von neuen Cookie-Regelungen die Google-Analytics-Zahlen sehr ungenau werden. Es dürfen ohne Einwilligung auf deiner Website nämlich nicht alle Zahlen getrackt werden. Dadurch sind die Ergebnisse in Google Analytics leider sehr ungenau geworden. Deshalb kannst du die Website-Aufrufe am besten in Pinterest herausfinden. Gleichzeitig solltest du dir bewusst sein, dass die Zahlen nicht immer zu 100 % stimmen, aber eine sehr gute Einschätzung der stärksten Pins und Themen geben.

Jetzt geht es darum, dass du als Erstes die wichtigsten Metriken verstehst, bevor wir mit dir einen Rundgang durch die Welt von Pinterest Analytics machen.

10.2 Einfach erklärt: die Analytics-Metriken

Unserer Erfahrung nach schauen sich die meisten Pinterest-Nutzerinnen und -Nutzer die Zahlen der Impressionen, der Follower und der monatlichen Aufrufe an. Doch sind das die wichtigsten Kennzahlen? Wir sehen uns die einzelnen Metriken genauer an.

10.2.1 Monatliche Aufrufe

Die monatlichen Aufrufe findest du auf deiner Profilseite. Diese Zahl ist für jeden nach außen ersichtlich (siehe Abbildung 10.1). Die monatlichen Aufrufe werden oft als *Benchmark* (also Vergleichsmaßstab) genutzt, um zu vergleichen, wie erfolgreich ein Profil im Vergleich zu anderen ist. Doch ist das wirklich ein vergleichbarer Wert, der das zulässt? Jein. Die monatlichen Aufrufe umfassen die Anzahl an Impressionen, die Pins, die zu deiner verifizierten Website führen, erhalten haben. Da reine Impressionen nicht gleichzeitig bedeuten, dass die Pins an Aufmerksamkeit gewinnen und Website-Aufrufe erzielen, sollte dieser Kennzahl nicht zu viel Bedeutung zugeschrieben werden. Auch steigt dieser Wert sehr an, wenn ein Unternehmen Werbeanzeigen schaltet. Dies spiegelt also nicht immer den Erfolg der organischen Reichweite eines Profils wider.

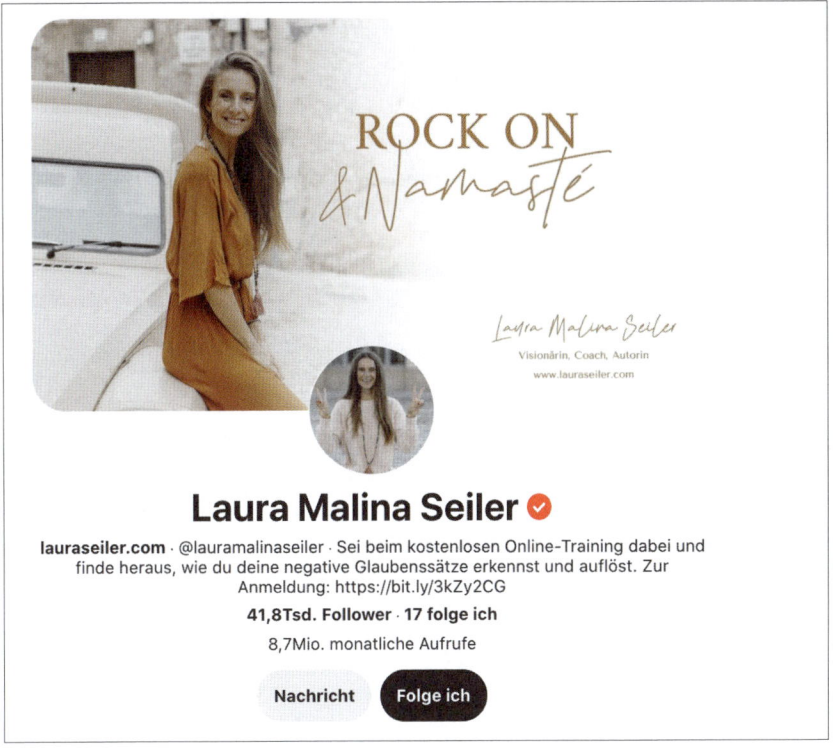

Abbildung 10.1 Im Profil siehst du und jeder andere die monatlichen Aufrufe sowie Follower deines Profils (Quelle: Laura Malina Seiler).

10.2.2 Follower

Prominent dargestellt wird in deinem Profil auch die Anzahl der Menschen, die deinem Pinterest-Account folgen (siehe Abbildung 10.1). Weil auf anderen Plattformen wie Instagram oder Facebook die Follower-Zahl durchaus wichtig ist, wird diesem Wert auch bei Pinterest eine hohe Relevanz zugeordnet. Da Pinterest aber eine visuelle Suchmaschine ist, folgen Pinterest-Nutzerinnen und -Nutzer nicht so häufig wie in den klassischen sozialen Netzwerken einzelnen Profilen, sondern suchen nach bestimmten Suchbegriffen und kommen dann direkt über den Pin auf eine Website. Aus diesem Grund ist die Follower-Zahl aktuell nicht die wichtigste KPI auf Pinterest. Zukünftig kann es sich aber dahin entwickeln, dass Follower eine wichtigere Rolle einnehmen werden, wie du es bereits in Kapitel 8 gelernt hast. In den meisten Fällen ist es aber so, dass deine Follower-Anzahl automatisch wächst, sofern du qualitativ guten Inhalt auf Pinterest teilst und Mehrwert bietest oder auch die neuen Idea-Pins verwendest.

> **Praxistipp von Viktoria Kux: Follower sind nicht alles**
>
> Die Marketing-Strategin Viktoria Kux bestätigt, dass Follower nicht alles sind und deshalb nicht zwingend die wichtigste KPI sein sollten. Denn wenn du es nicht schaffst Follower zu Kunden zu machen, sind diese wertlos. Lege also lieber Wert darauf, qualitativ hochwertige Follower zu haben, auch wenn dieses Wachstum etwas länger dauert.
>
> *Tipps aus dem Interview mit Viktoria Kux im Pinsights-Podcast der Episode #58, »Wie findest du die richtige Marketing-Plattform für deine Ziele und Zielgruppe?«*

10.2.3 Weitere Metriken

Weitere Kennzahlen, die du in den Pinterest Analytics findest, sind mit einer kurzen Definition in der folgenden Tabelle 10.1 aufgelistet.

Metrik	Definition
Impressionen	Die Häufigkeit, wie oft dein Pin in einem der Feeds auf dem Bildschirm der Nutzerinnen und Nutzer angezeigt wurde. Das bedeutet nicht automatisch, dass dieser Pin auch wahrgenommen wurde.
Interaktionen	Dies umfasst jegliche Interaktionen mit einem Pin, wie das Öffnen im Close-up, das Merken auf der Pinnwand, den Klick auf die Website oder das Blättern durch einen Karussell- oder Idea-Pin.
Klicks auf Pins	Sieht der Nutzer einen organischen Pin im Feed und klickt er diesen an, öffnet sich der Pin im Close-up. Dies gilt als Klick auf den Pin. Hier sind weitere Informationen wie die Pin-Beschreibung ersichtlich. Erst nach einem weiteren Klick auf den Pin würde ein Website-Klick zustande kommen, den Pinterest unter »ausgehende Klicks« zählt.
Merken-Aktion	Gibt an, wie oft dein Pin von den Pinterest Nutzern auf ihren eigenen Pinnwänden gemerkt wurde.

Tabelle 10.1 Übersicht der Metriken aus Pinterest Analytics (Quelle: Pinterest Help Center)

Metrik	Definition
Ausgehende Klicks	Gibt an, wie oft ein Nutzer über einen Pin auf die hinterlegte Ziel-URL gekommen ist.
Videoaufrufe	Die Anzahl der Videoaufrufe, bei denen das Video mindestens zwei Sekunden lang abgespielt wurde, solange es mindestens 50 % im Sichtfeld war
Durchschnittliche Wiedergabezeit	Die durchschnittliche Dauer, für die sich ein Nutzer einen Video-Pin angesehen hat
Wiedergabe zu 95 %	Die Anzahl der Videoaufrufe, bei denen das Video mindestens zu 95 % angesehen wurde
Gesamtwiedergabezeit	Die Gesamtwiedergabezeit für das jeweilige Video in Minuten
Zehnsekündige Videoaufrufe	Die Anzahl der Videoaufrufe, bei denen der Video-Pin mindestens für zehn Sekunden aufgerufen wurde

Tabelle 10.1 Übersicht der Metriken aus Pinterest Analytics (Quelle: Pinterest Help Center) (Forts.)

> **Merke: Ausgehende Klicks sind wichtiger als Klicks auf Pins**
>
> Den Unterschied dieser beiden Metriken zu kennen, ist sehr wichtig. Denn oft werden die Klicks auf Pins betrachtet, obwohl die ausgehenden Klicks die tatsächlichen Website-Aufrufe darstellen. Deshalb sind die *ausgehenden Klicks* eine deiner wichtigsten Kennzahlen.

Das Analysetool von Pinterest ist sehr hilfreich, um deine Performance rund um dein Pinterest-Profil einschätzen und bewerten zu können. Außerdem kannst du daraus ableiten, wie du eine größere Reichweite erzielen und Pins mit echtem Mehrwert für deine Nutzer produzieren kannst. Schauen wir uns nun an, wie die Oberfläche bei Pinterest Analytics aussieht und welche Einstellungen du treffen kannst.

10.3 Rundgang: die Analytics-Navigation

Schauen wir uns nun an, wo du die wichtigsten Kennzahlen findest. Erst danach wird es darum gehen, wie du diese interpretieren und somit in deiner Strategie-Optimierung integrieren kannst. Im Unternehmens-Account findest du in der oberen Menüleiste den Punkt ANALYTICS. Klickst du darauf, werden dir mehrere Menü-Unterpunkte angezeigt. Wir werden uns im Folgenden alle Bereiche im Detail ansehen. Der wichtigste ist der Bereich ÜBERSICHT.

> **Merke: Du benötigst einen Unternehmens-Account**
>
> Du hast nur Zugriff auf Pinterest Analytics, wenn du statt eines privaten Profils einen Unternehmens-Account hast. Diesen kannst du in deinen Einstellungen schnell und einfach umwandeln. Wenn du bis hierhin gelesen hast, ist das aber sicher schon längst erledigt.

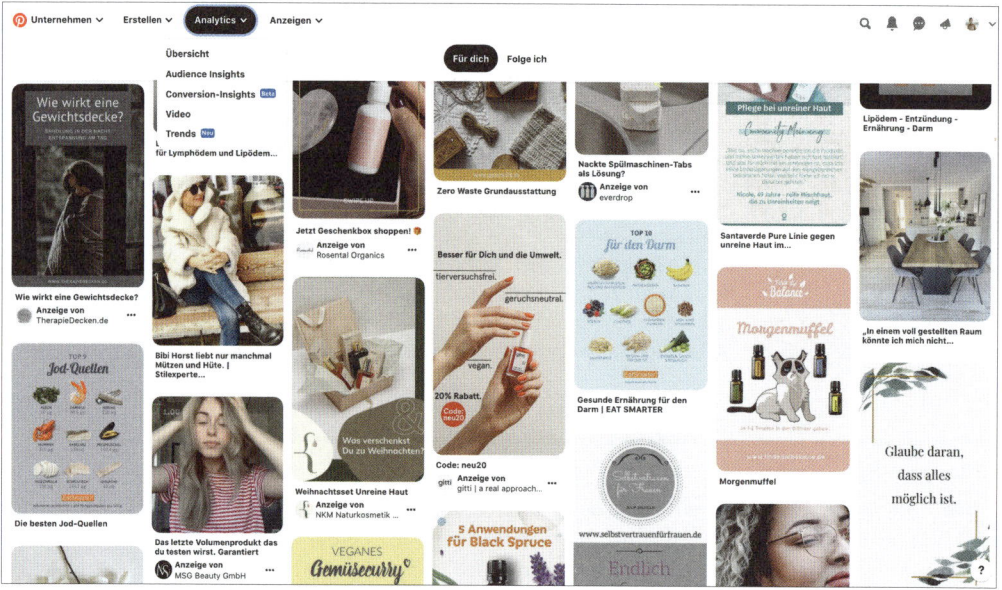

Abbildung 10.2 Pinterest-Analytics-Menüpunkte

10.3.1 Übersicht: Hier findest du die wichtigsten Metriken

Du möchtest wissen, wie viele Klicks, Impressionen, Merken-Aktionen und Co. du erzielt hast und welche Pins sowie Pinnwände am besten performt haben? Antworten findest du in dem Bereich ÜBERSICHT. Mit bestimmten Filtern kannst du diesen Bereich individualisieren. Die dir angezeigten Ergebnisse kannst du jederzeit exportieren (siehe oben rechts in Abbildung 10.3).

Im oberen Abschnitt des Bereiches siehst du eine generelle Auflistung zu der Entwicklung deiner Zahlen im Vergleich zu den vorherigen 30 Tagen. Sie ist jedoch sehr allgemein gehalten und umfasst einen Überblick über die Impressionen und Interaktionen. Deshalb ist es wichtig, dir deine Zahlen auch in der Tiefe anzuschauen. Dabei gehst du wie folgt vor: Links im Filter solltest du immer als Erstes den Datumsbereich auswählen.

10.3 Rundgang: die Analytics-Navigation

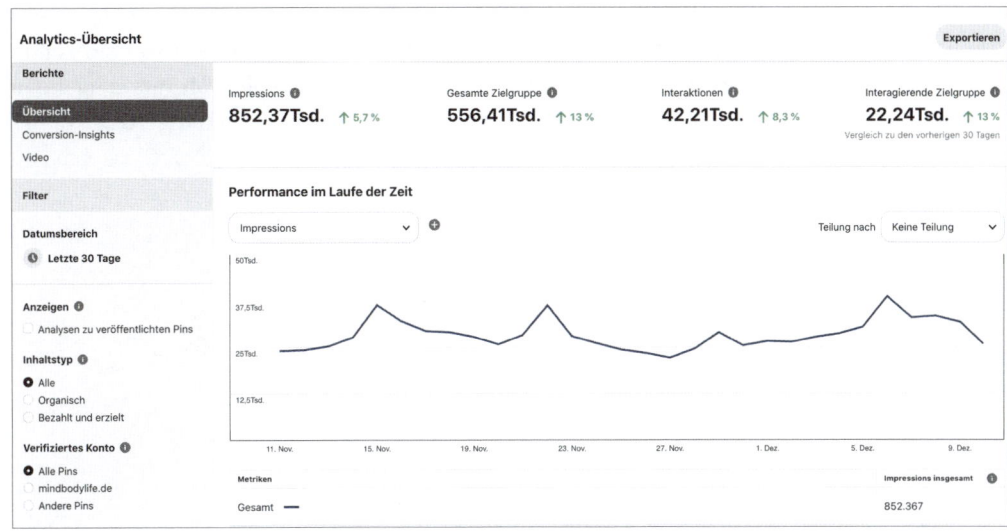

Abbildung 10.3 Performance des Pinterest-Accounts in der Analytics-Übersicht

Es ist sinnvoll, sich regelmäßig den Zeitraum der vergangenen 30 Tage und gelegentlich den Zeitraum der vergangenen 60 bis 90 Tage anzuschauen. Wenn du nun also die Entwicklungen der letzten 30 Tage auswählst, wird dir dies visuell in der Grafik angezeigt. Unterhalb dieser Grafik siehst du dann auch direkt die Summe der jeweiligen Kennzahl, wie z. B. die Anzahl der Impressionen. Diese Zahl ist immer davon abhängig, welchen Zeitraum und welche Metrik du zuvor ausgewählt hast. Dieses Diagramm kannst du nun weiter individualisieren. Standardmäßig ist der Filter hier auf IMPRESSIONS gesetzt. Du kannst dir aber auch die Entwicklungen von INTERAKTIONEN, KLICKS AUF PINS, AUSGEHENDE KLICKS, »MERKEN«-AKTIONEN, INTERAKTIONSRATE und weitere Bereiche im Drop-down-Menü ansehen. Sieh dir hierzu Abbildung 10.4 an.

Abbildung 10.4 Filterauswahl, um die Performance im Laufe der Zeit anzeigen zu lassen.

249

Klickst du neben dem beschriebenen Filter auf das PLUS, kannst du dir einen Vergleich zwischen zwei Metriken ansehen. Wenn du beispielsweise IMPRESSIONS und KLICKS AUF LINKS auswählst, kannst du unter anderem sehen, ob mit steigenden Impressionen auch die Website-Aufrufe zunehmen (siehe Abbildung 10.5).

Abbildung 10.5 Diese Grafik stellt den Vergleich von Impressionen zu ausgehenden Klicks in den letzten 30 Tagen dar.

Diese Grafik kannst du mit dem Bereich TEILUNG NACH noch weiter individualisieren (siehe Abbildung 10.6).

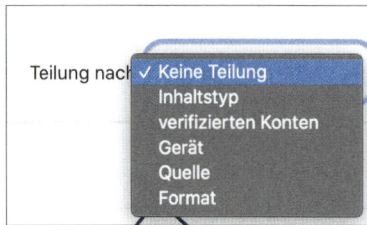

Abbildung 10.6 Auswahl unter »Teilung nach«

Bedeutung der Unterteilungen

Mit den Auswahlmöglichkeiten aus Abbildung 10.6 hast du einige Individualisierungsmöglichkeiten, um dir das Diagramm und dessen Ergebnisse nach bestimmten Kennzahlen anzeigen zu lassen. Welche es gibt und was sie bedeuten, erfährst du nun:

- INHALTSTYP: Es gibt auf Pinterest zwei verschiedene Inhaltsarten: zum einen den organischen Inhalt, der unbezahlt und somit keine Anzeige ist, und den bezahlten

Inhalt, also Anzeigen. Wählst du diesen Punkt aus, siehst du die Entwicklungen deiner organischen sowie bezahlten Reichweite im Vergleich.

- **Verifizierte Konten:** Wenn du auch Fremd-Pins auf deinem Profil teilst, wird dir hier die Reichweite angezeigt, die durch Fremd-Pins erzielt wurde. Ebenso wird hier die Reichweite deiner eigenen Pins abgebildet. Da du das Verhältnis von Ergebnissen, die durch deine Pins sowie fremde Pins erzielt wurden, siehst, ist diese Ansicht besonders spannend. Wie das aussieht, siehst du in Abbildung 10.7. Falls du auch deinen Instagram-, YouTube- oder Etsy-Account verifiziert hast, erscheinen diese ebenso in dieser Ansicht.
- **Gerät:** Hier kannst du ablesen, ob deine Zielgruppe eher mobil, über das Tablet oder den Desktop mit deinen Pins interagiert hat.
- **Quelle:** Dieser Bereich wird in Deine Pins und Andere Pins unterschieden. Der Unterpunkt Deine Pins umfasst alle Pins, die auf deine verifizierten Webseiten oder Konten führen. Andere Pins umfasst alle Fremd-Pins, die du auf deinen Pinnwänden geteilt hast.
- **Format:** Bringt dir der Standard-Pin, ein Video-, Produkt- oder Idea-Pin die meiste Reichweite? Das siehst du hier.

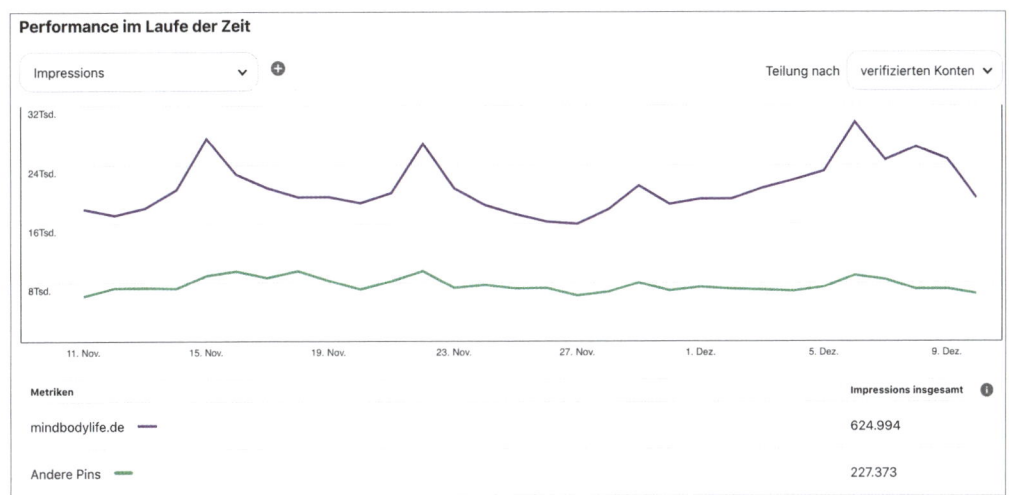

Abbildung 10.7 Performance im Laufe der Zeit

Wenn du nun weiter nach unten scrollst, findest du unter der Grafik mit der Übersicht der Metriken die von dir angelegten Pinnwände. Im Filter kannst du auswählen, ob du diese nach Impressions, Interaktionen, Klicks auf Pins, Ausgehende Klicks oder »Merken«-Aktionen angezeigt bekommen möchtest (siehe Abbildung 10.8).

Abbildung 10.8 Lass dir deine Top-Pinnwände anzeigen. Dazu kannst du verschiedene Metriken im Filter auswählen.

Wenn du nun noch einmal weiter nach unten scrollst, kommst du zu dem vermutlich spannendsten Bereich: deinen Top-Pins. Welche Pins genau haben die meisten Impressionen, Interaktionen, Klicks und »Merken«-Aktionen erzielt? Genau das findest du hier (siehe Abbildung 10.9). Beachte, dass dir in diesem Bereich nur maximal 50 Pins angezeigt werden.

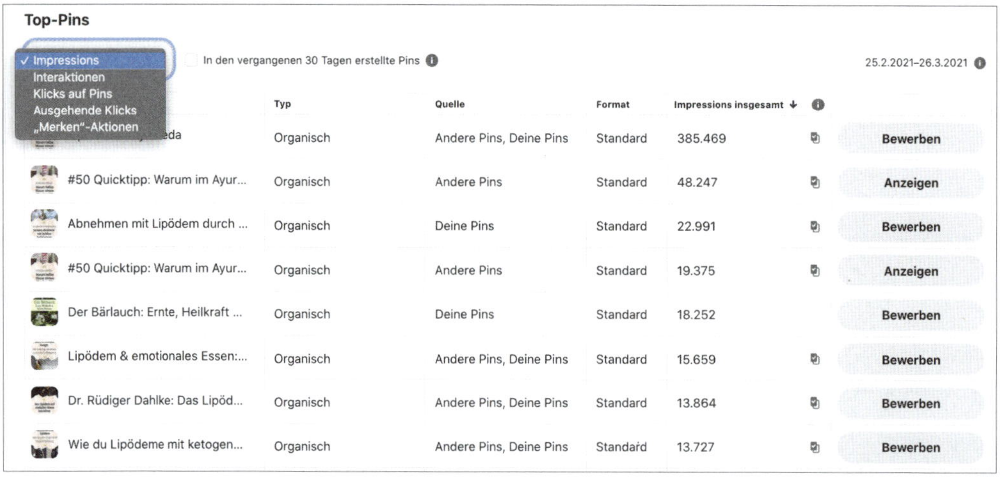

Abbildung 10.9 Übersicht der Top-Pins

> **Merke: Es ist normal, dass nur einige Pins viral gehen**
>
> Für die Resonanz auf deine Pins ist es typisch, dass nur einige wenige Pins den meisten Website-Traffic zu dir führen. Andere Pins erhalten dafür kaum Impressionen oder ausgehende Klicks. Das ist ganz normal. In Abbildung 10.9 siehst du beispielsweise auch, dass der erste Pin mit Abstand die meisten Impressionen erzielt hat. Mache dir also

keine Gedanken, wenn einige Pins nicht an Fahrt aufnehmen. Dafür werden es andere tun. Und genau aus diesem Grund ist es wichtig, zu den besten Pins weitere Varianten zu erstellen, die wiederum neue Reichweite gewinnen.

Wenn du Fremd-Pins auf deinen Pinnwänden teilst, werden diese auch im Bereich TOP-PINS angezeigt werden. Möchtest du nur deine eigenen Pins sehen? Dann kannst du das im Filter auf der linken Seite einstellen. Wie es funktioniert, siehst du gleich.

Die in der Rubrik TOP-PINS angezeigten Pins und deren Metriken beziehen sich auf den ausgewählten Zeitraum, also beispielsweise die letzten 30 Tage. Das bedeutet, welche Pins in der Zeit welche Reichweiten erzielt haben, nicht, dass sie innerhalb der letzten 30 Tage veröffentlicht wurden. Denn häufig ist es sogar so, dass deine erfolgreichsten Pins bereits vor einigen Monaten oder Jahren auf deinem Profil gemerkt wurden. Dies verdeutlicht, wie langlebig die visuelle Suchmaschine ist. Der Algorithmus benötigt erst einmal Zeit, um alle Daten des Pins auszulesen und die Interaktionen zuzuordnen. Somit erhält ein Pin in den meisten Fällen mehr Reichweite, umso älter er ist. Das ist wie ein guter Wein, der auch Zeit zum Reifen benötigt. Hier hast du nun eine weitere Möglichkeit in den Einstellungen: Möchtest du dir ansehen, welche Ergebnisse die Pins erzielt haben, die du innerhalb der letzten 30 Tage veröffentlicht hast? Dazu kannst du den Haken bei IN DEN VERGANGENEN 30 TAGEN ERSTELLTE PINS setzen (siehe oben in Abbildung 10.9). Wichtig ist außerdem zu wissen, dass die Metriken eines Pins mit demselben Bild sowie Link summiert werden. Das heißt, wenn du einen Pin auf mehreren Pinnwänden verteilst, erkennt der Algorithmus dies und zählt somit die Interaktionen im Analytics-Bereich zusammen. Das erkennst du an dem rechteckigen Symbol mit dem Haken aus Abbildung 10.10.

> **Tipp: So siehst du, wann du einen Pin veröffentlicht hast**
> Wenn du im Bereich TOP-PINS über den jeweils einzelnen Pin hoverst (also mit dem Mauszeiger darübergleitest), öffnet sich ein Fenster, in dem du siehst, an welchem Datum du den Pin auf Pinterest geteilt hast.

Abbildung 10.10 Die Metriken eines Pins mit demselben Bild und Linkziel werden summiert.

> **Bedeutung der Unterteilungen unter »Top-Pins«**
>
> Im Bereich TOP-PINS in Abbildung 10.9 werden dir unterschiedliche Spalten angezeigt. Diese haben die folgenden Bedeutungen:
>
> - TYP: Hier wird zwischen organischen und beworbenen Pins unterschieden.
> - QUELLE: Wurde der Pin, egal ob eigener oder fremder, auf deiner Pinnwand geteilt, zählt er zu DEINE PINS. Wurde dein Pin von einer anderen Pinterest-Nutzerin auf ihrer privaten Pinnwand gemerkt und hat dort Impressionen, Klicks etc. erzielt, wird er unter der Quelle ANDERE PINS angezeigt.
> - FORMAT: Hier wird zwischen Standard-, Video-, Produkt- und Idea-Pin unterschieden.
> - IMPRESSIONS: Je nachdem, welche Auswahl du im Filter in Abbildung 10.9 triffst, werden hier die Impressionen, Interaktionen, Klicks auf Pins, ausgehenden Klicks oder »Merken«-Aktionen des ausgewählten Zeitraums angezeigt.
> - BEWERBEN: Hier kannst du direkt einen deiner Top-Pins als Werbeanzeige schalten. Wir empfehlen dir allerdings, deine Anzeigen immer direkt im Werbeanzeigenmanager aufzusetzen und nicht den Bewerben-Button zu verwenden. Der Grund hierfür ist, dass du nur im Anzeigenmanager alle Einstellungen zur Zielgruppe und zum Targeting vornehmen kannst und somit deine Anzeigen optimiert ausgespielt werden können. Machst du das nicht, hat der Algorithmus weniger Informationen, muss mehr austesten, wodurch wiederum deine Anzeigen meist teurer werden. Eine ausführliche Anleitung dazu findest du in Kapitel 11.

Einen Bereich haben wir uns noch nicht angesehen: den FILTER auf der linken Seite. Einstellungen, die du hier triffst, verändern die Ergebnisse in allen Bereichen, die wir uns zuvor angesehen haben. Somit ist es hilfreich, diesen Bereich zu kennen und gezielt einzusetzen. Wie er aussieht, siehst du in Abbildung 10.11 sowie Abbildung 10.12.

Ganz oben kannst du den DATUMSBEREICH auswählen. Unter INHALTSTYP kannst du auch hier direkt zwischen organischer und beworbener Reichweite differenzieren. Denn wenn du Ads schaltest, ist es sinnvoll, dir die organischen Ergebnisse separat anzusehen. Möchtest du nur die Ergebnisse zu Pins angezeigt bekommen, die zu deiner Website führen, dann kannst du diese unter VERIFIZIERTES KONTO auswählen. Eine Unterscheidung zwischen dem genutzten Endgerät kannst du im Bereich GERÄT festlegen.

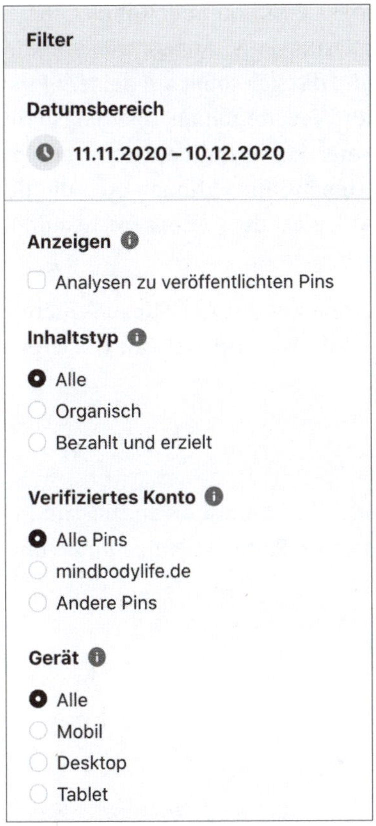

10.3 Rundgang: die Analytics-Navigation

Filter

Datumsbereich
🕒 11.11.2020 – 10.12.2020

Anzeigen ⓘ
☐ Analysen zu veröffentlichten Pins

Inhaltstyp ⓘ
● Alle
○ Organisch
○ Bezahlt und erzielt

Verifiziertes Konto ⓘ
● Alle Pins
○ mindbodylife.de
○ Andere Pins

Gerät ⓘ
● Alle
○ Mobil
○ Desktop
○ Tablet

Abbildung 10.11 Filterbereich, mit dem sich die Ergebnisse weiter individualisieren lassen

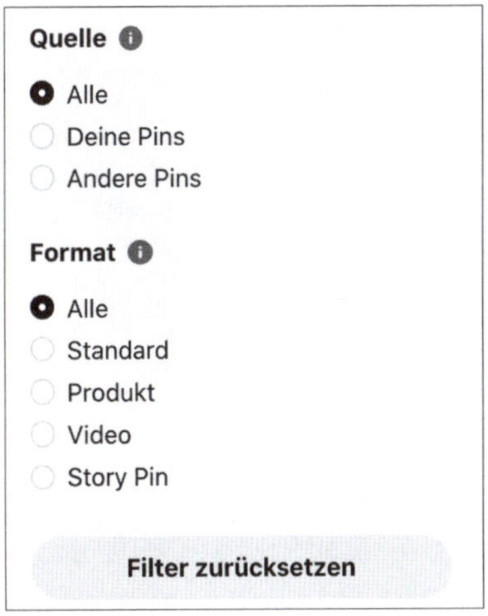

Quelle ⓘ
● Alle
○ Deine Pins
○ Andere Pins

Format ⓘ
● Alle
○ Standard
○ Produkt
○ Video
○ Story Pin

Filter zurücksetzen

Abbildung 10.12 Auch mit diesem Bereich kannst du die Ergebnisse weiter filtern.

Die Unterscheidung zwischen DEINE PINS und ANDERE PINS unter der Rubrik QUELLE haben wir bereits besprochen. Zur Erinnerung: DEINE PINS umfasst alle fremde sowie auch eigene Pins, die du dir gemerkt hast und die sich somit auf deinem Profil befinden. ANDERE PINS sind jene, die zu deiner Website führen, allerdings von einer anderen Pinterest-Nutzerin auf deren privater Pinnwand gemerkt wurden. Durch diese Aktivität erhältst du ebenso Impressionen, Interaktionen etc., die du dir hier anzeigen lassen kannst. Und unter FORMAT kannst du wieder zwischen dem Standard-, Idea-, Video- und Produkt-Pin unterscheiden.

Schauen wir uns nun einen weiteren Menüpunkt von Pinterest Analytics an. Hierfür navigierst du auf ANALYTICS oben in der Navigationsleiste und klickst dann im Dropdown-Menü auf AUDIENCE INSIGHTS.

10.3.2 Audience Insights

In dem Bereich AUDIENCE INSIGHTS aus Abbildung 10.13 findest du spezifische Informationen über deine Zielgruppe sowie die gesamten Pinterest-Nutzerinnen und -Nutzer.

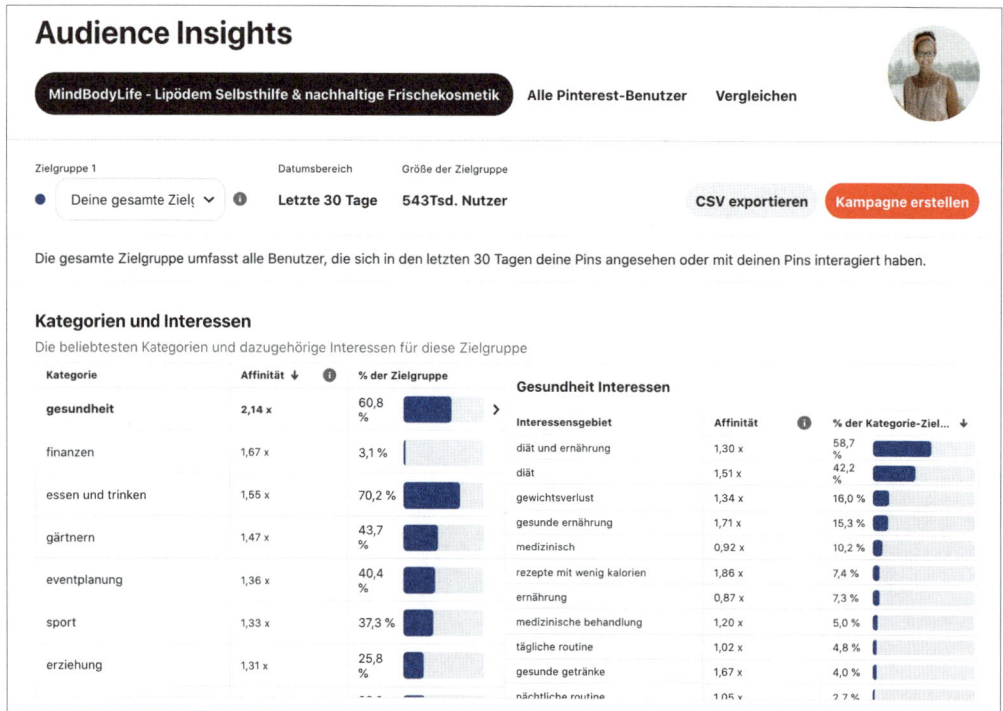

Abbildung 10.13 Die Audience Insights gehören zum Pinterest-Analytics-Bereich und geben Informationen über die eigene sowie gesamte Pinterest-Zielgruppe.

Über die Menüpunkte am oberen Seitenrand kannst du wählen, ob du dir die Informationen zu deiner eigenen Zielgruppe, allen Pinterest-Benutzerinnen und -Benutzern oder den Vergleich zwischen diesen und deiner eigenen Zielgruppe ansehen möchtest.

Über den Menüpunkt, der einen Vergleich zwischen den Nutzergruppen vornimmt, lässt sich das Potenzial deines Pinterest-Kontos sehr gut ableiten. Die aussagekräftigsten Informationen zu deinem Profil erhältst du allerdings im ersten Menüpunkt zu deiner eigenen Zielgruppe. Hier kannst du zunächst zwischen deiner gesamten Zielgruppe und deiner interagierenden Zielgruppe unterscheiden. Zweiteres empfehlen wir dir, auszuwählen, wenn du Insights über deine Zielgruppe einsehen möchtest. Verschaffen wir uns zunächst einen Überblick über die Informationen, die du den Audience Insights entnehmen kannst.

> **Wichtig: Du kannst hier keinen Datumsbereich einstellen**
>
> Die Audience Insights lassen sich lediglich für die letzten 30 Tage ansehen. Du kannst demnach kein individuelles Zeitfenster auswählen. Deshalb empfiehlt es sich, hier regelmäßig reinzusehen und die wichtigsten Zahlen zu notieren. Du hast auch die Möglichkeit, alle Daten zu exportieren.

Die Bereiche und ihre Bedeutung in den Audience Insights sind:

- KATEGORIEN UND INTERESSEN: Hier werden die beliebtesten Kategorien deiner Zielgruppe angezeigt (siehe Abbildung 10.13). Wählst du eine aus, clustert sich die Kategorie in unterschiedliche Interessen. % DER ZIELGRUPPE zeigt an, wie viele Menschen aus deiner Zielgruppe die jeweiligen Interessen aufweisen. Eine Person weist in der Regel mehrere Interessen auf, weshalb die Summe hier nicht 100 ergibt. Die Affinität gibt an, wie sehr sich diese Zielgruppe verglichen mit den restlichen Pinterest-Nutzerinnen und -Nutzern für ein bestimmtes Thema interessiert.
- ALTER: Hier werden Cluster, also Gruppen von Personen mit ähnlichen Eigenschaften, zwischen 18 und 65+ angezeigt. Somit siehst du, welche Altersgruppe du mit deinen Pins am meisten ansprichst.
- GESCHLECHT: Unterscheidung zwischen weiblich, männlich sowie Personen, die keine Angabe getroffen haben
- ORT: Du siehst, aus welchen Ländern sich deine Zielgruppe zusammensetzt.
- GERÄT: Hier wird unterschieden zwischen: iPhone, iPad, Android Smartphone, Android Tablet, mobiles Internet sowie Web.

Es gibt noch einen dritten Bereich von Pinterest Analytics, den wir uns anschauen wollen. Dieser Bereich ist noch ziemlich neu und vor allem für das E-Commerce interessant. Scrolle in Pinterest wieder hoch zur Navigationsleiste, klicke auf Analytics, und wähle im Drop-down-Menü CONVERSION-INSIGHTS aus.

10.3.3 Conversion-Insights

Auf dieser Seite siehst du den Gesamteinfluss deiner Pins und Anzeigen von Pinterest auf deinen Umsatz und andere Metriken des Bereichs CONVERSIONS. Hier werden dir allerdings nur dann Ergebnisse angezeigt, wenn du die entsprechenden Tracking-Tags auf deiner Website installiert hast. Das *Pinterest-Tag* ist ein Teil-Code, den du auf deiner Webseite platzierst, um Erkenntnisse zu sammeln und Zielgruppen aufzubauen. Diese Informationen werden durch das Nutzerverhalten gesammelt. Somit ist dieser Bereich sehr spannend für die E-Commerce-Branche! Hier wirst du auch sehen, wie sich deine Erfolge organischen Pins einerseits und bezahlten Pins andererseits zuordnen lassen und wie diese zusammenspielen. Hier wird dann in der Regel so richtig deutlich, welche gemeinsame Kraft die Kombination aus organischer Aktivität und Werbeanzeigen hat. Mehr dazu, inklusive eines spannenden Beispiels, findest du in Kapitel 11 zu den Pinterest-Werbeanzeigen.

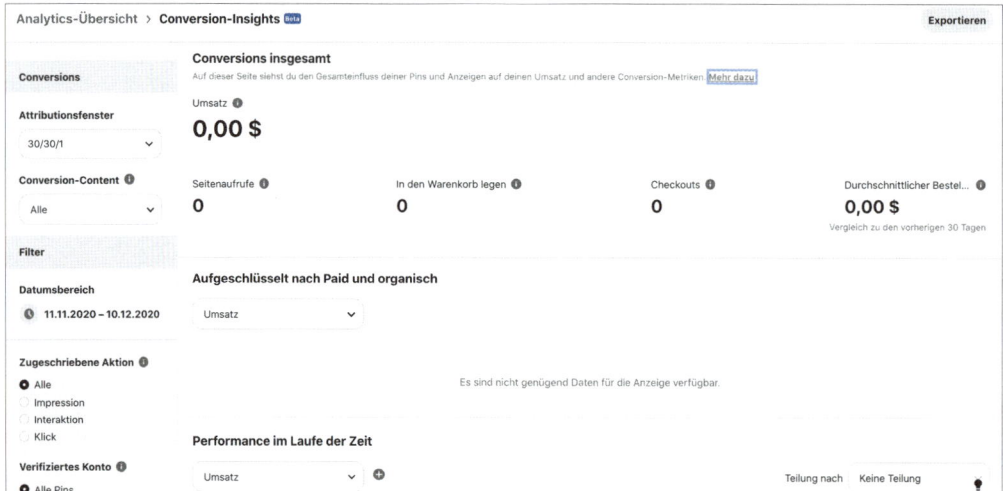

Abbildung 10.14 Conversion-Insights geben dir Informationen darüber, wie sich Pins und Anzeigen auf deinen Umsatz und weitere Conversion-Metriken auswirken.

Schauen wir uns die nächste Rubrik der Pinterest Analytics an. Um auch herauszufinden, welche Videos am besten bei der Zielgruppe ankommen, gibt es einen extra Analytics-Bereich für Video-Pins. In diesen Bereich gelangst du über das Hauptmenü ANZEIGEN und navigierst in VIDEO ANALYTICS.

10.3.4 Video Analytics

Videos sind ein tolles Format auf Pinterest, um mit Bewegtbild noch mehr Aufmerksamkeit zu erzielen und gleichzeitig noch mehr Inspiration und Mehrwert zu liefern. Dieser Bereich ist ähnlich aufgebaut wie der Übersichtsbereich, bietet aber einige extra Metriken. Welche das sind, siehst du in Abbildung 10.15.

> **Metriken von Video-Pins**
>
> In den Video-Analytics hast du unten im Bereich TOP-PINS die Möglichkeit, dir die Bestperformer anhand bestimmter Metriken (siehe Abbildung 10.15) anzeigen zu lassen. Aus diesen kannst du wählen:
>
> - IMPRESSIONS: Hier kannst du ablesen, wie oft dein Video in einem der Feeds angezeigt wurde.
> - AUSGEHENDE KLICKS: Die Rubrik gibt an, wie oft ein Nutzer über dein Video auf die Ziel-URL gekommen ist.
> - »MERKEN«-AKTIONEN: Hier kannst du ablesen, wie oft dein Pin von einer Pinterest-Nutzerin auf ihrer eigenen Pinnwand gemerkt wird.
> - VIDEOAUFRUFE: Die Rubrik zeigt die Anzahl der Videoaufrufe, bei denen das Video mindestens zwei Sekunden lang angezeigt wurde, solange es mindestens 50 % im Sichtfeld war.
> - DURCHSCHNITTLICHE WIEDERGABEZEIT: Wie der Name bereits sagt, gibt dies die durchschnittliche Dauer an, für die sich ein Nutzer einen Video-Pin angesehen hat.
> - GESAMTWIEDERGABEZEIT (IN MINUTEN): Dies zeigt die Gesamtwiedergabezeit für das jeweilige Video in Minuten an.
> - WIEDERGABE ZU 95 %: die Anzahl der Videoaufrufe, bei denen das Video mindestens zu 95 % angesehen wurde
> - ZEHNSEKÜNDIGE WIEDERGABEN: die Anzahl der Videoaufrufe, bei denen der Video-Pin mindestens für zehn Sekunden aufgerufen wurde

Abbildung 10.15 Video Analytics geben detaillierte Informationen zur Performance von Video-Pins.

Besonders die durchschnittliche Wiedergabezeit sowie die Wiedergabe zu 95 % sind interessant. Denn daran siehst du, welcher Content besonders relevant für deine Zielgruppe ist und wo Interesse geweckt wurde. Denn bei Videos kann es durchaus auch das Ziel sein, Markenbekanntheit statt Klicks zu erzeugen. Genau dann ist es relevant, sich diese Metriken anzusehen und darauf basierend die Videos zu optimieren. Es besteht die Möglichkeit, Animationen zu erstellen oder Stock-Videos in Pins zu integrieren. Animationen, also sogenannte GIFs, dauern in der Regel nicht länger als 5 Sekunden. Da stellt sich die Frage: Welchen echten Mehrwert kannst du in dieser kurzen Zeitspanne bieten? Wenn du nur Video-Pins hast, die beispielsweise keine Anleitungen, Tipps oder Inspirationen geben und somit keinen Mehrwert liefern, dann ist der Video-Analyse-Bereich nicht relevant für dich. Ein Blick in diesen Bereich lohnt sich nur, wenn du deine Videos strategisch und Mehrwert liefernd einsetzt.

Wie du bereits weißt, sind Pinterest-Nutzerinnen und -Nutzer sehr trendaffin. Und aus diesem Grund gibt es in Pinterest Analytics extra einen Bereich, in dem du einerseits neue Trends entdecken kannst und andererseits rückblickend zu einem bestimmten Suchbegriff recherchieren kannst, in welchem Monat die meisten Suchanfragen dazu getätigt wurden.

10.3.5 Trends

Um virale Pins zu erzielen, ist es von großer Relevanz, Trends frühzeitig zu erkennen, um dazu dann Pins erstellen und teilen zu können. Du kannst in dieser Rubrik ablesen, welche Trends es im Jahresverlauf auf Pinterest gibt (siehe Abbildung 10.16).

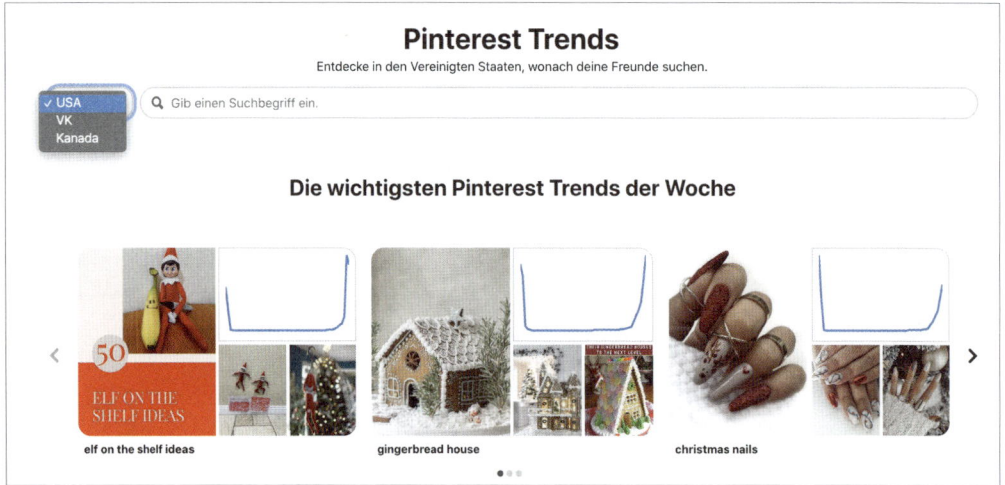

Abbildung 10.16 Übersicht der Pinterest-Trends im Analytics-Bereich

> **Wichtig: Die Pinterest-Trends gelten nicht speziell für Deutschland**
>
> In den Pinterest-Trends kannst du dir derzeit nur Zahlen aus den USA, Kanada und dem Vereinigten Königreich anzeigen lassen. Bei der Interpretation der Trends und Zahlen solltest du also immer im Hinterkopf behalten, dass sich nicht zwangsläufig alle Erkenntnisse eins zu eins auf die deutsche Zielgruppe übertragen lassen. Die Trends geben aber eine interessante Tendenz an.

Du kannst den Bereich PINTEREST TRENDS auf vielfältige Weise nutzen. Entweder stöberst du in den dir vorgeschlagenen aktuellen Trends oder gibst für dich relevante Suchbegriffe ein. Außerdem kannst du mehrere Suchbegriffe miteinander vergleichen. Schau dir Abbildung 10.17 an. Hier wurden beispielsweise die Begriffe »home office« (Arbeiten von zuhause) und »financial planning« (Finanzplanung) miteinander verglichen. Hier wird deutlich, dass das Thema Homeoffice vor allem im März 2020 ein großes Thema war. Im Vergleich dazu gab es zu »financial planning« eher ein geringeres Suchvolumen. Dessen Peak lag aber zum Jahresbeginn. Hier lassen sich also auch sehr gut die Verhältnisse der Suchanfragen ablesen.

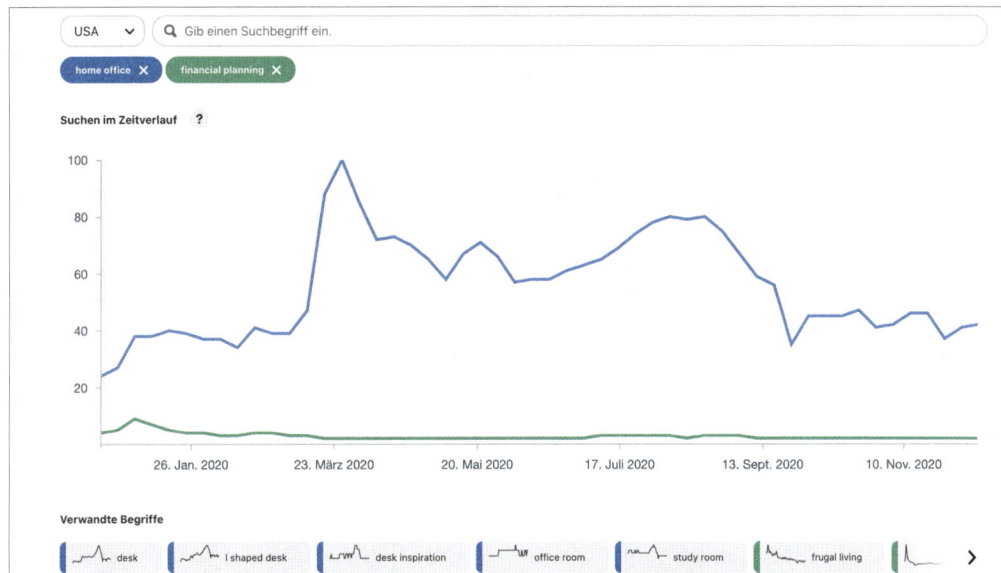

Abbildung 10.17 Die Suchanfragen von »home office« (blau) und »financial planning« (grün) im Vergleich über die letzten Monate

Du weißt nun bereits, welche Bedeutungen die einzelnen Metriken haben und wo du diese in Pinterest Analytics findest. Doch wie kannst du sie nun interpretieren? Welche Zahlen sind wirklich relevant, und wie kannst du auf dieser Basis deine Strategie optimieren?

10.4 Gewusst wie: So wertest du deine Pinterest-Analytics-Zahlen aus

Sehr viele Pinterest-Nutzer beschäftigen sich nicht weiter mit der Auswertung der Zahlen von Pinterest Analytics. Allerdings bleibt dann das volle Potenzial dieser Daten ungenutzt und deine Einsicht somit lediglich oberflächlich. Die meisten erfolgreichen Creator schauen sich ihre Zahlen ganz genau an: Welche Pins sind am erfolgreichsten? Welches Design funktioniert am besten? Welche Keywords bringen die größte Reichweite? Aus diesen Erkenntnissen werden dann erfolgsentscheidende Optimierungen abgeleitet. Möchtest du dieses Potenzial auch für dich nutzen? Los geht's.

In diesem Abschnitt werden wir uns nur die relevantesten KPIs ansehen. Du musst nicht alles im Detail analysieren, dafür aber die richtigen Zahlen. Außerdem konzentrieren wir uns dabei auf die organisch erzielten Ergebnisse. Die Analyse von bezahlter Reichweite schauen wir uns gesondert in Kapitel 11 an.

> **Schritt-für-Schritt-Anleitung für die Analyse deiner wichtigsten Kennzahlen**
>
> 1. Gehe in den Pinterest-Analytics-Bereich. Stelle im Datumsbereich den gewünschten Zeitraum ein. Im Idealfall schaust du dir monatlich deine Analytics-Zahlen an und trägst dir dafür einen festen Termin im Kalender ein. So kannst du beispielsweise immer vom 1. bis zum 30./31. eines Monats die Auswertung erstellen und somit diesen Zeitraum einstellen.
>
> 2. Sofern du Werbeanzeigen schaltest, stelle links im Filter ORGANISCH ein. Deine Ergebnisse durch Ads solltest du separat analysieren.
>
> 3. Schau dir im oberen Bereich aus Abbildung 10.18 an, wie jeweils die Entwicklungen deiner Impressionen, Merken-Aktionen sowie ausgehende Klicks aussahen. Stelle dazu oben rechts unter TEILUNG NACH: VERIFIZIERTEN KONTEN ein. So siehst du, welche Reichweiten wirklich für deine Pins und nicht durch Fremd-Content erzielt wurden. Außerdem siehst du, sofern diese Konten verifiziert sind, welche Rolle Instagram, YouTube und Etsy bei deinem Erfolg spielen. In dem Beispiel aus Abbildung 10.18 wurden 11.180 Website-Klicks für die verifizierte Domain erzielt. Die unter ANDERE PINS 3.182 ausgehenden Klicks führen auf fremde Webseiten, die durch Fremd-Pins erzielt wurden, die auf Pinnwänden des Pinterest-Accounts von *mindbodylife* gemerkt wurden. Am Ende ist entscheidend, wie viele Klicks durch eigene Pins erzielt wurden – nicht durch fremde.
>
> 4. Analysiere anschließend im mittleren Bereich, welche Pinnwände am besten performt haben. Dies kannst du je nach Ermessen nach Interaktionen, Merken-Aktionen oder den anderen Metriken ausspielen lassen. Wir wählen meistens die Interaktionen aus. Schau dir an, welches Thema die Top-5-Pinnwände behandeln. Dies kann ein Indiz dafür sein, welche Themen du in Zukunft weiter bespielen solltest, um einen Fokus zu setzen.

5. Jetzt kommen wir zum spannendsten Bereich: den TOP-PINS, die sich ganz unten im Analytics-Bereich befinden. Hier siehst du ganz genau, welcher Pin die besten Ergebnisse erzielt hat. Am wichtigsten sind die Metriken: ausgehende Klicks, Merken-Aktionen und Impressionen. Diese kannst du in der Filterfunktion einstellen. Zu den genauen Interpretationen kommen wir gleich.

Notiere dir nun idealerweise die Links der Pins, die die meisten ausgehenden Klicks aufweisen. Wir legen sie uns direkt als Aufgabe in unserem Projektmanagement-Tool *Asana* an. Denn aus diesen Ideen wollen wir später neue Pins erstellen – in einem anderen Design, mit einem anderen Wording. Wie genau dein Workflow und Projektmanagement aussehen können, besprechen wir in Abschnitt 13.3.

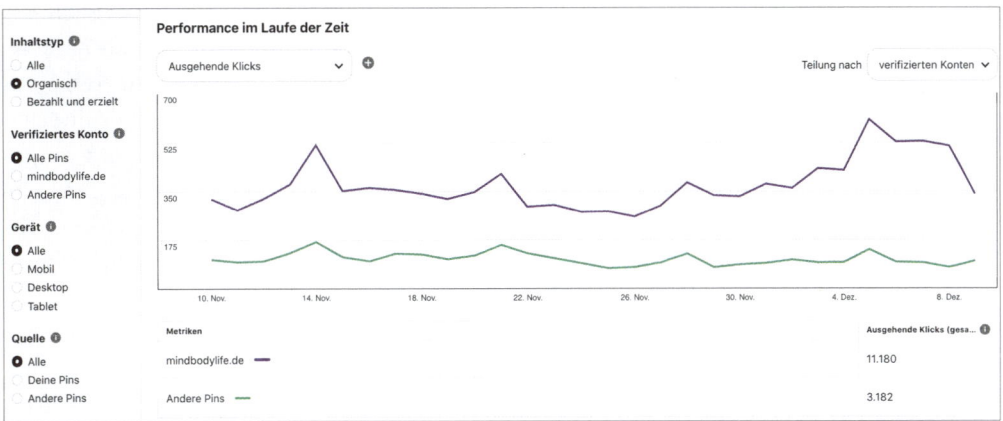

Abbildung 10.18 Übersicht der Entwicklung einzelner Metriken wie ausgehende Klicks, Merken-Aktionen und Impressionen über den gewünschten Zeitraum

10.4.1 Interpretation einzelner Kennzahlen

Du weißt nun also, welche die für dich relevantesten KPIs sind. Wie kannst du jetzt mit dem gesammelten Wissen weiterarbeiten? Was lernst du daraus, was ist gut, und was ist schlecht? Schauen wir uns dazu einige Beispiele an:

Hohe Impressionen – wenig ausgehende Klicks

Wenn du Pins hast, die viel im Feed ausgespielt werden, aber nur wenige Website-Aufrufe erzielen, kannst du daraus folgende Schlüsse ziehen: Der Pinterest-Algorithmus hat das Thema des Pins als positiv und relevant eingestuft. Die SEO-Optimierung der Texte war somit gut. Allerdings war der Pin gleichzeitig nicht spannend genug für die Pinterest-Nutzerinnen und -Nutzer, um mit ihm zu interagieren. Schau dir in diesem Fall den Pin noch mal genauer an: Kannst du den Text auf dem

Pin noch interessanter gestalten? Ist überhaupt Text auf dem Pin enthalten, oder ist dieser kaum zu lesen? Gestalte dazu neue Pins, die sich vom Design und der Ansprache stark unterscheiden. Die Pin-Beschreibungen solltest du leicht abgewandelt wiederverwenden, denn diese war gut und relevant für den Algorithmus.

Hohe Click-through Rate (CTR) – wenig Impressionen

Das ist unserer Meinung nach die wichtigste Kennzahl: Die Click-through Rate, die mit CTR abgekürzt wird, gibt nämlich das Verhältnis zwischen Impressionen und erzielten Website-Aufrufen an. Dazu ein kurzes Beispiel: Hat der Pin mit den meisten Impressionen 10.000 Ansichten sowie 50 ausgehende Klicks erzielt, liegt die CTR bei 0,5 % ((50 : 10.000) × 100 = 0,5). Hat ein anderer Pin nur 20 ausgehende Klicks erzielt, weist aber auch nur 1000 Impressionen auf, liegt hier die CTR bei 2 % ((20 : 1.000) × 100 = 2,0). Das heißt also, dass du dir nicht nur quantitativ ansehen solltest, welcher Pin die meisten Website-Aufrufe erzielt, sondern das Verhältnis von Impressionen und Klicks! Denn der zweite Pin ist viel relevanter für die Zielgruppe und hat mehr zum Klicken angeregt, nur wurde er nicht so häufig ausgespielt. In diesem Fall bedeutet das, dass eventuell die SEO-Optimierung der Texte verbessert werden sollte. Außerdem ist die Analyse von Pins mit der größten CTR (aber ggf. wenigen Impressionen) die perfekte Basis, um darauf Werbeanzeigen zu schalten! Durch die Analyse der CTR hast du also bereits kostenlos vorgetestet, welche Themen bei der Zielgruppe gut ankommen, aber in den Impressionen noch weiter gesteigert werden können. Allgemein kann man sagen, dass alle Pins mit über 1 % CTR relevant für die Zielgruppe sind und mit ihnen weitergearbeitet werden sollte.

Auch hier kopierst du dir nun idealerweise die URLs der Pins mit den besten CTRs bzw. beziehungsweise der mit über 1 % und legst dir diese in deinem Projektmanagement-Tool ab, zu denen du wiederum neue Pins erstellst. In diesem Fall solltest du das Design nur etwas ändern und gegebenenfalls die Formulierung auf dem Pin ein wenig umformulieren. Mache dir nun für die SEO-Beschreibung etwas mehr Gedanken und versuche, diese weiter zu optimieren, damit du die Impressionen weiter steigern kannst und somit mehr Website-Aufrufe erzielst.

> **Merke: Das ist bei guten Impressionen oder CTR-Werten zu tun**
> - Sind die Impressionen hoch, also die besten in deinen Analytics? Dann arbeite mit der Pin-Beschreibung weiter und überarbeite das Design.
> - Ist die CTR gut, also größer als 1 %? Dann ist der Pin, dessen Design und Ansprache gut. Erstelle hierzu unbedingt weitere Pins, aber optimiere die Pin-Beschreibung für eine höhere Reichweite, oder schalte Ads auf diese Pins.

Viele Merken-Aktionen – wenig ausgehende Klicks

Wenn dieser Fall vorliegt, ist das gar kein Problem! Spannend ist es, hier einfach genauer hinzuschauen, welche Pins eher gemerkt statt geklickt werden. Sind es vermehrt Anleitungen, Videos, Pins ohne Text oder ein bestimmtes Thema? Wenn du daraus Erkenntnisse für dich ableitest, kannst du dies in die weitere Pin-Erstellung mit einfließen lassen. Denn bei Merken-Aktionen solltest du nicht vergessen, dass der Pin langfristig auf den Pinnwänden anderer Nutzerinnen abliegt und dass diese oder auch deren Follower zwischenzeitlich über deine Pins »stolpern«. Vor allem wenn ein Pinterest-Account mit einer großen Reichweite deine Pins repinnt, kann dies deine Reichweite extrem pushen!

FAQ: Ist die hohe Reichweite durch einen Repin entstanden?

Viele fragen sich, wie man sehen kann, ob ein Pin von einem bekannten Profil repinnt wurde und deshalb viele Impressionen erzielt hat. Das kannst du ganz einfach sehen, indem du unten unter Top-Pins einen Pin anklickst. Nun öffnet sich der Pin in der Detailansicht. Unten rechts siehst du, wer sich diesen Pin auf welcher Pinnwand gemerkt hat. Steht hier ein fremder Name, wie in Abbildung 10.19 »Silvia Silvi«, bedeutet es, dass die 1258 ausgehenden Klicks dieses Pins auf Basis des Repins auf einem anderen Kanal generiert wurden. Merken-Aktionen können sich also sehr bezahlt machen – ohne dass du etwas dafür tun musst.

Abbildung 10.19 Dieser Pin hat durch den Repin eines fremden Pinterest-Accounts eine hohe Reichweite erzielt (Quelle: mindbodylife.de)

Viele Klicks auf Pins – wenig ausgehende Klicks

Ein Klick auf den Pin bedeutet ja nur, dass sich ein Pin in der Detailansicht angesehen wurde. Ein Website-Besucher entsteht erst aus einem AUSGEHENDEN KLICK, indem der Nutzer ein zweites Mal auf den Pin klickt. Siehst du nun in den Statistiken, dass ein Pin unverhältnismäßig wenig ausgehende Klicks im Verhältnis zu den Klicks erzielt hat, solltest du dir den Pin genauer ansehen: Warum klicken die Nutzerinnen nicht weiter? Ist das Thema doch nicht spannend genug? Oder wird bereits alles in der Pin-Beschreibung beantwortet? Sei dir dabei allerdings bewusst, dass nicht alle Klicks auf Pins in ausgehende Pins resultieren. Manchmal sind es nur 50–60 %, und das ist okay.

Fazit: Die allerwichtigsten KPIs, wenn es schnell gehen muss

An erster Stelle steht immer die beste CTR, anhand deren neue Pins erstellt werden sollten. Auch *Wohnklamotte* bestätigt, dass die CTR ihre wichtigste Kennzahl ist. Dies kann ein sehr großer Erfolgshebel sein! Darauf folgen die Impressionen, um bewerten zu können, inwiefern SEO-optimiert werden kann. Außerdem spielen die ausgehenden Klicks eine wichtige Rolle für dich, um zu wissen, wie viele Website-Besucherinnen und -Besucher über Pinterest zu dir gefunden haben. Alle anderen Metriken sind auch interessant. Aber wenn es wirklich darauf ankommt und du es effizient gestalten möchtest, dürfen die KPIs CTR, ausgehende Klicks und Impressionen nicht fehlen!

Mach mit: Hebel, um deine Impressionen zu steigern

Hier noch mal für dich zusammengefasst, welche Einflussfaktoren den Algorithmus für mehr Impressionen positiv beeinflussen können:

- Achte darauf, auf dem Pin, in dem Pin-Titel und in der Pin-Beschreibung wichtige Keywords zu verwenden, gerne auch Nischen-Keywords.
- Betreibe kein Keyword-Stuffing (Keyword-Aneinanderreihung), sondern formuliere einen nutzerfreundlichen Fließtext aus den wichtigsten Suchbegriffen.
- Beachte, dass die Keywords und der Pin thematisch gut zur dahinterliegenden URL passen. Der Algorithmus prüft die URL, den Titel, die Beschreibung sowie den Haupttext der Ziel-URL.
- Es sollte außerdem Übereinstimmungen der Pin-Keywords mit den Keywords, die im Pinnwand-Titel sowie der Pinnwandbeschreibung eingebunden sind, geben. Die Pins sollten qualitativ hochwertig für die Pinnwand sein und somit thematisch sehr gut passen. Pinne einen Pin also nicht auf zu viele Pinnwände: Eine bis drei reichen völlig aus!
- Hilfreich kann es ebenso sein, regelmäßig auf der Plattform aktiv zu sein. Prüfe noch mal die Punkte aus der Pin-Strategie. Ohne Kontinuität werden deine Pins auch nicht ausgespielt.

Gehe die einzelnen Punkte gerne einmal durch, und schau dir an, an welchen Punkten du arbeiten kannst, um deine Impressionen zu steigern. Bei all deinen Projekten an und um Pinterest frage dich immer: Wie kann ich den Nutzerinnen und Nutzern einen bestmöglichen Nutzen sowie ein bestmögliches Nutzererlebnis bieten? Genau nach diesen Regeln arbeitet nämlich auch der Algorithmus.

10.4.2 Audience Insights interpretieren

Diesen Bereich haben wir uns bereits im Detail angesehen. Hier musst du nicht so oft einen Blick hineinwerfen. Wenn dein Pinterest-Kanal noch ziemlich frisch ist, kannst du in der Regel nicht so viel von den Angaben wie Alter, Geografie und Interessen ableiten. Denn der Algorithmus konnte bisher kaum valide Daten zu deiner interagierenden Zielgruppe sammeln. Warte also gerne zwei bis drei Monate ab, bis du hier reinschaust. Setze dann den Filter auf DEINE INTERAGIERENDE ZIELGRUPPE (siehe Abbildung 10.20).

Abbildung 10.20 Sieh dir die Ergebnisse in den Audience Insights deiner interagierenden Zielgruppe an.

Überprüfe nun:

- Stimmt das Alter mit dem deiner Wunschzielgruppe überein? Falls nicht: Überarbeite dein Design, vor allem die Farbwahl sowie die Keywords.
- Dies gilt ebenso für das Geschlecht.
- Kommen die meisten Nutzer aus deinem Land, beispielsweise der DACH-Region (Deutschland, Österreich, Schweiz), wenn dein Account deutschsprachig ist? Falls nicht, ist es ratsam, die Keywords zu überprüfen. Nutzt du beispielsweise viele englische Begriffe wie »Plus Size« oder »Marketing«, werden deine Pins auch vielen englischsprachigen Nutzerinnen ausgespielt. Wenn deine Inhalte aber rein auf Deutsch sind und deine Waren beispielsweise auch nur innerhalb der DACH-Region ausgeliefert werden können, bringen dir diese Website-Besucherinnen nur hohe Absprungraten, und das möchtest du nicht! Manchmal ist es nicht ganz einfach, auf Anglizismen zu verzichten, da diese auch von der Wunschzielgruppe verwendet werden. Dann ist es aber ratsam, passende deutschsprachige Synonyme zu finden und die englischen zu reduzieren.
- Die Auswertung der Gerätenutzung ist interessant, um zu schauen, wie hoch die mobile Nutzung ist. Darauf solltest du deine Inhalte unbedingt optimieren.

- Der Bereich BELIEBTE KATEGORIEN UND INTERESSEN ist interessant, um Inspirationen für neue Keywords, Content-Ideen sowie Pinnwand-Themen zu finden. Beachte hierbei nur, dass die Begriffe zumeist eins zu eins aus dem Englischen übersetzt werden. Verwende sie also nicht direkt als Keyword, sondern führe zunächst eine kleine Keyword-Recherche durch, und benenne den Suchbegriff gegebenenfalls etwas um.

10.4.3 Video Analytics auswerten

Dieser Bereich ist für dich nur relevant, wenn du regelmäßig hochwertiges Videomaterial auf der Plattform teilst. Darin eingeschlossen sind keine GIFs und Animationen, sondern anleitendes und inspirierendes Bewegtbild. Da du mit Videos andere Ziele anstrebst als mit Standard-Pins, sind hier andere Metriken wichtig als zuvor. Natürlich sind die ausgehenden Klicks von Bedeutung, allerdings werden diese mit Videos etwas schwerer erzielt. Auch die Videoaufrufe sind nicht so einfach zu interpretieren, da die Videos automatisch im Feed ablaufen. Viel wichtiger sind einerseits die Impressionen und andererseits die durchschnittliche Wiedergabezeit.

Wähle dazu beispielsweise unter TOP-PINS im Filter ZEHNSEKÜNDIGE WIEDERGABEN oder WIEDERGABEN ZU 95 % aus. Wie in Abbildung 10.21 siehst du dann nämlich auf einen Blick, wie viele Nutzerinnen und Nutzer dein Video mindestens zehn Sekunden lang angesehen haben und wie hoch die durchschnittliche Wiedergabezeit ist.

Abbildung 10.21 Hier siehst du, wie viele Videos für mindestens 10 Sekunden abgespielt wurden und wie die durchschnittliche Wiedergabezeit ist.

Inwiefern der Erfolg zu interpretieren ist, hängt natürlich auch von der Videolänge sowie den Impressionen ab. Hier lassen sich keine pauschalen Richtwerte nennen. Wenn du die Zahlen aber logisch hinterfragst und zueinander in Relation setzt, kannst du dennoch einige Rückschlüsse daraus ziehen. Bist du unzufrieden mit den Ergebnissen, gehe noch mal zurück zu den Best-Practice-Tipps der Videos in Abschnitt 6.4.1. Versuche, die Neugier zu Beginn des Videos mit einem ansprechenden Motiv oder Text zu steigern, und probiere gerne unterschiedliche Designs aus.

> **Tipp: In den vergangenen 30 Tagen erstellte Pins**
>
> Setze den Haken unter Top-Pins bei den letzten 30 Tagen nur zum Gegencheck, wie sich deine neuen Pins entwickeln. In der Regel braucht es aber ohnehin eine bis zwei Wochen, bis sie langsam an Fahrt gewinnen. Denn generell interessiert uns der Gesamtblick der Ergebnisse, da Pinterest eine langfristige Investition für Reichweite ist. Deshalb setzen wir für das Reporting diesen Haken nicht.

10.5   So erstellst du aus deinen Zahlen ein Reporting

Während du dir die Zahlen in Ruhe angesehen hast, hast du dir im Idealfall bereits die URLs der Top-Pins in deinem Projektmanagement-Tool abgespeichert, damit du dazu im nächsten Schritt neue Pins erstellen kannst. Ein weiterer relevanter Schritt ist, dass du dir jeden Monat die wichtigsten Zahlen notierst. So siehst du Monat für Monat die Entwicklungen. Dazu eignet sich eine einfache Excel-Übersicht sehr gut. Ein Beispiel dazu siehst du in Abbildung 10.22. Hier sind alle wichtigen Metriken wie IMPRESSIONEN, WEBSITE-KLICKS, MERKEN-AKTIONEN, FOLLOWER, das ALTER und GESCHLECHT sowie die STRATEGIE abgebildet. Wenn du dich dazu entscheidest, keine Fremd-Pins auf deinem Profil zu repinnen, musst du natürlich nicht zwischen IMPRESSIONEN INSGESAMT und IMPRESSIONEN INTERN unterscheiden. Die Bereiche ALTER und WEIBLICH bzw. MÄNNLICH sind optional. Es ist aber immer sinnvoll, diese Entwicklungen auch im Blick zu haben. Schließlich gibt es noch den Bereich STRATEGIE. Hier empfiehlt es sich sehr, jeden Monat grob festzuhalten, was für Pinterest umgesetzt wurde. Denn wenn es in den folgenden Monaten ein Hoch oder einen Abfall gibt, kannst du eher Rückschlüsse darauf ziehen, welche Änderungen welchen Einfluss gehabt haben können. Natürlich ist dies aber immer nur zu vermuten, da zu viele Einflussfaktoren wirken, um eine genaue Aussage treffen zu können. Zu der Strategie können Punkte wie die Anzahl neuer Pins, die Nutzung bestimmter Pin-Formate, Erstellung bzw. Löschung von Pinnwänden oder auch Gruppenboards sowie *Tailwind-Communitys* zählen.

> **Tipp: Erstelle ein monatliches Reporting**
>
> Schaue dir regelmäßig die wichtigsten Kennzahlen auf Pinterest an, um darauf basierend deine Strategie zu optimieren. Die Zahlen hältst du in einem sogenannten Reporting fest. Am sinnvollsten ist es, einmal im Monat die Zahlen zu kontrollieren und zu notieren. Häufiger nachzuschauen, ist allerdings nicht empfehlenswert, da Pinterest-Traffic oft von Schwankungen geprägt ist. Dies würde die Interpretation deiner Zahlen nur verwaschen.

Aus Abbildung 10.22 wird beispielsweise ersichtlich, dass die Zahlen im November gesunken sind. Das ist durchaus im Rahmen des Möglichen, auch ohne dass es einen offensichtlichen Grund dafür gibt. Denn anschließend sind die Zahlen auch wieder gestiegen. Natürlich könntest du überlegen, ob du in dem Monat, in dem die Zahlen fallen, weniger Zeit in Pinterest investiert hast, oder ob etwas Ähnliches einen Einfluss auf die Entwicklungen gehabt haben könnte. Tatsächlich können auch äußere Einflussfaktoren ursächlich sein, zum Beispiel, dass der Algorithmus umgestellt wurde, ein Sommerloch vorliegt oder gerade eine wichtige Saison geendet hat. Dies gilt es zu beachten. Möchtest du dich mehr mit dem Thema Workflow und Projektmanagement auseinandersetzen? Dann freu dich auf Abschnitt 13.3.

Pinterest-Reporting									
01. - 31. Monat	Impressionen insges.	Impressionen intern	Website-Klicks insgesamt	Website-Klicks intern	„Merken"-Aktion intern	Follower	Alter	Weiblich	STRATEGIE
Oktober	866.875	595.880	25.037	15.894	1.236	1.820	27,1% (35-44)	89%	- 35 neue Standard-Pins
November	822.197	590.586	13.506	10.127	1.159	1.870	25,6% (45-54)	91,10%	- 40 neue Standard-Pins - 5 Video-Pins - neue Pinnwand „Ayurveda"
Dezember	1.012.832	771.527	18.412	15.152	1.387	1.908	27,7% (45-54)	89,20%	- 35 neue Standard-Pin - 3 Karussell-Pins - 2 Video-Pins - 2 Gruppenpinnwände gelöscht

Abbildung 10.22 Beispiel einer Reporting-Übersicht in Excel

10.6 Zusätzliche Erkenntnisse in Tailwind Insights

Tailwind (tailwindapp.com) ist ein sehr beliebtes Planungstool vieler Pinterest-Nutzer, weshalb wir hier noch kurz auf dessen Analytics-Funktionen eingehen möchten. Dieses Tool ist aber keine Pflicht. Viele Zahlen, die wir bereits in Pinterest Analytics ausgewertet haben, sind auch in den Tailwind Insights einsehbar. Es gibt aber noch einige Funktionen, die Pinterest bisher nicht zu bieten hat. Auf diese werden wir jetzt eingehen. Die folgenden Punkte kannst du dir in den Tailwind Insights genauer ansehen:

- Die Entwicklung deiner Follower, also Zuwachs und Abnahmen, findest du unter INSIGHTS • PROFILE PERFORMANCE sehr übersichtlich in einer Grafik dargestellt.

- Unter BOARD INSIGHTS kannst du einen Einblick in die Performance von Pinnwänden sowie Gruppenpinnwänden erhalten. Dies ist sehr praktisch, um direkt zu sehen, welche nicht so gut performen. Diese Erkenntnisse kannst du nutzen, um weniger erfolgreichen Gruppenboards zu entfernen.
- Der PIN INSPECTOR ermöglicht es dir, die erfolgreichsten Pins gleich weiter zu streuen. Plane diese zum Beispiel neu auf einer anderen Pinnwand ein, füge sie zu den Communitys oder Smart Loops hinzu, oder finde ähnlichen Inhalt. *Smart Loops* ermöglichen es dir, zum Beispiel saisonale oder ganzjährig erfolgreiche Pins automatisiert zu pinnen.
- Außerdem finden wir den TOP-PINS-Bereich sehr hilfreich und übersichtlich (siehe Abbildung 10.23). Einerseits siehst du hier die erfolgreichsten Pins inklusive Merken-Rate und Klickrate, wer den Pin gespeichert hat und noch einiges mehr. Anderseits siehst du, wenn du über einen Pin »hoverst« und dieser vergrößert wird, wann genau der Pin veröffentlicht wurde (Tag inklusive Uhrzeit). In Pinterest Analytics siehst du nur den Tag, nicht die Uhrzeit. Hierbei kann es interessant sein, sich zwischendurch einen Überblick zu verschaffen: Gibt es eine Übereinstimmung in den Veröffentlichungszeiten der erfolgreichsten Pins? Dann kannst du deinen Planungskalender entsprechend anpassen und vermehrt Pins zu diesen Zeiten veröffentlichen.
- Außerdem hast du die Möglichkeit, Google Analytics mit Tailwind zu verbinden. So siehst du alles Wichtige auf einen Blick.

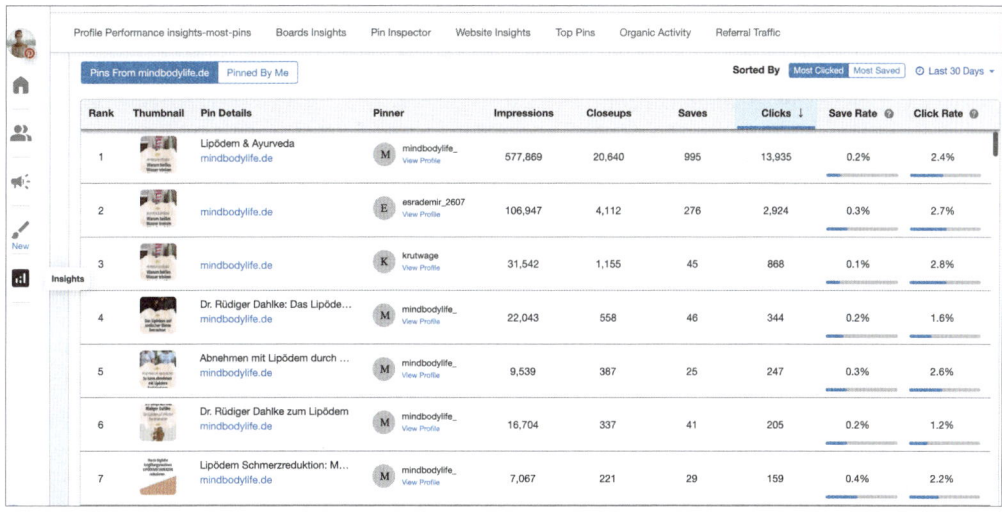

Abbildung 10.23 Tailwind Insights

> **Tipp: Vorteil von Tailwind**
> Tailwind hat zwei zusätzliche Funktionen: die Communitys sowie die Smart Loops. Veröffentlichst du über die Funktionen Pins auf Pinterest, bekommen diese automatisch einen UTM-Tracking-Code angefügt. Das Praktische ist nun, dass du in Google Analytics nachvollziehen kannst, wie sehr sich die Nutzung von Communitys und Smart Loops auf deinen Erfolg auswirkt.

Wenn du weitere Fragen zu den einzelnen Funktionen von Tailwind hast, dann schau dich gerne auf der Website *tailwindapp.com* um (englischsprachig), oder frag uns. Da Tailwind sehr umfassend ist, haben wir uns auf die wichtigsten Funktionen fokussiert.

> **Hinweis: Wer hat sich deinen Pin gemerkt?**
> Du siehst zwar unter den Top-Pins vereinzelt, wer sich deinen Pin gemerkt hat. Unter den Benachrichtigungen im Pinterest-Profil wird dir außerdem angezeigt, wenn sich eine Nutzerin deinen Pin gemerkt hat. Allerdings gibt es dazu keine separate Auflistung. Wurde ein Pin beispielsweise 30-mal gemerkt, siehst du nicht, wer die einzelnen Nutzer waren.

Abschließend solltest du dir immer in deinem System ansehen, wie viel Umsatz, Newsletter-Anmeldungen oder Ähnliches du durch den Pinterest-Traffic gewonnen hast. Nur Website-Besucher bringen nicht gleichzeitig den von dir gewünschten Erfolg. Diese Werte kannst du beispielsweise in Google Analytics sehen. Dazu empfiehlt sich ein einmaliges professionelles Setup, sodass du auf einen Blick alle wichtigen Erfolge sehen kannst.

Du hast nun einen guten Überblick darüber gewonnen, welche Pinterest-Metriken es gibt und wie du diese für dich nutzen und interpretieren kannst. All diese Metriken helfen dir, einen Überblick darüber zu bekommen, wie erfolgreich dein Pinterest-Konto in Summe und deine Pins im Einzelnen sind.

Wir haben uns außerdem damit befasst, wie du deine Pinterest-Analytics-Zahlen auswerten und welche Schlüsse du daraus ziehen kannst. So solltest du zum Beispiel immer im Blick behalten, welche Pins die beste CTR (Klickrate) erreichen, denn an dem Design dieser Pins kannst du deine neuen Pins ausrichten. Mit diesen und mit ähnlichen Mitteln kannst du über Pinterest Analytics deine Reichweite steigern.

Kapitel 11
Werbeanzeigen

»Ich weiß, dass die Hälfte meiner Werbung hinausgeworfenes Geld ist. Ich weiß nur nicht, welche Hälfte«, sagte Henry Ford einst. Wir helfen dir, deine Entscheidungen so strategisch zu wählen, dass das Werben auf Pinterest zum sicheren Gewinn für dich wird.

Du hast deinen Pinterest-Account aufgesetzt, die Strategie erarbeitet, und du weißt auch, wie du deinen Pinterest-Account organisch mit der idealen Pin-Strategie automatisiert aufbaust, um Pinterest zu einem wichtigen Traffic-Bringer für deine Website zu machen. Hiermit hast du die Basis für deinen Erfolg auf Pinterest geschaffen. Um noch einen Schritt weiter zu gehen und deine Reichweite zu vergrößern, schauen wir uns nun gezielte Werbeanzeigen an. Sie unterstützen dich dabei, dein Angebot gezielter zu deiner Zielgruppe zu bringen.

> **Kapitelüberblick: Werbeanzeigen**
> In diesem Kapitel
> - besprechen wir die Sinnhaftigkeit von Werbeanzeigen für dein Unternehmen,
> - planst du deine eigenen Werbekampagnen,
> - legst du deine Kampagnenziele für deine Zielgruppe fest,
> - schauen wir uns an, wie du deine Performance weiter steigern kannst,
> - bekommst du Praxistipps von den Unternehmen *OBI* und *erlich textil* an die Hand.

Wenn du Werbeanzeigen schaltest, bedeutet das, dass genau die Pin-Formate, die wir zuvor im Organic-Bereich kennengelernt haben, gezielt mit Werbebudget gepuscht werden. In Deutschland gibt es Pinterest-Werbeanzeigen erst seit März 2019 – ganze fünf Jahre, nachdem diese bereits in den USA zugänglich gemacht wurden.

Dass es diese Funktion noch nicht allzu lange gibt, bedeutet für dich, dass hier noch sehr viel Potenzial zu absolut fairen Preisen schlummert! Die Werbeanzeigen unterscheiden sich im Pinterest-Feed optisch kaum von organischen Pins und werden lediglich unterhalb des Pins durch die Beschreibung ANZEIGE VON ergänzt.

In Abbildung 11.1 siehst du, wie eine Anzeige zwischen normalen organischen Pins im Such-Feed zum Suchbegriff »couch grau« aussieht.

Abbildung 11.1 Pinterest-Such-Feed mit dem Suchbegriff »couch grau«, in dem organische sowie bezahlte Pins (Anzeigen) angezeigt werden.

In diesem Kapitel geben wir dir wichtiges Basiswissen an die Hand, und du erfährst Schritt für Schritt, was du wissen solltest, um deine erste Werbeanzeige zu schalten, welche Pin-Formate du bewerben kannst und wie du diese auswertest sowie optimierst. Da dieses Thema aber sehr umfassend ist, können wir nicht auf alle Gegebenheiten eingehen, wir geben dir aber einen Überblick und machen dich mit dem Thema so vertraut, dass du für dich weitere Rückschlüsse ziehen kannst und in der Lage bist, deine erste Werbeanzeige zu schalten.

> **Wichtig: Mache nicht diesen Anfängerfehler!**
>
> Eine Sache kommt bei Ads-Anfängern leider immer wieder vor – doch dieser Fehler kostet dich nur Geld! Klicke nicht auf den BEWERBEN-Button auf einem Pin, mit dem du eine Anzeige im Schnelldurchlauf erstellen würdest, wie in Abbildung 11.2 gezeigt. Gehe immer den professionellen Weg über eine Kampagnen-Planung, wie wir sie dir in diesem Kapitel zeigen.

Abbildung 11.2 Verwende nicht den Bewerben-Button auf einem Pin.

> **Was sind Pinterest-Werbeanzeigen?**
>
> Pinterest-Werbeanzeigen oder auch Pinterest Ads sind bezahlte Reichweite. Du kannst also vorher definieren, zu welchen Suchbegriffen auf Pinterest oder welchen Personen mit bestimmten Interessen deine Pins ausgespielt werden sollen. So lassen sich deine Ziele genauer als mit der organischen (kostenlosen) Reichweite erzielen, die wir in den vorangegangenen Kapiteln erarbeitet haben. Dies ist besonders für eine Skalierung deiner Ergebnisse zu empfehlen.

11.1 Kampagnen erstellen – eine Anleitung für den Ads Manager

Lass uns zuerst das Verständnis aufbauen, wann Werbeanzeigen für dich überhaupt zu empfehlen sind. Machen sie für jeden Sinn? Das muss nämlich nicht immer so sein. Außerdem gibt es noch wichtige Voraussetzungen, die du vorher prüfen und umsetzen solltest. Lass uns also loslegen und den ersten Schritt auf unserem Weg zu den Pinterest Ads gehen.

11.1.1 Warum du Pinterest-Anzeigen nutzen solltest

Pinterest Ads bieten dir eine Besonderheit, die viele Performance Marketer sehr spannend finden: die Symbiose aus *Search Ads* und *Social Ads*. Der Ads Manager ist eine Mischung aus den Möglichkeiten von Google Ads und den Facebook Ads und kann dir somit enormen Mehrwert bringen. Das bedeutet, du kannst entweder Pins zu bestimmten Suchanfragen deiner Zielgruppe ausspielen, wie es auch bei Google der Fall ist (Search Ads), oder deine Zielgruppe nach bestimmten Interessen oder demografischen Informationen gezielt ansprechen, wie es bei Facebook Ads der Fall ist (Social Ads).

Da Pinterest eine visuelle Suchmaschine ist, kannst du also Ads für bestimmte Suchbegriffe wie z. B. »Couch grau« schalten und somit genau die Menschen ansprechen, die gerade auf der Suche nach dem Themenkomplex »graue Couch« sind, und somit gezielt ihre aktuellen Bedürfnisse ansprechen. Dein Vorteil auf Pinterest ist, dass du direkt auch visuell beeindrucken und Emotionen sowie Inspirationen zum Suchbegriff wecken kannst. Gleichzeitig hast du die Möglichkeit, deine gewünschte Zielgruppe genau wie beispielsweise bei den Facebook Ads gemäß ihren Interessen, demografischen und geografischen Daten anzusprechen. Solche Ads sprechen also in der Regel mehr Leute an als die konkreten Keyword-Kampagnen. Hole dir auch noch mal in Erinnerung, dass Pins nach der Veröffentlichung einige Zeit benötigen, um an Fahrt zu gewinnen. Manchmal gehen Pins erst viral, wenn sie bereits einige Wochen oder Monate alt sind. Das ist für Evergreen-Themen ideal. Was ist aber, wenn du *jetzt* Menschen auf Pinterest zu einem bestimmten Thema erreichen möchtest? Wenn du beispielsweise ein Event bewerben möchtest, das in zwei Wochen stattfindet, oder eine Rabatt-Aktion, die nur noch einige Tage gilt? Für solche zeitbegrenzten Aktionen sind Werbeanzeigen die perfekte Antwort. Organisch macht es wenig Sinn, solche Pins zu veröffentlichen, im Rahmen von Ads dafür umso mehr.

Du siehst also – du hast sehr gute Möglichkeiten, deine Zielgruppe an ganz konkreten Punkten der Customer Journey zu erreichen. Und du entscheidest mit den Einstellungen im Ads Manager, wo genau das sein soll! Im Detail heißt das, du kannst dir überlegen, welches Produkt für dich das wichtigste ist, welche Markenbotschaft du nach draußen bringen möchtest und auch, wen genau du erreichen möchtest. Bei den organischen Pins kannst du das zwar etwas mit der Wahl der Keywords in den Beschreibungen beeinflussen, aber es ist doch eher ein Glücksspiel – bei den Ads nicht.

> **Praxistipp: Bewirb deine besten organischen Pins**
>
> Siehst du in der Analyse deiner organischen Pins, dass einige besonders großes Interesse geweckt haben, kannst du genau diese mit Werbebudget unterstützen und die Reichweite puschen – vor allem bei Pins mit einer sehr guten CTR, also Pins, die wenige Impressionen, im Verhältnis aber viele Klicks erzielt haben. Die hohe CTR (Click-Through Rate) zeigt dir, dass das Thema extraspannend für die Community ist. Allerdings erhält dieser Pin eventuell kein gutes organisches SEO-Ranking und somit wenige Impressionen. Wenn der Pin nun auch dabei unterstützt, deine Unternehmensziele zu steigern, liegt es sehr nahe, dazu eine Werbekampagne zu erstellen. Diese performt in der Regel sehr gut! Du hast quasi kostenlos vorgetestet, welche Themen auf Pinterest gut ankommen, und puschst diese mit bezahlten Impressionen, woraus Website-Besucher und Merken-Aktionen resultieren.

Wenn du mit deinem Pinterest-Aufbau noch relativ am Anfang stehst, kann es auch einige Monate dauern, bis deine Reichweite organisch an Fahrt aufnimmt und Pins viral gehen. Möchtest du diesen Prozess etwas beschleunigen, bieten sich Ads sehr gut an. Generell eigenen sich Werbeanzeigen auch immer sehr gut für Online-Shops zur Umsatzsteigerung, als Image-Kampagne oder auch, um Newsletter-Listen mit Freebies etc. aufzubauen.

> **Fazit: Ist die Antwort auf folgende Fragen »ja«? Dann schalte Ads**
>
> - Glaubst du an das Potenzial von Pinterest, und möchtest du somit deine Reichweite von Beginn an steigern?
> - Möchtest du das Potenzial von Pinterest hinsichtlich deiner Unternehmensziele testen, bevor du viele personelle und zeitliche Ressourcen in den organischen Pinterest-Aufbau investierst?
> - Hast du aktuelle Rabattaktionen, oder möchtest du Events bewerben, die eine bestimmte Deadline haben?
> - Möchtest du gezielt den Umsatz von Produkten steigern oder deine Newsletter-Liste mit einem Lead-Magneten aufbauen?
> - Hast du Pins identifiziert, die eine sehr gute CTR aufweisen, aber nur wenig Impressionen erzielen?
>
> Dann ist dieses Kapitel essenziell für dich, und Werbeanzeigen können ein hilfreiches Tool für dich sein.

Die Entscheidung ist also eher nicht von deiner Branche abhängig, sondern von deinem Content sowie deinen Zielen. Denn Pinterest und auch dessen Ads sind für viele sehr interessant: von Shop-Betreiberinnen über Coaches, Blogger und Marken unterschiedlichster Branchen, die ihren Umsatz oder auch ihre Markenbekanntheit steigern möchten.

Übrigens: Auch zur Personalgewinnung können je nach Zielgruppe die Ads erfolgreich eingesetzt werden. Das machen aktuell allerdings die wenigsten. Ein Unternehmen, das dies erfolgreich umgesetzt hat, ist *Artnight*, das Künstlerinnen und Künstler für seine Malabende u. a. über Pinterest Ads generiert hat. Denn auf der Plattform treiben sich viele Kreative und Kunstschaffende herum.

11.1.2 Nötige Voraussetzungen für Werbeanzeigen auf Pinterest

Es gibt einige Voraussetzungen, die du erfüllen solltest, bevor du deine erste Ads-Kampagne anlegst.

1. Du benötigst ein Pinterest-Unternehmenskonto.
2. Richte dir Pinterest ein: Logo, Profilname, deine ersten Pins und Pinnwände, wie du es in Kapitel 4 und 7 gelernt hast.

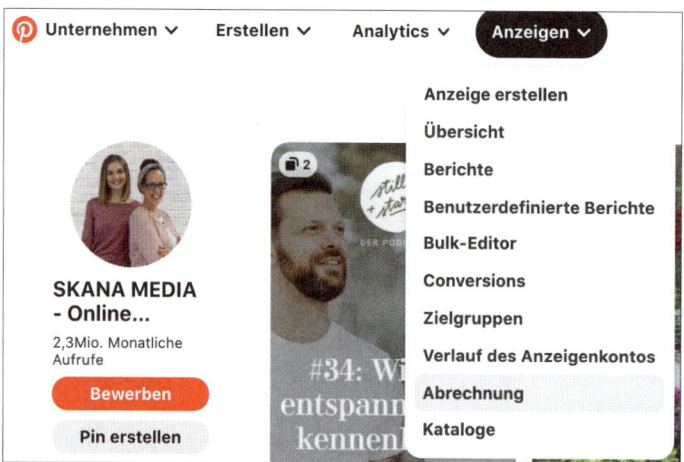

Abbildung 11.3 Im Menü unter »Anzeigen« findest du alle wichtigen Punkte des Anzeigenmanagers.

3. Richte dein Pinterest-Werbekonto ein, oder lass dich als Werbetreibender hinzufügen. Gehe dazu oben in der Menüleiste auf den Bereich ANZEIGEN (siehe Abbildung 11.3). Hier gelangst du zum Werbekonto. Gib alternativ die URL *https://ads.pinterest.com* ein. Nun musst du, wie in Abbildung 11.4 gezeigt, zu-

nächst dein Land sowie die Währung auswählen und die Werbevereinbarung akzeptieren. Dieses Feld wird dir nur einmal angezeigt.

Optional: Möchtest du mehrere Werbekonten beispielsweise für weitere Länder oder mit anderen Abrechnungsinformationen erstellen, machst du das wie folgt: Im Menü siehst du rechts neben ANZEIGEN den Namen eines Werbekontos. Klickst du hierauf, kannst du ein neues Werbekonto erstellen (siehe Abbildung 11.5). Außerdem siehst du in diesem Bereich unter dem Namen deine KONTO ID. Diese benötigst du beispielsweise, wenn du dem Pinterest-Support eine Frage zu den Werbeanzeigen stellst.

Abbildung 11.4 Wähle dein Land und dessen Währung im Werbekonto aus.

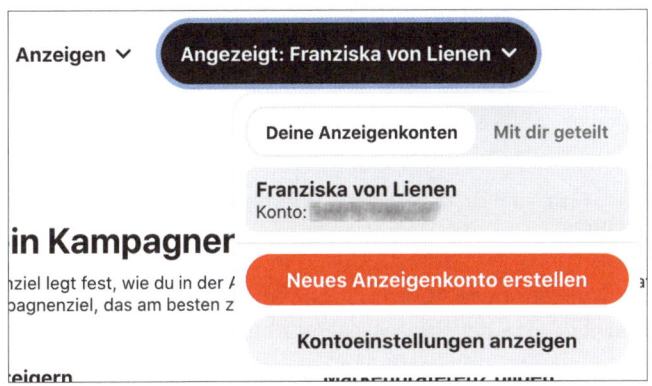

Abbildung 11.5 Hier kannst du ein neues Anzeigenkonto hinzufügen, Mitarbeiter zum Bearbeiten einladen, und du siehst deine Konto ID.

Optional: Wenn du Teammitglieder hast, die sich um die Werbeanzeigen kümmern sollen, kannst du sie als Nutzer hinzufügen. Die Voraussetzung dafür ist, dass diese Personen über ein Unternehmenskonto verfügen. Klicke dazu in Abbildung 11.5 auf KONTOEINSTELLUNGEN ANZEIGEN. Gib anschließend unter NUTZER HINZUFÜGEN den Pinterest-Profilnamen oder die im Pinterest-Account hinterlegte E-Mail-Adresse der entsprechenden Person ein. Anschließend kannst du bestimmen, welche Zugriffsrechte du gewähren möchtest (siehe Abbildung 11.6).

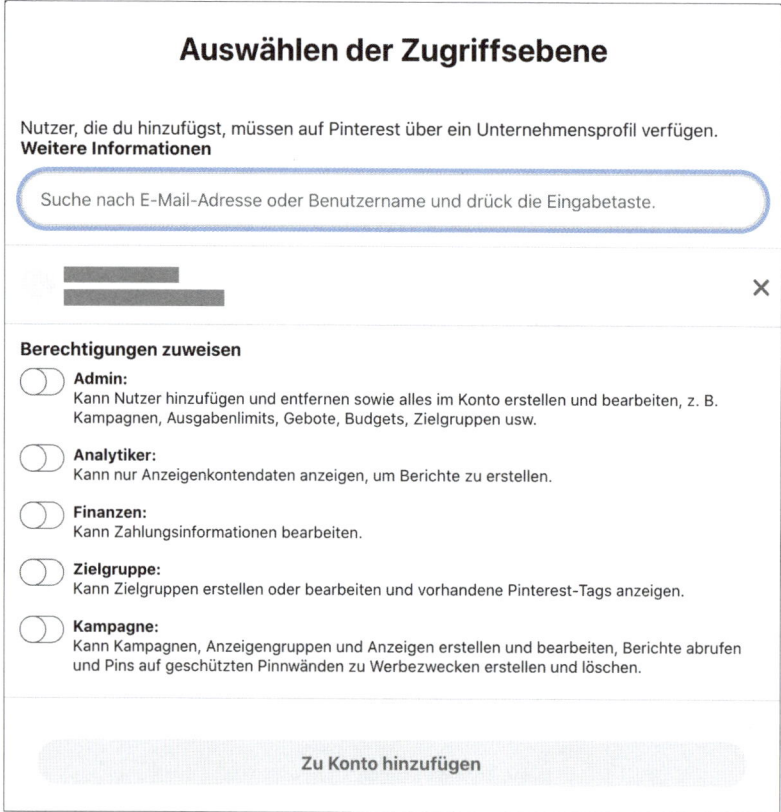

Abbildung 11.6 Weise Teammitgliedern bestimmte Berechtigungen für die Mitarbeit im Werbeanzeigenkonto zu.

4. Füge deine Unternehmens- sowie Abrechnungsinformationen hinzu. Gehe dazu im Menü unter Anzeige auf ABRECHNUNG (siehe Abbildung 11.7). Beachte: Du kannst erst deine Kreditkarteninformationen eintragen, sobald du deine Unternehmensinformationen angegeben hast. Vorher ist das Feld nicht zu sehen. Außerdem ist die Kreditkarte derzeit die einzige Zahlungsmöglichkeit.
5. Installiere das Pinterest-Tag. Wie das geht, lernst du im nächsten Abschnitt.

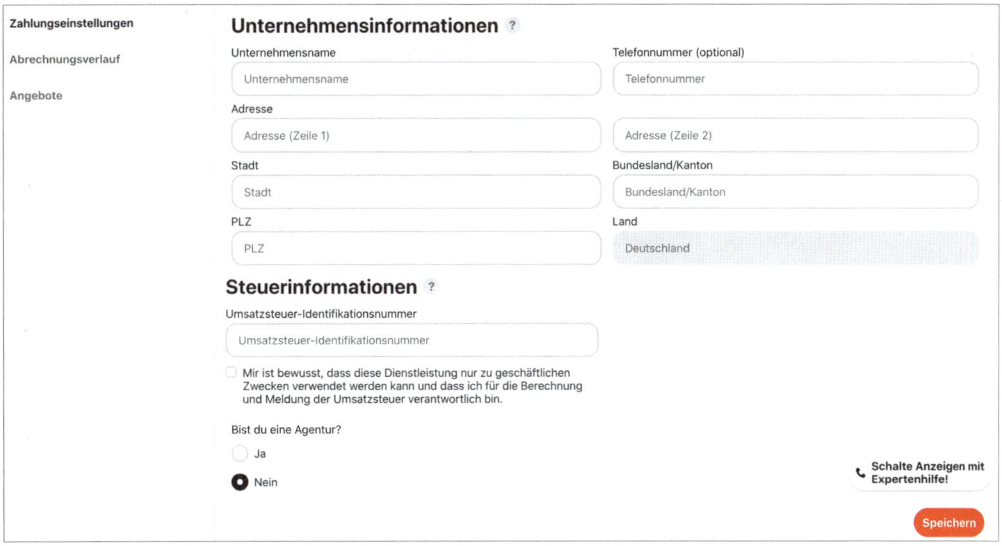

Abbildung 11.7 Unternehmensinformationen eintragen. Danach erscheint das Feld für die Zahlungsinformationen, das außerdem ausgefüllt werden muss.

> **Tipp: Richte dein Profil ein, bevor du mit Ads startest**
>
> Bevor du mit Ads startest, solltest du dein Pinterest-Profil vollständig eingerichtet und deine ersten Pins in deinem Design gepinnt haben. Dies haben wir bereits in Kapitel 4 und 7 besprochen. Erst danach solltest du deine erste bezahlte Kampagne starten. Denn mit Ads bekommst du Aufmerksamkeit auf dein Profil. Es wäre schade, wenn hier rein gar nichts zu sehen wäre. Dies wirkt oft unprofessionell und kann sogar als Spam-Profil interpretiert werden.

11.1.3 Planen mit dem Pinterest-Tag – wie und warum du ein Pinterest-Tag einsetzen solltest

Das Pinterest-Tag ist zwar keine Pflicht, aber ein wichtiges Instrument, um die Ergebnisse deiner Werbeanzeigen zu tracken und diese anschließend zu optimieren. Du kannst damit nachvollziehen, wie effektiv und profitabel deine Ads-Tätigkeiten sind. Das Pinterest-Tag ist vergleichbar mit dem Facebook-Pixel. Dieser JavaScript-Code wird in deine Website eingebunden. Folgende Vorteile bietet das Pinterest-Tag:

- Das Tag kann auf deiner Website Aktionen von Personen messen, die von der Pinterest-Anzeige auf deine Website geführt wurden. Dazu zählen beispielsweise Eintragungen in eine Newsletter-Liste, das Legen eines Produkts in den

Warenkorb oder der Abschluss eines Kaufs. Somit siehst du, wie viele Ergebnisse mithilfe der Ads erzielt wurden. Dies ist wichtig, um deren Profitabilität bestimmen zu können.

- Außerdem kannst du aus diesen Website-Besucherinnen und -Besuchern Zielgruppen erstellen. So kannst du alle Pinterest-Nutzer, die beispielsweise in den letzten 90 Tagen auf deiner Website waren, mit einer Anzeige bespielen. Diese sogenannten Retargeting Ads sind oft sehr profitabel.

- Aus diesen Daten lassen sich wiederum »ActAlike«-Zielgruppen bilden. Pinterest sucht nun Pinterest-Nutzerinnen und -Nutzer, die ähnliche Interessen und Gemeinsamkeiten im Suchverhalten wie deine Website-Besucherinnen und -Besucher haben. Damit kannst du deine bisherige Zielgruppe stark erweitern.

- Wenn das Tag all diese Informationen sammelt und somit mehr über die relevante Zielgruppe lernt, kann der Algorithmus die Ausspielung der Anzeigen automatisch optimieren, wodurch die Anzeigen günstiger und profitabler werden können.

Auch wenn du vielleicht denkst, dass das nun schon sehr in die Tiefe geht, solltest du dir immer bewusst machen, dass es wichtig ist, von Beginn an zu verstehen, welche Vorteile die Integration des Tags bietet, damit du dieses idealerweise so früh wie möglich einbindest.

> **Tipp: Integriere das Tag von Beginn an**
> Bist du dir ziemlich sicher, dass du zukünftig Werbeanzeigen auf Pinterest schalten oder zumindest ausprobieren möchtest? Dann empfiehlt es sich, das Tag von Anfang an auf deiner Website zu implementieren. So kann es bereits Daten sammeln und deine Anzeigen von Beginn an besser ausspielen. Aus diesem Grund ist es zu empfehlen, mindestens vier Wochen vor Anzeigenstart das Tag eingebunden zu haben. Somit kannst du schneller Umsatz einfahren, und die Klickpreise fallen günstiger aus.

Das Basis-Tag installieren

Das Tag wird unterteilt in einen Base-Code und einen Event-Code. Der Base-Code ist die Grundlage und muss auf jeder Unterseite deiner Website eingebunden werden.

Dies ist eine wichtige Funktion, damit der Event-Code funktionieren und du aus dem Traffic die Zielgruppendaten generieren kannst. Den Event-Code benötigst du nur, wenn du Conversion-Kampagnen schalten möchtest, um so Verkäufe, Anmeldungen etc. direkt messen zu können.

Solltest du dir hier unsicher sein, empfehlen wir dir, einen Experten zurate zu ziehen, bevor du dich ohne Kenntnisse an die Einbindung des Tags setzt. Dieser ist die Grundlage für deine Kampagne und sollte richtig eingebunden werden, sonst verlierst du wichtige Daten.

Gehe für die Integration im Menü unter ANZEIGEN auf CONVERSIONS. Nun hast du drei Möglichkeiten, das Pinterest-Tag zu installieren: Du verwendest einen Integrationspartner wie den Google Tag Manager, Shopify, Squarespace und Co., du bindest den Code selbst auf deiner Website ein, oder du sendest eine Mail mit allen Informationen an deine ITlerin, die die Umsetzung übernimmt (siehe Abbildung 11.8).

> **Aktualisiere deine Datenschutzerklärung**
>
> Da das Pinterest-Tag Daten auf deiner Website sammelt, musst du nach dessen Integration deine Datenschutzerklärung ergänzen. Füge die Nutzung hier sowie in dein Cookie-Banner ein.

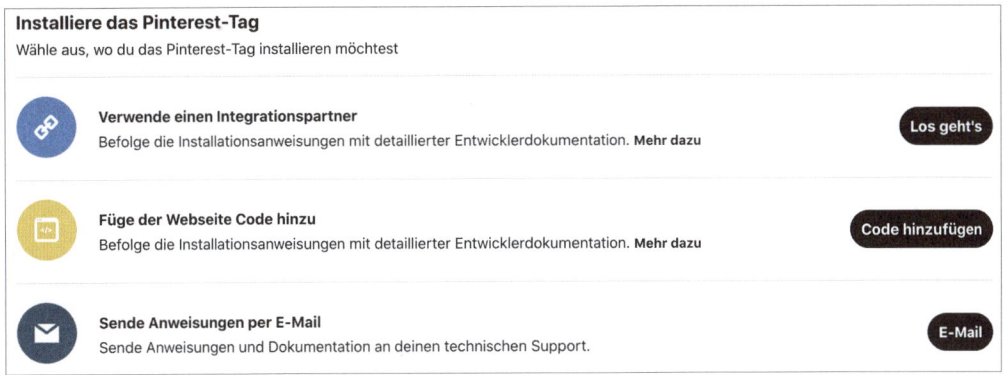

Abbildung 11.8 Drei Möglichkeiten, das Pinterest-Tag zu integrieren

Für die zweite Variante, bei der du selbst das Tag hinzufügst, klickst du auf den Button CODE HINZUFÜGEN. Nun öffnet sich ein Fenster mit dem Java-Skript-Code. Wie du in Abbildung 11.9 siehst, ist bereits automatisch deine individuelle Tag-ID (rot markiert, hier aber verpixelt) eingebunden. Klicke nun unten rechts auf den Button CODE KOPIEREN.

Füge diesen Code auf jeder Seite deiner Website in den Bereich zwischen dem `<head>`- und dem `</head>`-Tag ein.

Üblicherweise kannst du auch in deinen Themen-Einstellungen den Code unter INTEGRATION einmal im Head-Bereich einfügen, und er ist somit automatisch auf jeder Seite integriert.

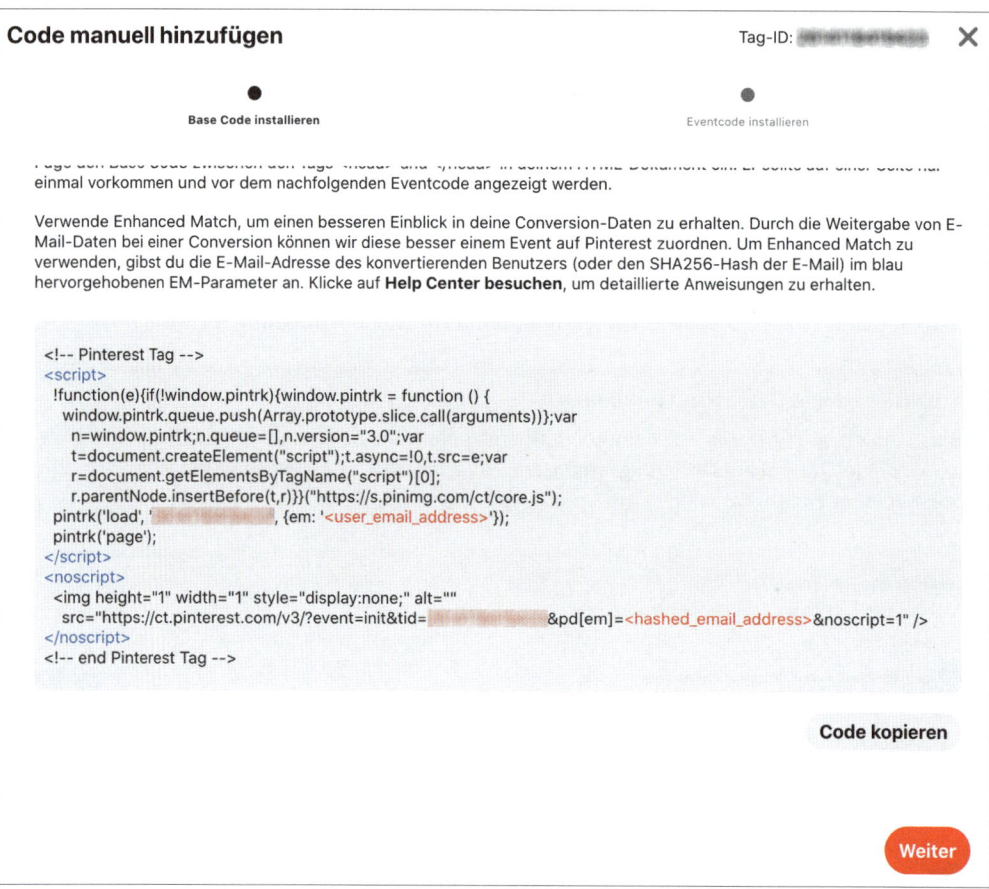

Abbildung 11.9 Pinterest-Basis-Code, den du auf deiner Website einbetten kannst.

> **Tool-Tipp: WordPress-Plug-in**
>
> Tust du dich etwas schwer mit der Integration? Dann können wir dir für WordPress Plug-ins wie *Head, Footer and Post Injections* oder *Pixel your site* empfehlen. Mithilfe dieser Tools kannst du ganz einfach die Codes für die Pinterest-Tags deiner Seite im Head-Bereich hinzufügen, ohne etwas im Code verändern zu müssen.

Enchanced Match einbinden

Dir ist vielleicht in Abbildung 11.9 schon aufgefallen, dass im Code EMAIL_ADDRESS rot markiert ist. Es ist keine Pflicht diese auszufüllen und du kannst den Code genauso kopieren und einbinden. Doch in welchem Fall ist es sinnvoll, den Code des Base-Tags zu modifizieren? Ein Beispiel, ist das aktuelle iOS-14-Update. Hier haben Apple-Besitzer die Möglichkeit, das Tracking von Apps zu unterbinden. Dies bedeutet gleichzeitig für deine Werbeanzeigen, dass du deren Handlungen nicht nachvollziehen kannst. Es kann beispielsweise sein, dass die Person ein Produkt von dir kauft, dies aber nicht in deinen Berichten der Ads angezeigt wird. Um dennoch Handlungen und Ergebnisse zu tracken, kannst du den sogenannten Enhanced Match verwenden. Diese optionale Anpassung deines Base-Tags sendet mit den Conversions sichere, gehashte E-Mail-Adressen zurück. Laut Pinterest ist diese Funktion DSGVO konform. Trage dazu deine E-Mail-Adresse, die mit dem Pinterest-Account verknüpft ist, im Base-Code auf deiner Website ein (nicht in den Events-Tags). Mehr zum Enhanced Match und wie du diese integrierst, findest du im Help Center von Pinterest unter *https://help.pinterest.com/de/business/article/enhanced-match*.

Das Event-Tag installieren

Erst mit dem Event-Tag ist es möglich, bestimmte Conversions wie Käufe, Eintragungen im Newsletter oder Aktivitäten im Warenkorb zu messen. Die Integration der Event-Tags ist notwendig, um eine Conversion-Kampagne auf Pinterest zu schalten. Außerdem musst du zwingend zuvor das Base-Tag installiert haben. Achte dabei darauf, dass deine Event-Codes nach dem Base-Code ausgeführt werden.

Im Vergleich zum Base-Code wird der Event-Code nicht auf jeder Seite installiert, sondern nur auf solchen, auf denen du die Conversion messen möchtest. Möchtest du beispielsweise wissen, wie viele Menschen sich in deine Newsletter-Liste eingetragen oder ein Produkt gekauft haben? Dann wird der Event-Code auf der Bestätigungsseite der Conversion installiert. Meldet sich beispielsweise ein Nutzer für deinen Newsletter an, leitest du diesen in der Regel nach erfolgreicher Eintragung auf eine Bestätigungs- oder Dankeseite weiter. Auf genau dieser Seite, wo nur diejenigen landen, die die Conversion ausgeführt haben, installierst du das Event-Tag.

Folgende Events kannst du auslösen:

- Checkout (abgeschlossener Kauf)
- AddToCart (In den Warenkorb legen)
- PageVisit (Besuch einer Seite)
- SignUp (Anmeldung in eine Newsletter-Liste, zu einem Webinar o. ä.)
- WatchVideo (ein Video auf deiner Website wurde abgespielt)
- Lead (Menschen, die ein Interesse an deinem Produkt oder deiner Dienstleistung zeigen)
- Search (die Suchfunktion auf deiner Website wird verwendet)
- ViewCategory (Kategorieseiten werden angesehen)
- Benutzerdefiniert

Um den Event-Code einzubinden, orientierst du dich zunächst am Vorgehen der Base-Code-Einrichtung (siehe Abbildung 11.9). Wenn du nun auf WEITER klickst, gelangst du zu den Event-Codes (siehe Abbildung 11.10). Diese kannst du hier individualisieren, kopieren sowie anschließend auf deiner Website an der entsprechenden Stelle einbinden, wo sie getrackt werden sollen. In manchen Fällen werden die Codes nicht wie in Abbildung 11.10 dargestellt, zum Kopieren angeboten. Tritt dies ein, kannst du dir die Codes auf folgender Seite kopieren: *https://help.pinterest.com/de/business/article/add-event-codes* und einbinden. Natürlich kannst du auch die Event-Codes über Partnerintegrationen wie den *Google Tag Manager*, der genau für solche Integrationen von Tags gedacht ist, hinzufügen.

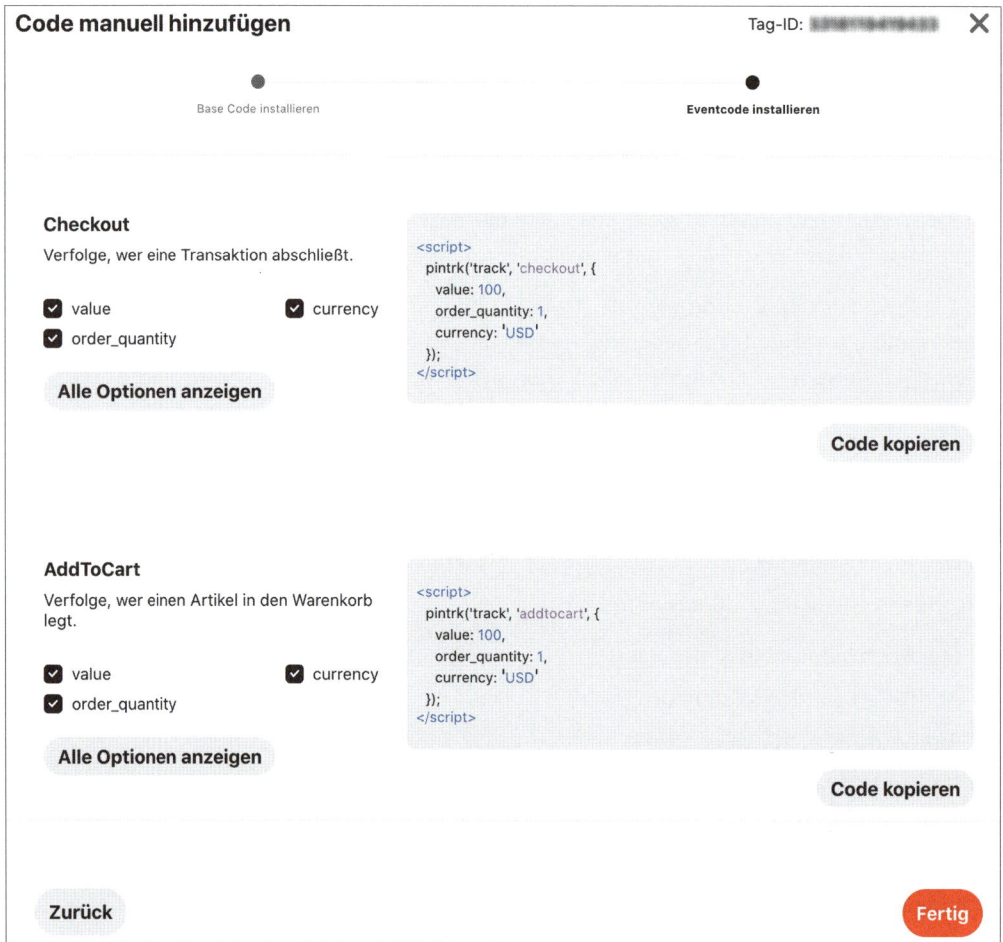

Abbildung 11.10 Manuelles Einbinden von Event-Codes

Es ist wichtig, dass du bei einer Conversion-Kampagne das Event selbst einmal auslöst. Führe also beispielsweise einen Testkauf durch, oder trage dich für den Newsletter ein, je nachdem, was dein Ziel für die Kampagne ist. Dadurch wird das Tag aktiviert. Du solltest auch unbedingt daran denken, deine Datenschutzerklärung zu ergänzen, da die Pinterest-Tags Daten sammeln.

> **Tool-Tipp: Plug-in für Shopsysteme integrieren**
>
> Bist du Shopbetreiber, empfiehlt es sich, ein Plug-in für deine Shop-Software zu installieren. Dieses fügt an jeder Stelle die entsprechenden Codes ein. Bei einem Shop kann das manuelle Integrieren nämlich sehr zeitaufwendig sein. *Shopify* oder auch *Shopware* haben beispielsweise ein entsprechendes Plug-in.

Das Pinterest-Tag testen

Nachdem du die Tags eingefügt hast, solltest du unbedingt testen, ob alles funktioniert hat; erst im Anschluss solltest du die Ads aktivieren. Du hast zwei Möglichkeiten, die Tags auf Funktionalität zu prüfen.

1. Die *Events-testen-Funktion* im Anzeigenmanager. Gehe dazu im Menü ANZEIGEN auf CONVERSIONS und anschließend in den Bereich EVENTS TESTEN. Gib hier deine URL ein, für die du die Tags testen möchtest. Anschließend siehst du, ob die Einrichtung erfolgreich war und welche Tags gefeuert wurden (siehe Abbildung 11.11).

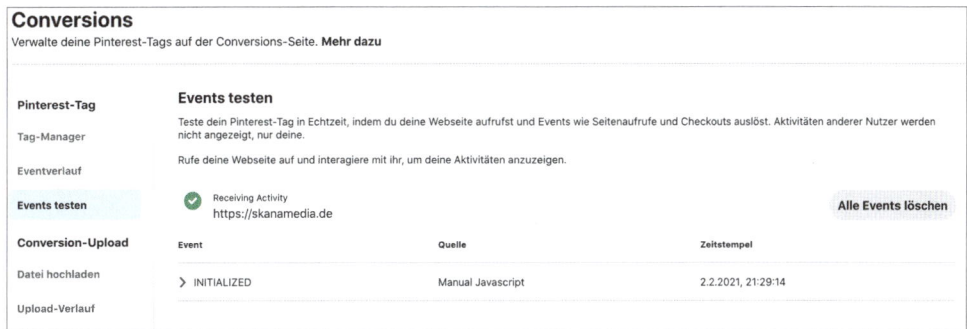

Abbildung 11.11 Teste im Anzeigenmanager, ob deine Tags erfolgreich integriert und ausgelöst wurden.

2. Installiere den *Pinterest Tag Helper* als Chrome Plug-in. Gib diesen Begriff einfach bei Google ein, und schon wirst du ihn im Chrome Web Store hinzufügen können. Beachte, dass du dafür den Chrome-Browser nutzen musst. Öffne nun die Seite, auf der du deine Tags testen möchtest. Nun sollte oben in der

Chrome-Leiste die rote Pinterest-Kugel mit einer Zahl aufleuchten (siehe Abbildung 11.12). Die Zahl gibt an, wie viele Tags auf der Seite gefunden wurden, in diesem Fall zwei.

Abbildung 11.12 Das Chrome Plug-in »Pinterest Tag Helper« leuchtet auf, sobald ein Tag auf der Website gefunden wurde.

Tatsächlich kannst du auf jeder beliebigen fremden Seite schauen, ob die Pinterest-Tags installiert wurden. So weißt du, ob diese Seite vermutlich auch Pinterest-Werbeanzeigen schaltet. Wenn du nun auf die rote Kugel klickst, öffnet sich ein Fenster, in dem du siehst, welche Tags – wie das Checkout- oder das Signup-Tag – gefeuert wurden (siehe Abbildung 11.13). Es sollte also auf jeder Seite das Base-Tag gefunden werden und bei der Verwendung von Event-Tags auf den entsprechenden Seiten zum Beispiel der Checkout-Tag.

> **Tipp: Deaktiviere den Ads-Blocker**
>
> Falls du einen Ads-Blocker installiert hast, musst du diesen zunächst deaktivieren. Ansonsten wird das Tag nicht angezeigt.

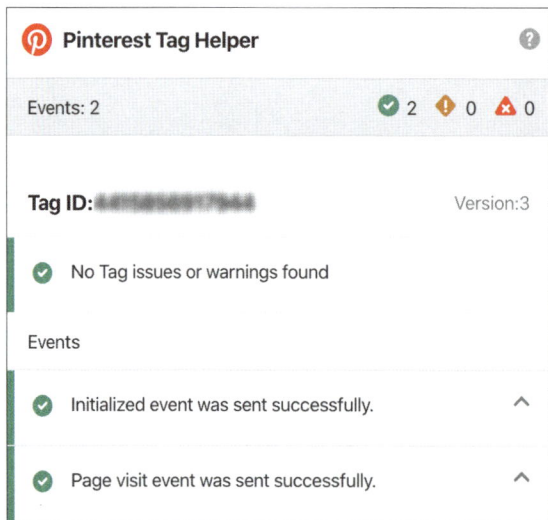

Abbildung 11.13 Im Pinterest Tag Helper siehst du, welche Events erfolgreich installiert wurden.

Wenn das geklappt hat, hast du alle Voraussetzungen geschaffen, und wir können an die Planung deiner Werbeanzeigen gehen!

11.2 Werbekampagnen planen

Wenn du dich für die Nutzung von Werbemöglichkeiten auf Pinterest entschieden und die nötigen Voraussetzungen erfolgreich geschaffen hast, ist es enorm wichtig, die von dir zu veröffentlichende Werbekampagne auf Pinterest sorgfältig zu planen. Neben dem zu bewerbenden Themenbereich und den dir zur Verfügung stehenden finanziellen Mitteln solltest du dich mit deinem konkreten Kampagnenziel und damit einhergehend mit deiner Kampagnenstruktur auseinandersetzen. Lass uns nun gemeinsam überlegen, wie deine Pinterest-Werbekampagne aufgebaut werden soll.

11.2.1 Was macht eine gute Kampagnenplanung aus?

Bevor du loslegst und willkürlich einen Pin bewirbst, solltest du dir zuvor Gedanken zu folgenden Themen machen:

- Was ist dein Ziel? Möchtest du deine Markenbekanntheit erhöhen, Verkäufe steigern oder mehr Anmeldungen generieren?
- Was ist dafür dein wichtigstes Linkziel? Welches Produkt oder Freebie möchtest du puschen? Dies kann beispielsweise ein saisonales Thema sein, eine aktuelle Rabattaktion, ein neues Produkt oder ein Pin, der organisch schon gut funktioniert hat, den du aber mit Werbebudget noch weiter puschen möchtest.
- Demzufolge solltest du sicherstellen, dass dein Linkziel auch optimiert ist: Kann man sich schnell und einfach eintragen oder das Produkt kaufen? Ist die Ladezeit gut? Ist alles Wichtige schnell ersichtlich? Und natürlich sollten alle notwendigen Tracking-Codes hinterlegt sein.
- Wie viel Werbebudget hast du zur Verfügung? Dies beeinflusst natürlich auch, wie viele Kampagnen du erstellen und gegeneinander testen kannst.

> **Tipp: Höhe des Werbebudgets**
>
> Möchtest du erst mal nur ein Gefühl für die Ads bekommen, kannst du zunächst 20 € in die Hand nehmen. Um aber wirklich bewerten zu können, ob Ads profitabel für dich sind, solltest du mindestens 150–500 € investieren. Wenn du dann sehr attraktive Ergebnisse erreichen möchtest, kannst du je nach Ziel und Produkt Werbeausgaben im vierstelligen oder fünfstelligen Bereich pro Monat tätigen. Sei dir dabei bewusst: Wenn du so viel Werbebudget in die Hand nimmst, dann machst du das gerne! Denn wenn du die Ads richtig schaltest und auswertest, kommt die Investition höher wieder zu dir zurück, sodass sie profitabel ist. Und wenn du deine Zahlen im Blick hast, hast du auch kaum ein Risiko dabei.

- Schaffe eine Pin-Varianz an Pinterest-optimierten Pins. Das Praktische an Werbeanzeigen ist, dass du viele Pins gegeneinander testen kannst und der Algorithmus entscheidet, was am besten bei deiner Zielgruppe ankommt. Somit ist es zu empfehlen, pro Kampagne drei bis sechs unterschiedliche Pins zu erstellen und gegeneinander zu testen. Im Idealfall gibt es diese Pins sogar schon organisch, sodass du keine neu erstellen musst, sondern einfach bereits bestehende Pins bewerben kannst. An dieser Stelle siehst du dann auch, ob der Pin eine gute CTR aufweist. Falls nicht, solltest du ihn eventuell lieber nicht bewerben. Prüfe also: Hast du für dein Linkziel bereits optimierte Pinterest-Grafiken? Ansonsten erstelle welche. Teste auch gerne Standard-, Karussell- und Video-Pin gegeneinander. Zu empfehlen ist dabei, dass ein beworbener Pin wie ein organischer Pin aussieht und sich harmonisch einfügt. Wenn du aber direkt auf eine Shopseite oder einen Download verlinkst, solltest du dies mit einem Call-to-Action deutlich machen. Führe die Erwartungshaltung in die richtige Richtung. So verhinderst du eine hohe Absprungrate und reduzierst somit deine Kosten.

> **Merke: Pin-Formate, die du bewerben kannst**
>
> Es lassen sich nicht alle Pin-Formate mit einem Budget puschen. Bewerben lassen sich Standard-Pins, Video-Pins und Karussell-Pins. Außerdem kannst du, sofern du deinen Shop integriert hast, *Collection Ads* schalten. Mehr zu diesem Format erfährst du in Kapitel 13. Der Vorteil von beworbenen Video-Pins ist, dass der Nutzer direkt auf die Zielseite gelangt. Bei den organischen Pins ist das nur über einen Umweg möglich (siehe dazu Abschnitt 6.4.1).

11.2.2 Strategische Überlegungen für erfolgreiche Ads

Das Herzstück einer erfolgreichen Werbeanzeige ist die Kampagnenstruktur. Du sollst ja nicht einfach auf den BEWERBEN-Button auf einem Pin wie in Abbildung 11.2 klicken, sondern eine strategische Werbeanzeige aufsetzen. Dadurch erreichst du deine Zielgruppe sehr viel besser zu einem günstigeren Preis! Auf den ersten Blick sieht das vielleicht erst mal etwas kompliziert aus, aber im Grunde ist es ziemlich simpel. Die Kampagnen auf Pinterest folgen stets dem gleichen Ablauf:

1. Zuerst wird das Ziel festgelegt (Awareness, Markenbekanntheit (Traffic) oder Conversion sowie das Linkziel).
2. Danach legst du die Zielgruppen in den Anzeigengruppen fest und testest sie gegeneinander: Welche Zielgruppe bringt wirklich die besten Preise und Ergebnisse?
3. Nun wählst du die Pins aus, die du gegeneinander testen möchtest.
4. Und anschließend bestimmst du das Budget sowie den Zeitraum, in dem die Ad laufen soll.

Wie eine optimale Kampagnen-Struktur aussehen kann, ist in Abbildung 11.14 dargestellt.

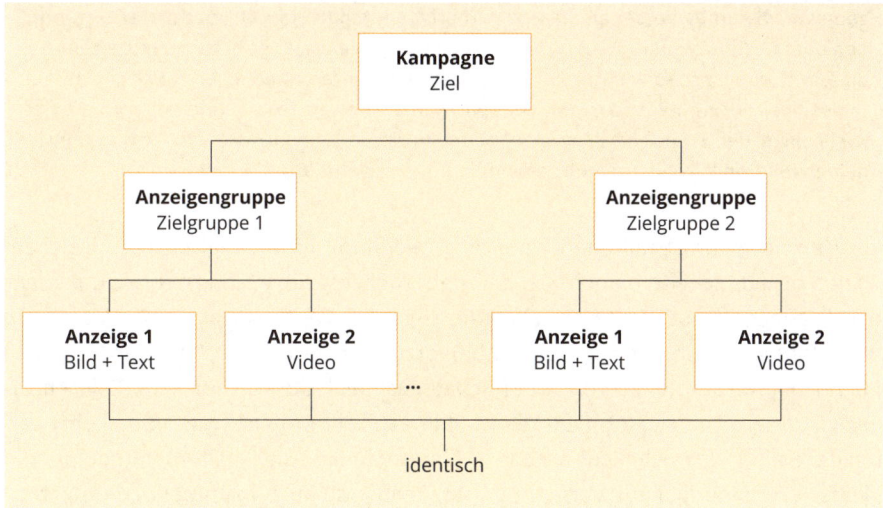

Abbildung 11.14 Kampagnen-Aufbau

An oberster Stelle steht immer das Ziel. Dabei kannst du zwischen den Zielen »Awareness steigern«, »Markenpräferenz bilden« oder »Conversions steigern« auswählen. Dieses geht auch mit dem Linkziel einher. Idealerweise hast du in einer Kampagne dasselbe Linkziel. Und dazu testen wir unterschiedliche Zielgruppen sowie Pin-Formate. In der zweiten Ebene folgen die Anzeigengruppen, in denen die Zielgruppen festgelegt werden. Im Anzeigenmanager kannst du unter anderem zwischen Interessen, Website-Besuchern oder *ActAlike-Zielgruppen*, die ein ähnliches Verhalten wie deine bisherigen Website-Besucherinnen und -Besucher zeigen, wählen. Dementsprechend empfiehlt es sich, in Anzeigengruppe 1 die relevantesten Keywords zum Kampagnenziel einzugeben, in Anzeigengruppe 2 nur die wichtigsten Interessen auszuwählen und beispielsweise in Anzeigengruppe 3 alle bisherigen Website-Besucher auszuwählen. Diese Trennung ermöglicht eine gute Nachvollziehbarkeit für das Testen und Optimieren.

Am Ende weist du jeder Anzeigengruppe idealerweise mehrere Pins zu, die aus den unterschiedlichen Pin-Formaten bestehen können. Diese Pins sind in allen Anzeigengruppe derselben Kampagne identisch. Hier kannst du beispielsweise zwischen zwei bis sechs Pins auswählen. Das ist superwichtig, um herauszufinden, was bei deiner Zielgruppe am besten ankommt. Wie das Ganze an einem Beispiel aussehen kann, siehst du gleich.

> **Tipp: Sei offen und unvoreingenommen!**
> Eine Sache kann jeder Werbeanzeigenmanager bestätigen: Der Algorithmus und die Ergebnisse wissen es besser als unsere vorherige Einschätzung! Oft performen Zielgruppen oder bestimmte Pin-Designs, von denen wir es nie erwartet hätten, am besten! Aus diesem Grund ist es so wichtig, offen für das Testen unterschiedlicher Varianten zu sein. In der Auswertung siehst du dann, was wirklich am besten ankam, und das wird oft vielleicht nicht deine Einschätzung gewesen sein! Diese Erkenntnisse kannst du dann für deine weiteren Werbeanzeigen, aber auch organischen Pins übernehmen.

Ein Tipp noch zur Gestaltung deiner Pins: Wenn du dir überlegt hast, zu welchem Thema du Ads schalten möchtest, dann gib zunächst die wichtigsten dazu passenden Suchbegriffe bei Pinterest ein. Wie sieht der Feed hier aus? Wie kannst du deine Pins gestalten, um noch besser hervorzustechen oder die Ansprache auf dem Pin noch interessanter zu gestalten? Schau auch mal, ob es schon sehr viele Anzeigen zu diesem Thema gibt. Falls die Konkurrenz sehr groß ist (was aktuell eher selten der Fall ist, da noch nicht allzu viele Unternehmen Ads schalten) und du nur ein kleines Werbebudget zur Verfügung hast, kannst du auch mal überlegen, doch zu einem anderen, für dich wichtigen Thema Ads zu schalten. Denn wenn die Konkurrenz sehr groß ist, werden die Preise auch höher ausfallen. Noch ein Tipp: In der Regel steigen die Ad-Preise zu Weihnachten ab November an, sowie vor Ostern. Möchtest du also nur Ads ausprobieren, empfiehlt es sich, diesen Zeitraum zu meiden.

> **FAQ: Gibt es eine Funktion, mit der man sehen kann, welche Ads von bestimmten Firmen oder Profilen geschaltet werden?**
> Viele interessiert es, ob bestimmte Mitbewerber bereits Pinterest-Werbeanzeigen schalten und wie die Layouts aussehen. Anders als bei Facebook in der *Werbebibliothek*, ist das bei Pinterest derzeit nicht möglich. Allerdings kannst du einen kleinen Umweg nehmen und über die Eingabe wichtiger Suchbegriffe des jeweiligen Profils herausfinden, welche Anzeigen von dem Unternehmen selbst ausgespielt werden, die dir dann aus Nutzersicht im Feed angezeigt werden. Erstelle dir auch gerne eine Pinnwand, in der du inspirierende Fremd-Pins oder Werbeanzeigen anderer Profile abspeicherst. So kannst du bei der zukünftigen Gestaltung darauf zurückgreifen und dich inspirieren lassen.

Auch zum Thema Werbeanzeigen haben wir eine Pinnwand erstellt, in der wir Best-Practice-Beispiele für dich gesammelt haben. Hier findest du hilfreiche Inspirationen für Awareness, Traffic oder Conversion-Kampagnen aus unterschiedlichen Branchen mit Standard-Pins, Video-Pins und auch Karussell-Pins. Scanne dazu den QR-Code aus Abbildung 11.15 in deiner Pinterest App, um zu der Pinterest-Pinnwand zu gelangen.

Abbildung 11.15 Scanne den Pin-Code mit der Pinterest App, und gelange zur Best-Practice-Pinnwand für Werbeanzeigen.

11.2.3 Zielgruppen erfolgreich erreichen

Um genau deine Zielgruppe mit den Ads zu erreichen, gibt es unterschiedliche Targeting-Funktionen auf Pinterest. Du kannst auswählen

- zwischen Besuchern deiner Website,
- aus einer von dir hochgeladenen Kundenliste (Achtung: Rechtlich musst du hier aufpassen; mehr dazu erfährst du in Abschnitt 13.4.),
- einer Interaktionszielgruppe, die bereits mit Pins deiner verifizierten Domain interagiert hat,
- einer ActAlike-Zielgruppe, die ein ähnliches Verhalten wie eine vorhandene Zielgruppe zeigt.

Diese Punkte stehen dir zur Auswahl, wenn du im Ads Manager eine neue Zielgruppe erstellen möchtest (siehe Abbildung 11.16). Beachte dabei, dass der Anzeigenmanager immer einige Zeit benötigt, um deine Zielgruppe zu erstellen. Mach dies also am besten, bevor du deine Anzeige erstellst, damit du darauf nicht warten musst. Außerdem lässt sich deine Zielgruppe anhand von Keywords und Interessen definieren. Diese stehen dir aber erst später in den Targeting-Optionen zur Verfügung, auf die wir noch eingehen werden.

Vor allem das Keyword-Targeting ist auf Pinterest spannend! Der Vorteil ist, dass deine Zielgruppe genau jetzt nach diesem Thema sucht. Erreichst du in diesem Moment deine Zielgruppe, ist sie deinen Ads gegenüber viel aufgeschlossener.

Dazu solltest du zu Beginn eine ausführliche Keyword-Recherche durchführen. Pinterest empfiehlt, pro Anzeigengruppe mindestens 25 Keywords auszuwählen, gerne auch mehr. Du kannst hier alle für dich relevanten Keywords eingeben und so sogar auf über 100 Keywords kommen. Ein weiterer Vorteil ist, dass du später analysieren kannst, welche Keywords am erfolgreichsten waren! Ein Tipp für die Auswahl der richtigen Interessen: Pinterest hat im Analytics-Bereich die *Audience Insights* (siehe Abschnitt 10.3.2). Hier siehst du unter INTERAGIERENDE ZIELGRUPPE, welche Interessen und Kategorien am relevantesten für sie sind. Die stärksten Interessen kannst du so für deine Werbeanzeigen nutzen. So musst du nicht raten, sondern kannst aus den bisherigen Erfahrungen ableiten. Das geht natürlich nur, wenn du schon mehrere Wochen auf Pinterest aktiv warst und der Algorithmus so aussagekräftige Informationen zu deiner Zielgruppe sammeln konnte.

Erstelle eine Zielgruppe

Nutzergruppe aufgrund von folgenden Kriterien als Zielgruppe definieren:

○ Besucher, die deine Webseite aufgerufen haben

○ Von dir hochgeladene Kundenliste

○ Eine Interaktionszielgruppe, die mit Pins deiner verifizierten Domain interagiert hat

○ Eine ActAlike-Zielgruppe, die ein ähnliches Verhalten wie eine vorhandene Zielgruppe zeigt

Weiter

Abbildung 11.16 Erstelle eine neue Zielgruppe aus einer dieser vier Varianten.

11.3 Pinterest Ads: So erstellst du zielführende Werbeanzeigen

Das Thema Ads schalten ist für viele ein unbeschriebenes Blatt. Dein Blatt hat sich mittlerweile wahrscheinlich schon etwas gefüllt. Und jetzt wird es knackig mit einem Beispiel! Spätestens danach wirst du dich dann sicher an die Ads rantrauen. Denn das kann ein super Booster für dich sein! Und die Preise sind aktuell im Vergleich beispielsweise zu Facebook oft um einiges günstiger. Plane aber auch ein, dass es normal ist, eine Lernkurve zu erfahren. Du wirst also gegebenenfalls auch mal nicht so zufrieden mit einer Anzeige sein, und deshalb gilt: analysieren, lernen, optimieren! Los geht's – Schritt-für-Schritt durch den Erstellungsprozess deiner ersten Werbeanzeige!

> **Check: Hast du dein Pinterest-Tag installiert?**
> Bevor es mit der Anzeigenerstellung losgeht, solltest du zumindest das Base-Tag installiert haben. Dies ist zwar keine Pflicht, ist aber für die Optimierung und Kostensenkung zu empfehlen. Möchtest du hingegen eine Conversion-Kampagne erstellen, ist die Integration des Basis- sowie Event-Tags zwingend notwendig. Beachte auch die Ergänzung in der Datenschutzerklärung auf deiner Webseite. Diese kannst du dir beispielsweise in einem Online-Datenschutzgenerator generieren lassen.

11.3.1 Kampagnenziele festlegen

Gehe im Menü auf ANZEIGEN, und klicke dann auf ANZEIGE ERSTELLEN. Wir gehen nun beim Erstellen Schritt für Schritt die typische Kampagnenstruktur aus Abbildung 11.14 durch. Führe sie dir daher immer wieder vor Augen. Nun wählst du im ersten Schritt dein Kampagnenziel in Abbildung 11.17 aus.

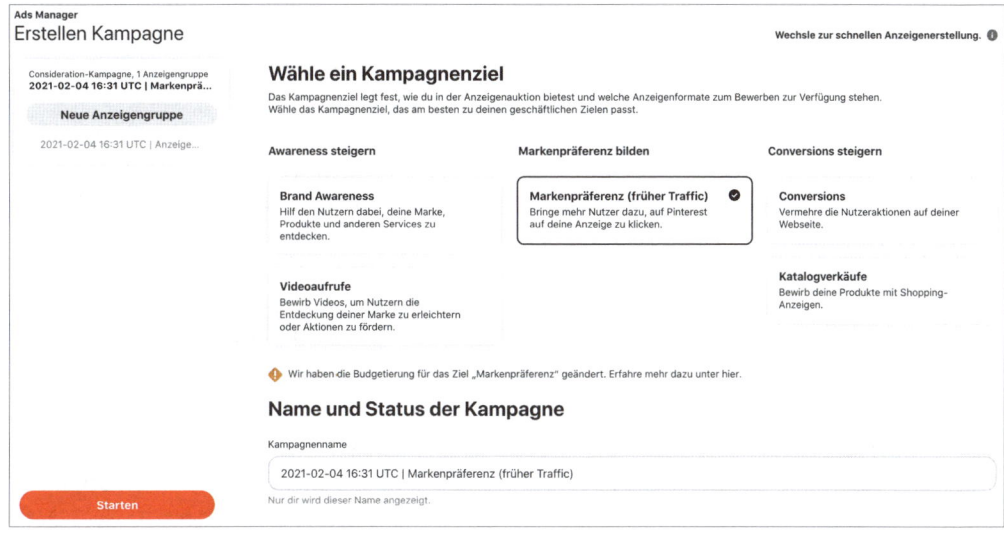

Abbildung 11.17 Wähle dein Kampagnenziel aus.

Die gängigsten Ziele sind dabei MARKENPRÄFERENZ, um beispielsweise Traffic für einen Magazinbeitrag oder einen Podcast zu generieren. Ziel ist es dabei also, die Marke zu stärken. Gleichzeitig kannst du, wenn das Tag installiert ist, später alle Website-Besucherinnen und -Besucher mit einem konkreten Angebot über Ads ansprechen. Denn du weißt, dass sich diese Menschen bereits für dich und deine Themen interessieren. Außerdem beliebt ist eine CONVERSIONS-Kampagne. Diese kannst du anlegen, wenn du konkret Abschlüsse wie Shopverkäufe, Downloads oder Anmeldungen steigern möchtest. Die Voraussetzung dafür ist das Base- sowie das Event-Tag. Denn nur so kannst du tracken, wie viele Abschlüsse du erzielt hast.

Die KATALOGVERKÄUFE gibt es erst seit Ende 2020. Diese Ads kannst du nur schalten, wenn du das Katalogtool nutzt. BRAND-AWARENESS-Kampagnen werden häufig von Marken eingesetzt, um ihre Bekanntheit zu steigern oder neue Produkte vorzustellen. In unserem Beispiel werden wir eine Markenpräferenz-Kampagne erstellen, um den Traffic auf unseren Blog oder Podcast zu steigern. Mehr zum Thema Conversions und Kataloge findest du in Abschnitt 13.5, das dir spannende Hacks für Shopbetreiber bietet. Bist du dir noch unsicher, was die Unterschiede der Kampagnen sind? Dann schau dir das Beispiel in Tabelle 11.1 an. Darin wird deutlich, dass du je nach Kampagnenziel andere Ergebnisse erzielst. Jetzt kannst du noch mal überlegen, was für deine Ziele am passendsten ist. Beachte, dass die Zahlen rein zur Veranschaulichung dienen und aus keinem Praxisbeispiel abgeleitet wurden.

Ziel	Reichweite	Klicks	Abschlüsse
Awareness	500.000	10	0
Markenpräferenz	100.000	5.000	10
Conversion	20.000	2.000	100

Tabelle 11.1 Fiktives Beispiel in der Zielerreichung unterschiedlicher Kampagnenformate

Nun bist du dran. Wir wollen jetzt gemeinsam eine Kampagne für dich erarbeiten. Zunächst wählst du einen Namen für deine Kampagne aus. Hierfür nutzt du Teile deines Kampagneninhaltes. Benenne sie beispielsweise »Traffic_Blog_Canva Hacks«. Dieser Name gibt Auskunft darüber, dass du Traffic (Markenpräferenz) als Ziel ausgewählt hast und dass es sich um einen Blogartikel handelt, nämlich mit dem Namen »Canva Hacks«, den du bewerben möchtest. Anschließend wählst du unter KAMPAGNENSTATUS den Button AKTIV aus, wenn du die Ad auch direkt veröffentlichen möchtest (siehe Abbildung 11.18). Nun kommt es zum Budget. Hier kannst du dich zwischen TAGESBUDGETLIMIT und einem LAUFZEITBUDGETLIMIT entscheiden. Zu empfehlen ist, eine Werbeanzeige über mehrere Wochen laufen zu lassen. Denn der Algorithmus muss sich erst mal einstellen und so die Ad optimieren. Aus diesem Grund empfiehlt es sich, ein Tagesbudgetlimit zu setzen sowie auch weiter unten den ANZEIGENPLAN kontinuierlich auszuführen. Das Tagesbudget pro Kampagne liegt idealerweise bei mindestens 10 € pro Tag. Das absolute Minimum sollte bei 5 € pro Tag liegen. Zum Test empfiehlt es sich, die Anzeige mindestens 7–14 Tage laufen, um zu entscheiden, ob sie erfolgreich war oder nicht. In dieser Zeit sollten keine Änderungen vorgenommen werden. Somit kannst du mit einem minimalen Werbebudget von 35 –140 € rechnen. Besser ist es, 150–500 € einzukalkulieren, da du lieber auch mehrere Kampagnen schaltest, statt nur eine. Klickst du nun auf FORTFAHREN, gelangst du zu den Anzeigengruppen. Hinweis: Aktuell ist es nur möglich, bei Markenpräferenz-Kampagnen das Tagesbudget festzulegen. Bei den anderen Kampagnenarten ist dies aktuell nur auf Anzeigengruppenebene möglich. Es kann aber sein, dass sich das zukünftig ändern wird.

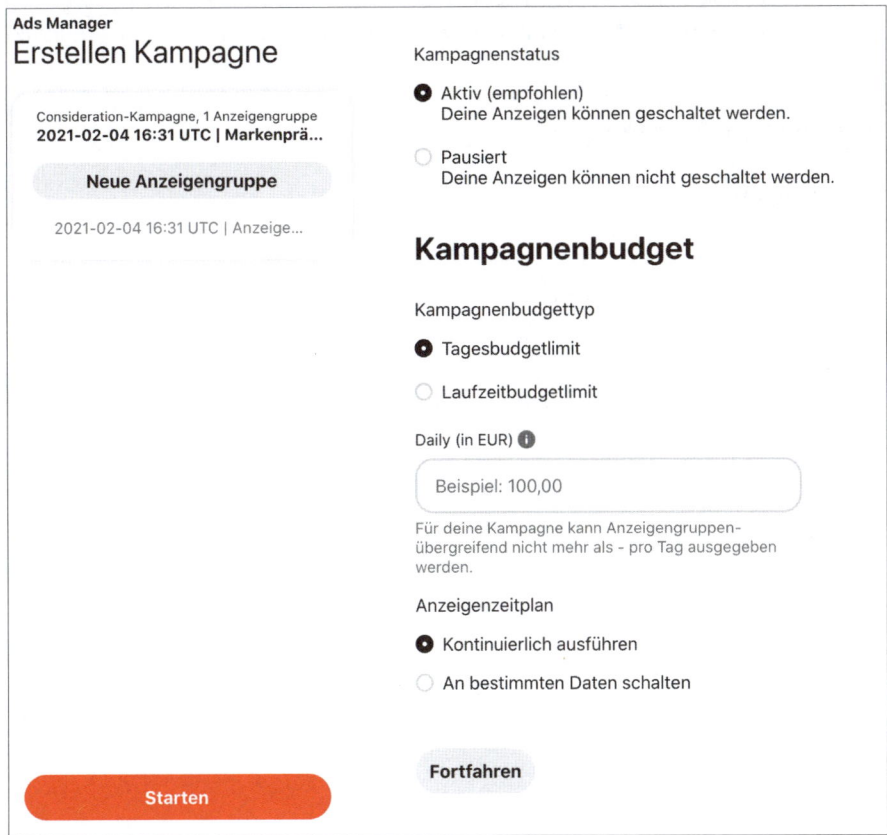

Abbildung 11.18 Stelle den Kampagnenstatus sowie das Budget ein.

Egal, welches Kampagnenziel du auswählst – alle folgenden Schritte sind gleich.

11.3.2 Anzeigengruppen erstellen

In der Anzeigengruppe geht es nun darum, festzulegen, wer deine Zielgruppe ist und wer sich für das entsprechende Linkziel interessieren könnte. Wie vorhin bereits beschrieben, hast du dazu unterschiedliche Möglichkeiten. Doch wie du in der Kampagnenstruktur in Abbildung 11.14 siehst, kannst du parallel mehrere Anzeigengruppen erstellen und diese gegeneinander testen. Wenn du das Pinterest-Tag noch ziemlich frisch installiert hast und auch noch nicht so lange auf Pinterest aktiv bist, empfiehlt es sich nicht, die Zielgruppenfunktion in Abbildung 11.16 zu verwenden. Es liegen einfach noch nicht ausreichend Daten vor. Dann kannst du sehr gut auf die Keywords sowie Interessen zurückgreifen. Diese beiden Varianten eignen sich generell sehr gut, um eine neue Gruppe an potenziellen Interessenten zu erreichen. Wähle deshalb zu Beginn gerne den zweiten Punkt FINDE NEUE KUNDEN in Abbildung 11.19 aus. Vor allem für Anfänger ist er sehr gut geeignet. Sofern dein Tag schon einige Infos gesammelt hast, kannst du auch mit dem ersten Punkt arbeiten.

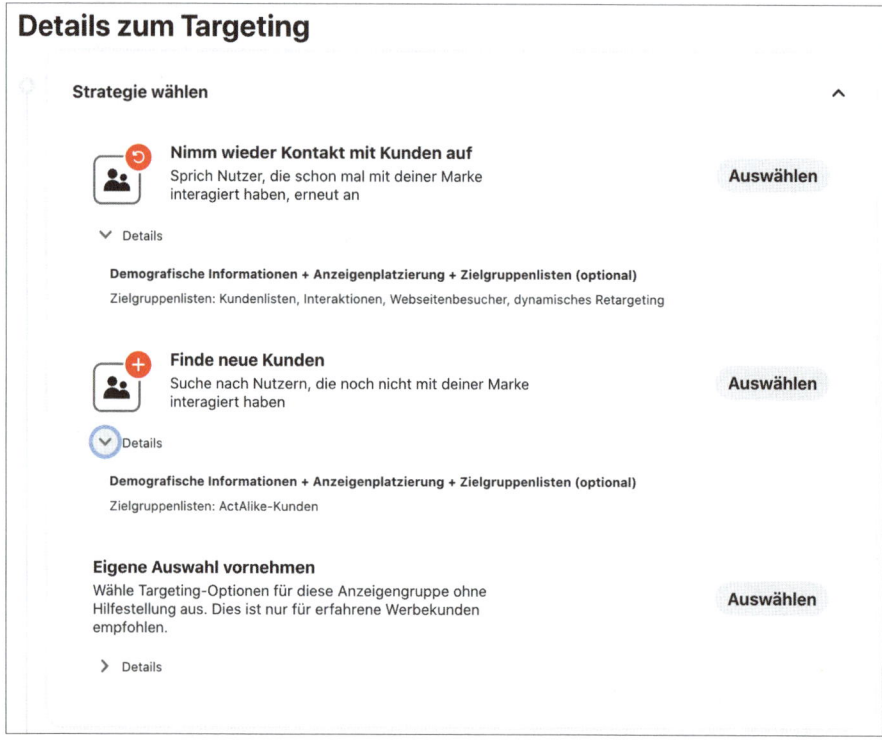

Abbildung 11.19 Details zum Targeting

> **Tipp: Beschränke dich je Anzeigengruppe auf einen Bereich**
>
> Es empfiehlt sich, je Anzeigengruppe nur Keywords *oder* Interessen *oder* eine Zielgruppe auf Basis des Website-Traffic zu erstellen. Setze dazu zunächst eine Anzeigengruppe beispielsweise zu den Interessen auf. Wenn diese komplett fertig ist, wird die Anzeigengruppe mitsamt den Pins dupliziert, und du tauschst dann nur noch die Interessen durch Keywords aus. Mit diesem Vorgehen kannst du dir einiges an Lehrgeld sparen.

Interessen-Targeting

In der ersten Anzeigengruppe wirst du bestimmte Interessen hinzufügen. Doch zunächst musst du die Anzeigengruppe noch benennen. Sie kann beispielsweise

»Interessen_Marketing_Design« heißen. Denn für den Blogartikel zu den Canva-Hacks werden wir Menschen targetieren, die unter anderem Marketing und Design als Interessen aufweisen. Anders als im Facebook Ads Manager ist die Auswahl hier etwas begrenzt. Es sind bereits Kategorien und Unterkategorien vorgegeben, die du auswählen kannst. In Abbildung 11.20 siehst du, dass du diese durch Setzen eines Hakens auswählen kannst. Außerdem kann eine Unterkategorie weitere Unterkategorien aufweisen. Setzt du die Haken, wirst du feststellen, dass sich rechts die Zielgruppengröße ändert. Hier kannst du gerne im größeren Rahmen bleiben, wie beispielsweise bis 1–5 Mio., in Nischenthemen aber mindestens 10.000. Dann kann der Algorithmus am besten arbeiten und potenzielle Interessentinnen und Interessenten finden. Achte hier darauf, dass du nicht nur prüfst, welche Interessen zu dem jeweiligen Linkziel passen, sondern welche Interessen generell die Zielgruppe ansprechen. Für den Canva-Hacks-Artikel sind Marketing und Bildungsinteressen beispielsweise eine gute Wahl. Gleichzeitig möchtest du aber vielleicht Mütter ansprechen, sodass weitere Interessen Kochen, Einrichtung, Fashion und Kinder sein könnten. Betrachte hier also deine gesamte Persona.

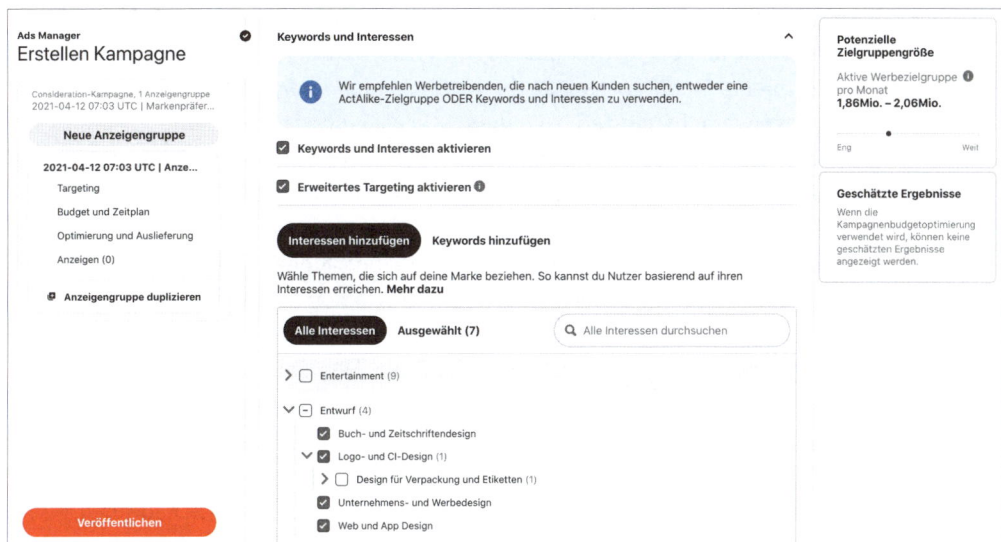

Abbildung 11.20 Auswahl der Ober- sowie Unterkategorien der Interessen im Zielgruppen-Targeting

Tipp: Wähle Unterkategorien aus
Man kann es sich leicht machen und einfach die relevantesten Oberkategorien auswählen. Wenn du aber auch in die unteren Ebenen gehst und dort eine Auswahl triffst, gibt es später einen Vorteil in der Auswertung: Du wirst genau sehen können, welche Interessen am relevantesten für deine erzielten Ergebnisse waren. Dies ist zwar auch bei den

Oberkategorien möglich, aber weitaus nicht so detailliert. Setze deshalb gerne die Haken in den Unterkategorien. Auch *Limmaland* hat sehr gute Erfahrungen damit gemacht, viele spezifische Interessen in der zweiten oder sogar besser dritten Ebene auszuwählen. Dabei gibt Limmaland die wichtigsten Keywords in der Suche ein und schaut, welche Detailinteressen dazu passen könnten. Nach den Testläufen werden diese dann immer weiter verfeinert.

Keyword-Targeting

Deine Zielgruppe sucht nach bestimmten Suchbegriffen, die für dich relevant sind? Perfekt! Dann möchtest du mit deinen Pins genau hier im Feed auftauchen. Denn die Pinterest-Nutzerinnen und -Nutzer sind bei Suchanfragen besonders offen für deine Ideen und Lösungen. Diese Option ist ein toller Vorteil gegenüber Facebook Ads. Auch Google Ads werden durch den visuellen Aspekt der Pins erweitert, die den Suchbegriff und die Lösung direkt anschaulich machen und Emotionen auslösen. Keywords sollten also nie in deiner Kampagne fehlen. Die Empfehlung von Pinterest lautet, mindestens 25 Keywords, besser sogar noch mehr, auszuwählen. Bei Nischenthemen sind aber auch weniger okay. Wenn du noch mehr passende findest, kannst du auch gerne über 100 Keywords eintragen. Hier gilt auch wieder: Mehr ist mehr! Denn so kannst du später in der Analyse herausfiltern, welche Suchanfragen am häufigsten zu einem Klick geführt haben. Und das sind oft Keywords, die du vielleicht nicht als am relevantesten eingeschätzt hättest. Denke auch gerne wieder in etwas breiteren Dimensionen. In unserem Beispiel könnten Keywords wie »Marketing Tipp«, »Pinterest«, »Pinterestdesign«, »Pindesign«, »Instagramdesign«, »Pinterest für Anfänger«, »Marketing Ideen«, »Marketing Plan« und »Tipp für Selbstständige« eingesetzt werden. Auch hier verändert sich auf der rechten Seite wieder die potenziell erreichbare Zielgruppe (siehe Abbildung 11.21). Die Zielgruppe kann hier gerne auch sehr groß sein, wie beispielsweise 1–5 Mio. Bei Nischenthemen fällt sie manchmal allerdings etwas kleiner aus. Beachte, dass die Zielgruppe bei Nischenthemen mindestens 10.000 betragen sollte. Ansonsten kann es sein, dass deine Anzeigen nicht richtig ausgespielt werden. Die Basis dafür ist deine ausführliche Keyword-Recherche in Pinterest! Schau auch gerne im Google Keyword Planner vorbei.

Bei den Keywords kannst du einige Unterscheidungen vornehmen und damit entscheiden, bei welchen Suchanfragen genau die Ad ausgespielt wird. Je nachdem, ob du beispielsweise Pinterest für Anfänger oder »Pinterest für Anfänger« mit Anführungszeichen eingibst, ergibt sich eine unterschiedliche Bedeutung, wie du in Tabelle 11.2 erfährst.

11.3 Pinterest Ads: So erstellst du zielführende Werbeanzeigen

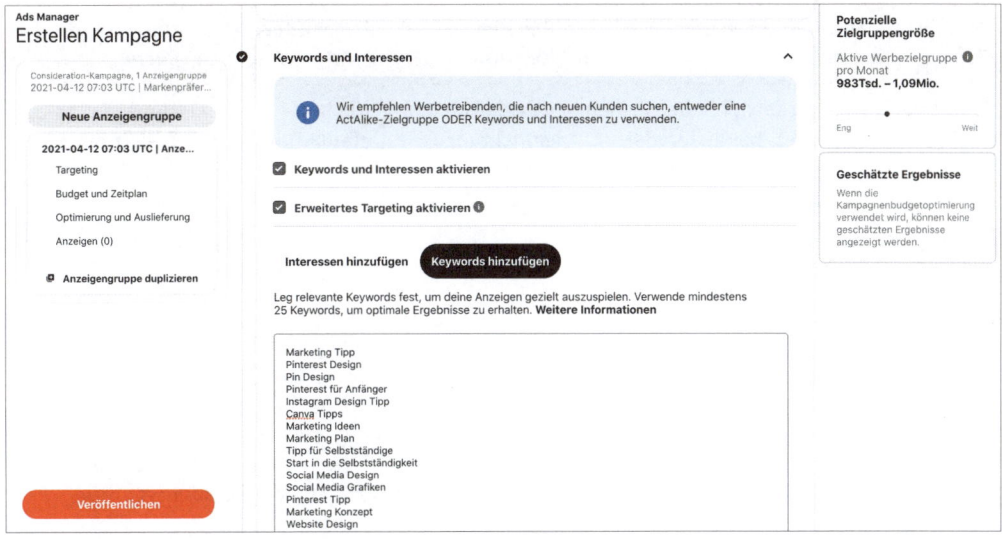

Abbildung 11.21 Keywords in Anzeigengruppe anlegen

Match-Typ	Zusammenfassung	Beispiel-Keyword	Passende Suche	Unpassende Suche
Broad Match	Pins werden für Keywords, Rechtschreibfehler, Synonyme und andere passende Suchbegriffe angezeigt. Wortreihenfolge ist egal.	Küchen Design	Einrichtungs-ideen Küche, Tapeten Designs	T-Shirt Ideen
Phrase Match	Suchbegriffe enthalten den gesamten Ausdruck im Keyword. Auch bei Alternativen oder ähnlichen Variationen des Ausdrucks. Dieselbe Wortreihenfolge ist wichtig.	»Küchendesign«	Ideen Küchen-design, Küchen-designs	Ideen Küchen-einrichtung, Design Küche
Exact Match	Pins werden für dasselbe Keyword oder sehr ähnliche Variationen angezeigt. Die Wortreihenfolge wird berücksichtigt.	[Küchendesign]	Küchendesign, Küchendesigns	Idee Küchen-design, Design Küche, Küchen-einrichtung

Tabelle 11.2 Keyword-Formatierungen (Quelle: help.pinterest.com/de/business/article/keyword-targeting)

301

Match-Typ	Zusammenfassung	Beispiel-Keyword	Passende Suche	Unpassende Suche
Negative Phrase Match	Pins werden nicht bei Suchen angezeigt, bei denen der gesamte Keyword-Ausdruck im Suchbegriff enthalten ist. Die Wortreihenfolge wird berücksichtigt.	-»Schlafzimmer-einrichtung«	Küchen-einrichtung	Tipps Schlafzimmer-einrichtung
Negative Exact Match	Pins werden nicht für Suchen angezeigt, die genau mit dem Keyword übereinstimmen. Die Wortreihenfolge wird berücksichtigt.	-[Schlafzimmer-einrichtung]	Moderne Schlafzimmer-einrichtung, Küchen-einrichtung	Schlafzimmer-einrichtung

Tabelle 11.2 Keyword-Formatierungen (Quelle: help.pinterest.com/de/business/article/keyword-targeting) (Forts.)

> **Tipp: Broad Match wird am häufigsten verwendet**
>
> In der Regel arbeitest du immer mit dem Broad Match. Vor allem wenn du noch am Anfang mit dem Schalten von Werbeanzeigen stehst, brauchst du dir keine Gedanken um die unterschiedlichen Arten zu machen. Trage deine Keywords also einfach ohne zusätzliche Symbole ein.

Neue Zielgruppe erstellen

In Abschnitt 11.2.3 hast du bereits gelernt, dass du auch genau die Menschen ansprechen kannst, die beispielsweise bereits Besucherinnen und Besucher auf deiner Website waren. Die Funktion ist neben den Interessen sowie den Keywords die dritte Variante, mit der du die Zielgruppe einer Anzeigengruppe erstellen kannst. Diese Auswahlmöglichkeiten sind nur interessant für dich, wenn du das Pinterest-Tag bereits seit mindestens vier Wochen installiert hast. Klicke dazu in der Anzeigengruppe im Bereich TARGETING auf den Button NEUE ZIELGRUPPE ERSTELLEN. Nun öffnet sich ein neues Fenster, in dem du auf den Button ZIELGRUPPE ERSTELLEN klickst. Jetzt kannst du zwischen den vier Möglichkeiten aus Abbildung 11.16 wählen. Wählst du den ersten Punkt, BESUCHER, DIE DEINE WEBSITE BESUCHT HABEN, gelangst du zum Fenster in Abbildung 11.22. Hier kannst du der Zielgruppe einen Namen geben, etwa »Website-Besucher_90 Tage«, und auch eine Beschreibung anfügen. In diesem Beispiel wollen wir unsere Website-Besucherinnen und -Besucher der letzten 90 Tage ansprechen und wählen unten entsprechend 90 TAGE aus. Du kannst an dieser Stelle auch weitere Filter auswählen. Wenn du beispielsweise nur Nutzerinnen und Nutzer erreichen möchtest, die auf einer bestimmten Produkt- oder Landingpage waren, wählst du das entsprechend aus.

Abbildung 11.22 Erstelle eine Zielgruppe aus denjenigen Menschen, die deine Website beispielsweise in den letzten 90 Tagen besucht haben.

> **Tipp: Baue zunächst Reichweite auf**
>
> Wenn du Ads ganz neu auf Pinterest schaltest, empfiehlt es sich, zunächst nur Interessen sowie Keywords in den Anzeigengruppen auszuwählen. So erhältst du Traffic von deiner relevanten Zielgruppe, und du weißt, wer sich wirklich interessiert. Hast du beispielsweise einen Shop, lohnt es sich, nach drei bis vier Wochen eine Zielgruppe aus deinen Website-Besucherinnen und -Besuchern zu erstellen, um diese dann mit deinen Angeboten anzusprechen. Mit diesen sogenannten Retargeting Ads wird in der Regel der meiste Umsatz erzielt! Interessant in diesem Kontext können auch die *ActAlike*-Zielgruppen sein.

Weitere Einstellungen

Nun folgen noch einige Einstellungen zu demografischen, geografischen und Budget-Themen. In Abbildung 11.23 kannst du deine Zielgruppe auf ein bestimmtes

Geschlecht, eine Altersgruppe, Standorte in Deutschland, Sprachen oder Geräte verfeinern. Wenn du keine bestimmten Einschränkungen machen möchtest, kannst du die Einstellungen unverändert lassen.

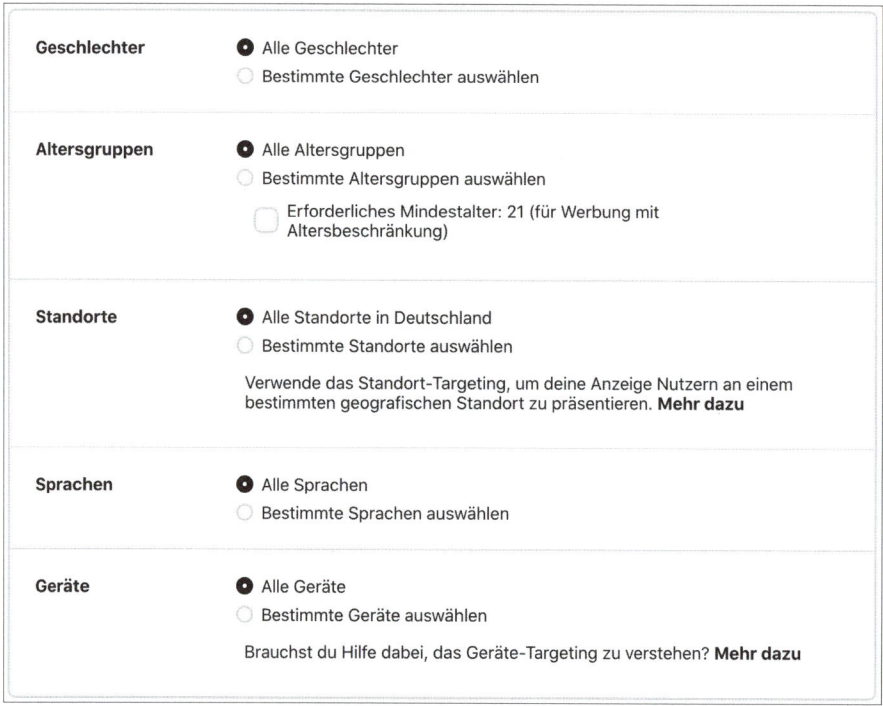

Abbildung 11.23 Weitere Einstellungen zu Geschlecht, Alter, Standort, Sprache und Geräte in einer Anzeigengruppe

Anschließend kannst du entscheiden, wo deine Pins ausgespielt werden sollen: nur im Such-Feed oder auch im Home-Feed? In der Regel kannst du in Abbildung 11.24 ALLE auswählen. Der Bereich ANZEIGENGRUPPEN-TRACKING-URLS ist nur für Fortgeschrittene zu nutzen. Das Budget und der Zeitplan wurden in dieser Markenpräferenz-Kampagne bereits zu Beginn auf Kampagnenebene eingestellt.

Abschließend kannst du im Bereich OPTIMIERUNG UND AUSLIEFERUNG noch Einstellungen zum Gebot abgeben. Wählst du BENUTZERDEFINIERT, kannst du angeben, wie viel du maximal pro Klick ausgeben möchtest. Da es allerdings zu Beginn häufig schwierig ist, ein Gefühl dafür zu bekommen, wie viel ein Klick wert ist, empfiehlt sich das automatische Gebot. Ein weiterer Vorteil ist dabei, dass der Algorithmus besser arbeiten kann und deine Ads mit größerer Wahrscheinlichkeit bei wichtigen Suchanfragen ausgespielt werden. Ansonsten kann es sein, dass deine Wettbewerber ein höheres Gebot abgegeben haben und deine Anzeigen deshalb zu deinen wichtigsten Suchbegriffen kaum ausgespielt werden. Deshalb die Empfehlung: Wähle das automatische Gebot aus.

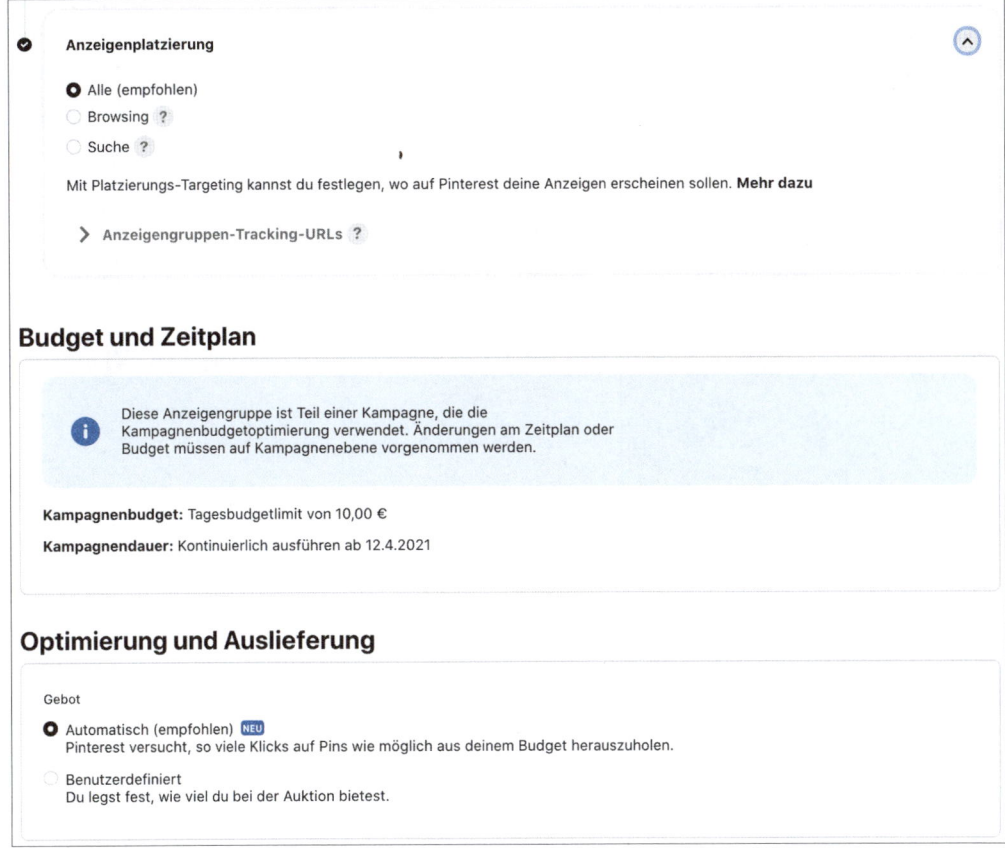

Abbildung 11.24 Platzierung der Anzeigengruppe

11.3.3 Pins auswählen

Im letzten Schritt der Anzeigenerstellung kommen wir zum Herzstück: den Pins! Hier empfiehlt es sich, mindestens drei Pin-Formate parallel zu testen. Schau dazu auch gerne mal in deinen organischen Analytics nach, welche Designs und Pins bisher am besten performt haben. Vielleicht kannst du spannende Erkenntnisse in die Gestaltung deiner Ads-Pins übernehmen. In Abbildung 11.25 siehst du beispielhaft eine Ansicht der zuletzt veröffentlichten Pins, aus denen du diejenigen für deine Werbeanzeigen durch Anklicken auswählen kannst. Außerdem hast du die Möglichkeit, deine Pins nach Pin-Formaten oder bestimmten Suchbegriffen zu filtern, um sie besser zu finden. Weiterhin hast du Zugriff auf deine öffentlichen Pinnwände, von denen du die Pins direkt auswählen kannst.

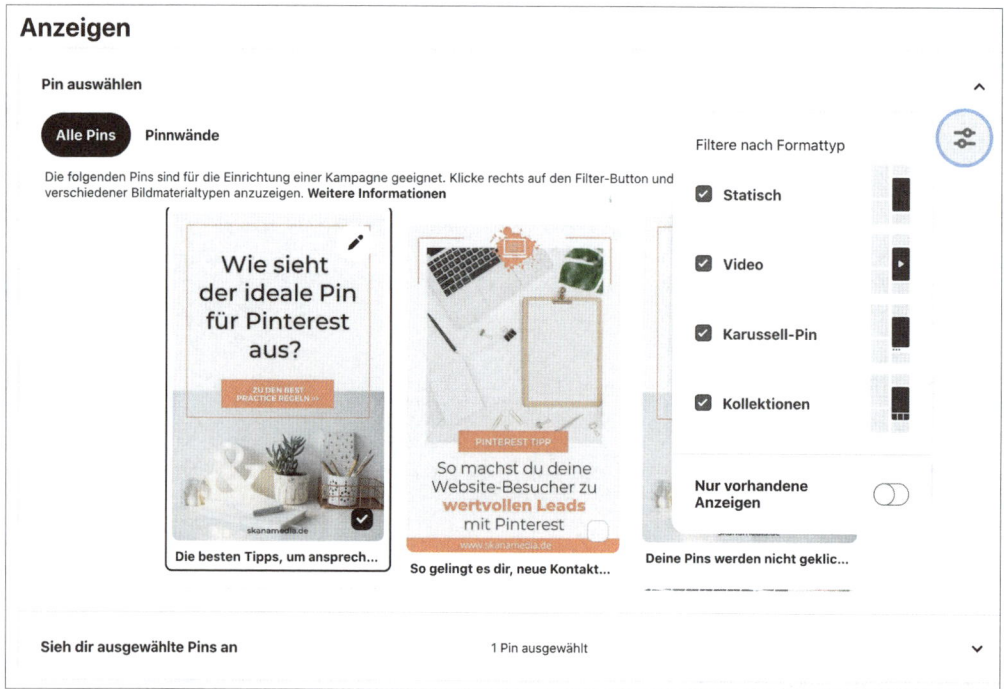

Abbildung 11.25 Füge deiner Anzeige-Pins hinzu.

Wähle nun alle Pins aus, die zu deiner Kampagne passen und zum entsprechenden Linkziel führen. Möchtest du nun noch die Pin-Beschreibung, den Pin-Titel oder die URL anpassen? Klicke hierzu einfach auf den Bearbeiten-Stift statt auf den Pin.

> **Tipp: Keywordoptimierung von Anzeigen**
>
> Welche Keywords du in der Pin-Beschreibung etc. verwendet hast, ist für die Ausspielung der Ads nicht entscheidend. Das hat ausschließlich mit den zuvor vorgenommenen Einstellungen zu tun. Dennoch kann es ratsam sein, die Ads SEO-optimiert hochzuladen. Denn sobald du eine Werbeanzeige abschaltest, lebt der Pin dennoch organisch weiter – oft sogar sehr gut, da der Pin bereits viele Interaktionen gesammelt hat. Unterschätze diesen langfristigen Nachwirkeffekt also nicht!

Möchtest du, dass die Pins deiner Anzeigen nicht im Profil zu sehen sind? Das macht beispielsweise bei Pins mit Rabattaktionen Sinn, da diese Pins nach einer gewissen Zeit nicht mehr aktuell sein werden. Dann veröffentliche solche Pins nicht zuvor auf deinem Profil, sondern erst jetzt im letzten Schritt des Prozesses. Klicke dazu auf das große PLUS im Bereich der Anzeigenauswahl. Nun kannst du deine Pins wie gewohnt hochladen. Wählst du eine Pinnwand zum Pinnen aus, kannst du eine neue Pinnwand hinzufügen. Benenne diese entsprechend, und setze den Haken bei GESCHÜTZTE PINNWAND ERSTELLEN. Nun wird dein Pin auf einer geschützten Pinnwand veröffentlicht, die nur für dich zu sehen ist.

Reminder: Designtipps

Wir haben uns bereits ausführlich in Kapitel 6 mit der Gestaltung deiner Pins beschäftigt und dir dabei aufgezeigt, welche Aspekte bei der Gestaltung deiner Pins besonders wichtig sind. Rufe dir diese noch einmal ins Gedächtnis, denn diese Kriterien sind auch für die Erstellung von Ads von ebenso zentraler Bedeutung. Ist dein Pin auch auf dem mobilen Endgerät gut lesbar? Weckt er Neugier? Ist der Pin gebrandet? Wird die Erwartungshaltung beim Klick auf die Website erfüllt? Passt die Ansprache zum Themengebiet und die Gestaltung zum Kampagnenziel? Hast du gegebenenfalls wichtige Keywords auf dem Pin integriert?

Wir möchten nun kurz näher darauf eingehen, wie die Gestaltung deiner Pins mit dem von dir gesetzten Kampagnenziel in Zusammenhang steht. Möchtest du Aufmerksamkeit für deine Marke steigern, reicht ein gutes Image-Video oder Produktbild gemeinsam mit dem Logo. Möchtest du Traffic zu einem Blogartikel generieren, ist es wichtig, dass du spannenden Text mit den wichtigsten Keywords auf dem Pin integriert hast. Ist es dein Ziel, Conversions zu steigern? Dann bietet es sich ebenso an, einen Call-to-Action wie »zum Shop«, »mehr entdecken« oder »jetzt konfigurieren« zu integrieren. Denn insgesamt ist es immer wichtig, die Erwartungshaltung zu erfüllen. Ansonsten hast du nur hohe Absprungraten, d. h., die Nutzerinnen und Nutzer verlassen die Website direkt wieder, ohne eine Handlung ausgeführt zu haben. Das kostet dich Geld kosten und ist ein negatives Zeichen für den Algorithmus. Variiere also deine Pin-Gestaltung je nach Kampagnenziel! Beispiele zu der Gestaltung von Werbeanzeigen siehst du in Abbildung 11.26.

Verwende auch gerne unterschiedliche Pin-Formate wie den Standard-Pin, Video-Pin oder Karussell-Pin. Die unterschiedlichen Formate lassen sich hier nur schwer zeigen. Schau deshalb gerne für weitere Inspirationen auf unserer Skana-Media-Best-Practice-Pinnwand für Werbeanzeigen vorbei. Den QR-Code findest du in Abbildung 11.15. Hast du nun alles ausgewählt, klickst du unten links auf den Button STARTEN, um deine Anzeige zu veröffentlichen. Die Anzeigenprüfung kann bis zu 24 Stunden in Anspruch nehmen. Falls dein Pin gegen die Werberichtlinien verstößt, bekommst du dazu eine Benachrichtigung im Ads Manager. Diese beinhaltet auch Hinweise dazu, wie dein Pin abgeändert werden muss, damit die Anzeige veröffentlicht werden kann. Und wenn alles in Ordnung ist, geht deine Anzeige live.

Abbildung 11.26 Beispiele zu Pinterest Ads (Quelle: Ankerkraut (links), NKM (Mitte), Sarah Cartsburg (rechts))

> **Hinweis: Pinterest-Werberichtlinien**
> Bist du im Gesundheits-, Finanz-, oder einem anderen werbekritischen Bereich unterwegs, solltest du gegebenenfalls mit dem Wording etwas aufpassen. Schau dir dazu die Werberichtlinien von Pinterest an. Diese findest du unter *https://policy.pinterest.com/de/advertising-guidelines*.

Anzeigengruppe duplizieren

Glückwunsch! Du hast deine erste Anzeige veröffentlicht. Wie eingangs schon erwähnt, empfiehlt es sich, diese Anzeigengruppe nun innerhalb der Kampagne zu duplizieren. Klicke dazu im Ads Manager auf der linken Seite auf ANZEIGENGRUPPE DUPLIZIEREN (siehe Abbildung 11.27). Hast du beispielsweise zuvor die Keywords eingetragen, löschst du diese im Duplikat heraus und wählst nun alle wichtigen Interessen aus. Benenne die Anzeigengruppe noch kurz um, und schon bist du fertig. Falls du auch noch deine letzten Website-Besucherinnen und -Besucher ansprechen oder eine ActAlike-Zielgruppe anlegen möchtest, duplizierst du dazu wieder die Anzeigengruppe und legst hier entsprechend die neue Zielgruppe an. Das bedeutet, dass du pro Zielgruppenansprache (Interessen, Keywords, Website-Besucher) eine eigene Anzeigengruppe innerhalb einer Kampagne anlegst. Alle Anzeigengruppen enthalten dieselben Pins und führen alle zum selben Linkziel. So kannst du am Ende gut analysieren und optimieren. Schau dir zur Veranschaulichung noch mal die Kampagnenstruktur aus Abbildung 11.14 an. Genau diesen Aufbau haben wir gerade vorgenommen.

> **Praxistipp von Limmaland: Spiele deine Anzeigen an Nutzerinnen und Nutzer aus, die mit deinen Pins interagiert haben**
>
> Neben Keyword- und Retargeting-Kampagnen sind für *Limmaland*, einen Online-Shop für Designfolien und Zubehör für IKEA Möbel im Kinderzimmer, diejenigen Kampagnen am erfolgreichsten, die Personen ansprechen, die im Vorfeld bereits mit den organischen Pins interagiert haben. Wer also mit einem Pin von Limmaland interagiert oder ein Video länger angeschaut hat, bekommt anschließend passende Werbeanzeigen ausgespielt. Dies funktioniert bei Limmaland hervorragend und ist ein Best Practice für das Zusammenspiel von organischem und bezahltem Traffic. Diese Einstellung kannst du unter Zielgruppen unter Eine Interaktionszielgruppe, die mit Pins deiner verifizierten Domain interagiert hat vornehmen (siehe Abbildung 11.16).

Abbildung 11.27 Anzeigengruppe duplizieren

11.4 Kampagnen verwalten und optimieren

Mit dem Schalten deiner ersten Kampagne hast du einen wichtigen Schritt gemacht, um deine Reichweite weiter zu skalieren. Damit du aber wirklich erfolgreiche Anzeigen schaltest, die gute Ergebnisse zu günstigen Preisen bringen, ist die regelmäßige Analyse und Optimierung deiner Werbeanzeigen essenziell. Auch wenn der Algorithmus schon clever ist, die besten Pins mit mehr Werbebudget puscht und weniger erfolgreiche ein reduzierteres Budget erhalten, braucht es deine manuelle Unterstützung. Außerdem kannst du aus den Ergebnissen einiges lernen, um deine zukünftigen Kampagnen bereits zu Beginn besser vorzubereiten, zu erstellen und auch für deine organische Pin-Strategie zu übernehmen. Wir wollen uns jetzt anschauen, woran du erkennst, welche Pins am besten performen und welche Keywords oder Interessen dafür am relevantesten sind. Außerdem besprechen wir, wie du darauf basierend deine zukünftigen Anzeigen optimieren kannst.

> **Tipp: Warte mindestens sieben Tage, bis du deine Anzeigen optimierst**
> Es kann sein, dass du nach ein oder zwei Tagen das Bedürfnis hast, etwas zu ändern: andere Pins auswählen, das Budget anpassen, etwas deaktivieren. Allerdings solltest du immer mindestens sieben Tage warten, bevor du etwas an den Keywords, Interessen oder Pins änderst. Bei ganz neuen Kampagnen sind sogar 10–14 Tage zu empfehlen. Denn der Algorithmus benötigt erst etwas Zeit, um sich einzupendeln und zu verstehen, wer wirklich bis zu deiner Website weiterklickt und zum Beispiel einen Kauf tätigt. Deshalb ist es nicht unüblich, dass sich deine Zahlen im Laufe der ersten Tage sehr verändern können. Lass den Algorithmus sich also erst mal einpendeln und lernen. Wenn du zu früh eingreifst, verschießt du möglicherweise nur wertvolles Budget. Behalte danach aber immer deine Anzeigen im Blick, und schau dir alle paar Tage die Ergebnisse an, um gegebenenfalls korrigieren zu können.

11.4.1 Anzeigen-Performance verfolgen

Wo findest du denn nun heraus, was ein Klick kostet, wie viele Menschen etwas auf deiner Website gekauft haben oder wie viele deine Anzeigen gesehen haben? Dazu gibt es drei Bereiche in deinem Pinterest-Account.

Anzeigen-Übersicht

Wähle im Menü ANZEIGEN den Bereich ÜBERSICHT aus. Hier siehst du auf einen Blick, wie viele Ausgaben du getätigt hast und wie viele Impressionen, Website-Besucherinnen und -Besucher sowie Merken-Aktionen du durch deine aktiven Werbeanzeigen erzielt hast. Auf der linken Seite kannst du dein gewünschtes Zeitfenster auswählen. Scrollst du herunter, siehst du auch, welche Pins aktuell mit Werbebudget gepuscht werden. Hier findest du also nur grobe Zahlen. Wenn du weiter ins Detail gehen möchtest, wo es wirklich interessant wird, schau in den nächsten zwei Bereichen nach.

Berichte

Im Bereich BERICHTE unter ANZEIGEN geht es ins Detail. In Abbildung 11.28 kannst du den gewünschten Zeitraum auswählen und dir dazu die Ergebnisse anzeigen lassen. Möchtest du weiter filtern, hast du die Möglichkeit, nur nach Zielen wie Awareness oder Conversion zu filtern oder dir unter Status nur die aktiven, pausierten oder abgeschlossenen Ads anzusehen. In den Conversion-Einstellungen kannst du zum Beispiel einstellen, ob nur Käufe angezeigt werden sollen, die noch am selben Tag getätigt wurden, nachdem eine Nutzerin mit deiner Anzeige interagiert hat, oder ob auch sieben oder dreißig Tage hinzugezählt werden sollen. Denn es kann immer sein, dass ein Nutzer nicht direkt kauft, aber in den nächsten Tagen aufgrund der Werbeanzeige auf deine Website zum Kauf zurückkehrt. Dies gilt also nur für Conversion-Kampagnen. In dem Säulendiagramm aus Abbildung 11.28 siehst du, wie viel Budget pro Tag ausgegeben wurde. In diesem Fall sind alle Säulen orange, da ausschließlich Conversion-Kampagnen für einen Online-Shop geschaltet wurden.

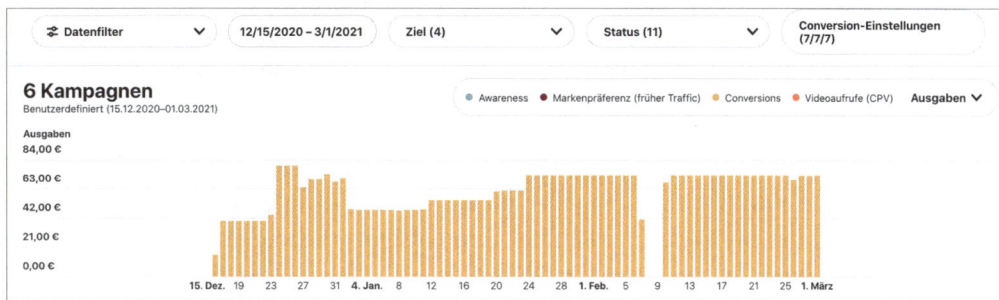

Abbildung 11.28 Im Anzeigen-Menü unter »Berichte« findest du diese Ansicht deiner Kampagnen.

> **Was ist ein Conversion-Fenster?**
>
> Dies beschreibt die Zeitspanne zwischen dem Betrachten oder Anklicken einer Werbeanzeige und einem Conversion-Ereignis, wie einem Kauf oder einer Eintragung, das du zuvor als Ziel festgesetzt hast und für das du das entsprechende Tag installiert hast. Du kannst einstellen, auf welcher Basis dir die Ergebnisse angezeigt werden. Ein gutes Conversion-Fenster liegt bei 30/30/1. Das bedeutet, in die Auswertung werden alle Personen einberechnet, die innerhalb der letzten 30 Tage auf die Anzeige geklickt oder mit dieser interagiert haben, sowie jene, die vor einem Tag deine Anzeige gesehen haben. Somit werden nur die Menschen einbezogen, die auch wirklich mit deiner Anzeige interagiert haben. Und da Conversions oft nicht direkt stattfinden, sondern auch einige Tage später, kannst du einen größeren Zeitraum wie 30 Tage auswählen.

Scrollen wir nun weiter herunter, kommt das Herzstück des Bereiches: Wir sehen alle wichtigen KPIs der unterschiedlichen Kampagnen, wie in Abbildung 11.29 zu sehen. Diese Tabelle lässt sich noch viel weiter zur Seite scrollen, sodass du weitere Kennzahlen sehen kannst. Die wichtigsten sind aber, je nach Kampagne:

- Ausgaben
- Kosten pro Ergebnis
- Klicks auf Pins
- Ausgehende Klicks
- CTR (Click-through-Rate)
- Conversions: Anzahl der Anmeldungen oder Verkäufe, Bestellwert und der ROAS (Return on Ad Spend)

> **Definition: Return on Ad Spend (ROAS)**
>
> Der ROAS gibt an, wie viel Umsatz du pro 1 € investiertem Werbebudget verdienst. Ist der ROAS also bei 1, machst du weder Gewinn noch Verlust. Liegt der ROAS unter 1, machst du Verlust. Wenn das der Fall ist, solltest du definitiv etwas optimieren oder die Kampagne abschalten. Alles über 1 ist gewinnbringend. In der Regel wird ein ROAS zwischen 2 und 10 angestrebt. Beachte, dass diese Werte sich nur auf Dienstleistungen übertragen lassen. Onlineshops müssen beispielsweise noch ihre gesamten Produktionskosten hinzurechnen, um profitabel zu sein. *Limmaland* zum Beispiel ist erst ab einem ROAS von 3,5 profitabel. Weil dir dieser Wert so einfach verdeutlicht, wie profitabel deine Anzeigen sind, ist dies eine sehr wichtige Kennzahl für Conversion-Kampagnen. Außerdem erleichtert dir diese Kennzahl einen Vergleich beispielsweise zwischen Pinterest Ads, Google Ads und Facebook Ads.

Beachte, dass diese Werte immer auf Basis deiner zuvor vorgenommenen Einstellungen basieren, wie zum Beispiel dem entsprechenden Zeitraum. Wie du diese Werte interpretieren kannst, erfährst du gleich.

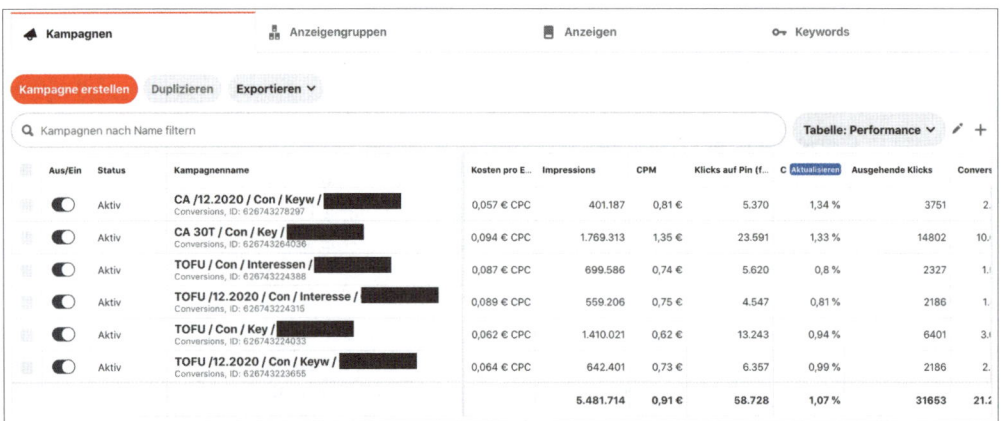

Abbildung 11.29 In dieser Tabelle findest du die wichtigsten Kennzahlen zu deinen Werbeanzeigen.

Auch empfiehlt es sich, eine Excel-Tabelle mit den für dich wichtigsten Kennzahlen anzulegen. So kannst du jederzeit deine Zahlen im Monatsvergleich überblicken, was dir einen guten Überblick über die Entwicklungen gibt.

Welchen Zeitraum solltest du einstellen?

Wenn eine Anzeige ganz frisch geschaltet wurde, solltest du immer die Laufzeit der Kampagne ansehen. Später kannst du dir alle 30 Tage ein Reporting erstellen, oder beispielsweise immer vom ersten bis zum letzten Tag eines Monats, und somit diesen Zeitraum genauer anschauen, analysieren und ggf. in eine Excel-Übersicht übertragen.

Conversion Insights

Nun kommen wir zum letzten Bereich, in dem du dir ebenso deine Ergebnisse ansehen kannst. Dieser befindet sich allerdings nicht im Ads-Manager, sondern im Analytics-Bereich unter CONVERSION INSIGHTS. Hier siehst du, welchen Gesamteinfluss deine organischen Pins sowie Werbeanzeigen auf deinen Umsatz sowie weitere Conversion-Metriken haben. Auch hier kannst du auf der linken Seite unterschiedliche Filter setzen, wie du in Abbildung 11.30 siehst. Dieser Bereich ist besonders interessant, da du wichtige Kennzahlen wie Seitenaufrufe, Warenkörbe, Checkouts sowie den durchschnittlichen Bestellwert auf einen Blick siehst. Außerdem wird aufgeschlüsselt, wie viel Umsatz du durch deine organischen Pins (organisch), deine Werbeanzeigen (paid nicht unterstützt) oder auch die Kombination daraus (paid unterstützt) erzielt hast. Es wird deutlich, dass auch die organische Aktivität einen wichtigen Einfluss auf den Umsatz hat. Scrollst du bis nach unten, siehst du sogar, welche Pins zu diesen Umsätzen geführt haben. Diese Insights sind sehr interessant, um Erfolgsfaktoren deiner Designs und deren Ansprache abzuleiten. Deshalb solltest du hier unbedingt regelmäßig einen Blick hineinwerfen.

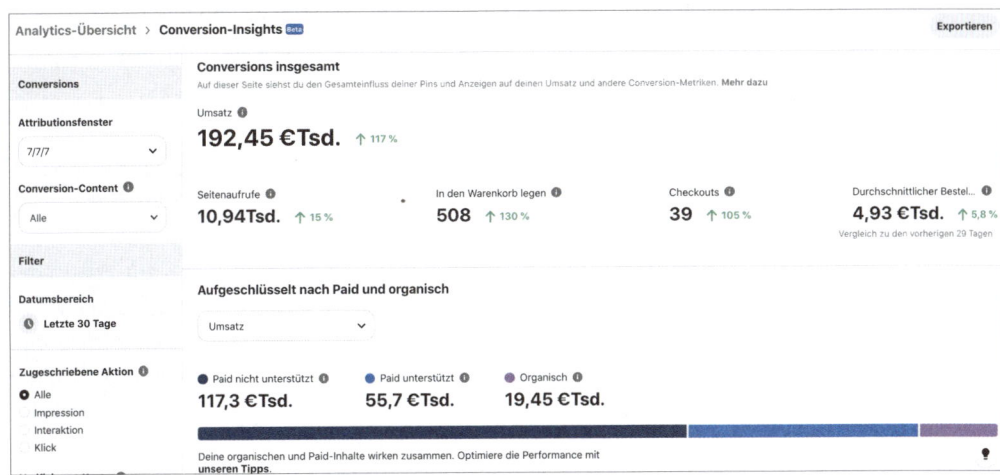

Abbildung 11.30 Die Conversion Insights stellt den Gesamteinfluss der Pins und Anzeigen auf deine Conversion-Metriken dar.

11.4.2 Erfolg messen

Du weißt nun, wo du deine wichtigsten Kennzahlen ablesen kannst. Doch woher weißt du nun, was wirklich gut ist und welche Kennzahlen die wichtigsten sind?

Wir schauen uns die Ergebnisse immer mit diesen Gedanken im Hinterkopf an: Sind meine Anzeigen profitabel? Mache ich langfristig Gewinn?

Dies ist bei Conversion-Kampagnen in der Regel relativ einfach nachzuvollziehen. Denn du siehst, wie viel Geld du ausgegeben hast und wie viel Umsatz daraus generiert wurde. Wenn du aber beispielsweise Leads für deine Newsletter-Liste sammelst, solltest du dir vorher darüber Gedanken machen, wie viel Geld dir ein Lead wert ist. Wie viele Kunden generierst du in der Regel über deine Newsletter, und wie teuer sind deine Produkte? Damit du später bewerten kannst, ob die Ads für dich erfolgreich waren, solltest du dir darüber im Klaren sein. Beachte hierbei auch unbedingt, dass du deinen Verkaufs-Funnel vorher optimiert hast! Sorge also dafür, dass die Kundenreise optimal gestaltet ist, damit deine Ziele auch erreicht werden. Denn ansonsten wirst du daraus am Ende kaum Umsatz generieren. Eine weitere Möglichkeit ist, deine Markenbekanntheit zu steigern. Dies ist etwas schwerer zu greifen und auch zu messen und eher eine langfristige Investition, die zumeist von größeren Unternehmen genutzt wird.

> **Wichtige KPIs je nach Kampagnenziel**
>
> Die wichtigsten KPIs je nach Kampagnenziel, auf die du regelmäßig einen Blick werfen solltest, fassen wir jetzt einmal für dich zusammen:
>
> - Direkte Umsatzsteigerung im Shop: Cost per Action (CPA) für Checkouts, Return on Ad Spend (ROAS) für Checkouts, Klickrate, Cost per Click (CPC) und ausgehende Klicks (Website-Besucher)
> - Leadgenerierung: CPA pro Lead, Klickrate, CPC, ausgehende Klicks
> - Website-Traffic: CPC, Klick auf Pin, ausgehende Klicks
> - Markenbekanntheit: Cost per Million (CPM): Was kosten 1.000 Impressionen?

Welche Ergebnisse nun gut sind und welche nicht, ist leider nur schwer zu pauschalisieren. Es kommt dabei nämlich immer darauf an, wie viel ein Kunde oder Website-Besucher für dich wert ist, wie hoch ein durchschnittlicher Warenkorb ist und wie hoch deine Marge ist. Wenn ein Produkt 1.000 € kostet, dann darf ein Kunde auch gerne mal 100–200 € kosten, bei einem günstigeren Produkt hingegen nur 5 €. Deshalb ist es so wichtig, deine Zahlen zu kennen.

Wie du aber beispielsweise in Abbildung 11.29 siehst, kostet ein Klick (CPC) ca. 0,08 €. Das ist ein sehr guter Klickpreis! Auch wenn du bis zu 0,50 € zahlst, kann dies je nach Produkt auch noch ertragreich für dich sein. Eine gute Kennzahl bei Shops ist der Return on Ad Spend (ROAS). Der CPM (Tausenderkontaktpreis) in diesem Beispiel liegt bei 0,91 €. Auch das ist sehr günstig. Auch Preise unter 10 € können noch profitabel sein. Du siehst, es ist nicht ganz einfach, Richtwerte zu geben. Deshalb empfehlen wir dir, viel auszuprobieren, um ein besseres Gefühl dafür zu bekommen und deine eigenen Zahlen zu kennen. Erst dann kannst du bewerten, was für dich wirklich gut ist und was nicht. Hilfreich ist es auch, dich mit anderen Unternehmerinnen oder Dienstleistern auszutauschen, was sie durchschnittlich zahlen.

11.4.3 Optimiere deine Kampagnen

Hiermit legst du ca. sieben Tage nach Veröffentlichung deiner Werbeanzeige los. Bitte nicht vorher, damit der Algorithmus genügend Zeit hat, sich einzupendeln. Nun kannst du erst einmal schauen, ob deine Kampagnen für dich überhaupt profitabel sind. Welche KPIs dafür wichtig sind, hast du vorhin gelernt. Falls die Anzeigen nicht ertragreich waren, solltest du erst mal überlegen, woran das liegen kann: Werden kaum Klicks auf die Pins erzielt? Dann könnte das Thema uninteressant für die Zielgruppe sein, oder das Design ist nicht ideal umgesetzt. Es kann auf der anderen Seite natürlich auch sein, dass du einfach die falsche Zielgruppe angesprochen hast! Es gibt hier leider viele Komponenten, die mit reinspielen können. Entscheide dich also an dieser Stelle: Kann ich etwas optimieren, oder schalte ich die Kampagne wieder ab? In den allermeisten Fällen sollte es aber weitergehen. Schaue dir für die groben Kennzahlen alles auf Kampagnenebene an. Möchtest du weiter ins Detail gehen, kannst du dir diese Ergebnisse auch auf Anzeigengruppenebene sowie für die einzelnen Pins unter ANZEIGEN darstellen lassen. Diese Bereiche siehst du ganz oben in Abbildung 11.29.

Optimierungen auf Anzeigenebene

Dieser Bereich ist sehr spannend. Hier siehst du nämlich, welche beworbenen Pins am meisten Budget zugewiesen bekommen haben und welche auch die besten Ergebnisse erzielt haben. Du hast ja extra mehrere Pins gestaltet und für Anzeigengruppe ausgewählt, damit der Algorithmus testen kann, was am besten bei der Zielgruppe ankommt. Welcher Pin nun die meisten Ergebnisse erzielt hat, erfährst du in diesem Bereich (siehe Abbildung 11.31). Sind in einer Anzeigengruppe Pins dabei, die kaum Budget bekommen und auch keine gute CTR oder verhältnismäßig nur wenige ausgehende Klicks, kannst du auch einzelne Pins abschalten. So verteilt sich das Budget noch besser auf die erfolgreichsten Pins. Auch spannend anzusehen ist die Geschlechterverteilung. Haben sich deine Anzeigen beispielsweise fast nur Frauen angesehen, kannst du zukünftig auch nur noch diese ansprechen und somit dein Targeting verfeinern. Besonders spannend ist es auch, sich die erfolgreichen Interessen und Keywords im Detail anzusehen. Dazu kommen wir nun.

> **Tipp: Wie ist das Verhältnis zwischen Klicks aus Pins und ausgehenden Klicks?**
> Zwei wichtige Kennzahlen, die man auch erst seit Anfang 2021 vergleichen kann, sind die Klicks auf Pins sowie ausgehende Klicks. Bitte merke dir, dass die ausgehenden Klicks bedeuten, wie viele Website-Besucher du generiert hast. Klick auf Pins bedeutet lediglich, wie viele den Pin angeklickt, aber nicht weiter auf die Website gescrollt haben. Besonders interessant ist hier, sich das Verhältnis anzuschauen. Denn wenn ein Pin beispielsweise 100 Klicks, aber nur 10 ausgehende Klicks, ein anderer Pin 70 Klicks, aber dafür 20 ausgehende Klicks aufweist, ist der zweite Pin sehr viel wichtiger für dich! Schau dir also unbedingt das Verhältnis an. Ansonsten kann es zu Missinterpretationen kommen.

Ausgaben	Ergebnis	Kosten pro E…	Impressions	CPM
6,42 €	22 Aktionen	0,165 € CPC	4.667	1,43 €
8,20 €	10 Aktionen	0,174 € CPC	5.479	1,50 €
18,38 €	54 Aktionen	0,095 € CPC	14.069	1,34 €
12,65 €	125 Aktionen	0,099 € CPC	7.964	1,64 €
16,03 €	48 Aktionen	0,079 € CPC	10.591	1,68 €
31,10 €	185 Aktionen	0,098 € CPC	23.541	1,34 €
60,30 €	179 Aktionen	0,062 € CPC	66.446	0,96 €
88,16 €	276 Aktionen	0,052 € CPC	88.534	1,09 €
64,83 €	414 Aktionen	0,063 € CPC	61.601	1,07 €
43,07 €	111 Aktionen	0,063 € CPC	36.943	1,19 €

Abbildung 11.31 In der Anzeigenübersicht siehst du zu den einzelnen Pins die wichtigsten Kennzahlen.

Top-Keywords identifizieren

Wenn du während der Anzeigenerstellung auch Keywords ausgewählt hast, kannst du dir nun ansehen, welche am besten funktionieren! Das heißt: Bei welcher Suchanfrage hat die Nutzerin auf deinen Pin geklickt? Wähle dazu unter TARGETING den Bereich KEYWORDS aus (siehe Abbildung 11.32). Schreib dir nun auf, welche Keywords für dich am relevantesten waren. Anschließend kannst du überlegen, speziell für deine besten Keywords eine neue Kampagne anzulegen, für die du auch passende Pins gestaltest. So kannst du dieses Thema noch weiter optimieren und bespielen. Eine weitere Möglichkeit, mit diesen Erkenntnissen weiterzuarbeiten, besteht darin, die Keywords, die nicht funktioniert haben, auszuschließen. Dies kannst du mithilfe der *Negative Keywords* einstellen, die du in Tabelle 11.2 kennengelernt hast. Das bedeutet, dass deine Pins bei diesen Suchanfragen nicht ausgespielt werden, wodurch du noch spezifischer wirst und deine Preise ggf. senken kannst.

> **Tipp: Übernimm diese Erkenntnisse für deine organische Pin-Strategie**
> Deine relevantesten Keywords aus den Anzeigen kannst du auch ideal nutzen, um zu genau diesem Wording neue Pins zu erstellen und Keyword-optimiert hochzuladen.

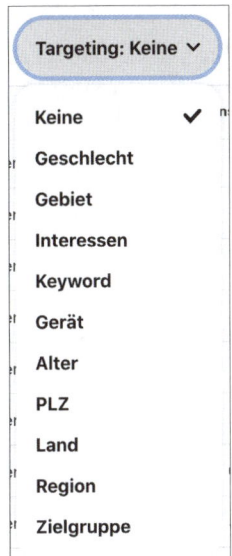

Abbildung 11.32 Targeting-Möglichkeiten, die du weiter analysieren kannst

Interessen analysieren

Statt Keywords kannst du auch INTERESSEN auswählen (siehe Abbildung 11.32). Nun siehst du, welche der ausgewählten Interessen deiner Zielgruppe den meisten Einfluss auf deinen Kampagnenerfolg hatten. Überlege an dieser Stelle für deine nächste Kampagne, auf welche Interessen du noch weiter den Fokus setzen möchtest.

Designs optimieren

Bei der Auswertung deiner Anzeigen lernst du viel über die Optimierung deiner Pin-Designs! Wenn du nämlich viele Varianten gegeneinander testest, siehst du schnell, was am besten bei der Zielgruppe ankommt – vor allem auch, welche Formulierungen am besten ranken. Hast du einmal einen Gewinner identifiziert, kannst du dieses Layout mit einem anderen Text oder Bild auch für deine nächste Anzeige verwenden. Es kann sein, dass dieses Layout auch hier wieder am besten ankommt. Deshalb solltest du deine Erkenntnisse aus vorherigen Kampagnen unbedingt für deine neuen übernehmen und gerne auch für deine organischen Pins.

> **FAQ: Wie lange kann ich eine Ad laufen lassen?**
>
> So lange, wie sie profitabel ist! Manchmal gibt es Kampagnen, die ganzjährig sehr gute Ergebnisse aufweisen. Du kannst sie einfach laufen lassen, ohne etwas zu verändern. Werden die Kennzahlen aber mit der Zeit schlechter, kann es sein, dass deine Zielgruppe gesättigt ist und keine neuen Nutzer mehr über deine Pins auf dich aufmerksam werden. Dann ist es an der Zeit, eine neue Zielgruppe zu erschließen oder neue Themen zu bewerben. Wenn du zeitlich begrenzte Aktionen bewirbst, solltest du diese natürlich nach Aktionsende ausschalten. Generell empfiehlt es sich aber auch, Evergreen Themen, die also ganzjährig relevant sind, zu bewerben. Denn diesen leben als organischen Pin weiter und erzielen weiter Website-Besucherinnen und -Besucher und Merken-Aktionen.

11.5 Praxistipps

Um dir noch weitere Eindrücke und Erfahrungswerte aus der Praxis an die Hand zu geben, findest du im Folgenden wichtige Hinweise von den Unternehmen *OBI* und *erlich textil*. Diese sind sehr erfolgreich mit ihren Werbeanzeigen auf Pinterest und konnten bereits zahlreiche Erfahrungen sammeln. Sei also gespannt, welche Tipps sie für dich parat haben! Diese sind in Interviewform aufbereitet. Bitte beachte hierbei, dass viele Tipps besonders spannend für Fortgeschrittene sind. Beginnst du gerade erst mit dem Schalten von Anzeigen, dann lies dir die Erfahrungen gerne durch, konzentriere dich zunächst allerdings auf die zuvor erläuterten Tipps und Schritte.

11.5.1 OBI

OBI gilt als einer der führenden Baumärkte in Deutschland. Mit seinen Offline-Standorten sowie seinem Online-Shop und Magazin ist OBI auf mehreren Online-Marketing-Plattformen unterwegs, unter anderem auch Pinterest. Welche Erfahrungen OBI hier gemacht hat, verrät dir Kerstin Müllejans (Media und Digital Marketing).

Was zeichnen Pinterest Ads im Vergleich zu anderen Plattformen aus?

Pinterest bezeichnet sich selber als visuelle Suchmaschine. Wie der Name schon sagt, haben wir hier die Möglichkeit, Welten zu vereinen: das Targeting, insbesondere auf Keywords, wie wir es von Google kennen, und die visuelle Power von kreativen Ad-Formaten, die wir von Facebook und Instagram kennen. Die Ziele dabei sind grundsätzlich die gleichen. Diese richten wir je nach Kampagnenziel anhand des Customer Journey Funnel aus.

Wir haben sehr früh mit dem Werben auf Pinterest angefangen. Zu Beginn waren die Performance-Unterschiede, z. B. beim CPC, aufgrund des kaum vorhandenen Wettbewerbes immens. Auch beim Cost per Visit und den On-Site-Werten ist Pinterest bei Weitem konkurrenzfähig. In den letzten Monaten stellen wir eine leichte Angleichung mit anderen Kanälen fest. Das hat zum einen mit dem steigenden Wettbewerb, zum anderen aber auch damit zu tun, das Pinterest zumindest aktuell keine klassische Optimierung auf Outbound-Link-Klicks anbietet. Um das zu umgehen, muss man den Pinterest-Pixel einbauen.

Was zeichnet für dich eine gute Werbeanzeige aus?

Wir haben zu Beginn erprobte Kampagnen-Logiken aus anderen Plattformen genutzt, um uns an Pinterest anzunähern, und viele A/B-Tests durchgeführt. Dadurch konnten wir schnell ein Kampagnengerüst etablieren, das auf Pinterest zugeschnitten ist. Eine gute Kampagne ist demnach keine 1:1-Kopie, sondern berücksichtigt die kreativen und visuellen Vorteile von Pinterest, vereint mit einer smarten Ausspielungslogik.

Was Learnings angeht, gelten hier fast dieselben Regeln wie bei allen digitalen Maßnahmen. Die Customer Journey zu berücksichtigen, ist der wichtigste Part, denn nichts ist frustrierender als eine schlechte Journey! Pinterest-Nutzer haben in der Regel ein gut geschultes visuelles Auge und wissen ganz genau, wie sie die für ihr Bedürfnis relevanten Informationen erhalten. Die Landingpage spielt demnach eine große Rolle, die Inhalte müssen auch auf der Landingpage auftreten und eine kohärente Journey ergeben.

Hast du drei Tipps für die Optimierung von Werbeanzeigen – worauf sollte geachtet werden?

Wer sich zum ersten Mal an Pinterest Ads heranwagt, der sollte einmal alle zur Verfügung stehenden Targeting-Möglichkeiten (Interessen, Keywords und wenn möglich auch Audiences, hierfür braucht es aber das Pinterest-Pixel) testen. Eine Adgroup pro Targeting hilft, die Power der einzelnen Möglichkeiten besser zu verstehen und Learnings für zukünftige Kampagnen zu generieren.

Je nach Budgetgröße lohnt es sich immer, ein Auge auf die Keyword-Matchings zu legen. Bei geringerem Budget macht die Ausspielung auf »Exact match«-Keywords oder das Heranziehen von »negativen Keywords« Sinn, das hilft der Kosteneffizienz. Als Fundament sollte übrigens immer eine ausführliche Keyword-Analyse auf Pinterest gemacht werden. Keyword-Listen von anderen Plattformen (z. B. Google) sind ein Start, sollten aber *immer* für die Verwendung auf Pinterest geprüft werden.

Bis der Algorithmus ins Laufen kommt, können ein paar Tage ins Land gehen. Gebt euch und Pinterest also mindestens 7 Tage Zeit, bevor ihr mit den Optimierungen startet.

11.5.2 erlich textil

erlich textil ist ein junges Kölner Modelabel für nachhaltig produzierte, hochwertige Wäscheprodukte. Mit ihrem Online-Shop sind sie ebenso auf Pinterest aktiv und gelten als Best-Practice-Beispiel von Pinterest. Sie haben also bereits ein breites Spektrum an Wissen aufgebaut, das Yvonne Iwainski (Performance-Marketerin) nun mit dir teilt.

Unterscheiden sich organische Pins in der Gestaltung von beworbenen Pins? Welche Auswirkungen hat ein CTA oder Logo vom »deutschen Nachhaltigkeitspreis«?

Grundsätzlich sollten beide Pin-Arten zum Klicken oder Merken anregen. In der Konzeption machen wir keine Unterschiede. Ein prägnantes Logo wie auch feste Designelemente (Farbe, Wording, Typo, CTA) finden sich immer wieder, um den Wiedererkennungswert zu wahren. Wir lösen uns allerdings immer weiter vom klassischen CTA »mehr dazu«, »jetzt kaufen«, usw. und spielen vermehrt den Call-to-Value. Beispiel: »jetzt supergut schlafen« oder »zum Geheimnis für guten Schlaf«. Wenn wir den Menschen zeigen, was nach einem Klick auf den Pin passiert, können wir in der Regel die Conversion Rate steigern. Trust- bzw. Social-Proofing-Elemente wie Bewertungen oder Siegel können bei der Gestaltung berücksichtigt werden. Aber hier bitte Vorsicht, denn das Ganze kann sehr schnell zu werblich wirken.

Welche Kampagnenart wählt ihr in der Regel aus und mit welchem Ziel?

Bei einer Zielgruppengröße von mehr als 500.000 arbeiten wir fast ausschließlich mit Conversion-Kampagnen und optimieren abhängig von der Conversion-Anzahl auf das Add-to-Cart- oder Purchase-Event. Bei kleineren Zielgruppen oder auch neuen Accounts sowie temporären Kampagnen empfehle ich, mit Traffic-Kampagnen zu starten, um ein Gefühl für gut funktionierende Zielgruppen wie auch die Pins zu bekommen.

Welche Erfahrungen habt ihr mit Collection Ads gemacht?

Collection-Pins funktionieren sehr gut, wenn zu einem Thema mehrere Produkte beworben werden können. Dadurch wird das Shopping-Erlebnis deutlich erleichtert. Wir verlinken auf einem Hero-Pin zwischen 3 und 7 Produkte – mittels bereits erstellter Pins oder aus dem Katalog.

Mehr zu den Collection Ads erfährst du in Abschnitt 13.5.4.

Welche KPIs sind für dich am wichtigsten? Wann ist eine Kampagne erfolgreich?

Dies ist abhängig von der Kampagnenstufe. In der oberen Funnel-Stufe messen wir den Erfolg einer Kampagne an der Attraktivität der Pins. Haben sie hohe Klickraten, einen günstigen Cost per Click und verbuchen sie außerdem eine geringe Absprungrate auf der Landingpage, ist die Kampagne zielführend. In tieferen Funnel-Stufen schauen wir neben CTR und CPC verstärkt auf den ROAS.

Wie optimierst du Anzeigen, was ist zu beachten?

Wenn Anzeigen nicht die gewünschten KPIs zeigen: neue Pins gestalten, nicht performante Pins deaktivieren, ca. 3–7 Tage warten, erneuter Check. Es laufen ca. 4–6 Pins gleichzeitig in einem Setup, wobei meist nur 3–4 wirklich Auslieferung erhalten.

Bei größeren Kampagnen testen wir Creatives vorab mittels Traffic-Kampagne, um schnellere Ergebnisse zu erzielen. Wichtig ist auch zu testen, welche Art der Landingpage funktioniert. Wir testen regelmäßig Content-Seite gegen Produktdetailseite gegen Kategorienseite.

Unbedingt auch das Gefühl für eine gesunde Ad Fatigue bekommen. Denn User werden mehr und mehr blind für die Werbeanzeigen, je öfter diese gesehen werden, was sich negativ auf KPIs wie CPC und CTR und in weiterer Folge auch den ROAS auswirkt. Auf Pinterest darf die Frequenz etwas höher als beispielsweise bei Facebook/Instagram sein. Grundsätzlich gilt es, die Auswirkungen aber immer zu analysieren.

Welches Conversion-Fenster wählst du aus?

Wir optimieren auf 30/30/1 (Klick, Engagement, View) und schauen uns im Conversion-Fenster den Tag des Conversion-Events an. Daneben schauen wir uns auch längere Fenster an, um herauszufinden, wann Inspirationsmomente stattgefunden haben.

Du siehst, dieses Thema ist ziemlich umfangreich. Wir haben dir deshalb in diesem Kapitel die wichtigsten Grundlagen vermittelt, damit du deine ersten erfolgreichen Ads schalten kannst. Allerdings benötigen Werbeanzeigen etwas Geduld und Übung, wodurch du mit der Zeit ein immer besseres Verständnis aufbauen wirst. Denn Anzeigen können ein wahnsinnig gutes Tool sein, um deinen Unternehmenserfolg auf die nächste Ebene zu bringen.

Kapitel 12

Community-Management und -Monitoring

Das Überprüfen von Benachrichtigungen und das Vernetzen mit deinen Nutzerinnen und Nutzern nimmt auf Pinterest nur wenig Zeit in Anspruch, bietet dir aber enormen Mehrwert. Du lernst nun alle nötigen Funktionen kennen, um dein Potenzial voll auszuschöpfen!

Beim Community-Management und -Monitoring bietet Pinterest einen essenziellen Mehrwert gegenüber anderen Plattformen. Da es sich bei Pinterest um eine visuelle Suchmaschine handelt und nicht um ein soziales Netzwerk, ist der Aufwand für Community-Management und Monitoring sehr gering. Weil es dennoch Möglichkeiten zur Interaktion gibt, geben wir dir die wichtigsten Fakten an die Hand und zeigen, wie du sinnvoll interagieren kannst.

> **Kapitelübersicht: Community-Management und -Monitoring**
>
> In diesem Kapitel
>
> - erfährst du, was die Begriffe Community-Management und -Monitoring bedeuten und wie sie zusammenhängen,
> - lernst du die verschiedenen Möglichkeiten des Community-Managements kennen,
> - erstellst du deinen eigenen Plan, um mit den Userinnen und Usern in Kontakt zu treten.

12.1 Die Entwicklungen im Community-Management

Aktuell spielen das Community-Management und die Community-Aktivierung auf der visuellen Suchmaschine noch keine allzu große Rolle. Allerdings deutet einiges darauf hin, dass diese Themen auf Pinterest künftig sehr viel mehr Raum einnehmen werden.

Bisher war Pinterest immer sehr stolz darauf, dass die Nutzerinnen und Nutzer von ihrem Bedürfnis über die Suche auf Pinterest direkt zu ihrer Lösung auf einer externen Website geführt werden und so direkt in die Umsetzung kommen können. Doch die neusten Entwicklungen von Funktionen und die zusätzlichen Pin-Formate wie Idea-Pins lassen darauf schließen, dass auch Pinterest zukünftig die Aufenthaltsdauer in der App steigern möchte, vermutlich aufgrund der Werbeanzeigen. Somit sollen Ideen, zum Beispiel mit dem Idea-Pin, direkt auf Pinterest umsetzbar sein, ohne auf die Website weiterklicken zu müssen. Schauen wir uns diese Entwicklungen zunächst einmal genauer an, bevor wir uns detailliert damit auseinandersetzen, welche Möglichkeiten dir Community-Management bieten kann.

Welche Änderungen deuten eine verstärkte Relevanz von Community-Aktivierung an?

Unsere Beobachtungen lassen stark vermuten, dass Community-Management auf Pinterest zukünftig eine wichtigere Rolle einnehmen wird. Welche Änderungen seitens Pinterest auf der Plattform darauf hinweisen, erfährst du nun.

- **Video-Pins:** Ursprünglich führte jeder Pin immer direkt mit zwei Klicks auf die dahinterliegende Website. Doch als die Video-Pins hinzukamen, änderte sich dies bereits etwas. Wie du bereits in Abschnitt 6.4.1, »Bewegtbild mit Video-Pins«, gelernt hast, gelangen die Nutzerinnen und Nutzer nicht direkt über ein Video zur Website, sondern müssen einen im Menü versteckten Button auswählen. Videos waren also das erste Format, mit dem Pinterest versuchte, die Nutzer mit Bewegtbild länger auf der Plattform zu halten.

- **Interaktionen auf Gruppenboards:** Auf Gruppenpinnwänden kannst du seit 2021 mit den Pins interagieren, indem du diese mit einem Stern markierst. Somit können die Mitglieder den anderen Mitwirkenden ihre Lieblings-Pins zeigen. Außerdem besteht die Möglichkeit, Pins eine Notiz hinzuzufügen, die nur für die Mitglieder sichtbar sind. Auch dies fördert die Aktivierung der eigenen Community.

- **Idea-Pins:** 2019 wurden die Story-Pins gelauncht und 2020 wieder pausiert. Währenddessen wurden neue Formate des Story-Pins in den USA getestet. Der Unterschied: Im Story-Pin ließen sich zuvor auf jeder Seite mehrere Links hinterlegen. Nach der Änderung können keine Links mehr hinzugefügt werden. Der neue Story-Pin wurde in Deutschland offiziell im ersten Quartal 2021 gelauncht und ist ein reines Inspirationsformat, das keine Website-Besucherinnen und -Besucher mehr generiert. Seit Mai 2021 heißen die Story-Pins nun Idea-Pins.

- **Verwalten von Kommentaren:** Der Menüpunkt zum direkten Verwalten von Kommentaren kam erst 2020 neu hinzu. Dies deutet auf die Relevanz von Interaktionen in Form von Kommentaren für den Algorithmus hin.

- **Direktnachrichten:** Erst seit dem vierten Quartal 2020 gibt es die Möglichkeit, einen Button für Direktnachrichten im Pinterest-Profil zu hinterlegen.

All diese Änderungen, die sich seit 2020 anbahnen, deuten darauf hin, dass Pinterest zukünftig mehr Fokus auf Community-Aktivierung und Bindung an die Plattform selbst setzen wird. Schauen wir uns nun an, welche Möglichkeiten das Community-Management für dich bereithält.

12.2 Community-Management

Beim *Community-Management* geht es darum, dass die Seiteninhaberin auf die Interaktion mit ihren Pins durch die Pinterest-Nutzer eingeht und diese managt. Dazu führen wir uns noch einmal kurz vor Augen, welche Art von Kommunikation es auf Pinterest gibt. Diese schauen wir uns anschließend noch genauer an.

Kommunikationsmöglichkeiten auf Pinterest

Pinterest bietet folgende Möglichkeiten, um mit anderen zu kommunizieren oder auf Pins zu reagieren:

- Versenden von privaten Nachrichten und Gruppennachrichten
- Verfassen von Kommentaren unter einem Pin
- Teilen von Fotos unter einem Pin, wenn die Idee selbst umgesetzt wurde (die sogenannte *Ausprobiert-Funktion*, die als Feedback dient)
- Interaktion mit Pins auf einem Gruppenboard in Form von einem Stern und Notizen

Die wichtigen Funktionen wie Nachrichten, Benachrichtigungen sowie Kommentare findest du in deiner Menüleiste oben rechts, siehe Abbildung 12.1. Die Lupe ganz links ist die Suchfunktion, rechts daneben siehst du die Glocke. Hier werden Benachrichtigungen angezeigt, wie zum Beispiel, wer sich deinen Pin auf welcher Pinnwand gemerkt hat. Unter der Sprechblase findest du die Nachrichten, die Nutzerinnen und Nutzer dir privat senden. Rechts davon steht das Symbol für die Verwaltung deiner Kommentare. Hier kannst du auf alles Wichtige direkt antworten.

Abbildung 12.1 Menüleiste, in der du die wichtigsten Funktionen für das Community-Management findest

Wir werden uns nun die einzelnen Funktionen des Community-Managements genauer ansehen.

12.2.1 Nachrichtenfunktion

Erhältst du eine direkte Nachricht auf Pinterest, findest du diese oben in deiner Menüleiste unter der Sprechblase. Wie das aussieht, zeigt Abbildung 12.2.

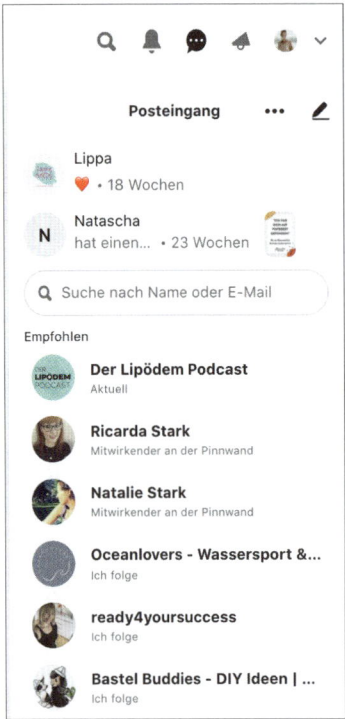

Abbildung 12.2 Das Nachrichten-Menü öffnet sich, sobald du auf die Sprechblase klickst.

Hast du eine neue Nachricht bekommen, erscheint neben der Sprechblase ein roter Kreis. Klickst du darauf, kannst du die neuen Nachrichten sehen und beantworten. Über die Suchfunktion in den Nachrichten kannst du jedem Nutzer Mitteilungen senden. Dazu muss hier einfach der Pinterest-Nutzername eingegeben werden, und schon kann kommuniziert werden. Du möchtest, dass Pinterest-Nutzerinnen noch einfacher mit dir in Kontakt treten können? Dann hast du die Möglichkeit, einen Nachrichten-Button in dein Profil zu integrieren. In Abbildung 12.3 siehst du in der linken Grafik, wie das Profil vor der Aktivierung aussieht. Hier befindet sich der Kontakt-Button. Klickst du diesen an, kannst du eine Mail an den Nutzer senden. Dies funktioniert allerdings nur, wenn die E-Mail-Adresse im Profil hinterlegt wurde. Wie es aussieht, wenn du nun den Nachrichten-Button aktiviert hast, zeigt die mittlere Grafik in Abbildung 12.3. Klickst du darauf, kannst du eine Direktnachricht an die Profilinhaberin senden (siehe rechte Grafik).

Wenn du diese Funktion auch bei dir aktivieren möchtest, klicke oben rechts neben deinem Profilbild im Menü auf den abwärts weisenden Pfeil (siehe Abbildung 12.1). Hier gelangst du zu den Einstellungen. Scrolle im Menüpunkt KONTOEINSTELLUNGEN zu den NACHRICHTENOPTIONEN.

12.2 Community-Management

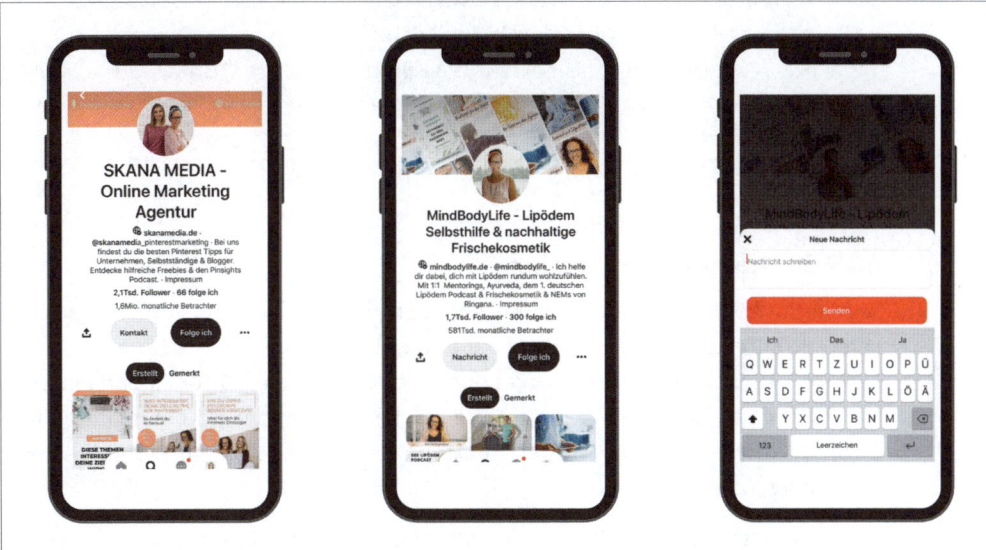

Abbildung 12.3 Hier siehst du die Darstellung vor der Aktivierung der Nachrichtenfunktion (links) und danach (Mitte). Klickst du auf den Nachrichten-Button, öffnet sich das Nachrichtenfeld (rechts).

Setze nun einen Haken bei dem Punkt AKTIVIERE DIREKTNACHRICHTEN IN DEINEM UNTERNEHMENSPROFIL (siehe Abbildung 12.4). Klicke anschließend auf den roten Button FERTIG, damit deine Änderungen gespeichert werden.

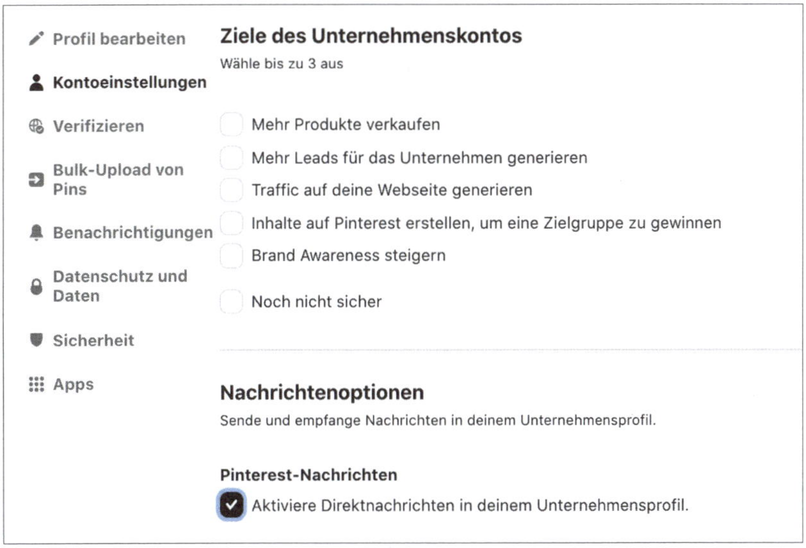

Abbildung 12.4 Aktiviere in den Einstellungen, dass ein Button für Direktnachrichten deinem Profil angezeigt wird.

327

> **Merke: Spam-Nachrichten sind nicht unüblich**
> Wundere dich nicht, wenn du unpassende Nachrichten erhältst. Diese werden automatisiert versendet, und du kannst sie einfach ignorieren. Manche Nutzerinnen und Nutzer versenden auch einfach nur ihre Pins per Nachricht, um die Interaktion zu steigern. Auch diese Nachrichten darfst du ignorieren und löschen oder auch melden.

12.2.2 Kommentarfunktion

Jedem Pin können Kommentare hinzugefügt werden. Wenn auch diese Funktion sehr selten benutzt wird, solltest du alle Kommentare deiner Pins im Auge behalten, um sie zu beantworten. Dazu benötigst du kein spezielles Tool, denn Pinterest hat 2020 einen neuen Bereich für das einfache Verwalten von Kommentaren hinzugefügt. Diesen findest du oben im Menü links neben deinem Profilbild (siehe Abbildung 12.1).

In Abbildung 12.5 siehst du direkt alle neuen Kommentare in einer Übersicht. Wählst du einen in der Liste auf der linken Seite aus, öffnet sich auf der rechten Seite der entsprechende Pin mit dem Kommentar, auf den du direkt antworten kannst. Schaust du dir diesen Bereich regelmäßig an, wirst du keine Kommentare verpassen. Das ist wichtig für einen guten und starken Community-Aufbau, der auch auf der visuellen Suchmaschine von zentraler Bedeutung ist. Falls du hier Spam-Kommentare finden solltest, lösche oder melde diese.

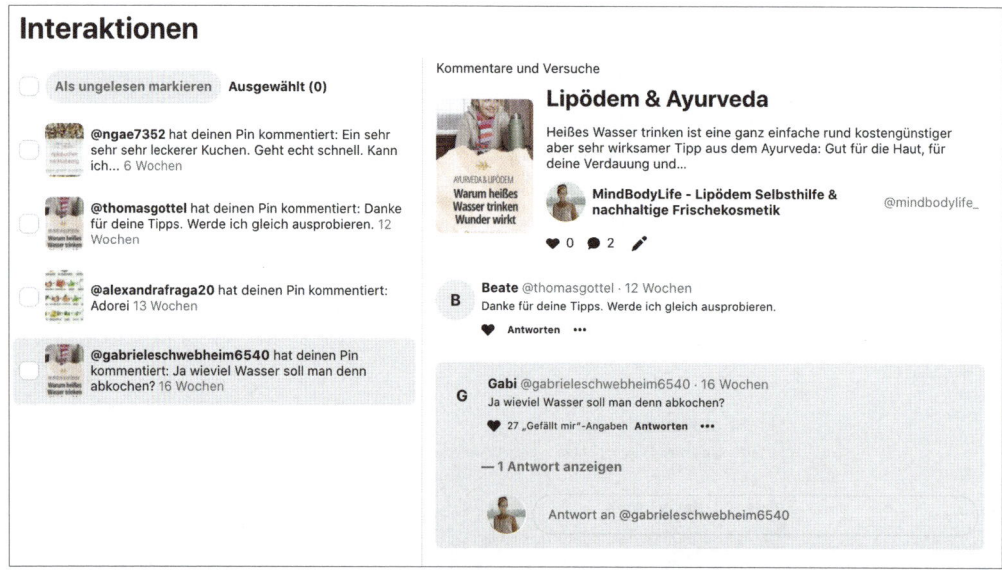

Abbildung 12.5 In diesem Bereich kannst du deine Kommentare verwalten.

12.2.3 Ausprobiert-Funktion

Diese Funktion wird von vielen Unternehmen gar nicht wahrgenommen. Doch wird sie von deiner Zielgruppe genutzt, ist dies ein sehr positives Zeichen für den Algorithmus. Die *Ausprobiert-Funktion* agiert als eine Art Feedback an die Urheberin. Wurde dein Pin von Pinterest-Nutzern zu Hause ausprobiert, können sie ein Foto davon machen und es deinem Pin beifügen. So siehst du, wie die Ergebnisse deiner Community aussehen. Ein Beispiel aus dem DIY-Bereich siehst du in Abbildung 12.6. Unter dem Bereich GIB FEEDBACK haben Nutzerinnen und Nutzer Bilder hinzugefügt, wie sie ihren eigenen DIY-Baumschmuck nachgebastelt haben.

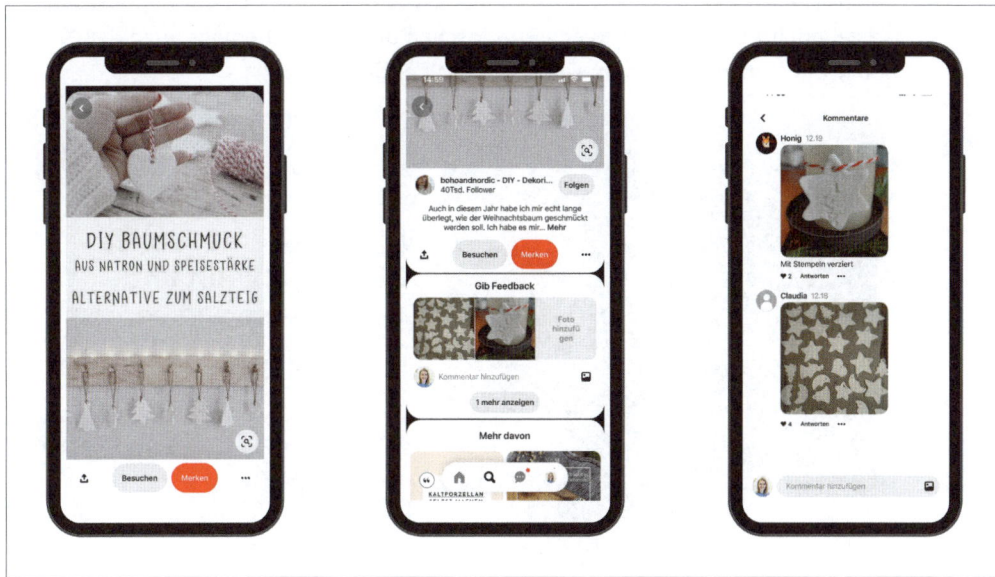

Abbildung 12.6 Ausprobiert-Funktion, bei der Nutzer einem Pin Bilder von der eigenen Umsetzung anfügen können (Quelle: bohoandnordic auf Pinterest)

Es liegt in der Natur der Sache, dass diese Funktion hauptsächlich in Branchen wie DIY, Einrichtung und Rezepte genutzt wird. Bewegst du dich in einer dieser Branchen? Dann versuche, deine Community zu aktivieren, diese Funktion zu verwenden. Du kannst beispielsweise eine Handlungsaufforderung in deinem Pin einbinden, eine Gewinnspielaktion starten oder auf anderen Plattformen wie Instagram darauf hinweisen. Wurden neue Bilder hinzugefügt, siehst du dies in den Benachrichtigungen – der Glocke in Abbildung 12.1.

12.2.4 Interaktionen auf Gruppenboards

Eine weitere Kommunikationsmöglichkeit zwischen dir und deiner Pinterest-Community ist die Interaktion auf den Gruppenboards. Auch wenn dies keine direkte

Kommunikation zwischen deiner Community und dir darstellt, ist es eine spannende Chance, deine Community zu stärken.

In Gruppenboards kann mit allen Pins über das STERN-SYMBOL oder die NOTIZ-FUNKTION interagiert werden (siehe Abbildung 12.7). Hast du ein Gruppenboard speziell mit deiner Community, kannst du hierüber auch prima Abstimmungen machen. Auch bekommst du generell ein gutes Gefühl dafür, welche Themen eine Zielgruppe besonders begeistern. Wenn du ein eigenes Gruppenboard erstellt hast, solltest du dieses außerdem regelmäßig überprüfen. Denn manchmal teilen die Mitglieder unpassende Pins, die entweder nichts mit dem Thema zu tun haben oder aber deutliche Werbung beinhalten. Wenn sich dies gegen deine Gruppenregeln richtet, kannst du solche Pins löschen und gegebenenfalls auch den Nutzer oder die Nutzerin von dem Gruppenboard entfernen.

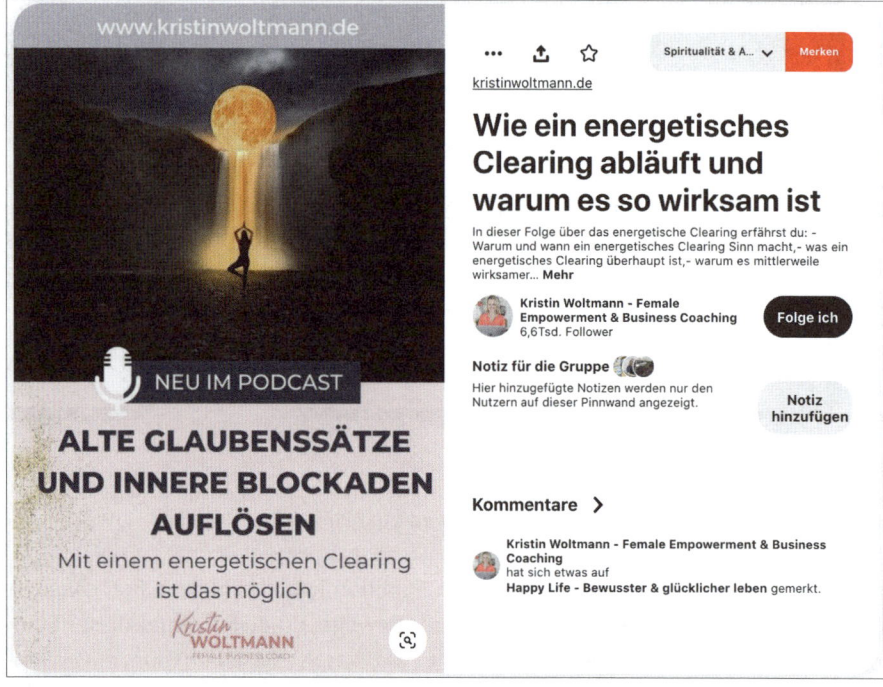

Abbildung 12.7 In Gruppenboards können Pins mit einem Stern markiert werden, und es kann eine Notiz hinzugefügt werden (Quelle: kristinwoltmann.de).

Du hast nun die Möglichkeiten kennengelernt, wie du auf Pinterest über das Community-Management mit den Nutzern interagieren kannst. Schauen wir uns nun das Thema Monitoring und Pinterest näher an.

12.2.5 Interaktionen mit Followern

Aktiv mit deinen Followern oder auch potenziellen Followern in Kontakt zu treten, kann eine tolle Möglichkeit sein, die du für dich nutzen kannst. Du siehst in den Benachrichtigungen, sobald dein Pin von einer Pinterest-Nutzerin auf ihrer privaten Pinnwand gemerkt wurde. Du kannst diesen Pin nun kommentieren, und das könnte beispielsweise so aussehen: »Wir wünschen dir viel Spaß bei der Umsetzung! Noch ein Tipp: Verwende eine Heißklebepistole statt Flüssigkleber. Deine Lisa von Firma xy.« Oder du kannst auch in diesem Zuge darauf hinweisen, dass der Nutzer supergerne ein Foto unter der Ausprobiert-Funktion hinzufügen darf, damit du das Ergebnis sehen kannst. Dies kann die Nutzerinnen und Nutzer dazu anregen, dir zu folgen. Dieses aktive Verhalten ist auf Pinterest noch relativ selten verbreitet, kann sich aber auch gerade deshalb positiv bemerkbar machen. Achte nur darauf, dass eine nette Kommunikation und kein Spam-Charakter entsteht. Auch für den Algorithmus empfiehlt es sich, keine Massennachrichten und -kommentare zu versenden. Verhalte dich natürlich.

Somit ist die in den letzten Jahren gewachsene Überzeugung »Follower sind auf Pinterest nicht so relevant« eher mit Vorsicht zu betrachten. Pinterest selbst sagte Anfang 2021 in einem Idea-Pin-Workshop, dass die Follower auf Pinterest zunehmend relevanter werden. Was bedeutet das nun? Dass du jetzt von uns noch weitere Tipps bekommst, wie du Follower gewinnen kannst.

1. Folge anderen Nutzerinnen und Nutzern. Aber nicht wahllos! Sondern nur Profilen, die zu deiner Branche passen. Schaue auch in den Benachrichtigungen, wer sich deine Inhalte gemerkt hat, und folge diesen Pinnern, wenn du der Meinung bist, dass ihr gut zusammenpasst und auch du die Inhalte der Creator interessant findest. Wie findest du spannende Profile? Gib die für dich relevanten Suchbegriffe in die Suchmaske ein, und filtere nach Nutzern. Hast du ein paar relevante Profile entdeckt, denen du folgen möchtest, dann schau dir wiederum an, wer diesem Profil folgt und wem dieses Profil folgt. So kannst du weitere Creator finden, die gut zu deiner Themenwelt passen. Merke: Wettbewerb und Konkurrenz sind eher als Inspiration und Mitbewerberinnen oder Mitbewerber zu sehen. Ihr könnt voneinander lernen und euch inspirieren. Folge deshalb interessanten Profilen aus deiner Nische. Denn wenn dir diese zurückfolgen und sie deine Inhalte gut finden, repinnen sie diese eventuell. Dadurch wächst wiederum deine Reichweite.

2. Beobachte in den Benachrichtigungen und Interaktionen, wer deinen Pin ausprobiert, gemerkt oder kommentiert hat, und tritt mit dieser Person in Interaktion. Wer deinen Pin z. B. gemerkt oder kommentiert hat, ist eventuell noch gar kein Follower von dir. Hinterlasse unter deinem Pin im Profil der Nutzerin gern einen netten Kommentar. So machst du noch mal auf dein Profil aufmerksam

und sendest durch Aktivität über dein eigenes Profil hinaus auch ein positives Zeichen an den Algorithmus.

3. Nutze den Video- und den Idea-Pin, diese sind ideal, um Aufmerksamkeit für dein Profil zu erzeugen und Follower zu gewinnen. Wenn du es noch nicht getan hast, dann lies dich hierzu in Kapitel 6 ein.

4. Mache auch auf anderen Kanälen auf dein Pinterest-Profil aufmerksam.

   Verweise auf deinen anderen Social-Media-Kanälen auf Mehrwert liefernde Inhalte, die du auf Pinterest erstellt hast. Hast du zum Beispiel einen Reiseblog und ein Board mit Packlisten für unterschiedlichste Trips zusammengestellt, dann lautet deine Ansprache: »Reist du bald in den Urlaub? Egal ob Städtetrip, Strandurlaub oder Weltreise, auf meinem Board *Die ultimativen Packlisten* findest du die passende Checkliste, um nichts mehr zu vergessen. Schau doch mal vorbei.«

5. Nutze deinen Blog und deine Website.

   Deine Website ist dein Mutterschiff, zu dem im Idealfall all deine Kanäle hinführen. Deswegen ist es der bestmögliche Kanal, wenn du dein Pinterest-Profil langfristig mit inhaltlichem Mehrwert promoten willst. Nutze den Platz und die Gestaltungsmöglichkeiten auf deiner Website, und fordere dein Publikum aktiv auf, Inhalte auf Pinterest zu pinnen, beziehungsweise weise auf deinen Account hin. Wie du Hinweise auf deinen Pinterest-Account optimal in deine Website einbinden kannst, erfährst du in Kapitel 9.

6. Nutze Tailwind-Communitys.

   Tailwind-Communitys sind eine gute Alternative oder Ergänzung zu den Pinterest-Gruppenboards. Anders als bei den Gruppenboards haben auf die Tailwind-Communitys nur Tailwind-Nutzer Zugriff. Ein Vorteil ist, dass die Tailwind-Community-Aktivitäten viel besser nachvollzogen werden können als die Aktivitäten auf einem Gruppenboard. Du weißt dann ganz genau, wie viele Website-Klicks und Repins du generiert hast – auf den Gruppenboards kannst du das nicht nachvollziehen. Außerdem bestehen die Communitys ausschließlich aus Menschen, die im Business-Kontext auf Pinterest unterwegs sind. Dementsprechend wird das Tool in der Regel strategisch genutzt.

7. Beteilige dich an Gruppenpinnwänden.

   Wie du in Abschnitt 12.2.2 gelernt hast, kann es dir Sichtbarkeit und Reichweite bringen, an gut ausgewählten Gruppenboards teilzunehmen. Deine Pins werden für die Menschen sichtbar, und dadurch kannst du auch neue Follower gewinnen.

8. Pinne auffällige Inhalte, die dem Nutzer ins Auge stechen.

   In Kapitel 6 haben wir ausführlich darüber gesprochen, dass es sehr sinnvoll ist, eine Auswahl an Design-Vorlagen für deine Pins zu erstellen. Wir empfehlen, hier auch ein bis zwei auffälligere Designs zu integrieren, die ins Auge stechen. Trau dich, mit auffälligeren Farben zu spielen und deine Schriftzüge gut lesbar zu platzieren. Auch das Video-Format sorgt für Aufmerksamkeit im Feed. Und mit dem Idea-Pin kannst du zwar keine Klicks auf deine Website generieren, aber durch sympathische Storys mit inspirierendem und hilfreichem Charakter punkten und darüber neue Follower gewinnen. Denn dieses neue Format ist speziell dafür geschaffen, eine Community auf Pinterest aufzubauen.

9. Probiere MiloTree aus.

    MiloTree ist ein für Google optimiertes Pop-up. Ein Pop-up erscheint beim Öffnen einer Internetseite automatisch als neues, kleineres Browserfenster. Du kannst festlegen, auf welchen Unterseiten deiner Website und an welcher Stelle es aufpoppen soll. Pop-ups sind meist mit Werbung gefüllt und weisen auf die Anmeldung zum Newsletter oder auf ein Produkt hin. Mit MiloTree kannst du ein Pop-up erstellen, das darauf hinweist, deinem Pinterest-Profil zu folgen. Damit haben einige unserer Kundinnen und Skana-Media-Insider-Club-Mitglieder gute Erfahrungen gemacht. Da MiloTree kostenpflichtig ist, empfehlen wir dir, das Tool einfach mal 1–3 Monat zu testen. Dann hast du Ergebnisse, aus denen du schließen kannst, ob es sich langfristig für dich lohnt.

10. Cross-Marketing

    Hast du dir bereits auf anderen Marketing-Plattformen eine Reichweite und Community aufgebaut? Perfekt, dann nutze diese Synergien für deinen Start auf Pinterest. Weise auf deinen Pinterest-Auftritt hin, erkläre, warum du hier aktiv bist, was deine Follower auf deinem Pinterest-Profil erwartet, und lade ein, dir auch dort zu folgen. Mehr Tipps zum Thema Cross-Marketing bekommst du in Abschnitt 13.1.

12.3 Community-Monitoring

Unter dem Begriff *Monitoring* werden alle Tätigkeiten zusammengefasst, die du unternimmst, um über das Geschehen rund um dein Pinterest-Konto auf dem Laufenden zu bleiben. Um alle neuesten Aktivitäten deiner Community rechtzeitig mitzubekommen, solltest du mindestens einmal in der Woche in dein Pinterest-Profil schauen und bei Bedarf Nachrichten und Kommentare beantworten.

Unter dem Benachrichtigungen-Tab (die Glocke aus Abbildung 12.1) siehst du weiterhin, wer sich deinen Pin gemerkt hat und welche neuen Aktivitäten es von Profilen gibt, denen du folgst. Hier gibt Pinterest dir manchmal Themenvorschläge zu Pins, die dir gefallen könnten.

Schau also auch regelmäßig deine Benachrichtigungen an. Hier findest du vielleicht spannende Fremd-Pins zum Repinnen oder auch Vorschläge zu neuen Pinterest-Profilen, denen du folgen kannst.

> **Checkliste für das Community-Management und -Monitoring**
>
> Um keine wichtigen Interaktionen deiner Zielgruppe auf Pinterest zu verpassen und somit deine Community zu stärken, solltest du regelmäßig folgende Aufgaben durchführen:
>
> - Überprüfe die Benachrichtigungen auf neue Fremd-Pins zum Repinnen, neue Profile zum Folgen oder auch, ob jemand die Ausprobiert-Funktion deiner Pins verwendet hat.
> - Verwalte alle neuen Kommentare, und beantworte diese.
> - Überprüfe, ob du neue Nachrichten erhalten hast.
> - Falls du Gruppenboards hast, überprüfe die Interaktionen, und sieh ebenso nach, ob unpassende Pins auf dieser Pinnwand gemerkt wurden. Falls ja, kannst du sie entfernen.

> **Tipp: E-Mail-Benachrichtigungen einstellen**
>
> Möchtest du sichergehen, dass du keine wichtigen Interaktionen verpasst? Dann kannst du dich zusätzlich per E-Mail benachrichtigen lassen. Dies kannst du in den Einstellungen unter BENACHRICHTIGUNGEN PER E-MAIL individualisieren. Wenn du zu viele E-Mails erhältst, deaktiviere sie gerne.

In diesem Kapitel hast du gesehen, dass es einige Funktionen gibt, mit denen Pinterest-Nutzerinnen und -Nutzer mit dir in Kontakt treten können. Trotzdem ist der Aufwand für das Community-Management auf Pinterest noch sehr überschaubar. Er pendelt sich schätzungsweise bei 15–30 Minuten pro Woche ein. Es empfiehlt sich, im Team einen Pinterest-Beauftragten zu bestimmen, der diese Aufgaben übernimmt. Nachdem du nun weißt, dass du mit deiner Pinterest-Community über Nachrichten und Gruppennachrichten, die Kommentar- und Ausprobiert-Funktion und auch über Gruppenboards in Kontakt treten kannst, steht dem Start ins Community-Management nichts mehr im Wege.

Kapitel 13

Bonus: Hilfreiche Tipps und Tricks

Du hast alle Kapitel durchgearbeitet und Lust auf mehr? Kein Problem! Lass uns in Sachen Pinterest und Recht, Workflow, Projektmanagement, Cross-Marketing und auch E-Commerce weiter in die Tiefe gehen.

Nachdem wir uns in den vorherigen Kapiteln intensiv mit der Erstellung und Optimierung deines Profils, der Definition deiner Zielgruppe, den dir zur Verfügung stehenden Analysetools und deiner Unternehmensstrategie auf Pinterest auseinandergesetzt haben, möchten wir dir in diesem Bonuskapitel einen Leitfaden und Tools zur Verfügung stellen, die dir noch einmal alle Schritte vor Augen führen und dir sowohl als Checkliste als auch als Zusammenfassung dienen können. Außerdem bekommst du noch Insights aus der E-Commerce-Branche für Pinterest, Ideen für einen zeitsparenden Workflow sowie rechtliche Tipps an die Hand.

> **Kapitelüberblick: Hilfreiche Tipps und Tricks**
> In diesem Kapitel
> - lotest du deine Möglichkeiten zum Cross-Marketing aus,
> - planst du deine Full-Funnel-Marketing-Strategie mit Pinterest,
> - schauen wir uns noch einmal an, wie du dein Pin- und Videodesign sowie deine Website optimierst,
> - lernst du, welche Browser-Erweiterungen und Verifizierungen für dich Sinn machen,
> - wirst du zum Kenner von Pinterest-Recht,
> - erfährst du alles über E-Commerce auf Pinterest.

Doch jetzt starten wir erst mal mit ein paar Tipps, wie du Pinterest übergreifend in deine Marketingstrategie integrieren kannst.

13.1 Weitere Einsatzmöglichkeiten von Pinterest

In Abschnitt 4.1.2, »Richte dein Pinterest-Unternehmenskonto neu ein«, hast du bereits gelernt, wie du Instagram, YouTube und Etsy mit Pinterest verknüpfen kannst. Nun schauen wir uns an, wie du smartes Cross-Marketing für und mit diesen Kanälen betreiben kannst. Cross-Marketing bezeichnet die Vermarktung eines bestimmten Produkts oder einer Dienstleistung über mehrere Kanäle.

13.1.1 Cross-Marketing mit Instagram, YouTube und Etsy

Neben der Nutzung deiner Website als Linkziel kannst du auch Pins erstellen, die zu deinen Inhalten auf YouTube, Instagram oder Etsy führen. Somit kannst du deinen Content geschickt wiederverwenden, Zeit sparen und die organische Reichweite von Pinterest nutzen, um deine Reichweite auch auf den anderen Plattformen zu steigern. Der Vorteil ist außerdem, dass du nach der Verifizierung die Möglichkeit hast, den Erfolg über Pinterest Analytics nachzuvollziehen. Vermutlich bist du bereits auf einer dieser Plattformen unterwegs. Dann nutze diese Synergien! Damit du dir besser vorstellen kannst, wie du diese Funktionen im Einzelfall auch praktisch umsetzen kannst, gehen wir jetzt auf alle drei Punkte einzeln ein.

Pinterest und Instagram

Hast du Posts, die auch deiner Zielgruppe auf Pinterest gefallen könnten? Dann repinne sie einfach von deinem Instagram-Account. Nun führt dieser Pin auf dein Instagram-Profil, wodurch du neue Follower gewinnen kannst.

Beachte hierbei allerdings, dass bei Pinterest andere Grafiken besser funktionieren als bei Instagram! Da Pinterest eine visuelle Suchmaschine ist und Pinterest-Nutzerinnen und -Nutzer hier nach Mehrwert und Inspiration suchen, sind beispielsweise Selfies wenig sinnvoll. Hast du einen Instagram-Account, auf dem du hauptsächlich Porträts und Bilder von dir postest? Dann ist die Wiederverwendung deines Contents in diesem Fall nicht zu empfehlen.

Hast du allerdings Text-Posts, in denen es konkret um Mehrwert geht, oder mit inspirierenden Zitaten? Dann kannst du diese perfekt auf Pinterest teilen. Genauso ist es auch, wenn es bei dir um Einrichtungsinspiration, Rezepte oder Fashion-Tipps geht. In dem Fall muss auch kein Text auf der Grafik stehen. Das Bild an sich ist Inspiration genug für die Pinterest-Nutzerinnen und -Nutzer. In diesem Fall lohnt sich also das Wiederverwenden deiner Posts auf Pinterest.

Wie kannst du nun effizient von Instagram auf Pinterest pinnen? Dazu gibt es verschiedene Möglichkeiten und Tools:

1. Du öffnest Instagram im Webbrowser, klickst auf das *Pinterest-Plug-in* und repinnst die passendsten Pins auf eine ausgewählte Pinnwand (siehe Abbildung 13.1)

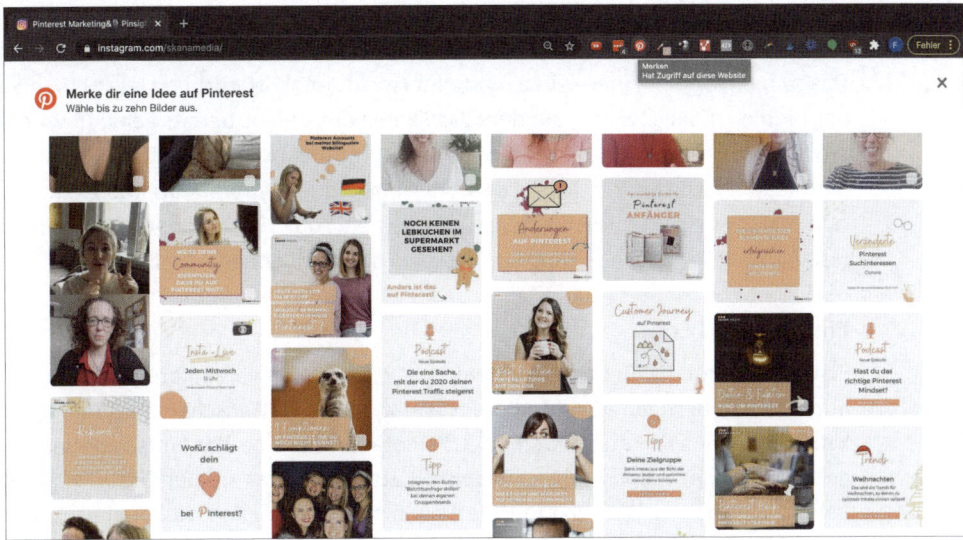

Abbildung 13.1 Klickst du auf das Pinterest-Plug-in, wenn du deinen Instagram-Account im Browser geöffnet hast, erscheint diese Ansicht. Nun kannst du den gewünschten Post auswählen und auf Pinterest pinnen.

2. Du erstellst auf Pinterest einen neuen Pin. Anstatt nun eine Grafik hochzuladen, gehst du auf VON WEBSITE MERKEN. Hier fügst du die entsprechende URL ein, beispielsweise von Instagram, das Bild wird automatisch gezogen, und du kannst es veröffentlichen.
3. Du pinnst automatisiert beispielsweise mit den Tools *Zapier* oder *IFTT*. Dies sind Tools, bei denen du Automatisierungen zwischen zwei Anwendungen einstellen kannst. Hier hast du die Möglichkeit zu definieren, dass nur Posts repinnt werden, die mit einem bestimmten Hashtag versehen sind. So umgehst du die Gefahr, dass du für Pinterest irrelevante Inhalte teilst. Für diese Pins kannst du eine gezielte Pinnwand auswählen.

Pinterest und YouTube

Videos sind ein hervorragender visueller Content für Pinterest! Deshalb macht es durchaus Sinn, deinen YouTube-Channel – sofern vorhanden – mit Pinterest zu verknüpfen.

Doch wie solltest du diese Inhalte bei Pinterest einbinden? Du hast die Möglichkeit, die Videos, so wie sie sind, auf Pinterest zu pinnen. Auch hier führt der Pin mit einem Klick direkt auf das entsprechende Video deines YouTube-Accounts. Zu beachten ist bei diesem Vorgehen, dass die Videos im Querformat gepinnt werden. Bei Pinterest hingegen sollte das Hochformat unbedingt bevorzugt werden. Warum, hast du ausführlich in Kapitel 6 erfahren. Deshalb hast du ebenso die Möglichkeit, für Pinterest optimierte Grafiken zu erstellen, die zu deinen YouTube-Videos führen. Das sind entweder Video-Ausschnitte im Hochformat, oder du erstellst einen Standard-Pin mit Text-Overlay, auf dem das Thema des Videos bereits genannt wird. Um die Nutzerinnen und deren Erwartungshaltung ideal vorzubereiten, kannst du in dem Pin-Design das YouTube-Logo oder ein Video-Symbol einbinden. Andersherum bietet es sich natürlich auch an, aus deinen YouTube-Videos auf deinen Pinterest-Account verlinken, solange es passend ist und Mehrwert bietet.

Pinterest und Etsy

Etsy ist eine tolle Möglichkeit, um eigene Produkte zu verkaufen, ohne einen Online-Shop zu besitzen. Wie du bereits weißt, sind die Menschen auf Pinterest sehr kaufbereit. Laut Pinterest nutzen 93 % Pinterest für eine Kaufentscheidung. Auch geben 87 % an, schon mal etwas gekauft zu haben, was sie bei Pinterest gesehen haben. Gleichzeitig ist es mit Pinterest eben sehr gut möglich, viel organischen Traffic zu erzielen.

Wenn du also über einen Etsy-Shop verfügst, solltest du diesen unbedingt bei Pinterest verifizieren. Nun kannst du zu deinen Produkten Pins erstellen, genauso wie es bereits zuvor zu »Pinterest und Instagram« erklärt wurde.

Es besteht auch die Möglichkeit, die Produkte direkt über Etsy zu pinnen. Klicke dazu im Menüpunkt auf MARKETING. Hier kannst du deine Social-Media-Kanäle und eben auch Pinterest verbinden. Nun kannst du auf den Button BEITRAG ERSTELLEN klicken und das entsprechende Produkt auswählen. Suche das beste Bild aus, füge eine SEO-optimierte Beschreibung hinzu, und pinne es nun auf deiner ausgewählten Pinnwand.

> **Pinterest-Tipp: Erstelle Pinnwände**
> Erstelle zu jedem verknüpften Account eine neue Pinnwand, und merke dir hier deine Inhalte von Instagram, YouTube oder Etsy. Bei Instagram würde die Pinnwand in unserem Fall »Skana Media auf Instagram« heißen. Dies kannst du auch für YouTube und Etsy umsetzen.

> **Strategie-Tipp: Setze nicht den Fokus auf Instagram, YouTube und Etsy**
> Bitte beachte, dass die Integration von Instagram, YouTube und Etsy nur ein kleiner Teil deiner Strategie ist und du hierauf nur in Ausnahmefällen den Fokus setzen solltest! Der Großteil deiner Pins sollte immer auf deine Website führen. Warum? Hier kannst du viel besseren Mehrwert liefern sowie gezielter auf deine Produkte und Angebote hinweisen. Behalte also immer deine Ziele im Hinterkopf, die du dir bereits in Abschnitt 3.3, »Zieldefinition: Was möchtest du auf Pinterest erreichen?«, erarbeitet hast.

> Ausnahmen, in denen du hingegen den Fokus auf diese drei Plattformen setzen kannst, sind folgende: Du bist Influencer und verdienst dein Geld direkt durch Weiterempfehlungen auf Instagram, du bist YouTuberin und hast deinen Hauptcontent auf YouTube, oder du hast keinen eignen Online-Shop, und Etsy ist deine Haupteinnahmequelle. Auch wenn du beispielsweise Retargeting-Werbeanzeigen schaltest, kannst du deine Website-Besucherinnen und -Besucher wieder ansprechen. Das bedeutet, dass du gezielt diejenigen mit Werbeanzeigen ansprechen kannst, die in der Vergangenheit auf deiner Website waren und von denen du somit weißt, dass sie für dich sehr relevant sind. Mit deinem Traffic auf YouTube und Co. funktioniert das nicht so einfach.

Unserer Erfahrung nach gewinnen Pins, die auf andere Plattformen führen, nicht so stark an organischer Reichweite wie Pins, die auf deine eigene Website führen. Behalte also deine Zahlen unbedingt im Auge, und beobachte, welche Quellen wie performen.

Deshalb der Tipp: Setze den Fokus auf den inhaltlichen Mehrwert deiner Website. In deinen Blogartikeln kannst du auch deine YouTube-Videos einbetten oder auf Instagram hinweisen. Die Inhalte anderer Netzwerke kannst du automatisiert und zeitsparend mit einem Tool wie Tailwind, IFTTT oder Zapier auf deine Pinnwände pinnen – mehr dazu weiter unten.

13.1.2 Pinterest in die Full-Funnel-Marketing-Strategie einbinden

Wie du Pinterest mit Instagram, YouTube und Etsy verbindest, weißt du nun. Doch das ist noch lange nicht alles – wir können noch viel mehr Synergien nutzen, um deine Ziele zu erreichen!

> **Merke: Nutze die Synergien mehrerer Kanäle**
> Sieh Pinterest nicht als alleinstehende Plattform! Es ist vielmehr ein wichtiger Bestandteil deiner ganzheitlichen Marketing-Strategie.

Um das noch mal deutlich zu machen: Pinterest ist perfekt, wenn du Traffic auf deiner Website erzielen möchtest, vor allem organischen. Außerdem kannst du deine Markenbekanntheit nachhaltig steigern sowie deine Zielgruppe erweitern. Instagram hingegen eignet sich hervorragend, um eine Community aufzubauen! Denn hier interagierst du zu aktuellen Themen. Das baut natürlich eine persönliche Bindung auf. Bei YouTube kannst du, ähnlich wie bei Pinterest, deine Zielgruppe sehr gut erweitern. Denn auch YouTube ist eine Suchmaschine, auch wenn die Ziele, die du hier verfolgen kannst, eher eine Mischung aus Pinterest und Instagram abbilden. Du kannst hier sehr gut Mehrwert vermitteln, eine persönliche Bindung aufbauen, deine Bekanntheit steigern und dich als Expertin oder Experte positionieren.

Du siehst – jede Plattform bietet eigene Möglichkeiten, wie du deine Ziele erreichen kannst. Deshalb schließen sie sich nicht gegenseitig aus, sondern ergänzen sich ideal! Da du aber natürlich nicht auf allen Hochzeiten gleichzeitig tanzen kannst, solltest du dir die wichtigsten für deine Ziele heraussuchen. Und da du dich mit diesem Buch für Pinterest entschieden hast, lege jetzt auch den Fokus auf Pinterest! Baue nicht alle Kanäle gleichzeitig auf – nimm dir Zeit, und setze den Fokus.

Hast du dir bereits andere Marketing-Kanäle wie Instagram, YouTube, TikTok etc. aufgebaut? Dann überlege dir jetzt, wie du diese effizient miteinander verbinden kannst. Dazu gehört übrigens auch dein Newsletter! Wir geben dir jetzt Inspiration dazu, wie du das am besten umsetzen kannst.

Pinterest und Website

Da die Website in den meisten Fällen dein Haupt-Linkziel ist, sind die Qualität und die Kundenreise hier sehr wichtig. Vieles zur Website-Optimierung hast du bereits in Kapitel 9, »Optimiere deine Website und deinen Blog für Pinterest«, erfahren. Hier noch mal wichtige Tipps im Überblick:

- Zu deiner Website gehört die Content-Planung deines Blogs. Überlege dir also unbedingt, welche Themen nicht nur für Google, sondern auch für Pinterest relevant sein können, und erstelle dazu lösungsorientierte und Mehrwert liefernde Inhalte.

- Ist es dein Ziel, deine Newsletter-Liste aufzubauen? Dann kannst du in den Blogartikeln, zu denen deine Pins führen, sogenannte Content-Upgrades einbinden, in denen es noch mehr Inhalte zu diesem Thema gibt. Diese können zum Beispiel als kostenloses PDF heruntergeladen werden. Zusätzlich kannst du Opt-ins oder Pop-ups integrieren, damit sich die Nutzerinnen und Nutzer für deinen Newsletter anmelden können. Jetzt kannst du sie auch in ihrem Postfach erreichen. Somit hast du die Möglichkeit, noch mehr Mehrwert zu liefern, Vertrauen aufzubauen und die Zielgruppe »aufzuwärmen«.

- Hast du einen Podcast, kannst du den Player in den Blogartikel einbinden und zum Abonnieren einladen.

- Binde auch unbedingt deine Social Icons auf der Website ein, damit du auf den anderen Plattformen gefunden wirst.

Pinterest und Newsletter

Eine E-Mail-Liste aufzubauen, ist eine altbewährte Marketing-Strategie und funktioniert noch immer hervorragend! Vor allem in Kombination mit Pinterest eignet sich der Newsletter-Aufbau sehr gut. Denke die Customer Journey von Pinterest auf deine Website bis hin zu deinem Endziel weiter! Um den kalten Traffic von Pinterest aufzuwärmen, ist es also eine sehr gute Möglichkeit, die Besucherinnen und

Besucher in den Newsletter zu schicken. So schaffst du noch mehr garantierte Kontaktpunkte mit deiner potenziellen Zielgruppe. Basis dafür ist ein optimierter Blogartikel, wie oben beschrieben.

Pinterest und Instagram

Wie du Instagram-Posts bei Pinterest einbindest, weißt du bereits. Doch hier warten noch mehr Synergien darauf, genutzt zu werden! Erstelle beispielsweise ein Instagram-Highlight zu deinem Pinterest-Auftritt. Dazu kannst du beispielsweise eine Bildschirmaufnahme machen, wie man dein Profil auf Pinterest findet, zu welchen Themen du dort aktiv bist und wie man dir folgen kann.

Noch besser: Schaffe noch mehr Mehrwert für deine Instagram-Community, indem du passende Pinnwände für sie erstellst. Wenn du beispielsweise einen Foodblog hast und bald die Spargelzeit beginnt, dann sammle deine Lieblingsrezepte frühzeitig auf einer Pinnwand, und teile diese mit deinen Followern. Eine weitere Möglichkeit, die bei vielen sehr gut ankommt, sind Zitate. Erstelle dazu eine Pinnwand mit deinen Lieblingszitaten, und weise auf Instagram darauf hin. So generierst du eine Win-win-Situation.

Auf diese speziellen Pinnwände kannst du natürlich auf anderen Plattformen wie Facebook oder in dem Newsletter hinweisen.

> **Praxisbeispiel: Integration von Pinnwänden auf anderen Plattformen**
> Wir haben mehrere Pinnwände, auf die wir bei Instagram, in unseren Coachings und im Podcast sehr oft aufmerksam machen. Und zwar haben wir Pinnwände mit Best-Practice-Beispielen zu verschiedenen Pin-Formaten (Standard Pin, Karussell-Pin, Video-Pin, Idea-Pin) erstellt. So können sich deine Besucherinnen und Besucher dort direkt Inspirationen suchen.
> Ähnlich machen es oft auch Innenarchitekten oder Designer, die auf Pinterest »Moodboards« mit Designideen oder Einrichtungsideen sammeln. Diese können sie nun hervorragend in der Kundenzusammenarbeit nutzen, um den Stil des Kunden besser einschätzen zu können. Du siehst also, dass Pinterest auf vielen Ebenen eingebunden werden kann.

Wenn du auf weiteren Plattformen aktiv bist, denke auch hier um die Ecke. Wie kannst du Synergien schaffen und Mehrwert bieten?

Abschließend ist wichtig anzumerken, dass du plattformübergreifend unbedingt einen sehr guten Wiedererkennungswert deiner Marke schaffen solltest! Betrachte alles als Ganzes, und mache es deiner Zielgruppe einfach, deine Inhalte wiederzuerkennen. Denn vor allem wenn sie deine Marke mit Qualität und Mehrwert verbinden, werden sie auch viel schneller mit deinen weiteren Inhalten interagieren! Ein starker Wiedererkennungswert von Pinterest zu deiner Website ist außerdem ein sehr wichtiger Faktor! Ist dieser nicht vorhanden, wird deine Absprungrate steigen!

Mache dir also Gedanken, wie du im Marketing-Workflow und der Content-Planung die Plattformen strategisch und effizient miteinander verbinden kannst.

> **Praxisbeispiel von Laura Seiler: Plattformübergreifende Community-Aktivierung auf Pinterest**
>
> Das Besondere der Strategie des Teams ist, dass es sehr plattformübergreifend arbeitet. Da Laura Seiler auf Instagram bereits eine Community von fast 250.000 Followern aufgebaut hat, wurde diese Synergie von Anfang an für Pinterest genutzt. So wurde beispielsweise ein Instagram-Highlight erstellt, in dem auf den neuen Pinterest-Account hingewiesen wird. Dieses findest du auch heute noch auf ihrem Instagram-Account. Außerdem gab es dazu Posts auf Instagram, bei Facebook und im Newsletter. In Blogartikeln sowie im Podcast und den Podcast-Notizen wird regelmäßig auf den Pinterest-Account hingewiesen. Du siehst, die Bandbreite ist ziemlich groß. Noch dazu hat Laura Seiler eine Gruppenpinnwand zum Thema »Vision Board« erstellt. Hier merkt sich die Community viele Pins dazu, was sie sich in unterschiedlichen Lebensbereichen für ihre Zukunft wünscht. Nach anfänglicher Aktivierungszeit ist das Gruppenboard mittlerweile ein Selbstläufer, und das Team fügt hier selbst keine Pins mehr hinzu, sondern prüft nur regelmäßig die gepinnten Inhalte.
>
> *Tipps aus dem Interview mit Ilona, Social-Media-Managerin bei Laura Seiler Life Coaching GmbH, im Pinsights-Podcast der Episode #68, »Cross Marketing & Community Management auf Pinterest«*

13.2 Hilfreiche Tools und ihre Einsatzgebiete

Die meisten Tools hast du bereits innerhalb der Kapitel kennengelernt. Doch damit du einmal alles auf einen Blick hast, findest du nun die wichtigsten Tools für deine Arbeit mit Pinterest und deren Einsatzgebiete.

13.2.1 Pin-Gestaltung

Die Pin-Gestaltung ist das A und O für deinen Erfolg auf Pinterest. Du kannst hier natürlich mit den Adobe-Tools arbeiten, aber auch wenn du keine Design-Kenntnisse hast, gibt es viele einfache Online-Programme, mit denen auch Anfänger tolle Designs erstellen können! Außerdem brauchst du nicht so viel Speicherplatz auf deinem Computer wie für Photoshop oder InDesign. Die Tools, die wir dir empfehlen, sind meistens in einer kostenlosen sowie einer kostenpflichtigen Version erhältlich:

- Canva
- Crello

- Piktochart, speziell zum Erstellen von Infografiken
- Adobe Spark
- Tailwind Create

Schau dir die unterschiedlichen Programme an, und teste, welches für dich am besten funktioniert.

> **Tool-Tipps von Vanilla Mind**
>
> *Creative Market* ist eine Plattform, auf der man sehr schöne kostenpflichtige Designvorlagen findet. Für ihre Designs verwendet Vanilla Mind seit kurzem *Adobe Spark* als Smartphne-App und erstellt somit ihre gesamten Pins am Handy.
>
> Tipp aus dem Interview mit Melina Royer von Vanilla Mind im Pinsights-Podcast in #80, »Design-Tipps für Pinterest von Vanilla Mind«

13.2.2 Videoschnitt

Falls du Videomaterial hast, das du für Pinterest aufbereiten möchtest, benötigst du ein passendes Tool dafür. Kostenlose Programme für Anfänger sind *iMovie* (Mac) und *MovieMaker* (Windows). Mit diesen wirst du aber vermutlich schnell an deine Grenzen kommen. Deshalb haben wir hier weitere Tool-Empfehlungen für dich:

- Final Cut
- Pixelmator
- ProCreate
- InShot (Handy-App)
- Lightroom ist als Handy-App kostenlos (für die Bearbeitung von Bildern).

Generell gilt für Videos: Es lassen sich in der Regel auch mit der Handykamera gute Videos aufnehmen. Praktisch ist es aber auch, ein Stativ zu nutzen sowie ein Ringlicht oder Softboxen, um eine gute Belichtung zu gewährleisten.

13.2.3 Pin-Automatisierung

Wenn du nicht die Pinterest-Planungsfunktion verwenden möchtest, um noch effizienter arbeiten zu können, empfehlen wir dir, in ein Automatisierungstool zu investieren. Im Vergleich zum Zeitaufwand lohnt sich eine kleine Investition sehr. Unser absolutes Lieblingstool ist Tailwind, da es für Pinterest die besten Funktionen aufweist. Es gibt aber auch weitere Social-Media-Planer. Hier sind einige Beispiele für gute Tools:

- Tailwind
- Buffer
- Hootsuite
- Viral Tag
- Swat.io
- Later

Achte bei der Auswahl des Automatisierungstools unbedingt darauf, dass dieses auch offizieller Partner von Pinterest ist! Dies erfährst du unter *https://business.pinterest.com/de/pinterest-partners*.

Möchtest du beispielsweise auch deine Posts von Instagram automatisch auf einer bestimmten Pinnwand veröffentlichen, kannst du dazu das Tool *IFTTT* oder *Zapier* nutzen. Hier kannst du Automatisierungen zwischen zwei Tools herstellen. Da aber nicht jeder Post auch für Pinterest passend ist, empfiehlt es sich, nur Posts mit einem bestimmten, von dir ausgewählten Hashtag automatisch auf Pinterest zu pinnen. Es sollten also Pins mit Mehrwert oder Inspiration sein und nicht solche, die dich beim Essen oder Shoppen zeigen.

13.2.4 Website-Verifizierung und Rich Pins

Für die Website-Verifizierung sowie die Rich Pins auf WordPress helfen dir Plug-ins wie:

- Yoast SEO
- Rank Math

Mit diesen kannst du die Metadaten richtig einstellen, die sich Pinterest automatisch ziehen kann. Was Metadaten sind, hast du bereits im Abschnitt »Rich Pins« in Kapitel 4 gelernt. Springe noch mal kurz zurück, sollte es dir nicht mehr in Erinnerung sein.

Speziell für Rezept-Rich-Pins gibt es weitere Tools wie:

- Tasty Recipes
- Easy Recipes
- Zip Recipes
- Cookbook

Und dazu benötigst du natürlich den Pinterest Rich Pins Validator, den du unter *https://developers.pinterest.com/tools/url-debugger* findest.

13.2.5 Website-Optimierung

Es gibt einige Tools, die du auf deiner Website einbinden kannst, um diese für Pinterest weiter zu optimieren:

- **MiloTree:** Dies ist ein WordPress Plug-in, mit dem du die Anzahl deine Pinterest-Follower steigern kannst. Bei jedem Website-Besuch ploppt ein Fenster auf, in dem die Besucherin darauf hingewiesen wird, dass du auf Pinterest zu finden bist und sie dir folgen kann.
- **Shariff Wrapper:** Dieses DSGVO-konforme Tool (das also mit der europäischen Datenschutz-Grundverordnung übereinstimmt) macht es für den Website-Besucher einfacher, Bilder direkt von deiner Website auf Pinterest zu teilen. Dies wird mithilfe von Social-Sharing-Icons ermöglicht.
- **Pinterest Widget Builder:** Integriere dein Profil-Widget, damit die Website-Besucherinnen dir besser folgen können. Möchtest du in einem Magazinartikel auf einen deiner Pins oder auf Pinnwände verweisen, kannst du diese mithilfe des Widget Builders von Pinterest integrieren. Damit ist es ebenso möglich, Fremd-Pins rechtlich korrekt einzubinden, da du lediglich einen Code mit Verlinkung zur Ursprungsquelle einbindest, keinen Screenshot oder Ähnliches. Individualisiere deine Pinterest-Widgets auf *https://developers.pinterest.com/tools/widget-builder/?*.

Ausführliche Tipps dazu gibt es in Kapitel 9, »Optimiere deine Website und deinen Blog für Pinterest«.

13.2.6 Browser-Erweiterungen

Browser wie Google Chrome oder Safari bieten einige Erweiterungen, die dir im Pinterest-Workflow eine gute Unterstützung bieten. Google einfach nach der Erweiterung, und schon kannst du dir diese kostenlos in Chrome oder Safari installieren. Diese drei Erweiterungen solltest du dir installieren:

- **Merken-Button** von Pinterest
- **Tailwind-Erweiterung:** Diese hilft dir, Pins von Pinterest oder auch anderen Plattformen wie Instagram schnell zu repinnen und einzuplanen.
- **Pinterest Tag Helper:** Damit kannst du überprüfen, ob du deine Pinterest-Tags für Werbeanzeigen richtig gesetzt hast.

13.2.7 Projektmanagement

Wir haben bereits an mehreren Stellen darauf hingewiesen, dass ein organisierter Workflow mit einem passenden Projektmanagement-Tool sehr hilfreich sein kann. So vergisst du keine Aufgaben, kannst diese an dein Team weiterleiten und die Erkenntnisse aus deinem Reporting direkt als Aufgabe anlegen, um dazu neue und optimierte Pins zu erstellen. Darauf werden wir in Abschnitt 13.3 näher eingehen. Die beiden Tools, die wir dir empfehlen können, reichen sogar oft in der kostenlosen Funktion aus. Diese sind:

- Asana
- Trello

Und noch ein Tipp: Falls du tracken möchtest, wie lange du an welchen Aufgaben arbeitest, können wir dir das Tool *Toggl* empfehlen. Dieses ist vor allem für Freelancer besonders geeignet oder auch für die Zusammenarbeit mit dem Team.

13.2.8 Weitere Tool-Empfehlungen

- **Google Analytics:** Möchtest du noch tiefer in die Zahlenwelt eintauchen? Dann empfiehlt sich neben Pinterest Analytics auch Google Analytics. Hier kannst du beispielsweise sehen, welche Linkziele am beliebtesten sind, wie viel Umsatz oder wie viele Freebie-Anmeldungen du über Pinterest generierst.

- **Pingroupie:** Dieses Tool hilft dir, erfolgreiche Gruppenboards zu finden. Allerdings ist es auf den englischsprachigen Raum ausgelegt. Somit findest du hier nicht alle deutschen Gruppenboards. Gib deshalb in der Suchleiste zusätzlich »deutsch« ein, um auch deutsche Inhalte zu finden.

- **Answer the public:** Dieses Tool hilft dir dabei, ein besseres Gefühl dafür zu bekommen, wonach Leute im Internet zu einem bestimmten Thema suchen. So kannst du neue Themenfelder und Nischen aufdecken. Achte darauf, als Sprache DEUTSCH und als Land DEUTSCHLAND einzustellen.

- **Google Keyword Planner:** Ergänze deine Pinterest-Keyword-Recherche gerne mit den Ergebnissen der Google-Keywords.

- **Pinterest Trends:** Welche Themen sind aktuell angesagt? Wie ist der Suchverlauf von Themen über das Jahr verteilt, wo sind Peaks? Das kannst du mit dem Trends-Tool von Pinterest herausfinden. Für den deutschen Markt gibt es dieses zwar noch nicht, es hilft dir aber dennoch, gute Ideen zu entdecken. Gehe dazu auf *https://trends.pinterest.com*.

- **Pinterest Creator Community:** Dies ist eine tolle Austauschplattform, die Pinterest für Creator zur Verfügung stellt. Mithilfe regelmäßiger Updates hält Pinterest dich hier auf dem neuesten Stand. Außerdem hast du hier die Möglichkeit, dich beispielsweise auf ein Feature im HEUTE-Tab zu bewerben. Besonders hilfreich ist auch der Diskussionsbereich. Hier kannst du deine Fragen an die Community stellen. Auch die Community-Managerinnen und -Manager von Pinterest helfen hier weiter. Logge dich in deinen Pinterest-Account ein, und rufe den Link *https://community.pinterest.biz* auf; dort kannst du die kostenlose Mitgliedschaft beantragen. Wähle anschließend unter CREATOR HUBS die PINTEREST CREATOR COMMUNITY DEUTSCHLAND, ÖSTERREICH, SCHWEIZ aus.

> **Tool-Empfehlung von »mein ZauberTopf«: CrowdTangle**
>
> Das Unternehmen *mein ZauberTopf* nutzt das Tool *CrowdTangle* im Social-Media-Team, um Ideen für aktuell gefragte Themen auf Social-Media-Plattformen zu erhalten. CrowdTangle ist ein öffentliches Insight-Tool von Facebook, mit dem du öffentlichen Content in den sozialen Medien ganz einfach abonnieren, analysieren und zu Berichten zusammenstellen kannst. Und so kannst du dir themenverwandte Profile und deren erfolgreichste Postings ansehen und Benchmarking betreiben. Dies ist beispielsweise praktisch, um dir Inspirationen im Texting-Bereich einzuholen.
>
> *Tipp aus dem Interview mit Sina, Social-Media-Managerin bei »mein ZauberTopf« im Pinsights-Podcast der Episode #66, »Erfahrungen aus dem Food-Bereich: So bindet das Magazin mein ZauberTopf Pinterest in der Marketing-Strategie ein«*

Auch *Fanpage Karma* ist ein gutes Tool, um die eigenen Zahlen mit denen der Mitbewerber innerhalb unterschiedlicher Social-Media-Kanäle zu vergleichen.

> **Tool-Empfehlung von Wohnklamotte: Tableau**
>
> Für die Analyse großer Datensätze auf die wichtigen KPIs eignet sich Tableau sehr gut. Dieses Tool ist eher für größere Unternehmen zu empfehlen.

Überlege gerne, welche Tools dich unterstützen könnten, und plane sie fest in deine Arbeitsroutine ein.

13.3 Pinterest-Workflow – alle wichtigen Aufgaben auf einen Blick

Alle wichtigen Schritte und Strategien, um auf Pinterest einen langfristig erfolgreichen Account aufzubauen, hast du bereits kennengelernt. Im Pinterest-Workflow – sei es bei der Erstellung oder auch bei dem kontinuierlichen Account-Management – gibt es einige Aufgaben, deren Bearbeitung dir zu deinem optimalen Pinterest-Profil verhelfen. Damit du den Überblick nicht verlierst und gleichzeitig siehst, dass die Erledigung dieser Aufgaben Schritt für Schritt sogar ziemlich simpel ist, haben wir in diesem Abschnitt die wichtigsten Punkte eines guten Pinterest-Workflows als Checkliste zusammengefasst und geben dir Tipps zu einem gelungenen Projektmanagement. Die ausführlichen Schritte findest du in den einzelnen Kapiteln. Dazu wird es zwei Kategorien geben: erstens die Schaffung des Fundaments, also der Aufbau deines Profils und deiner individuellen Strategie, und zweitens die Etablierung des Workflows für ein stetiges Account-Management. Beides kannst du auch ideal als Checkliste für dich verwenden.

13.3.1 Profilaufbau

In der folgenden Tabelle haben wir für dich alle Aufgaben gelistet, die zu Beginn einmalig für die Einrichtung deines Pinterest-Accounts notwendig sind. Überprüfe während des Erstellungsprozesses, ob du an alle Punkte gedacht hast.

Bereich	Aufgabe
Strategische Planung	■ Lege eine Zieldefinition fest. ■ Definiere deine Zielgruppe und Persona. ■ Mache eine Wettbewerbsanalyse. ■ Lege eine Themenwolke an. ■ Mache eine Saison- und Trendanalyse. ■ Lege die wichtigsten Oberthemen fest.
Account-Erstellung	■ Richte ein Unternehmenskonto ein. ■ Verifiziere deine Website. ■ Verifiziere Instagram, Etsy und YouTube. ■ Richte Rich Pins ein. ■ Integriere gegebenenfalls Pinterest-Tags. ■ Tritt der Pinterest Creator Community bei (*https://community.pinterest.biz*).
Suchmaschinen-optimierung	■ Mache eine Pinterest-Keyword-Recherche auf Basis der Themenwolke. ■ Ergänze sie durch eine Google-Keyword-Recherche. ■ Lege eine Keyword-Tabelle beispielsweise in Excel an.
Pin-Erstellung	■ Gestalte mindestens fünf Design-Templates im Corporate Design und auf Basis der Best-Practice-Regeln. ■ Erstelle deine ersten Pins zu den fünf bis zehn wichtigsten Linkzielen. ■ Gestalte eventuell weitere Pin-Formate.
Profileinrichtung	■ Erstelle deine ersten fünf bis zwölf Pinnwände inklusive SEO-optimiertem Titel und Beschreibung. ■ Falls du möchtest, erstelle und richte Pinnwand-Cover ein. ■ Lade erste Pins inklusive SEO optimierter Pin-Beschreibung hoch. ■ Fülle Pinnwände je nach Strategie mit qualitativen Fremd-Pins auf.

Tabelle 13.1 Checkliste für deinen Pinterest-Profilaufbau

Bereich	Aufgabe
Profileinrichtung (Forts.)	- Tritt Gruppenboards bei. - Richte Profilcover ein. - Formuliere eine SEO-optimierte Profilbeschreibung. - Folge relevanten oder inspirierenden Profilen aus deiner Branche. - Richte eine geheime Pinnwand »Pin-Inspirationen« ein, auf der du gute Fremd-Pins sammelst.
Website-Optimierung	- Überprüfe die wichtigsten Linkziele auf Call-to-Actions, Kauf-Buttons, Downloads etc. - Falls du mit Pop-ups und Bannern arbeiten möchtest, füge diese ein. - Binde Pinterest-Widgets ein. - Integriere Pinterest-optimierte Bilder. - Überprüfe und optimiere gegebenenfalls die Metadaten.

Tabelle 13.1 Checkliste für deinen Pinterest-Profilaufbau (Forts.)

13.3.2 Account-Management

Du hast nun alle grundlegenden Aufgaben erledigt? Kleiner Schulterklopfer von uns: Dein Fundament steht! Du hast sehr viel Vorarbeit geleistet für die jetzt folgenden Aufgaben. Themen, die du über einen längeren Zeitraum immer mal wieder in den Fokus nehmen solltest, sind die Anpassung der Keyword-Recherche, das Hinzufügen neuer Pinnwände und das Bestücken deiner Designvorlagen. Durch sorgfältiges Vorgehen in den grundlegenden Schritten kannst du die nun folgenden Schritte effizient durcharbeiten. Schauen wir uns nun an, wie du einen für dich passenden Workflow für dein kontinuierliches Account-Management schaffen kannst.

Bereich	Aufgabe
Reporting	- Werte in Pinterest, Tailwind und Google Analytics z. B. am Ersten eines Monats die Zahlen aus. - Notiere dir diese pro Monat in einer Excel-Übersicht (siehe Abbildung 13.2). - Analysiere, welche Pins im letzten Monat am erfolgreichsten waren (Top-CTR). - Übertrage daraus resultierende Aufgaben in dein Projektmanagement-Tool (vgl. Abschnitt 13.3.3).

Tabelle 13.2 Checkliste für deine Aufgaben im Pinterest Account-Management

Bereich	Aufgabe
Pins erstellen	- Erstelle weitere Grafiken zu Top-Pins aus dem Reporting - und zu neuen Blogartikeln/Produkten. - Erstelle weitere Pin-Formate wie Infografik, Karussell-Pin, Video-Pin und Idea-Pin. - Übertrage die Überschriften der neuen Pins in die Projektübersicht. - Formuliere die Keyword-optimierten Pin-Beschreibungen zu den Pins. - Denke daran, dass insgesamt mindestens 30–50 neue Grafiken pro Monat empfehlenswert sind.
Pinnen/ Automatisieren	- Benenne die Dateinamen der Pins mit wichtigen Keywords um. - Plane die Pins in Pinterest oder einem externen Planungstool wie Tailwind ein. - Pinne den Pin zuerst auf die relevanteste Pinnwand, und wähle in Tailwind ein Intervall von 3–14 Tagen aus, bevor derselbe Pin auf einer anderen Pinnwand ausgespielt wird. - Optional: Plane qualitativ hochwertige Fremd-Pins ein, z. B. aus Gruppenboards oder Tailwind-Communitys. - Überprüfe, ob du pro Tag mindestens 3–5 Pins eingeplant hast. - Plane idealerweise für die nächsten vier oder mindestens zwei Wochen vor.
Optimierungen	- Lege, wann immer nötig, eine neue Pinnwand an. - Folge relevanten Profilen. - Überprüfe eigene Gruppenboards oder Tailwind-Communitys, sofern du welche hast. - Tritt neuen Gruppenboards oder Tailwind-Communitys bei. - Sortiere Gruppenboards und Communitys auch aus, wenn diese dir keinen Mehrwert liefern (dies siehst du in Tailwind Analytics in Kapitel 10). - Notiere dir, wie viele Pins du in diesem Monat erstellt hast und ob du weitere strategische Optimierungen vorgenommen hast (siehe Abbildung 13.2).

Tabelle 13.2 Checkliste für deine Aufgaben im Pinterest Account-Management (Forts.)

Wir empfehlen dir, diesen Workflow einmal im Monat zu durchlaufen und beispielsweise jeweils am Ersten eines Monats neu damit zu beginnen. Die ausführlichen Informationen zu den einzelnen Themen findest du in den jeweiligen Kapiteln.

13.3 Pinterest-Workflow – alle wichtigen Aufgaben auf einen Blick

Wir haben uns nun deinen Workflow für einen ganzen Monat angeschaut. Wenn du diesen beispielsweise am Ersten eines Monats neu durchläufst, bist du bestens gerüstet und hast dein Pinterest-Profil optimal im Griff. Wir empfehlen dir, zunächst deine Zahlen und die Top-Pins auszuwerten und darauf basierend neue Pins zu gestalten. So pinnst du nicht wahllos, sondern lernst aus deinen Erfahrungen der letzten Monate und baust das aus, was bei deiner Zielgruppe am besten ankommt. Wie du diese Schritte effizient in ein Projektmanagement-Tool übertragen kannst, erfährst du im folgenden Abschnitt.

01. – 31. Monat	Impressionen insges.	Impressionen intern	Website-Klicks insgesamt	Website-Klicks intern	„Merken"-Aktion intern	Follower	Alter	Weiblich	STRATEGIE
Oktober	866.875	595.880	25.037	15.894	1.236	1.820	27,1% (35-44)	89%	- 35 neue Standard-Pins
November	822.197	590.586	13.506	10.127	1.159	1.870	25,6% (45-54)	91,10%	- 40 neue Standard-Pins - 5 Video-Pins - neue Pinnwand „Ayurveda"
Dezember	1.012.832	771.527	18.412	15.152	1.387	1.908	27,7% (45-54)	89,20%	- 35 neue Standard-Pin - 3 Karussell-Pins - 2 Video-Pins - 2 Gruppenpinnwände gelöscht

Abbildung 13.2 Reporting-Beispiel mit Strategienotizen in Excel

> **Praxistipp von Gabriele Thies: Mach dir deinen Workflow bewusst**
>
> Gabriele Thies ist Organisations- und Produktivitätscoach und selbst erfolgreich auf Pinterest aktiv. Sie sagt, dass das Account-Management von Pinterest viel Routinearbeit beinhaltet. Deshalb ist es zu empfehlen, von Anfang an die visuelle Suchmaschine und deren Tools gut zu verstehen und alle Aufgaben in einer Art Checkliste zu notieren. Daraus entsteht ein zeiteffizienter Workflow. Setze dir idealerweise auch Fokuszeiten. Dafür eignet sich beispielsweise die *Pomodoro-Technik*: Überlege dir, welche Aufgabe du in der nächsten halben Stunde erledigen möchtest. Dies setzt du dann ohne jegliche Ablenkung um. Klingt simpel und ist doch so effektiv. Ein weiterer hilfreicher Tipp von Gabriele ist, dass sie in einer Excel-Tabelle alle Blogartikel inklusive Linkzielen sammelt. In diese Übersicht trägt sie zudem die Pin-Beschreibungen ein. So kann sie diese abgewandelt wiederverwenden, wenn sie zu einem späteren Zeitpunkt neue Pins zu diesem Blogartikel verfasst. Möchtest du dies auch integrieren, binde dir dazu eine Spalte in der Excel-Übersicht aus Abbildung 13.5 ein.
>
> *Tipps aus dem Interview mit Gabriele Thies im Pinsights-Podcast in Episode #77, »Effizienter Pinterest-Workflow im Interview mit Gabriele Thies«*

13.3.3 Workflow im Projektmanagement-Tool

Wie zuvor beschrieben, empfehlen wir dir, mit einem Projektmanagement-Tool wie Asana oder Trello zu arbeiten. Doch was genau ist ein Projektmanagement-Tool, und welche Vorzüge bietet es dir? Ein solches Tool eignet sich sehr gut, um alle anfallenden Aufgaben festzuhalten. Hier kannst du dir unterschiedliche Projekte, die zugehörigen Aufgaben und Deadlines anlegen. So hast du alles im Blick. Vor allem bei der Arbeit im Team ist dies sehr zu empfehlen. Du hast nämlich die Möglichkeit, Teammitglieder hinzuzufügen und ihnen Aufgaben mit Deadlines einzustellen. Besonders praktisch ist auch die Kommentarfunktion unter jeder einzelnen Aufgabe, da hier direkt Rückfragen zur Aufgabe gestellt werden können oder du Bescheid bekommst, sobald eine Aufgabe abgeschlossen ist. So hast du alle Fragen und Antworten direkt zugeordnet, und es geht nichts im E-Mail-Dschungel unter.

Besonders in Bezug auf Pinterest bietet es sich sehr gut an, dir alle Aufgaben – also den Workflow – einmal als Aufgaben-Vorlage anzulegen, genau in der Reihenfolge, in der du alles abarbeiten würdest. Wie so ein Workflow in Asana aussehen kann, zeigen wir dir in Abbildung 13.3. Du kannst ihn dir dann jeden Monat duplizieren und mit den jeweiligen Ergebnissen aus dem Reporting und den daraus anfallenden Aufgaben befüllen. Stelle dabei die Pins in den Fokus, die sich im Reporting als am erfolgreichsten herausgestellt haben, und füge deren URL direkt als Unteraufgabe unter zu Reporting-Best-Practices ein. Auch falls dich externe Pins inspiriert haben, kannst du diese hier als Unteraufgabe anlegen. Manchmal ergeben sich auch während des Reportings Ideen zu neuen Pinnwänden. Diese Ideen kannst du direkt unter der Aufgabe neue Pinnwand notieren. So gehen dir keine wichtigsten Informationen verloren, und du kannst die Aufgaben zeitsparend an die jeweiligen Zuständigen delegieren.

> **Praxistipp von Wohnklamotte: Abteilungsübergreifender Workflow in Trello**
>
> Möchtest du Pinterest in einem größeren Unternehmen integrieren, in dem mehrere Abteilungen und Mitarbeiter in den Pinterest-Prozess eingebunden sind? Dann hat das Online-Magazin mit angebundener Produktsuchmaschine einen guten Workflow geschaffen, an dem du dich orientieren kannst. Es arbeitet dazu mit dem Tool *Trello*. Hier hat das Unternehmen unterschiedliche Lanes angelegt, durch die ein Pin Aufgabe für Aufgabe durchgeschoben wird. Dies bildet den Prozess sehr gut ab. Somit wissen alle, welches Pin-Set sich gerade an welcher Stelle befindet. Nehmen wir das Beispiel Lampions, zu denen 10 Pins erstellt werden sollen. Dazu recherchiert im ersten Schritt die SEO-Abteilung die idealen Keywords für die Pin-Titel sowie die Pin-Beschreibungen. Anschließend formuliert eine Texterin die Überschriften und Beschreibungen aus, woraufhin die 10 Pins erstellt werden. Diese kommen dann in den Prozessschritt, dass sie bereit zum Pinnen sind.
>
> Insgesamt erstellt Wohnklamotte pro Monat ca. 300 Grafiken und beschäftigt dafür ungefähr 1,5 Vollzeitstellen. Das war natürlich nicht von Anfang an so, sondern es wurden Ressourcen dafür geschaffen, als deutlich wurde, welche wichtige Rolle Pinterest im Website-Traffic des Unternehmens spielt.
>
> *Tipps aus dem Interview mit Tanja, Social-Media-Managerin von Wohnklamotte, im Pinsights-Podcast der Episode #62, »30 Mio. monatliche Betrachter auf Pinterest – wie hat Wohnklamotte das geschafft?«*

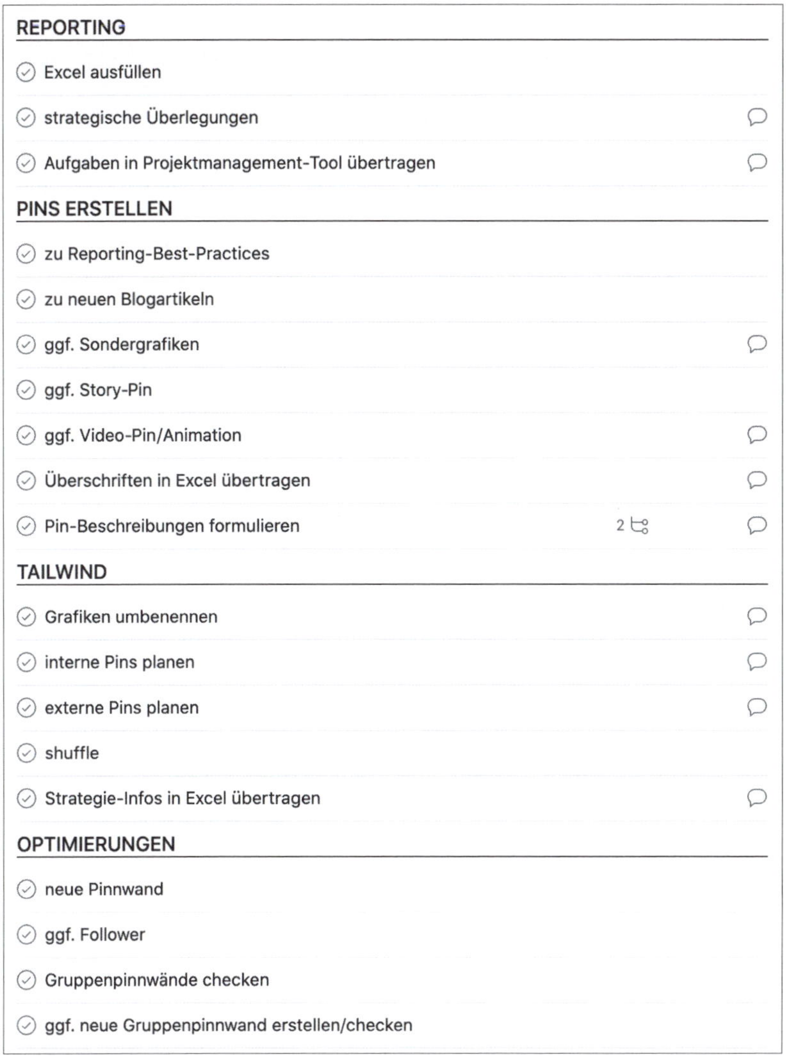

13.3 Pinterest-Workflow – alle wichtigen Aufgaben auf einen Blick

REPORTING
- ⊙ Excel ausfüllen
- ⊙ strategische Überlegungen
- ⊙ Aufgaben in Projektmanagement-Tool übertragen

PINS ERSTELLEN
- ⊙ zu Reporting-Best-Practices
- ⊙ zu neuen Blogartikeln
- ⊙ ggf. Sondergrafiken
- ⊙ ggf. Story-Pin
- ⊙ ggf. Video-Pin/Animation
- ⊙ Überschriften in Excel übertragen
- ⊙ Pin-Beschreibungen formulieren

TAILWIND
- ⊙ Grafiken umbenennen
- ⊙ interne Pins planen
- ⊙ externe Pins planen
- ⊙ shuffle
- ⊙ Strategie-Infos in Excel übertragen

OPTIMIERUNGEN
- ⊙ neue Pinnwand
- ⊙ ggf. Follower
- ⊙ Gruppenpinnwände checken
- ⊙ ggf. neue Gruppenpinnwand erstellen/checken

Abbildung 13.3 Beispiel eines Pinterest-Workflows in Asana

Praxistipp von »mein ZauberTopf«: Grafiken direkt im Blog einbinden

»mein ZauberTopf« ist ein Magazin mit Online-Community für Thermomix-Rezepte. 2020 war Pinterest für das Unternehmen mit 50 % der größte organische Traffic-Bringer unter den Social-Media-Kanälen. Dadurch wurde eine große Steigerung zum vorherigen Jahr erzielt. Dies lag mitunter daran, dass das Unternehmen mehr Zeit investierte, strategischer vorging und unter anderem *Tailwind* in seinen Ablauf integrierte. »mein ZauberTopf« machte die Erfahrung, dass am Ende umso mehr Zeit gespart werden konnte, je mehr Zeit am Anfang investiert und an der Basis gearbeitet wurde. Dazu gehörte es zum Beispiel, einen guten Workflow aufzusetzen. Zu Beginn war auch die zeitliche Abstimmung zwischen Pinterest und der Redaktion eine Herausforderung. Dies hat sich mittlerweile aber sehr gut eingespielt, sodass auch ein Projektmanagement-Tool integriert wurde. Im Workflow arbeitet Sina, die Social-Media-Managerin, eng mit den Redakteuren zusammen, die die SEO-Texte erstellen, sowie mit der Designabteilung. Diese liefert ihr die Designvorlagen, die auch regelmäßig verändert werden, um etwas Neues auszuprobieren. Die erstellten Pins werden direkt von den Redakteuren in den Magazinartikeln eingebunden. Von hier aus werden sie mithilfe von Tailwind übernommen und eingeplant. Die Pins werden also nicht über Tailwind hochgeladen, sondern direkt fertig von der Website gepinnt, wodurch sich einiges an Zeitersparnis ergibt.

Tipps aus dem Interview mit Sina, Social-Media-Managerin von »mein ZauberTopf«, im Pinsights-Podcast der Episode #66, »Erfahrungen aus dem Food Bereich: So bindet das Magazin mein ZauberTopf Pinterest in der Marketing-Strategie ein«.

13.3.4 Projektübersicht in Excel

Wir haben dir bereits ans Herz gelegt, einige Punkte wie das Reporting und die Keywords in Excel zu notieren.

Wir notieren beispielsweise all die anfallenden Informationen für jede Kundin in einer eigenen Excel-Projektübersicht. So ist alles an einem Ort, und auch am Projekt beteiligte Personen haben ein Dokument, in dem alles Wichtige zu finden ist. Somit sind diese Projektübersicht und der Workflow in einem Projektmanagement-Tool die wichtigsten Ressourcen, die für einen sauberen Workflow sorgen. Als Inspiration für dich siehst du in Abbildung 13.4, welche Reiter wir angelegt haben: INFOS, THEMENWOLKE, BLOGARTIKEL, WEITERE SEITEN, SAISONKALENDER, REPORTING.

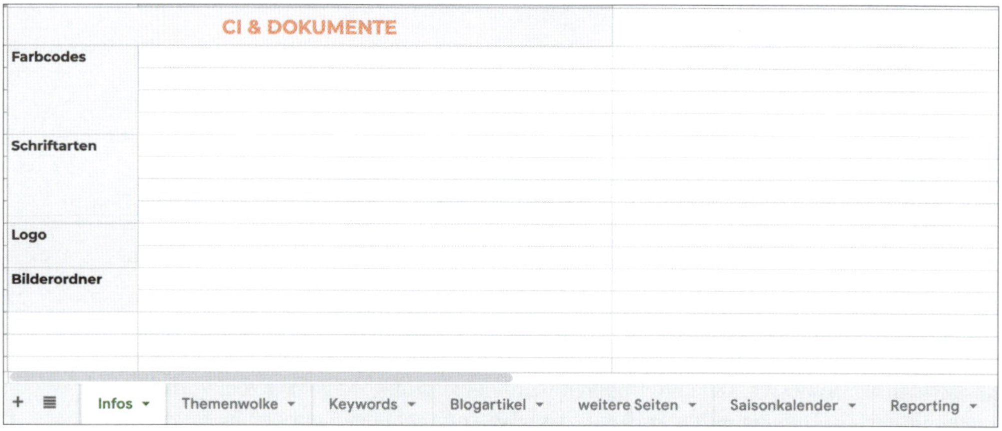

Abbildung 13.4 Projektübersicht in Excel

13.3 Pinterest-Workflow – alle wichtigen Aufgaben auf einen Blick

Wenn du im Team oder mit Kunden arbeitest, empfiehlt es sich, unter INFOS die relevanten Informationen zum Corporate Design hinzuzufügen. Unter THEMENWOLKE schreibst du die Pinnwände auf, die du angelegt hast. In einer weiteren Spalte notierst du dann im THEMENSPEICHER, welche Pinnwandthemen zukünftig interessant sein könnten. Im Reiter KEYWORDS finden deine Keywords aus der Recherche Platz, wie du es in Kapitel 5, »SEO: Optimiere deine Inhalte für die visuelle Suchmaschine«, gelernt hast. Der Bereich BLOGARTIKEL oder für Online-Shops auch PRODUKTE ist besonders wichtig, um einen groben Überblick der bereits produzierten Pins zu behalten. Ansonsten läufst du eventuell Gefahr, Überschriften doppelt zu verwenden, oder du hast in einem halben Jahr den Überblick verloren, zu welchen Linkzielen es bereits Pins gibt und wozu nicht. Es ist nicht notwendig, jedes einzelne Detail der erstellten Pins zu dokumentieren. Es empfiehlt sich aber auf jeden Fall, zumindest die verwendeten Überschriften auf dem Pin zu notieren. Wie das in der Projektübersicht aussehen kann, siehst du in Abbildung 13.5.

Erscheinungsdatum	Blogartikel Titel	Link	Pin-Überschrift	Ideen für Überschriften	Anzahl Grafiken
			Hier die Überschriften eintragen, die du auf den Grafiken genutzt hast	Brainstorming aller Überschriften, die zum Linkziel passen	

Abbildung 13.5 Überschriften der Pins im Reiter »Blogartikel« der Projektübersicht notieren

Falls sich die Anzahl deiner Blogartikel und Produkte in Grenzen hält, kann es sinnvoll sein, zu Beginn alle Linkziele in die Excel-Tabelle zu übertragen. So siehst du im Laufe der Zeit, wozu du noch keine Pins erstellt hast. Im Pin-Erstellungsprozess liest du dir idealerweise die Blogartikel oder die Produktseiten durch, um dazu passende Überschriften zu finden, die du auf dem Pin platzieren kannst. Nimm dir dazu auch gerne die Tipps zu Signalwörtern in Kapitel 5 zur Hand. Deine Ideen sprudeln, und nun kommen dir eventuell zehn oder zwanzig unterschiedliche Ideen in den Kopf? Notiere dir alles in der Spalte IDEEN FÜR ÜBERSCHRIFTEN. Wenn du nun Pins erstellst, willst du idealerweise nicht auf einmal zehn Pins zum selben Linkziel erstellen. Deshalb kannst du dir nun beispielsweise drei oder vier Überschriften herausnehmen und diese verwenden. Du überträgst sie dann in die Spalte PIN-ÜBERSCHRIFT und löschst sie aus IDEEN FÜR ÜBERSCHRIFTEN heraus. Diesen Prozess durchläufst du nun für mehrere Linkziele und erstellst somit in kurzer Zeit viele verschiedene Pins. Wenn du im nächsten Monat weitere Pins erstellen möchtest, musst du nicht wieder alle Blogartikel oder Produktseiten durchlesen, sondern kannst direkt mit den bereits formulierten Ideen für Überschriften arbeiten. Dies spart dir wertvolle Zeit, da du dich nicht erneut einlesen musst. In der Spalte ANZAHL GRAFIKEN notierst du, wie viele Pins du bereits insgesamt zu diesem Linkziel erstellt hast. Somit siehst du schnell und auf einen Blick, zu welchen Themen du zukünftig weitere Pins erstellen kannst und zu welchen Themen es bereits ausreichend Content gibt.

> **Tipp: Notiere dir die Pin-Überschriften**
>
> Zu Beginn magst du noch alles in Kopf haben. Doch spätestens nach mehreren Monaten wirst du wahrscheinlich vergessen, zu welchem Linkziel du bereits welche Pins erstellt hast. Unpraktisch ist es ebenfalls, wenn du später eine weitere Person in den Workflow integrieren möchtest und dein bisheriges Vorgehen nicht dokumentiert hast. Aus diesem Grund empfehlen wir dir gleich von Beginn an, eine solche Übersicht anzulegen und zu pflegen! Notiere dir also, welche Überschriften auf den Pins stehen (nicht im Beschreibungstext, sondern direkt auf dem Pin) und wie viele Pins zum entsprechenden Linkziel bereits erstellt wurden.

Unter WEITERE SEITEN übernimmst du dasselbe Format, wenn du beispielsweise Shopseiten, Landingpages und Co. hast. Spielen Saisons eine wichtige Rolle in deiner Pinterest-Strategie, macht es Sinn, dir hier auch direkt die wichtigsten Themen je Monat im Reiter SAISONKALENDER zu notieren und somit monatlich in deine Pin-Strategie zu integrieren. Und zu guter Letzt findest du hier auch den Bereich REPORTING, den du bereits in Abbildung 13.2 kennengelernt hast.

> **Aufgaben: Baue deinen eigenen Workflow auf**
>
> 1. Lege dir einen Workflow mit den wichtigsten Aufgaben in einem Projektmanagement-Tool wie Asana oder Trello an.
> 2. Erstelle beispielsweise in Excel eine Projektübersicht, in der du alle zuvor beschriebenen Informationen sammelst und stetig aktualisierst.
> 3. Trage in diese Dokumente nach dem Reporting alle Aufgaben und Ergebnisse ein, um deine Strategie im nächsten Monat zu optimieren.

> **Tipp: Schaffe den für dich idealen Workflow**
>
> Wir haben dir nun unseren Workflow vorgestellt, der für uns prima funktioniert. Das bedeutet jedoch nicht, dass er auch für dich das optimale Vorgehen darstellt. Deine Präferenzen, ob du alleine oder mit einem Team an Pinterest arbeitest, können beeinflussen, wie der ideale Workflow für dich aussieht. Nimm unsere Ideen also gerne als Anregung oder Basis für deinen individuellen Workflow. Nimm dir dafür Zeit, denn das spart dir in deinen Arbeitsprozessen zukünftig viel Zeit, und trotzdem wird sich dein Workflow über die nächsten Wochen auch ständig weiterentwickeln.
>
> Höre dazu auch gerne in unsere Interviewfolgen rein, die wir in unserem *Pinsights-Podcast* veröffentlicht haben. Hier findest du tolle Inspirationen, wie andere ihren Pinterest-Workflow aufgebaut haben.

In diesem Abschnitt haben wir für dich noch einmal alle wichtigen Schritte für dein Pinterest-Unternehmensprofil sowie dein monatliches Pinterest-Account-Management zusammengefasst. Du weißt nun, wie du die einzelnen Aufgaben für dich routiniert abarbeiten und einen idealen Workflow entwickeln kannst.

13.4 Pinterest und Recht – was sollte ich wissen?

Die große Freiheit im Internet bringt auch einige Begrenzungen mit sich. Die Nutzung jeglicher Programme, Plattformen und Social-Media-Tools bringt rechtliche »Regeln« mit sich. Grundlagen, die im Zusammenhang mit Pinterest wichtig sind, lernst du in diesem Abschnitt. Da dies nun mal nicht unser Fachgebiet ist, haben wir für euch einen Experten hinzugeholt: den Rechtsanwalt Dr. Thomas Schwenke (drschwenke.de). Er hat sich auf den Bereich Datenschutz und Marketing spezialisiert. Beachte: Diese Inhalte sind im Mai 2021 auf dem aktuellen Stand. Da sich hier oft Änderungen ergeben, halte dich idealerweise parallel immer auf dem aktuellen Stand. Dazu bietet sich beispielsweise der Newsletter von Dr. Thomas Schwenke sehr gut an. In diesem Kapitel geben wir dir einige Tipps zum Thema Internetrecht. Eine rechtliche Beratung ersetzen diese allerdings nicht.

Alle Themen auf einen Blick
- Darf man Dienstleister aus den USA einsetzen? Wie kannst du dich schützen?
- Datenschutzerklärung: Was muss hier rein und wann?
- Auftragsverarbeitung: Was ist das, und muss ich das einbinden?
- Kundenliste: Darf ich diese bei den Pinterest Ads hochladen?
- Cookie-Banner: Was gibt es hier zu beachten?
- Bildrechte: Darf ich Stock-Fotos verwenden? Und wie muss ich mit Kundenbildern und *User-generated Content* (von Nutzern generierte Bilder) umgehen?
- Kopplungsverbot: Dürfen Freebie-Anmeldungen auch den Newsletter zugeschickt bekommen?

13.4.1 Privacy Shield: Was ist das, und was sollte beachtet werden?

Die Datenschutzgrundverordnung sieht nur die EU beziehungsweise den europäischen Wirtschaftsraum als datenschutzrechtlich angemessen an. Wenn nun personenbezogene Daten außerhalb der EU verarbeitet werden, bist du (als Unternehmen) dafür verantwortlich nachzuweisen, dass du dazu berechtigt bist. Einige Länder wie die Schweiz oder Kanada haben ein gleiches Datenschutzniveau wie die EU. Das galt auch für Unternehmen, die in den USA unter einem sogenannten »Privacy Shield« zertifiziert waren. Allerdings gelten in den USA seit 2017 neue

Gesetze, die den EU-Vorgaben widersprechen: Geheimdienste dürfen auf die Daten (auch von EU-Bürgern) zugreifen, ohne dass diese davon erfahren oder das Recht haben, sich dagegen zu wehren. Daraus ergibt sich für deutsche Unternehmen, dass diese zunächst keine personenbezogenen Daten an US-amerikanische Unternehmen übermitteln dürfen. Das ist für viele Unternehmen sehr problematisch, da beispielsweise Pinterest, Tailwind oder auch E-Mail-Programme personenbezogene Daten übermitteln und die meisten Tools aus den USA stammen. Eine Lösung dafür ist der Abschluss sogenannter Standardvertragsklauseln, die jeweils individuell mit dem Unternehmen abgeschlossen werden. Zusätzlich muss man prüfen, ob die getroffenen Aussagen eingehalten werden, was praktisch unmöglich ist. Allerdings würde der ganze transatlantische Datenverkehr einbrechen und zu hohen wirtschaftlichen Schäden führen, wenn man deshalb die Nutzung von US-Diensten verbieten würde. Daher wird das Risiko einer möglicherweise unzureichenden Prüfung in Kauf genommen. Ferner wird bereits über ein »Privacy Shield 2« verhandelt, das diese Probleme beseitigen soll.

> **Tipp: Das kannst du für das Privacy Shield tun**
>
> Was kannst du trotz dieser unsicheren Lage tun, um dich abzusichern? Achte darauf, dass du darlegen kannst, zumindest das Mögliche getan zu haben. Frage beispielsweise bei den Unternehmen der von dir aktuell eingesetzten Tools nach, welche Maßnahmen diese im Rahmen des Privacy Shields getroffen haben. Das aktive Nachfragen ist Pflicht. Wenn du das nicht machst, kann es dir tatsächlich vorgeworfen werden. Aber dass du für das Problem eine konkrete Lösung suchst und ins Handeln gekommen bist, wird dir zugutegehalten.
>
> Deshalb der Tipp: Speichere dir den Kommunikationsaustausch mit den Unternehmen als Beweis ab.
>
> Das heißt, ein Formular des Unternehmens wäre für die Darlegung ideal, eine E-Mail ist aber auch in den meisten Fällen ausreichend.

13.4.2 DSGVO – was muss ich beachten?

Die DSGVO steht für die Datenschutz-Grundverordnung. Neben dem Datenschutz gibt es so etwas wie E-Privacy. Das bedeutet, dass der Gesetzgeber davon ausgeht, dass deine Geräte, Computer und Mobiltelefone ein Teil deiner Privatsphäre sind. Sobald auf diesen Geräten Informationen gespeichert und ausgelesen werden, findet ein Eingriff in deine Privatsphäre statt. Dazu gibt es noch gesonderte Regelungen, die neben der DSGVO bestehen. Das bedeutet für dich: Bevor du auf deiner Website Tools einsetzt, die auf die Daten von Personen zugreifen und Cookies setzen, müssen die Besucherinnen und Besucher eine Einwilligung geben. Dies geschieht meistens durch das Cookie-Banner. Dieses ploppt immer auf, wenn du eine Website besuchst und die Einstellungen bestätigst. Das heißt, das Pixel oder auch das Pinterest-Tag, das du bereits in Kapitel 11 kennengelernt hast, darf erst gefeuert werden und Daten sammeln, nachdem der Nutzer dem durch das Cookie-Banner zugestimmt hat. Darin sollte enthalten sein, zu welchen Zwecken, mit welcher Funktionsweise und wie lange die Cookies gespeichert werden.

> **Tipp: Aktualisiere deine Cookie-Banner und die Datenschutzerklärung**
>
> Stelle sicher, dass die Informationen zum Tracking auf dem aktuellen Stand sind. Nutze für deine Datenschutzerklärung beispielsweise einen Datenschutzgenerator, damit sie immer auf dem aktuellen Stand ist, oder sprich mit einem Datenschutzbeauftragten. Hier sollten alle Tools ausgeführt werden, die du nutzt.

Pinterest-Profil rechtssicher machen

Da du auch auf Pinterest mitverantwortlich für die Verarbeitung und Speicherung von Daten bist, solltest du hier auf deine Datenschutzerklärung sowie das Impressum hinweisen. Denn Social-Media-Accounts sind wie Websites zu betrachten. Das Impressum lässt sich in den Pinterest-Einstellungen direkt hinterlegen. Die Datenschutzerklärung solltest du dann in deine Profilbeschreibung einfügen. Wie man das mit einem Shortlink lösen kann, siehst du beispielsweise im Pinterest-Account von IKEA. Beachte, dass ein Impressum immer mit der Zwei-Klick-Regel erreichbar sein muss. Außerdem muss bei der Verwendung eines Shortlinks für die Datenschutzerklärung im Link ersichtlich sein, dass dieser zur Datenschutzerklärung führt. Benenne die URL deshalb entsprechend.

Verstößt das Hochladen von Kontaktlisten gegen die DSGVO?

Im Erstellungsprozess von Pinterest-Werbeanzeigen gibt es die Möglichkeit, eine Kontaktliste hochzuladen, die Pinterest für die Optimierung von Werbeanzeigen verwendet. Dies sind personenbezogene Daten deiner Kunden, die du somit Pinterest zur Verfügung stellen würdest. Das Hochladen einer solchen Kontaktliste verstößt gegen die DSGVO. Denn bevor Daten verarbeitet werden, wird eine Rechtsgrundlage für deren Verarbeitung benötigt. Grund ist, dass die Schutzinteressen der Nutzer höher liegen als betriebswirtschaftliches Interesse. Schutzinteresse bedeutet: Konnte der Nutzer damit rechnen, dass dieser Vorgang stattfindet, und konnte er widersprechen? Dieses Wissen kann man selten annehmen, weshalb eine Einwilligung erforderlich ist. Es müsste beispielsweise am Ende des Checkout-Prozesses eindeutig erklärt werden, dass die Daten in Pinterest zu Abgleichzwecken hochgeladen werden. Man darf nicht davon ausgehen, dass die Nutzer die AGB oder Datenschutzerklärung lesen. Die Datenschutzerklärung dient zur Information, sichert aber in diesem Fall nicht ab.

Newsletter-Versendung nach Download eines Freebies

Was passiert, wenn du auf deiner Website einen kostenlosen Download zur Verfügung stellst, den die Nutzerin erst nach Eintragung ihrer E-Mail-Adresse erhält? Darfst du dieser Person nur den Download schicken oder sie auch automatisch in deine Newsletter-Liste aufnehmen? Sofern du am Anfang des Prozesses klar darauf hinweist, dass man das Freebie nur bekommt, wenn man sich auch für die Newsletter-Liste anmeldet, ist dies erlaubt. Unzulässig wäre es, wenn man die Daten wie bei einem Gewinnspiel eingetragen hat und erst auf der nächsten Seite steht, dass eine Teilnahme nur möglich ist, wenn man den Newsletter abonniert.

13.4.3 Hat Pinterest eine Auftragsverarbeitung?

Eine Auftragsverarbeitung liegt nur dann vor, wenn du ein Unternehmen damit beauftragst, Daten zu verarbeiten, aber nur nach deiner Weisung. Das bedeutet: Es macht damit nichts anderes als das, was du ihnen sagst. Ein Beispiel dafür ist ein E-Mail-Tool wie *CleverReach*. Diesem überlässt du den Adresssatz deiner Kunden oder Newsletter-Empfängerinnen. CleverReach speichert die Daten nur für dich und verwendet sie, um deine E-Mails zu versenden. Das heißt, CleverReach handelt allein nach deiner Weisung. Im Hinblick auf den Pinterest-Tag oder den Pinterest-Account selbst nutzt Pinterest diese gesammelten Daten auch für eigene Zwecke. Als Unternehmen kannst du Pinterest also nicht sagen, dass es die Daten des Unternehmensprofils löschen soll. Bei CleverReach beispielsweise ginge das aber. Bei Facebook gibt es eine Auftragsverarbeitung. Diese ist allerdings beschränkt auf Kontaktdaten, die du zu Abgleichzwecken hochlädst. Somit sind Pixel und Social-Profile nicht von der Auftragsverarbeitung betroffen, und du musst hier nichts beachten.

13.4.4 Bildrechte – was darf ich verwenden?

Pinterest ist eine visuelle Suchmaschine, weshalb du als Creator bei der Pin-Erstellung mit großer Wahrscheinlichkeit mit Fotomaterialien zu tun haben wirst. Doch was ist, wenn du beispielsweise Stock-Fotos aus dem Internet verwendest – darfst du das? Allen Fragen zu Bildrechten gehen wir nun auf den Grund.

Darf ich fremde Pins repinnen?

In Bezug auf das Repinnen bei Pinterest kommt oft die Frage auf, ob das überhaupt erlaubt ist, da es ja nicht dein Inhalt ist. Das Pinnen von fremden Inhalten ist zulässig, solange die Quelle zum Urheber führt. Wenn du allerdings Bilder herunter- und auf Pinterest wieder hochlädst, ist dies ein Verstoß gegen das Urheberrecht. Repinnen bedeutet nicht das Kopieren von Inhalten, denn es wird nur ein Link zur Ursprungsquelle gesetzt. Dies nennt man Embedding. Theoretisch kannst du haften, wenn das Bild online gestellt ist und du nicht geprüft hast, ob die Urheberrechte gewahrt sind. In der Praxis ist das Risiko allerdings ziemlich gering.

> **Tipp: So meldest du unerlaubt genutzte Pins**
> Falls deine Bildmaterialien oder Pins geklaut wurden und unerlaubt zu einer anderen Website führen, kannst du dies melden. Klicke dazu in der Close-up-Ansicht des entsprechenden Pins auf die drei Punkte, die zum Menü führen. Hier kannst du den Pin melden. Dieser wird anschließend von Pinterest geprüft und gegebenenfalls gelöscht.

Sind Stock-Fotos erlaubt?

Hier ist es wichtig, zuvor zu prüfen, ob die Lizenzen eine Veröffentlichung erlauben. Stock-Bilder geben in der Regel nur Lizenzen für die Person, die das Bild gekauft hat. Lädst du das Bild bei Pinterest hoch, bekommt Pinterest eine Unterlizenz, und damit verstößt du gegen die Rechte des Urhebers dieses Stock-Fotos. Wenn aber die Verwendung in Social Media erlaubt ist, dann stellt die Nutzung kein Problem dar. Falls dies aus den Nutzungsbedingungen nicht ersichtlich ist, frage in einer E-Mail nach. Prüfe außerdem, ob es im Lizenzvertrag bestimmte Klauseln bezüglich des Urheberrechts gibt. Die Plattform *Pexels*, auf der du kostenlose Stock-Fotos herunterladen kannst, übernimmt keine Verantwortung dafür, was die Nutzerinnen und Nutzer hochladen. Somit kann es sein, dass eine Nutzerin geklautes Bildmaterial auf Pexels zur Verfügung stellt. Verwendest du dieses, ist es ein Verstoß gegen das Urheberrecht. Das solltest du bei freien Lizenzen unbedingt beachten. Als Tipp kannst du beispielsweise eine Rückwärtssuche durchführen. Prüfe, ob du das Bild irgendwo anders im Netz findest, zum Beispiel auf Fotografenseiten oder bezahlten Stock-Foto-Plattformen. Wenn du auf Nummer sicher gehen möchtest, lege einen bezahlten Account an. Im Fall einer Urheberrechtsverletzung kannst du der Plattform die Mahngebühren in Rechnung stellen.

Kundenbilder richtig verwenden

Viele Unternehmen greifen auch gerne auf *User-generated Content* zurück. Diese Bild- und Videomaterialien werden beispielsweise von Influencern erstellt, oder Kundenbilder werden im Zusammenhang mit Gewinnspielen erlangt. Wenn du solchen Content für dich verwenden möchtest, benötigst du dafür die entsprechenden Nutzungsrechte. Hast du diese nicht, wird anhand der Umstände entschieden, und zwar im Zweifel zugunsten der Urheber. Im Rahmen von Gewinnspielen solltest du im Vorfeld klar kommunizieren, was du mit den Bildern machen wirst, und dies in den Teilnahmebedingungen festhalten.

13.4.5 Kennzeichnung von Werbung auf Pinterest

Musst du deine Pins kennzeichnen, wenn sie beispielsweise im Rahmen einer Kooperation entstanden sind? Hier gelten die gleichen Regeln wie bei Instagram. Wenn du dein Profil zu geschäftlichen Zwecken nutzt (du hast beispielsweise schon einmal für eine Kooperation Geld bekommen) und dann ein Produkt hervorhebst, das zu einem Unternehmen gehört, mit dem du schon einmal geschäftlich zu tun hattest, ist auch dies ein Fall von Werbung. Betreibst du grundsätzlich viel Werbung auf dem Account, musst du, egal welches Produkt genutzt wird, es als Werbung kennzeichnen. Die gerichtlichen Entscheidungen sind hier im Zweifel jedoch immer sehr unterschiedlich. Auf Pinterest bezogen solltest du es sicherheitshalber in der Pin-Beschreibung erwähnen. Wenn du beispielsweise einen Pin erstellst, der auf einen Blogartikel mit Affiliate-Links oder einer Kooperation führt, sollte dies auch zu Beginn des Blogartikels gekennzeichnet werden. Lädst du hingegen Bildmaterial hoch, auf dem du das Produkt einer Kooperation zeigst, empfiehlt es sich, sicherheitshalber Werbung direkt auf der Grafik zu kennzeichnen. Auch wenn es bisher keinen abgemahnten Fall gibt, kannst du dich so absichern.

> **Mehr Informationen im Pinsights-Podcast, Episode #70 und #71**
> Das komplette Interview mit Dr. Thomas Schwenke mit weiteren Insights und Tipps findest du im *Pinsights-Podcast*.

13.5 E-Commerce auf Pinterest

Fakt ist: Onlineshopping wird aktuell immer relevanter. Deshalb ist es für Marken wichtig, ein realitätsnahes, positives und inspiratives Shopping-Erlebnis zu schaffen. Pinterest ist ein Ort, um sich inspirieren zu lassen und Träume zu realisieren. Nutzerinnen und Nutzer kommen dorthin, um Projekte umzusetzen und Neuanschaffungen zu tätigen, und Pinterest liefert somit ein inspiriertes Shopping-Erlebnis: visuell, persönlich, umsetzbar. Damit die Menschen nicht nur zu Beginn des Verkaufs-Funnel – also in der Ideen- und Inspirationsphase – von Unternehmen unterstützt, sondern auch bis hin zum Kauf begleitet werden können, hat Pinterest einige auf E-Commerce abgestimmte Tools entwickelt. Welche das sind, erfährst du nun. Um direkt auch wichtige Praxiserfahrungen der relevantesten Funktionen mit einzubinden, haben wir diesen Abschnitt in Zusammenarbeit mit dem Unternehmen *Limmaland*, einem Onlineshop für Designfolien und Zubehör für IKEA-Möbel im Kinderzimmer, geschrieben.

Interessante Zahlen und Fakten

Welche Zahlen für dich in der E-Commerce-Branche besonders interessant sind, siehst du nun:

- Deutsche Nutzerinnen und Nutzer sagen mit 1,3-mal höherer Wahrscheinlichkeit, dass Pinterest sie bei der Kaufentscheidung inspiriert, als Nutzerinnen und Nutzer anderer sozialen Plattformen.[1]
- User, die von ihrem Einkauf bereits überzeugt sind und das perfekte Produkt finden, geben im Durchschnitt 1,2-mal mehr aus (im Vergleich zu Nutzerinnen und Nutzern, die sich nur auf Transaktionseinkäufe konzentrieren).[2]
- Eine von drei Müttern und einer von drei aller Millennials in Deutschland sind auf Pinterest aktiv.[3]
- 54 % der deutschen Nutzerinnen und Nutzer geben an, dass Pinterest ihnen bei der Entscheidungsfindung geholfen hat, welche Produkte sie kaufen möchten.[4]
- Pinterest erreicht einen von vier aller deutschen Haushalte mit einem Einkommen von mehr als 100.000 €.[5]
- 97 % der beliebtesten Suchanfragen auf Pinterest enthalten keinen Markennamen.[6]
- Die Anzahl der Nutzerinnen und Nutzer, die sich mit Shopping-Inhalten auf Pinterest beschäftigen, ist seit letztem Jahr um 44 % gestiegen.[7]
- Pinterest konnte die Anzahl an kaufbaren Produkten seit letztem Jahr um das 2,5-Fache steigern.[8]
- Cost-per-Conversion für Pinterest-Anzeigen ist im Vergleich zu Anzeigen in anderen sozialen Medien um das 2,3-Fache niedriger.[9]

13.5.1 Diese Features hält Pinterest bereit

Zwei visuelle Funktionen wie die *Pinterest Lens*, mit der du Fotos aufnehmen kannst und nach visuell ähnlichen Pins suchen kannst, sowie die *visuelle Suche*, mit der du auf einem Pin einen Bildausschnitt auswählen kannst, um weitere ähnliche Pins zu finden, kennst du bereits aus Kapitel 3.

---

1 Nielsen Path to Purchase Research 2019/2020, Germany.
2 LRW, USA »Inspired Shopping on Pinterest«, January 2020.
3 GlobalWebIndex 2019 Q1-Q4, Germany.
4 Nielsen Path to Purchase Research 2019/2020, Germany.
5 GlobalWebIndex 2019 Q1-Q4, Germany.
6 Interne Pinterest-Daten, USA, Februar 2017.
7 Interne Pinterest-Daten, Februar 2020, Neustar Retail Meta Study, USA »Meta-Analysis among five US Retail Brands (Pureplay + Omnichannel)«, Juni 2019.
8 Ebd.
9 Ebd.

Wenn Pinterest-Nutzer damit die Möglichkeit haben, noch mehr Pins zu den Themen zu finden, nach denen sie gerade suchen, und beispielsweise bei der Suche nach einem Couchtisch im Industrial-Stil bereits sehr nah an der Kaufentscheidung sind, betont dies die Relevanz deiner Aktivität als Shop-Inhaberin auf Pinterest. Sorge dafür, dass deine Produktbilder auf Pinterest zu finden sind, damit diese Funktionen sich auch für dich bezahlt machen.

Dafür eignet sich einerseits der *Shopping-Katalog* sehr gut, auf den wir gleich noch näher eingehen werden. Andererseits kannst du die Bilder auch für Pinterest optimiert als Pins hochladen, wie du es in Kapitel 6 gelernt hast. So füllst du deine Pinnwände und bringst Kontinuität ein, indem du sie regelmäßig veröffentlichst.

> **Tipp: Geeignetes Bildmaterial auf Pinterest**
>
> Unternehmen aus der E-Commerce-Branche sollten auf Pinterest Wert darauf legen, dass im Idealfall alle ihre Produkte in der visuellen Suchmaschine zu finden sind, damit sie von Funktionen wie Pinterest Lens und der visuellen Suche profitieren. Dafür kann beispielsweise der *Shopping-Katalog* integriert werden, um den es gleich noch ausführlicher gehen wird. Gleichzeitig können die Produktbilder auf Pinterest als Pins hochgeladen und auf den Pinnwänden verteilt werden. Im Idealfall sind die Produkte auf den Bildern gut zu erkennen und in Szene gesetzt, sodass deutlich wird, wie sie verwendet werden und im Alltag aussehen. Du solltest also Bilder, auf denen der Couchtisch in einem Wohnzimmer platziert ist, reinen Produktfotos mit einem weißen Hintergrund vorziehen. Und im Idealfall legst du nun auch Wert auf die Regeln von Pinterest-optimierten Grafiken aus Kapitel 6. Denn auch für Onlineshops ist es sehr zu empfehlen, optimierte Grafiken zu gestalten, auf denen Text eingebunden ist.
>
> In Abbildung 13.6 siehst du organische Pin-Beispiele eines Onlineshops, in denen deutlich wird, wie du Produkte mit und ohne Text in Szene setzen kannst. Das heißt, die Produkte werden nicht beworben, sondern sprechen die Nutzerinnen und Nutzer auch auf der organischen Suche nach Lösungen für ihre Bedürfnisse positiv an. So wird der Nutzen des Produktes noch deutlicher. In der ersten Grafik ist beispielsweise nur das Produkt mit Logo eingebunden. Lädst du also nur reine Produktbilder hoch, ist es immer zu empfehlen, das Logo einzubinden. So schaffst du mehr Markenbekanntheit und schützt dich gleichzeitig besser vor Urheberrechtsverletzungen deines Bildmaterials. Außerdem bietet es sich wie in der zweiten Grafik an, einen Call-to-Action einzubinden, um auf den Shop zu verweisen.
>
> Vor allem bei Werbeanzeigen ist dies zu empfehlen, damit die Erwartungshaltung der Nutzerinnen und Nutzer erfüllt wird. Beachte dabei, dass du diese Pins täglich verteilt veröffentlichst und nicht alle auf einmal. Dies ist für den Algorithmus ein wichtiges positives Signal für deine Profilqualität.

Weiterhin sind die *Katalog-Pins* (aus Abschnitt 6.4.4) eine gute Möglichkeit, um deine Produkte ausgewählten Pins hinzuzufügen und zum Shoppen einzuladen.

Neben dem roten Haken, mit dem sich Marken und bekannte Profile von Pinterest verifizieren lassen können (das geht nur im persönlichen Austausch mit Pinterest), gibt es auch einen blauen Haken speziell für Online-Händler. Dieser wurde bisher in Deutschland allerdings noch nicht offiziell ausgerollt, das wird aber vermutlich 2021 noch erfolgen.

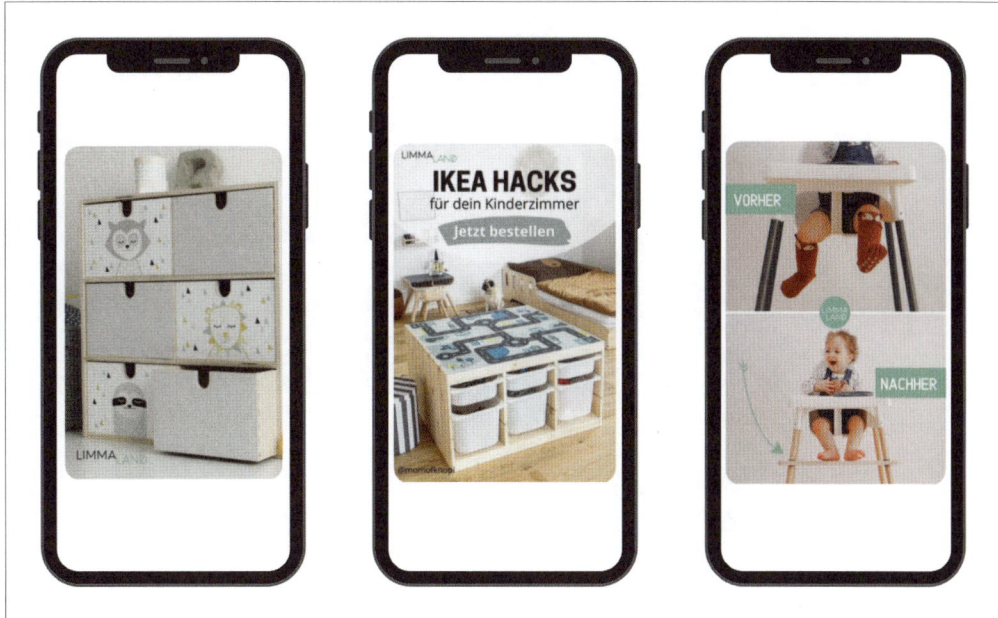

Abbildung 13.6 Organische Pin-Beispiele von Limmaland.

Und auch Werbeanzeigen sind für Shops sehr zu empfehlen. Speziell dafür gibt es bestimmte Werbeanzeigenformate und Targeting-Optionen, etwa *Collection Ads* und *dynamische Ausspielungen* von Werbeanzeigen. Mehr dazu erfährst du gleich.

13.5.2 Katalog-Pins

Katalog-Pins bzw. Shopping-Pins hast du bereits in Kapitel 6 kennengelernt. Hier hast du die Möglichkeit, Produkte, die auf einem Bild zu sehen sind, zu markieren. Dadurch kann der Nutzer später in einer Art Katalog stöbern, um noch zielgerichteter zu den einzelnen Produktseiten geleitet zu werden.

Wie so ein Pin in der Desktop-Version aussieht, siehst du in Abbildung 13.7. Er lässt sich organisch sowie als Werbeanzeige ausspielen.

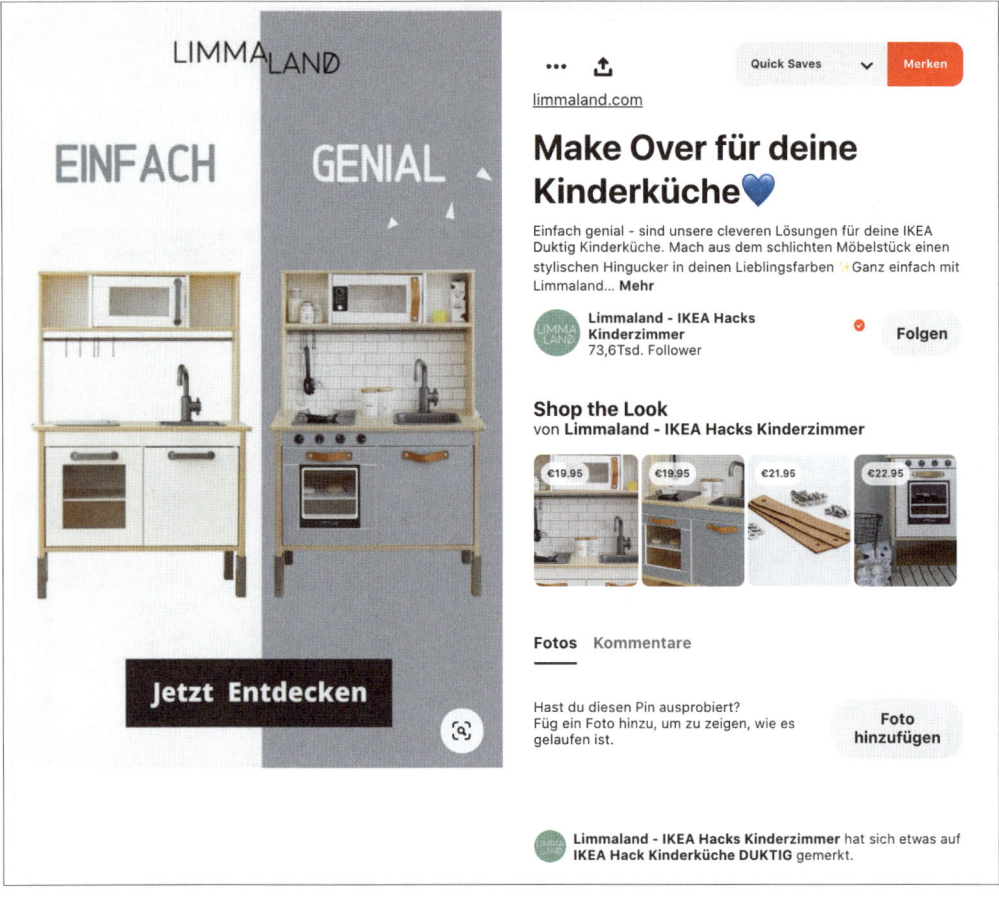

Abbildung 13.7 Ansicht eines Katalog-Pins von Limmaland am Desktop

Diese Funktion ist die einfachste, um ohne Vorarbeit Produkte zu verknüpfen – also auch, wenn du nicht den Katalog hinzugefügt hast. Limmaland verwendet sie gerne, indem die erfolgreichsten organischen Pins geöffnet und nachträglich über das Preis-Tag, das du auf dem Pin siehst, Produkte hinzugefügt werden. Außerdem bewirbt Limmaland die Katalog-Pins sehr gerne.

In Abbildung 13.8 siehst du, wie ein Katalog-Pin als Anzeigen im Feed (links) und wie er im Close-up aussieht (rechts). Hier kann die Nutzerin die Produkte entdecken, die zu der Anzeige passen, und direkt im Shop auf der Website kaufen.

Ein Nachteil von Katalog-Pins ist, dass die Verknüpfung von Produkten zeitaufwendig ist und sich nicht automatisieren lässt.

13.5 E-Commerce auf Pinterest

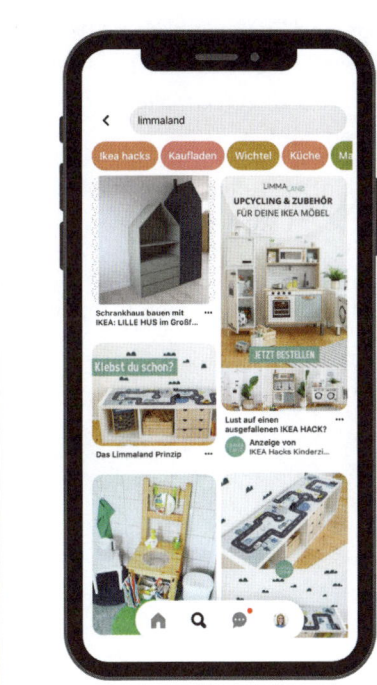

Abbildung 13.8 Beworbener Katalog-Pin von Limmaland

Aus diesen Gründen ist das nachträgliche Einbinden von Produkten im Katalog-Pin für die organisch besten Pins die wohl praktischste Lösung. Mehr zur Umsetzung hast du bereits in Kapitel 6 und Kapitel 7 erfahren.

13.5.3 Shopping-Tab: Mehr Sichtbarkeit für deine Produkte

Ein sehr wichtiges Feature, das sich speziell für Onlineshops integrieren lässt, ist der *Shopping-Tab*.

Dieser steht allen zur Verfügung, die ihren Produktkatalog bei Pinterest hinterlegt haben, und bietet dir die Möglichkeit, Produkte automatisiert zu verknüpfen, die in deinem Onlineshop zu finden sind. Diese Pins beinhalten deine Produktbeschreibungen sowie Preise, die auf deiner verbundenen Seite hinterlegt sind. Durch eine Verknüpfung zwischen Pinterest und deinem Shop aktualisiert sich der Shopping-Feed automatisch. Limmaland hat beispielsweise eine tägliche Aktualisierung eingestellt, die immer nachts durchgeführt wird.

367

Der Shopping-Feed lässt sich in verschiedene Produktgruppen ordnen, die du selbst konfigurieren kannst. Sie werden dann in deinem Profil unter dem Shopping-Tab zu finden sein. Limmaland hat beispielsweise nur die relevantesten Produkte mit aussagekräftigen Produktbildern eingebunden und zeigt nicht alle Produktvarianten. Du musst also nicht den gesamten Shop verknüpfen.

Außerdem ist der Shopping-Tab sehr präsent in deinem Profil eingebunden, sodass die Menschen direkt in deinem Pinterest-Shop stöbern können.

Wie dies bei Limmaland aussieht, siehst du in Abbildung 13.9. Die erste Kategorie »am beliebtesten« wurde von Pinterest erstellt, alle anderen wurden manuell ausgesucht.

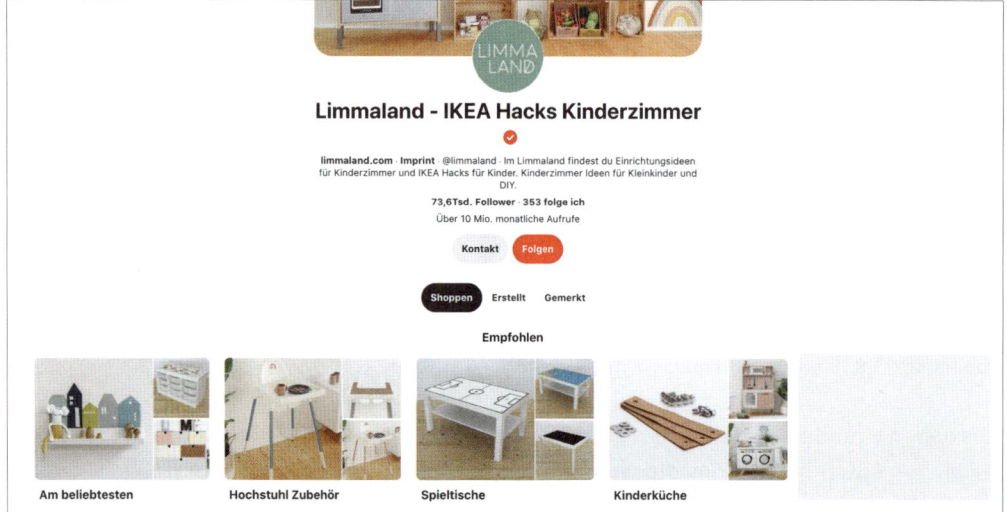

Abbildung 13.9 Shopping-Tab-Ansicht bei Limmaland

Innerhalb einer Pinnwand werden dann die Produktbilder, die aus dem Shop gezogen werden, samt Preis angezeigt. Außerdem hat die Nutzerin hier die Möglichkeit, die Ergebnisse mithilfe der Filterfunktion auf der linken Seite zu verfeinern (siehe Abbildung 13.10).

Für die Umsetzung gibt es zwei Möglichkeiten. Diese sind sehr ähnlich wie bei Google und Facebook Shopping. Wenn du diese Feeds also bereits nutzt, kannst du dein Know-how einfach auf Pinterest übertragen.

Die etwas aufwendigere Option ist der Upload einer CSV-Datei, die alle Informationen wie Links, Bilder, Preise etc. enthält. Diesen Bereich findest du im Anzeigen-

Menü unter KATALOGE. Die genaue Anleitung zur Umsetzung findest du unter https://help.pinterest.com/de/business/article/data-source-ingestion.

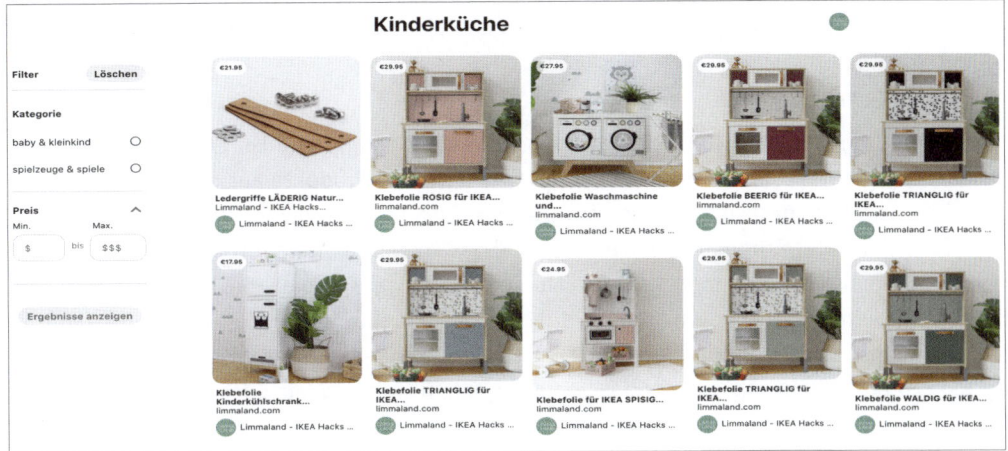

Abbildung 13.10 Ansicht der Pinnwand »Kinderküche« im Shopping-Tab von Limmaland

Die zweite, auch von Limmaland genutzte und empfohlene Möglichkeit ist die Nutzung eines Plug-ins.

In der Regel bietet jede Shop-Software wie Shopware oder Shopify ein Plug-in, das einen Katalog-Feed erzeugt und diesen gemäß deinen Einstellungen mit Pinterest synchronisiert. Hier ist allerdings darauf zu achten, dass die Einstellungen genau vorgenommen sind, da diese Tools ansonsten auch sehr fehleranfällig sein können.

13.5.4 Das Besondere an den Shopping Ads

Dass Pinterest Ads für Onlineshops besonders lukrativ sein können, haben wir bereits in Kapitel 11 besprochen. Außerdem hast du hier gelernt, wie du Werbeanzeigen mit einer strategischen Kampagnenstruktur aufsetzen kannst.

Hinzu kommen allerdings noch zwei Funktionen bei den Werbeanzeigen, die nur für Onlineshops, die einen Produktkatalog hinterlegt haben, zur Verfügung stehen: die *Collections Ads* sowie *Shopping Ads mit dynamischem Targeting*.

Shopping Ads

Durch den Pinterest-Tag und den integrierten Katalog können auch Shopping Ads mit dynamischem Targeting geschaltet werden. Bei Shopping-Anzeigen wird nur der Produkt-Pin angezeigt, und zwar zu genau dem Produkt, das der Nutzer sich zuvor bereits im Shop angeschaut hat oder das in den Warenkorb gelegt wurde. Diese beworbenen Pins können nicht speziell von dir gestaltet werden, sondern sind die reinen Produkt-Pins, die sich genau so auch im SHOPPING-Tab wiederfinden. Pinterest spielt sie automatisch an die entsprechende Person aus.

Collection Ads

Collection Ads (Kollektionen-Ads) eignen sich sehr gut für Unternehmen, die gerne mit Mood-Bildern arbeiten, auf denen mehrere Produkte aus dem Shop zu sehen sind. Du hast also ein sogenanntes *Hero-Bild*, das du individualisieren kannst. Unter ihm sind Produkte aus deinem Katalog dynamisch verknüpft. Auch diese werden gemäß dem vorangegangenen Nutzerverhalten ausgespielt. Sie laden sehr zum Stöbern und Entdecken weiterer Ideen ein. Auch hier ist die Voraussetzung die Integration des Produktkatalogs. Für beide Anzeigenformate gilt: Du kannst jeweils auswählen, ob alle Produkte ausgespielt werden sollen oder nur jene aus einer bestimmten Produktgruppe.

13.5.5 Blauer Haken: das Verifizierte-Händler-Programm

Ist ein Pinterest-Profil Teil des Verifizierte-Händler-Programms, wird dies mit einem blauen Haken neben dem Profilnamen gekennzeichnet.

Dies bietet den Nutzerinnen und Nutzern die Möglichkeit, die Ideen und Produkte von geprüften Händlern zu entdecken und bei ihnen einzukaufen, hebt deine Marke positiv hervor und ist kostenlos zu integrieren.

Dafür musst du dich lediglich bewerben. Öffne dazu das Kontaktformular von Pinterest unter *https://help.pinterest.com/de/contact*. Wähle hier unter UNTERNEHMEN UND WERBUNG den Punkt SHOPPING aus, und klicke auf WEITER. Im nächsten Schritt wählst du VERIFIZIERTE-HÄNDLER-PROGRAMM aus und kannst dich nun bewerben.

Das sind die Vorteile des Programms:

- Der blaue Haken auf dem Profil schafft Vertrauen bei der Zielgruppe und zeigt, dass dein Account von Pinterest geprüft und verifiziert wurde.
- Deine Produkte können in speziellen Shopping-Erlebnissen wie »verwandten Pins« angezeigt werden und erhalten somit noch mehr Aufmerksamkeit.
- Integration des Shopping-Tabs
- Erweiterte Insights. Als Mitglied bekommst du einen frühzeitigen Zugriff auf das neue Conversion-Insights-Tool, um erzielte Umsätze besser zu messen.

Mehr dazu erfährst du unter *https://business.pinterest.com/de/verified-merchant-program*. Beachte dabei, dass die Funktion in Deutschland noch nicht vollständig ausgerollt ist und dass du deshalb eventuell erst einmal auf eine Warteliste gesetzt wirst.

Du siehst, es gibt zahlreiche zusätzliche Möglichkeiten für Onlineshops, um das Shopping-Erlebnis in der visuellen Suchmaschine noch besser zu gestalten. Wenn du Pinterest langfristig als wichtige Marketing-Plattform für dich integrieren möchtest, empfiehlt es sich, alle Funktionen einzubinden. Vor allem der Produktkatalog und der damit verbundene SHOPPING-Tab bieten dir weitere tolle Möglichkeiten wie dynamisches Targeting und die Collection Ads, die ohne dies nicht möglich sind. Wenn du das Know-how für die Umsetzung nicht mitbringst, empfiehlt es sich also, einen Experten zurate zu ziehen. Also – worauf wartest du noch? Wecke Interesse, biete Inspiration, und lade die Pinterest-Nutzerinnen und -Nutzer zum Kaufen ein.

Index

A

Absprungraten 32
Account-Management 349
Ads Manager 276
Ads-Blocker 288
Algorithmus 88, 310, 320
Alle-Bilder-Button 229
Answer the public 346
Audience Insights 256, 267
Auftragsverarbeitung 360
Ausprobiert-Funktion 329

B

Basis-Tag 282
Beliebt auf Pinterest 67–68
Benutzeroberfläche 24
Best-Practice-Regeln 127
Betrachterzahlen 43
Bild-Code 235
Bildmaterial 43
Bild-Mouseover 229
Bildrechte 360
Blog 215, 340, 355
Blogartikel 217
Body Positivity 51
Bounce Rate → Absprungraten
Brand Awareness → Marke
Broad Match 302
Browser-Erweiterungen 345
Bulk-Editor 166
Bulk-Upload 77

C

Call-to-Action 106
Call-to-Value 320
Checkliste 154, 225, 334, 348–349
CleverReach 360
Click-Through Rate → CTR
Collection Ads 320

Community-Management 118, 323
Community-Monitoring 323, 333
Content
 Duplicate Content 192
 Fresh Content 192
 Planung 210
 Upcycling 191, 195, 199–200
Content-Management 41
Content-Management-Tool 164
Content-Marketing 28, 31, 42, 57
Content-Speicher 164
Content-Upgrades 340
Conversion 60, 283, 285, 311, 320–321
Conversion Rate 320
Conversion-Insights 258, 313
Cookie-Banner 359
Corporate Design 129
Cost per Million → CPM
Coverbild 157
CPA 314
CPC 321
CPM 314
Cross-Marketing 333, 336
CrowdTangle 347
CTA 106, 320
CTR 264, 277, 321
Customer Journey 24, 27, 30, 41, 120, 276, 314, 319

D

Datenschutzerklärung 283, 359
Desktop 167
DSGVO 357–359

E

E-Commerce 151, 362
E-Mail-Benachrichtigungen 334
Enchanced Match 284
Etsy 80, 338
Event-Tag 285

F

Facebook 26
FAQ 93, 181, 196, 292, 318
Feed 120
   Folge-Feed 53
   Follower-Feed 43, 117
   Such-Feed 120
Follower 43, 188–189, 245, 331
Freebie 223, 360
Fremd-Pins 253
Fresh Content 192

G

Generation Z 50–51
Geschenke-Pin 155
Google Analytics 61, 244, 346
Google Keyword Planner 346
Google Tag Manager 286
Groupboardspy 186
Gruppenboard → Gruppenpinnwände
Gruppenpinnwände 167, 184, 207

H

Hagemeister, Tobias 226
Halbwertszeit 26
Heute-Tab 53, 67
Home-Feed 52
HTML 236
HTML-Code 237
Hurte, Jeanine 157

I

Idea-Pin 114, 146, 149–150, 180
Ideen für dich 68
Impressionen 246, 263–264
Influencer Marketing 40
Infografik 154
Instagram 81, 112, 151, 154, 336, 341
   Feed 122
   Karussell-Pin 144
   Katalog-Pin 114

Instagram (Forts.)
   Reels 149
   Storys 146
   Vergleich 113, 118
   Video 140
Interaktionen 246
Interview
   erlich textil 320
   OBI 318
   Weiss, Olga 241

J

Johanson, Tanja 93
Josera 224

K

Karussell-Pin 114, 142, 176
Katalog-Pin 114, 364
Käufer-Persona 55–56, 58
Key Performance Indicator → KPI
Keyword 89, 218, 266, 277, 300,
306, 316, 319, 355
   ABC-Suche 91
   Autosuggest 89
   externe Tools 92
   Guided-Search-Variante 91
   interne Suche 89
   Nutzung 95
   Pinterest-Keyword-Tool 92
   Tipp 93
   Type-Ahead 90
Keyword-Recherche 89
Kleidermädchen 232
Klicks 247, 266
Klicks auf Pins 246
Koisser, Lilli 70, 109, 217
Kommentarfunktion 328
Kontaktformular 370
Kontoeinstellungen 76
KPI 42, 243, 266, 314, 321
Kundenbilder 361
Kundenreise → Customer Journey
Kux, Viktoria 32, 246

L

Landingpage 321
Lazy Investors 224
Leads 221–222
Limmaland 309, 362
Linkziel 40, 176–177, 193,
216, 219, 223–224
Logo 124

M

Marke 26, 29, 33, 35, 60, 112, 118,
126, 129, 295, 320, 339
Markenbekanntheit 114, 117–118, 124
Markeninformationen 126, 139
Marktforschung 29
Merken-Aktion 117, 169, 246, 265
Merken-Button 229–230
Metriken 243, 248
Millennials 50, 57
MiloTree 333, 345
Miniaturbild 241
Mitbewerberanalyse 69
Monatliche Aufrufe 244
Mythen 39

N

Nachrichtenfunktion 325
Natürlich Lockig 223
Newsletter 340, 360

O

Opt-ins 340

P

Page-Builder 238
Persona 61
Pexels 361
Pin
  Branding 124
  erstellen 120

Pin (Forts.)
  Fremd-Pin 207
  Standard-Pin 133
  Strategie 202
Pin-Anzahl 203
Pin-Automatisierung 343, 350
Pin-Bearbeitung 179
Pin-Beschreibung 99–100, 175, 219, 234
Pin-Code-Erstellung 172
Pin-Coverbild 157
Pin-Design ... 112–113, 120–121, 125, 127,
129–130, 132, 135, 154, 192,
307, 317, 348, 355
  mobiles 129, 160
  Vorlagen 132–134
Pin-Erstellung 174, 350
Pin-Format 113, 115, 118–119, 123,
128, 136, 152, 290
Pin-Gestaltung 162, 342
Pin-Grafiken 126, 235
Pingroupie 186, 346
Pin-Löschung 174, 181
Pinnwand 205, 207
  archivierte 165
  Elemente der 97
  erstellen 167
  geheime 120, 164
  geschützte 166
  Gruppenpinnwand 207
  öffentliche 164
  private 164
Pinnwand-Archivierung 172
Pinnwand-Beschreibung 98
Pinnwand-Funktionen 170
Pinnwand-Ordner 173
Pinnwand-Widget 234
Pinnwand-Zusammenführung 171
Pinsights-Podcast 356, 362
Pin-Strategie 191, 317
Pinterest Ads 37, 294, 318–319, 321
Pinterest Ads Manager 37
Pinterest Analytics 65, 67, 243, 262
Pinterest Business Community 190
Pinterest Creator Community 53, 189,
346
Pinterest Ideas 38
Pinterest Lens 54, 363
Pinterest Newsroom 67

Pinterest Predicts 66
Pinterest Tag Helper 287
Pinterest Trends 67, 346
Pinterest Widget Builder 345
Pinterest-Communitys 188
Pinterest-Nutzer 47, 49
Pinterest-Profil 281, 348, 359
Pinterest-SEO 87
Pinterest-Strategie 60
Pinterest-Suche 48
Pinterest-Tag 281, 287, 295
Pinterest-Trends 66–67
Pin-Text 126
Pin-Titel 99, 219
Pin-Überschrift 355–356
   formulieren 101
   Formulierungsbausteine 107
Pin-Veröffentlichung 203
Pin-Vorlagen 179
Pin-Widget 234
Planungstools 210
   Tailwind 212
   Vergleich 212
Plug-in 234, 238, 284, 287
Pop-up 222, 340
Praxisbeispiel
   Kitchen Stories 61
   Seiler, Laura 342
   Social Shopping 36
Praxiserfahrung
   Kux, Viktoria 32
   Thies, Gabriele 32
   Vanilla Mind 154
   Wohnklamotte 216
Praxistipp 309, 318, 352
   Bewerbung von Pins 277
   Hagermeister, Tobias 226
   Koisser, Lilli 70, 109, 217
   Kux, Viktoria 246
   mein ZauberTopf 347, 353
   Seiler, Laura 201
   Thies, Gabriele 220, 351
   Vanilla Mind 125, 343
   Vetter, Anita 110
   Wohnklamotte 116, 174, 206, 347
Privacy Shield 357–358
Profil-Beschreibung 96
Profilbild 75
Profileinrichtung 71, 163

Profil-Header 159
Profilname 95
Profil-Widget 232
Projektmanagement 345
Projektmanagement-Tools 351, 354

R

Ranking-Faktoren 87
Really Simple Syndication → RSS-Feed
Rechtstipps 357
Reichweite 87
Repin 265, 336, 353, 360
Reportings 269, 345, 349, 352, 356
Rich Pins 82, 234, 344
   Artikel-Rich-Pin 82
   Produkt-Rich-Pin 84
   Rezept-Rich-Pin 83
   Verifizierung 84
ROAS 312, 321
RSS-Feed 166, 182–183

S

Saisonale Inhalte 204
Saisons 63–64, 68, 356
Sales Funnel 28
Schlüsselwörter → Keyword
Schwenke, Thomas 357
Seiler, Laura 201, 342
SEO 87, 149, 217, 226, 348
Shariff Wrapper 345
Shopping-Icon 179
Shopping-Tab 367
Signalwörter 102–103
Silbermann, Ben 23
Smartphone 167
Social Media 26, 37, 40
Social Shopping 34–35
Spam 328
Springlane 222
src-Attribut 238
Standard-Pin 114, 135, 175
Start-Feed 43
Stock-Fotos 361
Such-Feed 43, 112, 188, 274
Suchfunktion 30, 36, 185, 276

Suchmaschine 23, 188
Suchmaschinen-Optimierung 87

T

Tailwind 165, 173, 187, 212, 270
Tailwind-Communitys 332
Targeting 37, 318
   Interessen 298
   Keywords 293, 300, 316
Targeting-Funktionen ... 293, 302, 315, 317
Themenspeicher 355
Themenwolke 61–62, 355
Thies, Gabriele 32, 220
TikTok 141
Tool-Empfehlungen 346
Tools 212, 342
Top-Pins 254, 269
Tracking 37
Traffic 26, 31, 40
Trello 352
Trends 68, 260
Twitter 26
Type-Ahead 89

U

Uhrzeit 176, 204
Unternehmenskonto 348
   einrichten 71
   Profilbeschreibung 75
   Profilbild 75
User-generated Content 361

V

Vanilla Mind 125, 154
Verifizierte-Händler-Programm 370
Verifizierung 251, 262, 370

Vetter, Anita 110
Video Analytics 258, 268
Video-Pin 114, 136, 140, 178, 247, 259, 343
Videoschnittprogramme 143

W

Website 32, 40, 166, 182, 216, 222, 225, 338–340, 349
Website-Klicks 116
Website-Optimierung 241
Website-Traffic 220
Website-Verifizierung 78, 344
Weiss, Olga 241
Werbeanzeigen 273, 275, 278, 289–290, 295, 319, 362, 365, 369
Werbung 23, 26, 37
Wettbewerbsanalyse 69
Widget Builder 228
Widgets 227, 231
Wiedergabezeit 247
Wodewa GmbH 95
Wohnklamotte 116, 157, 206, 216, 266, 352
WordPress 237
Workflow 347, 351–352, 356

Y

YouTube 81, 337, 339

Z

Zieldefinition 60
Zielgruppe 28, 41, 46–47, 50, 54, 61, 113, 118, 184, 225, 276, 278, 293, 302, 320, 339
Zitate-Pin 153

Achtsam und erfolgreich in Social Media kommunizieren

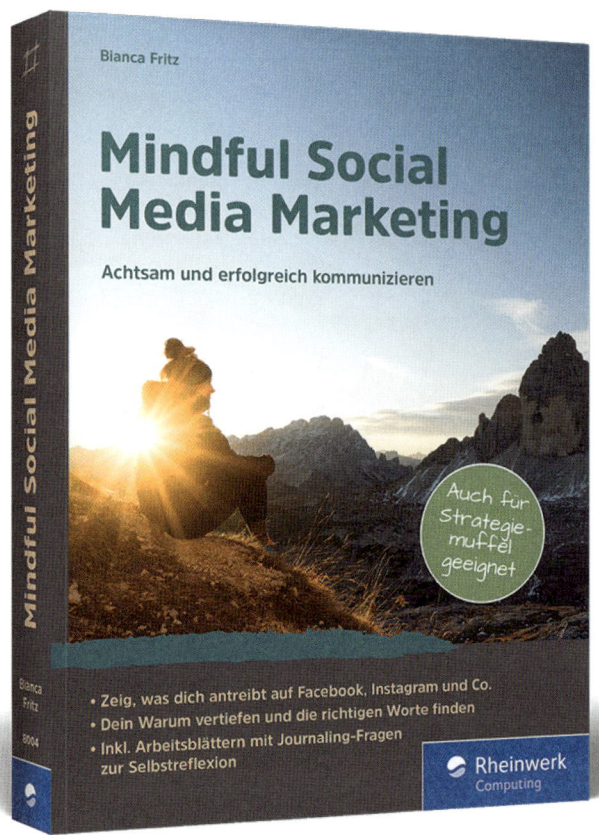

Dein Produkt, deine Dienstleistung sind Herzensangelegenheiten. Warum sollte also dein Marketing nicht auch mit Herz und Verstand geführt werden? Dieses Buch hilft dir dabei, dein Produkt und dich selber so zu vermarkten, dass du authentisch bleibst und dich nicht verbiegen musst. Im Zentrum deiner Social-Media-Arbeit steht dein Warum. Es ist dein Motor, dein Antrieb für alles, was du tust. Dieses Buch schätzt dein Warum. Und hilft dir, immer wieder zu deinem Warum zurückzufinden.

427 Seiten, broschiert, in Farbe, 29,90 Euro, ISBN 978-3-8362-8004-4
www.rheinwerk-verlag.de/5224

Social Media Marketing für deine Content-Strategie

Social Media ist eine Kernkompetenz in Marketing und PR. Lerne, wie Facebook und soziale Netzwerke genau funktionieren und wie du Strategien für mobiles Marketing, Crowdsourcing und Social Commerce entwickelst. Dieser Bestseller hilft dir, den passenden Auftritt für dein Unternehmen aufzubauen, erfolgreiche Kampagnen durchzuführen und ausgefeilte Werbeformen richtig einzusetzen. Mit zahlreichen Beispielen aus der Praxis. Entwickle jetzt deine erfolgreiche Social-Media-Strategie!

555 Seiten, Klappbroschur, in Farbe, 34,90 Euro, ISBN 978-3-8362-6231-6
www.rheinwerk-verlag.de/4623

Lernen Sie die Techniken der Storyteller

»Tell me!« ist ein Lesebuch, ein Geschichtenbuch. Geschichten rund ums Storytelling. Lehrreich, unterhaltsam, inspirierend. Wirf einen Blick hinter die Kulissen der Filmemacher und Geschichtenerzähler und erfahre, was eine gute Story ausmacht. Thomas Pyczak erklärt dir, was eine gute Geschichte braucht, um zu überzeugen – etwa an der Kaffeetheke, beim Sales Pitch oder beim Geschäftsbericht vor den Kolleginnen und Kollegen. Mit vielen Praxisbeispielen.

328 Seiten, broschiert, in Farbe, 24,90 Euro, ISBN 978-3-8362-7705-1
www.rheinwerk-verlag.de/5128

Gute Geschichten entfalten ein virales Potenzial

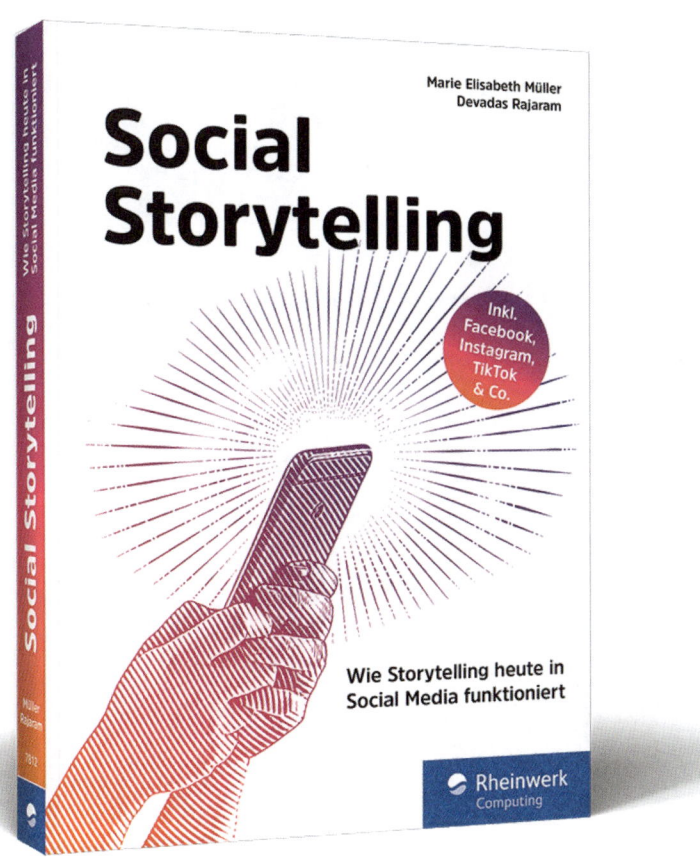

Mehr Aufmerksamkeit und Reichweite gewinnst du mit gutem Storytelling! Doch in den sozialen Netzen ticken die Uhren etwas anders. In diesem Buch gibt dir das Autorenteam einen Überblick über die Möglichkeiten, Anforderungen und Methoden des Social Storytellings. Du erfährst, wie du gute Geschichten und wertvollen Content erstellen, verarbeiten und für die PR-Arbeit nutzen kannst. Mit einfachen (aber effektiven!) und kostenlosen Mitteln lernst du, wie du mit deinen Storys auf Facebook, Instagram, TikTok und Co. begeisterst.

336 Seiten, broschiert, in Farbe, 29,90 Euro, ISBN 978-3-8362-7812-6
www.rheinwerk-verlag.de/5166

So findest du den Weg zu deinem ersten Blog

Yvonne Kraus hat schon viele erfolgreiche Blogs an den Start gebracht und kennt die Fragen, die du als angehende Bloggerin oder Blogger zu Anfang hast. Mit diesem Ratgeber hast du eine Anleitung zur Hand, um schnell und sicher deinen Blog mit WordPress zu erstellen und erste Besucher anzusprechen. Dabei lernst du alle Facetten des Bloggens kennen. Schritt-für-Schritt-Anleitungen und bewährte Tipps aus der Praxis unterstützen dich auf dem Weg zu deinem ersten Blog.

363 Seiten, broschiert, in Farbe, 29,90 Euro, ISBN 978-3-8362-8318-2
www.rheinwerk-verlag.de/5291

Texte schreiben, die begeistern!

Gute Texte wecken in Leserin und Leser Interesse, verführen sie zum Verweilen und Weiterlesen. Sie werten Webseiten auf, machen Lust auf Produkte, geben Blogs die richtige Würze. Gute Texte sind Schatzinseln in einem Meer der Mittelmäßigkeit. Und das Beste: Gutes Texten kann man lernen. Daniela Rorig zeigt, welche Textstrategien im Content-Zeitalter überzeugen und Leser begeistern. Dabei helfen zahlreiche Checklisten, Übungen und viele Schreibanleitungen für Headlines, Teaser, Landingpages und andere Textsorten.

450 Seiten, gebunden, in Farbe, 39,90 Euro, ISBN 978-3-8362-6836-3
www.rheinwerk-verlag.de/4837

Online-Marketing
Bücher für Ihre Weiterbildung

Social Media Marketing, Content-Strategie, E-Commerce, Storytelling, SEO, Webanalyse: Wir bieten Ihnen zu allen Marketing-Disziplinen das fundierte Know-how der Branchenprofis.

Nehmen Sie Ihre Weiterbildung in die Hand!
Mit unseren Büchern sparen Sie sich teure Kurse. Oder lesen sie als wertvolle Ergänzung zu Seminar und Konferenz.

Hochwertiges Marketing-Wissen
Unsere Autoren zählen zu den führenden Marketing-Experten. Lernen Sie, wie Sie Ihre Kampagnen erfolgreich umsetzen.

Offline und online weiterbilden
Unsere Bücher gibt es als Druckausgabe sowie als E-Book oder Online-Buch. Lernen Sie jederzeit und überall im Browser.

www.rheinwerk-verlag.de/marketing